QUEEN MARY

QUEEN ELIZABETH

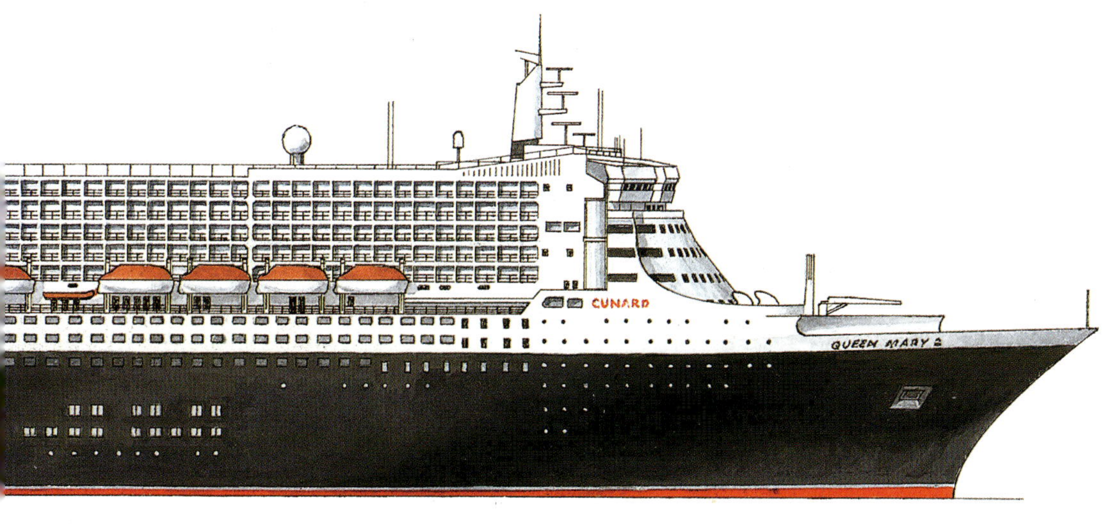
CUNARD
QUEEN MARY 2

Nils Schwerdtner

DIE **QUEENS** DES NORDATLANTIKS

Nils Schwerdtner

DIE QUEENS DES NORDATLANTIKS

Koehlers Verlagsgesellschaft mbH
Hamburg

Schutzumschlag vorne:

Eine beeindruckende Ansicht der QE2 nach ihrem Umbau von 1987 – Copyright Cunard Line

Vorherige Seite:

Die erste von Cunard veröffentlichte Artist's Impression der neuen QUEEN MARY 2.

Bilder Vorsatzpapiere:

Vorne: Die QUEEN MARY von 1936, die QUEEN ELIZABETH von 1946 und eine Zeichnung der QUEEN MARY 2 auf Basis der vorhandenen Artist's Impressions, Stand Januar 2003.
Hinten: Die QUEEN ELIZABETH 2 von 1969, die QUEEN ELIZABETH 2 von 1990 und eine Zeichnung der QUEEN MARY 2 auf Basis der vorhandenen Artist's Impressions, Stand Januar 2003.

Bildnachweis:

Associated Press: 250 / Blohm + Voss GmbH: 224, 226 / Zeichnung bzw. Sammlung Dietmar Borchert: Vorsatz, Nachsatz, 55, 56(3), 65(3), 66(oben), 70, 78/79, 146, 151(unten), 184(unten), 192/193, 209, 216 / Cunard Line: Titelseite, 3, 12/13, 14, 17, 21(links), 57, 103(unten), 124, 190, 205, 208, 211, 214/215, 218/219, 230, 240, 242(2), 243(2), 246(4), 247(2), 248, 249, Logo in Kopfzeilen / John Curdy: 189(rechts), 251(2) / FotoFlite: 131 / Sammlung Francis Frost: 151(oben), 156, 157, 158, 159, 161, 162 / Greenpeace e.V.: 229 / Sammlung Captain Peter Jackson: 160, 163 / Andrew Kilk: 122/123, 152, 178(3), 217(2), 218 / Sammlung Arnold Kludas: 20, 33(links), 50(3), 80/81, 112, 174, 179(oben), 181(2), 188, 189(links), 194, 196 / Lloyd Werft Bremerhaven GmbH: 220, 221(rechts), 222, 223(2) / MAN B&W Diesel AG: 219, 221(links) / Sammlung Reiner Pachauer: 18(2), 19, 21(rechts), 22/23, 25, 28, 31, 33(Mitte und rechts), 35(2), 36(3), 38, 39, 40(links), 41, 43(2), 54(unten), 60, 62, 64, 66(unten, 2), 69, 74, 83, 85, 88, 91, 92, 93, 97, 98(2), 99, 101, 103(oben), 106/107, 110(2), 113(2), 114, 115, 118(links), 119(2), 121, 126, 132, 136, 137, 138(links), 141, 144, 148, 150, 155, 170(rechts), 179(unten), 182, 184(oben), 186/187, 191, 198/199, 200, 201(2), 202, 203, 252, 260 / Public Records Office, Hong Kong: 149(oben und Mitte) / Courtesy of the Queen Mary in Long Beach, Ca.: 40(rechts), 134 / RMS Queen Elizabeth Historical Society, c/o Ringo Varisco, Münchener Str. 137, 86633 Neuburg / Donau, Germany: 44/45, 47, 48, 52, 54(oben), 102, 109, 116, 118(rechts), 120 / Sammlung Nils Schwerdtner: 7, 27, 34, 59, 63, 105, 127, 138(rechts), 149(unten), 154, 213, 227, 228, 231, 232, 233, 234, 237, 264 / Sammlung Captain Ronald W. Warwick: 8(links), 164/165, 169, 170(links), 172, 173, 177 / Sammlung Captain Paul Wright: 8(rechts)

Bibliografische Information Der Deutschen Bibliothek

Die Deutsche Bibliothek verzeichnet diese Publikation in der Deutschen Nationalbibliografie;
detaillierte bibliografische Daten sind im Internet über http://dnb.ddb.de abrufbar.

ISBN 3 7822 0857 9

Schutzumschlaggestaltung und Layout: Birgit Scheliga
Produktion: Hans-Peter Herfs-George
Lithografie: DZA Satz und Bild GmbH, Altenburg
Druck und Bindung: Druckerei zu Altenburg, Altenburg
Printed in Germany

Dieses Buch ist der Erinnerung an

Captain Murdoch John »Jock« Anderson
(1922–1983)

gewidmet, der die Wrackbeseitigung der SEAWISE UNIVERSITY, ex QUEEN ELIZABETH, in Hong Kong leitete.

»Wenn ich weiter gesehen habe als andere, so deshalb, weil ich auf den Schultern von Giganten stand.«

Sir Isaac Newton

Inhaltsverzeichnis

Cunard Line
R.M.S. "Queen Elizabeth"

VORWORT

CAPTAIN RONALD W. WARWICK

Seit über 160 Jahren ist die Cunard Line ein Synonym für Transatlantik-Reisen. Das erste Schiff der Reederei war die BRITANNIA, ein Raddampfer von gerade 1.135 Tonnen, der am 4. Juli 1840 zu seiner Jungfernreise von England nach Kanada auslief. Der Erfolg dieser Reise signalisierte den Beginn eines lebhaften Wettbewerbs von anderen Ländern und anderen Gesellschaften auf beiden Seiten des Ozeans, die allesamt darum wetteiferten, die größten, schnellsten und luxuriösesten Liner hervorzubringen. Es hat viele solcher Liner gegeben, aber dieses Buch konzentiert sich auf die berühmtesten von allen – die QUEENS.

Innerhalb der ersten hundert Jahre seit Gründung der Gesellschaft stieg die Geschwindigkeit von 10 Knoten auf 30 Knoten. Mit der Indienststellung der QUEEN MARY 1936, gefolgt von der QUEEN ELIZABETH 1946, jeder dieser Liner über 80.000 BRT groß, schien die Größe der Schiffe ihren Höhepunkt erreicht zu haben. Die späten 1960er Jahre brachten die rapide Weiterentwicklung des Flugzeuges und damit verbunden das Nachlassen derer, die den Atlantik mit dem Schiff überqueren wollten, was wiederum zum Verkauf der ersten zwei QUEENS führte. Nichtsdestotrotz war die Cunard Line entschlossen, der Herausforderung aus der Luft zu begegnen und stellte der Welt 1969 die QUEEN ELIZABETH 2 vor.

Über 33 Jahre lang war die QE2 allein und unvergleichbar und wurde von vielen als der letzte der großen Atlantikliner angesehen. Der Niedergang des Atlantikdienstes lag allerdings fernab der Gedanken der Carnival Corporation, als sie die Cunard Line 1998 übernahm. Nach nur wenigen Monaten kündigten sie ihre Absicht an, eine weitere QUEEN zu bauen. Der Name des neuen Schiffes war bald festgelegt als QUEEN MARY 2. Sie wird der größte und teuerste je gebaute Liner werden.

Am 4. Juli 2002, 162 Jahre nach der Jungfernreise der BRITANNIA, wurde mir das große Privileg zuteil, zum designierten Master der QUEEN MARY 2 ernannt zu werden. An diesem Tag hatte ich desweiteren die Ehre, den Befehl zum Beginn der Kiellegung zu erteilen – ein Ereignis, das vollkommen außerhalb meiner Erwartungen lag. Und während ich diese Worte schreibe, schwimmen die ersten Sektionen unseres neuen Schiffes im Trockendock der Bauwerft in Frankreich auf. Gleichzeitig wird Nils Schwerdtner ebenfalls einen Platz in der Seefahrtsgeschichte einnehmen, indem er die Geschichte von vier QUEENS aufzeichnet – eine Geschichte, von der noch vor wenigen Jahren viele von uns sagten, sie werde niemals erzählt werden, doch glücklicherweise falsch lagen.

Captain R.W. Warwick
Master - QUEEN ELIZABETH 2
Auf See
11. August 2002

CAPTAIN PAUL WRIGHT

Ich hatte im Jahr 2002 das Vergnügen, Nils auf einer Transatlantikreise der QE2 zu begegnen. Seine Begeisterung und sein Wissen über die Geschichte der QUEENS der Cunard Line sind umfassend in diesem wohl geschriebenen und gründlich recherchierten Buch erfasst. Ich kann es vorbehaltlos als wertvolle Ergänzung für jeden Sammler von Büchern über Oceanliner empfehlen. Auch jedem, der einmal auf einer der QUEENS gereist ist, bietet es viel Lesevergnügen; ebenso denen, die sich fragen, wie wohl das Leben auf einem dieser berühmten Oceanliner sowohl in der Vergangenheit war als auch in der Gegenwart, bis zum heutigen Tag auf der QE2. Nils hat auch Informationen über den gegenwärtigen Bau des schönsten und größten Cunarders aller Zeiten eingeschlossen – die Ende 2003 in Dienst gehende QM2.

Captain Paul Wright
Master QE2

EINLEITUNG UND DANKSAGUNG DES AUTORS

Es war der 3. Juli 1998, und die QUEEN ELIZABETH 2 war auf dem Weg von Southampton in mein heimatliches Hamburg, als mir ein Crewman erzählte, die Carnival Corporation plane, der Cunard Line einen neues Schiff zu bauen, das nicht nur prächtiger als alle anderen Kreuzfahrtschiffe werden solle, sondern auch der erste Transatlantikliner seit 30 Jahren werden.

Ich ließ mir keine Zweifel anmerken, nahm aber diese Information mit Skepsis entgegen. Der Crewman hatte gerade mit mir und einer Hand voll anderen Passagieren eine hochinteressante Führung durch das Schiff beendet. Er schien sympathisch und hatte sich diese größte Sensation bis zum Ende seiner Führung aufbewahrt. Aber dennoch schien er mir in Bezug auf diese scheinbare Nachfolgerin der QE2 ein wenig leichtgläubig; hatte er doch während der Führung ausführlich über den Neubau der TITANIC berichtet, der angeblich in Kürze in Südafrika begonnen werden solle.

Jeder TITANIC-Enthusiast wird mir in Sachen Unwahrscheinlichkeit und Undurchführbarkeit dieses Vorhabens zustimmen, wenn dieser Nachbau auch nur annähernd authentisch sein sollte – und ebenso unwahrscheinlich schien es mir, dass ein Konzern wie die Carnival Corporation einen Transatlantikliner bauen würde

Während mir meine Reise auf der QE2 als ein ganz besonderes Erlebnis in Erinnerung blieb, vergaß ich bald, was jener Crewman zum Thema Transatlantikliner gesagt hatte – bis auf eine kurze Notiz in meinem Tagebuch.

Es verging fast ein Jahr, als ich in der Tageszeitung »Hamburger Abendblatt« am 30. Juni 1999 eine Schlagzeile las: »Cunard baut neue QUEEN MARY«.

Noch immer fiel es mir schwer, daran zu glauben, aber als die Cunard Line selbst das »Project QUEEN MARY« ankündigte, lichteten sich meine Zweifel. Offenbar hatte ich dem Crewman der QE2 Unrecht getan.

Etwa zur gleichen Zeit näherte sich mein Buch über die RMS OLYMPIC der Fertigstellung, und ich stellte mir die Frage nach einem geeigneten Nachfolgeprojekt.

Der Geistesblitz ließ nicht lange auf sich warten: »The Queen Project«. Unter diesem Arbeitstitel entwarf ich im November 1999 ein erstes Konzept für ein Buch über alle vier Cunard-QUEENS, mit der Planung, es zur Jungfernreise der QUEEN MARY 2 zu veröffentlichen.

Seither ist kein Tag vergangen, an dem mich die QUEENS nicht durch mein Leben begleitet haben. Und wie jeder, der in irgendeiner Form einmal mit ihnen zu tun hatte, haben sie auch mich in ihren Bann geschlagen.

Ein Wort möchte ich an dieser Stelle über die Quellen verlieren, die ich bei der Arbeit an diesem Buch verwendet habe.

Ich habe mir größte Mühe gegeben, die mir vorliegenden Quellen richtig auszuwerten, um eine möglichst korrekte Darstellung der Geschichte der QUEENS abzugeben. Sollte sich doch einmal irgendwo ein Irrtum eingeschlichen haben, so bitte ich, mir diesen nachzusehen – nobody's perfect: auch ich bin vor falschen Quellinformationen nicht gefeiht.

Sollte den einen oder anderen Leser nun der Virus gepackt haben, noch mehr über jede der QUEENS für sich wissen zu wollen, kann ich nur folgende Bücher empfehlen, die für meine Arbeit unentbehrlich waren:

»The Mary« von Neil Potter und Jack Frost, in der Neuausgabe von 1999 revidiert durch Lindsay Frost, das einen kompletten Überblick ihrer Geschichte von der ersten Planung bis in die allerjüngste Vergangenheit bietet. »The Elizabeth« von Neil Potter und Jack Frost, das ebenso informativ ist, aber leider mit dem Jahr 1965 endet und noch nicht als Neuausgabe erschienen ist. Für die letzten Jahre der QUEEN ELIZABETH empfiehlt es sich, Commodore Geoffrey Marrs Autobiographie »The QUEENS and I« zu lesen.

Nähere Informationen über die finanziellen Merkwürdigkeiten bei ihrem Verkauf bietet außerdem der Artikel »What's a nice QUEEN like you doing in a place like this?« aus dem Philadelphia Magazine vom Juni 1968.

Die Erlebnisse der QUEEN ELIZABETH 2 hat ihr Captain Ronald W. Warwick in seinem Buch »QE2« festgehalten. Über die ersten zwanzig Jahre ihrer Karriere und noch ausführlicher über ihre jüngere Geschichte hat David F. Hut-

chings in seinem Buch »QE2: A Ship For All Seasons« in der Neuauflage von 2002 geschrieben.
Für die Kriegserlebnisse aller drei QUEENS empfiehlt es sich, das Buch »Transatlantic Liners at War« von David F. Hutchings und William H. Miller zu lesen.

Bevor ich die Bühne für die QUEENS räume, möchte ich noch einer sehr angenehmen Aufgabe nachkommen, indem ich meinen Dank für all die »Heinzelmännchen« ausspreche, ohne die dieses Buch schlichtweg nicht möglich gewesen wäre. Während der drei Jahre, die ich nunmehr mit dem Projekt befasst bin, hat mich immer wieder die Hilfsbereitschaft bewegt, mit der ich bei meinen zahlreichen Anliegen unterstützt wurde.

Viele von Ihnen haben selbst sehr viel Zeit und Arbeit investiert und so dieses Buch erst zu dem gemacht, das es heute ist. Mein besonderer Dank gilt:

Arnold Kludas für die zahlreichen Verbesserungsvorschläge am Manuskript sowie Rat und Tat bei der Fertigstellung und Veröffentlichung des Buches. In allen Fragen und zweifelhaften Punkten fühlte ich mich sehr gut aufgehoben.

Dietmar Borchert für die wundervollen Zeichnungen der QUEENS (insbesondere QM2) und anderer Schiffe sowie persönlichen Beistand und Rat. Ich fühle mich jedes Mal wieder sehr zu Hause.

Birgit Scheliga für die wunderbare Gestaltung dieses Buches.

Reiner Pachauer für den Zugriff auf seine umfangreiche Sammlung, den Spaß beim Durchgehen, aber auch die ernsteren Momente.

Thorsten Totzke für die zahlreichen Ideen sowie Hilfe bei der Recherche.

Für die Zeit, die sie sich auf meiner Urlaubsreise im Juni 2002 für meine Anliegen nahmen danke ich recht herzlich Francis Frost, Captain Peter Jackson und Beatrice Muller.

Desweiteren danke ich folgenden Mitarbeitern und Ex-Mitarbeitern der Cunard Line für die Versorgung mit Informationen, Bildmaterial und sonstige Hilfe:
Pamela Conover, Julie Davis, Gerry Ellis, Eric Flounders, Captain Peter Jackson, Silja Klewe, Maureen Ryan, Gudrun Schlüter, Karen Smith, Captain Ronald W. Warwick, Captain Paul Wright, der Besatzung der QUEEN ELIZABETH 2 für bislang zwei unübertroffene Reisen und ganz besonders Jutta Hoffmann von der Cunard-Niederlassung Hamburg.

Ich danke den an der Produktion dieses Buches beteiligten Mitarbeitern von Koehlers Verlagsgesellschaft.

Mein Dank gilt weiterhin folgenden Personen oder Institutionen, die mir bei der Suche nach Bildmaterial oder Informationen behilflich waren:
Gordon T. Adams, Dickie Arbiter (Assistant Press Secretary to The Queen), Alistair Arnott (Southampton City Cultural Services), R. Bardoe (Ministry of Defence), Bernard Biger (ALSTOM Chantiers de l'Atlantique), Lori Birney (Philadelphia Magazine), Dr. Ing. Gunnar Borchert, D. Brown, Jane Brown (National Archives of Scotland), Terence Coghlin (Thomas Miller P&I Ltd.), Ian F. J. Cunningham, John Curdy, Corinna Decker, Frances Dimond (Royal Archives), George Gardner (University of Glasgow), Jim Grant (Scottish Maritime Museum), Martin Grant, Greenpeace e.V., Arthur Greenwood, Hugh Hagan (Scottish Record Office), Yung Yuen Han (Hong Kong City Archives), Bernard Hui (Public Records Office Hong Kong), David Hutchings, Lorna Hyland (Merseyside Maritime Museum), Stephan Jacobs, Michael Kähler (World Ship Society), Peter Kent (Imperial War Museum), Andy Kilk, Fred Kissack (World Ship Society), Rene Kluge (IT-PR GmbH), Hans-Dieter Krone, Werner Lüken (Lloyd Werft), Niall MacNeill (Scottish Maritime Museum), Douglas Martin (BBC), Stan Mason, John Maxtone-Graham, Joanne Milligan (John Brown Engineering), Lorraine Motte, Ian Murray (Southern Daily Echo), Ian Mynot (HM Treasury), Francis Palmer, Michael Porter (Scottish Maritime Museum), David Powell (University of Liverpool), Public Record Office (Kew, Richmond), M.M. Raymer, Hans-Joachim Reinecke, Lesley Richmond (University of Glasgow), Stephen J. Rodgers (Kvaerner Energy), Philip Rood (Vosper Thornycroft), Ivor Rooke, Alison Scott (University of Glasgow), John Simmons (National

Archives of Scotland), George B. Skelly, Ian Spashett (FotoFlite), Lee Taylor (British Library, National Sound Archive), Ingo Thiel (IT-PR GmbH), UiE Scotland Ltd., Ringo Varisco (Queen Elizabeth Historical Society), Robin Wachner (RMS Foundation), Nick Whitear (Thomas Miller P&I Ltd.), D. Alan Woolfenden, E. Zacharias (Lloyd Werft), Thomas Zera, Bertold Zick (MAN B&W).

Und zuletzt, aber bestimmt nicht am wenigsten, gilt mein Dank ein paar wunderbaren Freunden für fortwährende persönliche Unterstützung und Verständnis für mein gelegentliches »Abtauchen« in die Welt der QUEENS: Hamischa Döring, Patrick Hatton, Dirk Langejürgen, Thorben »Coxy« Kocks, Carsten Meyer, Iona Tamburrino sowie Rolf und Christel Schwerdtner.

Nils Schwerdtner
im Mai 2003

Kontakt zum Autor: Queen.Project@hamburg.de

PROLOG

EIN SEHR GROSSES SCHIFF

»Ich wünschte, wir könnten nach Amerika fahren«, sagte Belinda. »Wir lernen darüber in Geographie. Wusstest du, dass man einen enormen Ozean, den man Atlantik nennt, überqueren muss, Mami, um nach Amerika zu kommen?«
»Nun ja, das habe ich zufällig gewusst«, sagte Mami und goss ihnen Milch ein.
»Und wusstest Du, dass es zwei große Schiffe gibt, die man die QUEEN ELIZABETH und die QUEEN MARY nennt, und die ihn in nur wenigen Tagen überqueren?«, fragte Ann. »Oh Gott, wie gerne würde ich mit einem von ihnen reisen. Sie sollen die besten Schiffe der Welt sein.«
»Das sind sie«, sagte Mami. »Wer weiß, vielleicht werden wir alle eines Tages nach Amerika fahren, und dann seht ihr, wie es ist.«
»Nur wenn wir danach wieder zurückkommen«, sagte Mike plötzlich. »Mir würde Amerika bestimmt sehr gefallen – aber England wird mir immer, immer am besten gefallen.«

aus: Enid Blyton – »The QUEEN ELIZABETH Family«

DIE QUEENS DES NORDATLANTIKS

KAPITEL 1

DER TRAUM DES SAMUEL CUNARD

KAPITEL 1

DER TRAUM DES SAMUEL CUNARD

DIE CUNARD LINE 1840–1926

Die Geschichte einer der berühmtesten Reedereien der Welt begann, als ein Deutscher namens Kunders aus seiner alten Heimat in jene Neue Welt auswanderte, die wir heute als Vereinigte Staaten von Amerika kennen.
Kunders ließ sich mit seiner Familie zunächst in Philadelphia nieder und passte seinen Namen, wie es damals üblich war, dem allgemeinen englischen Sprachgebrauch an: Die Familie hieß fortan Cunard.
Im Zuge der amerikanischen Revolution und des folgenden Unabhängigkeitskrieges verließen die Cunards Philadelphia und ließen sich in Halifax, Nova Scotia nieder, im heutigen Kanada. Sie hatten damit den jungen USA den Rücken gekehrt und blieben weiterhin Bürger des britischen Empire.
1787 erblickte Cunards Enkelsohn Samuel das Licht der Welt, der Jahre später zusammen mit seinem Vater Abraham die Firma A. Cunard & Son gründete – gewissermaßen einen frühen Vorläufer der späteren Cunard Line.
Die Küstensegler der Cunards transportierten zunächst Passagiere, Fracht und Post in küstennahen Gewässern und den Sankt-Lorenz-Strom hinauf bis Quebec. Die Geschäfte gingen so gut, dass Samuel Cunard seinen Eltern eine Farm kaufte, auf der sie ihren Lebensabend verbringen konnten, als sein Vater sich 1820 aus dem Geschäft zurückzog.
Samuel Cunard änderte den Namen des florierenden Unternehmens, das jetzt das seine war, in S. Cunard & Company. Alles in allem besaß er zu diesem Zeitpunkt vierzig Schiffe.
Ein Jahr zuvor, 1819, hatte ein Schiff viel Aufsehen erregt, als es nach einer Reise über den Atlantik im englischen Liverpool einlief. Es war kein Schiff aus der Cunard-Flotte. Es war ein Segelschiff mit dem Namen SAVANNAH, das durch eine besondere Eigenschaft auffiel: Es besaß Schaufelräder und einen Schornstein. Es war das erste Schiff, das mit Dampfantrieb über den Atlantik gefahren war.
Eine Übersegelung des Ozeans war damals ein mutiges Unternehmen, das mehrere Wochen in Anspruch nahm, und es bestand stets die Gefahr, dass man die Reise nicht lebend überstand.
Die Idee, den Atlantik mit einem Dampfschiff zu überqueren, begeisterte die Gemüter der Menschen, war man doch

Samuel Cunard (1787–1865) war der Pionier der transatlantischen Dampfschifffahrt.

Vorherige Seite: Die PERSIA war der erste eiserne Cunarder.

auf diese Weise nicht mehr allein den Gewalten der Natur ausgesetzt. Andererseits war die Reise der SAVANNAH mit Dampfantrieb nur die halbe Wahrheit. Das kleine Schiff hatte an Bord nicht ausreichend Platz für die Menge Kohle, die für die gesamte Reise nötig war, und so war sie von den 663 Stunden die ihre Reise dauerte, nur achtzig unter eigenem Antrieb gefahren und hatte sich die übrige Zeit auf ihre Segel verlassen müssen.

Trotzdem faszinierte die Idee Sir Isambard Kingdom Brunel, einen Eisenbahnmagnaten und Brückenkonstrukteur jener Zeit, der fest an die Überlegenheit der Errungenschaften aus der industriellen Revolution glaubte. Es verstrich jedoch noch einige Zeit, bis Brunel die Idee wieder aufgriff.

Samuel Cunard musste sich indes nicht nur um sein Geschäft kümmern, sondern war auch allein erziehender Vater. Seine Frau Susan starb 1828 und ließ ihn allein mit acht Kindern, die sie in den vorangegangenen 13 Jahren Ehe zur Welt gebracht hatte.

1829 erhielt Cunard ein Schreiben von der Firma Ross and Primrose aus Pictou, die ihm den Vorschlag unterbreitete, sich als Geschäftspartner Cunards Fachwissen zu Nutze zu machen und eine transatlantische Dampfer-Reederei aufzubauen.

Doch Cunard war ein konservativer Mann, der Neuerungen immer ein wenig skeptisch gegenüberstand und sie erst selbst übernahm, wenn sie sich an anderer Stelle bewährt hatten. Und eine Reederei mit den neumodischen Dampfschiffen, die dazu noch den rauhen Atlantik befahren sollten – das war Cunard zu riskant. Er schrieb dementsprechend zurück:

»Wir sind vollkommen unvertraut mit den Kosten eines Dampfschiffes und würden uns ungern an einem Geschäft beteiligen, von dem wir nichts verstehen. Wir müssen deshalb unsere Teilnahme an dem von Ihnen Vorgeschlagenen verweigern. Ihr getreuer Diener Samuel Cunard.«

In England hatte Isambard Brunel weniger Bedenken und ließ die GREAT WESTERN bauen, das erste Schiff, das sich ganz auf seine Dampfmaschinen verlassen konnte. Zwar hatte die GREAT WESTERN (wie viele andere Schiffe nach ihr auch) noch Segel, und ihre Kessel mussten in regelmäßigen Abständen gereinigt werden, aber die Kohle, die sie laden konnte, reichte für die gesamte Reise aus.

Die GREAT WESTERN bot ihren Passagieren erstmals ein wenig Luxus auf See: ihr Salon, der 22 x 7 Meter maß, war im Stil eines Londoner Clubs eingerichtet, und in allen Kabinen gab es Kordeln, mit denen der Steward herbeigerufen werden konnte.

Dieser Luxus half natürlich nichts gegen den rauhen Seegang auf dem Atlantik, der selbst die standfestesten Passagiere daran erinnerte, dass sie sich in einer kleinen Nussschale der ganzen Macht der Natur aussetzten, und der seekranke Ausruf »Steward! Steward!« war oft der letzte Ausdruck von Verzweiflung.

Eine Überfahrt auf der GREAT WESTERN dauerte allerdings mit 14 Tagen nur gut halb so lang wie die 26 Tage, die die SAVANNAH noch zwanzig Jahre zuvor benötigt hatte, und Brunels Schiff wurde als das Wunder von Bristol gefeiert.

Als die britische Regierung 1838 einen Subventionsvertrag für die Postbeförderung ausschrieb, sah Cunard seine Stunde gekommen. Mit den Fortschritten, die in den letzten Jahren auf dem Gebiet der Dampfschifffahrt geschehen waren und dem Geld der Regierung im Rücken glaubte er, das Wagnis eingehen zu können.

Es spricht für seine feste Überzeugung, dass er sich im Alter von 51 Jahren noch darauf einließ, ein für ihn vollkommen neues Geschäft aufzubauen und dafür mitten im Winter über den Atlantik zu segeln. Im Januar 1839 fuhr er nach Großbritannien.

Cunard wurde von Menschen, die ihn kannten, als »kleiner grauhaariger Mann mit ruhigen Manieren und keiner überflüssigen Sprache« bezeichnet, der gleichzeitig die Eigenschaft hatte, »dass sich Menschen und Dinge seinem Willen beugten.«

Als Bürger der britischen Kolonie Nova Scotia hatte er die gleichen Rechte wie jeder andere Brite, und der Vorstellungsbrief des Gouverneurs von Nova Scotia wies ihn als erfolgreichen Geschäftsmann aus, dessen Schiff ROYAL

WILLIAM bereits 1833 eine erfolgreiche Transatlantikreise absolviert hatte.

Cunard reichte im Februar 1839 seinen Vorschlag bei der britischen Regierung ein, verhandelte und wurde am 4. Juni des gleichen Jahres darüber informiert, dass er das günstigste Angebot eingereicht hatte und künftig £ 55.000 im Jahr für den pünktlichen Transport der britischen Post nach Halifax erhalten werde.

Ein Geschäftsfreund machte Cunard mit dem schottischen Schiffbauer Robert Napier bekannt, der seine Werft nahe Glasgow am Clyde hatte. Cunard verhandelte mit Napier über den Bau von drei Schwesterschiffen von 800 Tonnen und einer Leistung von 300 nominellen Pferdestärken. Beide wurden sich handelseinig und vereinbarten einen Preis von £ 30.000 pro Schiff.

Napier hatte selbst bereits einmal darüber nachgedacht, eine Transatlantikreederei zu gründen und verglich nun seine Schiffspläne mit den Dampfern, die es bereits gab. Er kam zu dem Schluss, dass die von Cunard bestellten Schiffe zu klein waren und machte ihm den Vorschlag, mit einigen weiteren Geschäftsleuten und gemeinsamen Kapital eine Gesellschaft zu gründen und die Tonnage der Schiffe auf 960 Tonnen zu erhöhen.

Cunard willigte ein, und es kam zur Gründung der British and North American Royal Mail Steam Packet Company, die bald als Cunard Line bekannt wurde, da Cunard den größten Anteil daran hielt.

Mit dem vereinten Kapital konnten Größe und Leistung der Schiffe nochmals erhöht werden, so dass insgesamt vier Schiffe mit einer Tonnage von 1.100 und einer Leistung von 420 PSn gebaut wurden.

Cunard trat indess erneut mit der Admiralität zusammen, und nachdem er die neue Situation erklärt hatte, erhöhte die Regierung die jährlichen Zahlungen auf £ 60.000 – allerdings mit der Auflage, dass neben Halifax auch Boston angelaufen wurde. Des weiteren wurde ein zweiwöchentlicher Fahrplan von März bis Oktober vereinbart, und monatliche Abfahrten für die Wintersaison.

Unter diesen Voraussetzungen begab sich am 4. Juli 1840 die BRITANNIA auf ihre Jungfernreise und wurde zwölf Tage später von einer begeisterten Menschenmenge in Halifax gefeiert.

Konkurrenten kamen und gingen, aber während der ersten zehn Jahre konnte niemand Samuel Cunard auch nur annähernd die Stirn bieten. Der Postvertrag bot eine sichere Grundlage für die Geschäfte der Cunard Line, und Samuel Cunards umsichtiges Geschäftsverhalten baute erfolgreich darauf auf. »Sicherheit an erster Stelle« war das Motto, unter dem seine Kapitäne zu fahren hatten, und bis heute kann sich die Cunard Line rühmen, zu Friedenszeiten niemals das Leben eines Passagieres durch Verschulden der Reederei verloren zu haben.

Es dauerte bis 1850, dass Cunards Vorherrschaft erstmals ins Wanken gebracht wurde: Mit der New York and Liverpool United States Mail Steamship Company erschien eine Reederei auf der Bildfläche, die ähnlich wie die Cunard Line finanziell durch einen Postvertrag unterstützt wurde. Nach ihrem Gründer Edward Knight Collins war die neue Gesellschaft allgemein als Collins Line bekannt, und er transportierte nicht nur die amerikanische Post in die Alte Welt, sondern er lockte sehr bald einen großen Teil von Cunards Kundschaft auf seine eigenen Dampfer.

Die Schiffe der Collins Line besaßen den Ruf, größer, schneller und viel luxuriöser ausgestattet zu sein als die der Cunard Line.

Tatsächlich war Collins' erstes Schiff, die 2.845 Tonnen große ATLANTIC um fünfzig Prozent größer als das größte Schiff, das Cunard zu diesem Zeitpunkt besaß. Und die PACIFIC überquerte im Mai 1851 nicht nur den Atlantik in der Rekordzeit von neun Tagen, zwanzig Stunden und 14 Minuten, sie beförderte dabei außerdem die unerhörte Zahl von 240 Passagieren.

Die Collins Line hatte also das Potenzial, für Cunard zu einer wirtschaftlichen Bedrohung heranzuwachsen, scheiterte allerdings an zwei Unglücken, die bei der Öffentlichkeit zum Vertrauensverlust führten:

Im September 1854 kollidierte die ARCTIC mit dem französischen Dampfer VESTA und sank, wobei die meisten ihrer 383 Passagiere ums Leben kamen.

Im Januar 1856 verließ die PACIFIC Liverpool, und man hat nie wieder etwas von ihr gehört. An Bord hatten sich unter anderem Collins' Frau und seine beiden Kinder befunden.

Vermutlich als direkte Konsequenz aus diesem Unglück entzog die amerikanische Regierung der Collins Line 1857 die Lizenz für den Posttransport, und ein Jahr später zog Collins sich aus dem transatlantischen Geschäft zurück. Cunard war wieder einsam an der Spitze.

Die Kabine von Charles Dickens an Bord der BRITANNIA. Der Schriftsteller bezeichnete sie als »gänzlich unpraktische, durch und durch hoffnungslose, ja geradezu groteske Schachtel«

Im gleichen Jahr schlug Queen Victoria Cunard (fortan Sir Samuel Cunard), zum Ritter, in Anerkennung dafür, dass er seine Schiffe im Krimkrieg (1853 – 1856) der Regierung zur Verfügung gestellt hatte.

Cunard verstarb 1865 im Alter von 78 Jahren.

Er hinterließ eine florierende Reederei. Das Geschäft war durch den zunehmenden Strom von europäischen Auswanderern lukrativer und damit härter geworden. Die Konkurrenz der britischen Inman Line währte nur relativ kurz, aber in Deutschland begannen zwei Reedereien, ihre Schiffe ins Rennen zu schicken: Die Hamburg-Amerikanische Packetfahrt-Actien-Gesellschaft (HAPAG) in Hamburg und der Norddeutsche Lloyd in Bremen kratzten an Großbritanniens (und Cunards) bisheriger Vormachtstellung auf dem Ozean.

Einen direkten Gegner stellte auch die 1869 von Thomas Ismay gegründete White Star Line dar. Ihr erstes Schiff war die OCEANIC, die 1871 in Dienst gestellt wurde.

Die OCEANIC war nicht nur ein sehr elegantes Schiff, mit ihr wurden auch so viele Neuerungen eingeführt, dass sie zu ihrer Zeit als technische Sensation galt und später oft als Mutter aller modernen Liner bezeichnet wurde. Erstmals bot ein Schiff eine zentrale Heizung und fließendes Wasser in den Kabinen anstelle der bisher üblichen Wasserkaraffen.

Die White Star Line erklärte in zeitgenössischen Werbebroschüren: »Wie der Elefant, der eine Nadel aufhebt und auch einen Baum ausreißt, gibt es keine Aufgabe, die zu klein, und keine Arbeit, die zu groß wäre, für diesen Giganten – den Dampf. Er wärmt das Kinderbett; er lichtet den Anker (...) und er ruht weder bei Nacht noch am Tage.«

Die Cunard Line hatte der OCEANIC und ihren älteren Schiffen nichts entgegenzusetzen. Es dauerte bis 1878, bis die Gesellschaft ihren Rückstand gegenüber der White Star Line aufgeholt hatte. In jenem Jahr wurde die Cunard Line als Cunard Steamship Company zur Aktiengesellschaft umgeformt, und das daraus zusätzlich gewonnene Kapital diente zum Bau der SERVIA.

Dieser 7.392 Tonnen große Liner erreichte eine Reisege-

Oben: Die SERVIA *von 1881 war der erste aus Stahl gebaute Cunarder und Gewinnerin des Blauen Bandes.*

Unten: Eine um die Jahrhundertwende erschienene Anzeige für die Deutschland-Dienste der Cunard Line.

schwindigkeit von 16 Knoten, und in seinen Kabinen fanden 480 Passagiere Erster Klasse Unterkunft. Weitere 750 Menschen, meist Auswanderer, konnten im Zwischendeck reisen. Die SERVIA hatte fünf Decks und war das erste Schiff, das einige Luxuskabinen mit eigenem Badezimmer bot.

1893 begann eine neue Ära im Wettbewerb um die Vormacht auf dem Ozean: Der amerikanische Bankier und Multimillionär John Pierpont Morgan begann, die Reedereien des Nordatlantiks eine nach der anderen aufzukaufen, mit dem Ziel, eines Tages die Monopolstellung zu besitzen. Zunächst beschränkte er sich auf kleinere Gesellschaften, aber 1902 schloss er mit der HAPAG und dem Norddeutschen Lloyd Kooperationsverträge, die zunächst auf zehn Jahre angelegt waren, und kaufte die immer noch im Besitz der Familie Ismay befindliche White Star Line.

Damit waren drei der größten Transatlantikreedereien mit dem Morgan Trust verbunden, und es schien nur eine Frage der Zeit, wann er die Cunard Line übernehmen würde. In dieser bedrohlichen Lage wandte sich die Cunard Line an die britische Regierung und bat um Unterstützung. Auch diese wollte den Verkauf der letzten großen britischen

Die CARONIA und ihr Schwesterschiff CARMANIA dienten als Experiment, um einen schlüssigen Vergleich zwischen Turbinen und Kolbendampfmaschinen zu ziehen. Die turbinengetriebene CARMANIA erwies sich als das schnellere Schiff.

Nordatlantik-Reedrei verhindern und schloss ein Abkommen mit Cunard: Die Cunard Line erhielt einen Kredit von £ 2.600.000 zum geringen Zinssatz von 2¾ Prozent für die Konstruktion zweier Rekordbrecher, die jedes andere Schiff bei weitem in den Schatten stellen würden. Im Gegenzug aber musste die Cunard Line ihre Schiffe bei Bedarf der Admiralität für militärische Zwecke zur Verfügung stellen.

Zunächst wurden 1905 zwei mittelgroße Liner in Dienst gestellt, die wegen ihres eleganten Aussehens als die »schönen Schwestern« bekannt wurden. Die CARONIA war mit den traditionellen Kolbendampfmaschinen ausgestattet, während die CARMANIA von den noch recht neuen Turbinen angetrieben wurde. Das Ziel war es, mit Hilfe dieser ungleichen Schwesterschiffe festzustellen, ob Turbinen die nötige Belastbarkeit besaßen und sich als Antrieb für die beiden geplanten Rekordbrecher eigneten.

Die CARMANIA stellte sich als das schnellere und sparsamere der beiden Schiffe heraus, und mit dem Bauauftrag der LUSITANIA bei John Brown & Co. im schottischen Clydebank und der MAURETANIA bei Swan Hunter & Wigham Richardson am Tyne begann ein neues Zeitalter auf dem Ozean: Die Zeit der turbinengetriebenen Superliner. Im September 1907 trat die LUSITANIA ihre Jungfernreise an und erlangte mit einer Geschwindigkeit von fast 24 Knoten das Blaue Band für die schnellste Überquerung des Atlantik.

Wenige Wochen später wurde es ihr von der MAURETANIA abgenommen. Einige Male noch übertrafen sich die beiden Schwesterschiffe gegenseitig, bis die MAURETANIA ab 1909 endgültig die schnellere der beiden und bis 1929 das schnellste Schiff auf dem Atlantik blieb.

Mit ihren 31.938 Tonnen und einer Länge von 240 Metern war die MAURETANIA außerdem das größte Schiff der Welt.

Die White Star Line antwortete auf die beiden hocherfolgreichen Oceanliner mit der Vorstellung der OLYMPIC-Klasse, die noch einmal um fünfzig Prozent größer war. Statt hoher Geschwindigkeit standen bei ihr jedoch ultimativer Luxus und Komfort im Vordergrund.

Die OLYMPIC wurde zu einem der beliebtesten Transatlantikliner, während ihr Schwesterschiff TITANIC durch ihren tragischen Untergang traurige Berühmtheit erlangte.

Mit der ersten MAURETANIA *und ihrer Schwester* LUSITANIA *läutete Cunard das Zeitalter der Großschiffe ein.*

Die AQUITANIA war eines der beliebtesten und erfolgreichsten Schiffe der Cunard-Flotte. Sie überstand zwei Weltkriege unbeschadet.

Über 1.500 Menschen ertranken in jener Aprilnacht 1912 in den eisigen Wassern des Atlantiks, nachdem das Schiff einen Eisberg gestreift hatte und gesunken war.
Und es war ein Cunard-Schiff, das die 705 Überlebenden der TITANIC bergen konnte – die CARPATHIA.
Cunards Rekordbrechern wurde 1914 kurz vor Kriegsausbruch mit der eleganten AQUITANIA ein etwas langsamerer, aber mit 45.647 Tonnen noch größerer Weggefährte an die Seite gestellt.
Der Beginn des Ersten Weltkriegs bedeutete viele Veränderungen: Die MAURETANIA und die AQUITANIA wurden im Verlauf des Krieges von der Regierung requiriert, um als Truppentransporter und Lazarettschiff eingesetzt zu werden.
Einzig die LUSITANIA verblieb auf der transatlantischen Route, und das wurde ihr am 7. Mai 1915 zum Verhängnis: Mit 1.959 Passagieren an Bord aus New York kommend, wurde sie an jenem Tag vor der Südküste Irlands von einem deutschen U-Boot torpediert.
Ohne jede Vorwarnung schoss U 20 unter Kapitänleutnant Walther Schwieger einen Torpedo auf den unbewaffneten Passagierliner ab. Eine gewaltige Explosion an Bord folgte. Schwieger und die deutsche Regierung behaupteten, die LUSITANIA habe Konterbande geladen, die durch den Torpedo detoniert seien. Erst Jahrzehnte später konnte der amerikanische Tiefseeforscher Robert Ballard mit einiger Sicherheit belegen, was Experten als mögliche Ursache für die Detonation ansahen: Aufgewirbelter Kohlestaub in den fast leeren Bunkern der LUSITANIA war durch den Einschlag zur Explosion gebracht worden.
Die LUSITANIA sank innerhalb von nur 18 Minuten und riss 1.198 Menschen mit sich in den Tod.

Nach dem Krieg erwarb die Cunard Line die IMPERATOR der HAPAG, die Deutschland im Zuge der Reparationen hatte abgeben müssen, als Ausgleich für den Verlust der LUSITANIA. Der gewaltige Luxusliner wurde in BERENGARIA umbenannt.
Mit ihren »Großen Drei« – MAURETANIA, AQUITANIA und BERENGARIA – lag Cunard in den Nachkriegsjahren wieder an der Spitze, und die Umrüstung der Liner von Kohle- auf Ölfeuerung verhalf ihnen zu ökonomischerem Betrieb.
Doch das Geschäft blieb weiter hart umworben.

Southampton in den 20er Jahren: Die MAURETANIA befindet sich im Trockendock. Die OLYMPIC der White Star Line und die LEVIATHAN (ex VATERLAND) der Unites States Lines haben im Ocean Dock festgemacht.

DIE QUEENS DES NORDATLANTIKS

KAPITEL 2

DAS UNVERMEIDBARE SCHIFF

Kapitel 2

DAS UNVERMEIDBARE SCHIFF

Queen Mary
1926–1938

»Also, wie lang war die MAURETANIA?« Mit diesen Worten begann das wohl ehrgeizigste Projekt, das es in der transatlantischen Passagierschifffahrt je gegeben hat. Ein Vorhaben, von dem in jenem Moment niemand ahnen konnte, das es noch bis in die heutige Gegenwart und darüber hinaus reichen würde.

Es war ein Tag des Jahres 1926, als mit diesem Satz der Beginn eines langen, geschichtsträchtigen Kapitels der Seefahrt geschrieben wurde. In einem Raum in der fünften Etage des prunkvollen Cunard Building in Liverpool, seinerzeit Hauptsitz der Gesellschaft, war eine Gruppe von Herren hinter einer schweren Tür zusammengekommen, um den ersten Schritt zu ihrem kühnen Vorhaben zu unternehmen – einen Ersatz für die Großen Drei zu planen.

Europa hatte sich von den Schrecken des Ersten Weltkriegs erholt. Die »Goldenen Zwanziger« boten ein optimistisches Bild, und das transatlantische Geschäft florierte wieder. Alle großen Gesellschaften bauten oder planten neue Schiffe: Der Norddeutsche Lloyd hatte in Hamburg und Bremen zwei Transatlantikliner in Auftrag gegeben, von denen schon bei Baubeginn abzusehen war, dass sie in Größe und Geschwindigkeit nach der Vormacht auf dem Atlantik griffen – die EUROPA und die BREMEN. Die Compagnie Générale Transatlantique hatte 1926 die elegante ILE DE FRANCE in Dienst gestellt, die nicht als Rekordbrecher konzipiert worden war, dafür aber große Beliebheit beim reisenden Publikum erlangte.

Damit drohten Cunards Flaggschiffe, die besagten Großen Drei, hoffnungslos ins Hintertreffen zu geraten. Die MAURETANIA befuhr den Ozean seit 1907. Noch immer hielt sie das Blaue Band, jene zu ihrer Zeit noch imaginäre Trophäe für die schnellste Transatlantiküberquerung. Die AQUITANIA hatte 1914 ihre Jungfernreise angetreten und sich kurze Zeit darauf vier Jahre lang als Truppentransporter und Hospitalschiff für König und Vaterland verdient gemacht.

Die BERENGARIA, die frühere deutsche IMPERATOR, war seit 1913 im Einsatz und somit technisch ebenfalls nicht moderner als ihre Weggefährtinnen.

Die Großen Drei gehörten noch immer zu den größten Linern der Welt, ihr Luxus war legendär, und der sprichwörtliche Cunard-Service so gut wie eh und je. Die Briten betrachteten die Flaggschiffe der Nation mit Stolz und Zuneigung.

Die Statistiken sprachen jedoch eine andere Sprache: Die Passagierzahlen der Großen Drei gingen von Jahr zu Jahr weiter zurück. Die Reisenden zogen den Komfort und die Annehmlichkeiten jüngerer Schiffe vor. Für Cunard war die Zeit gekommen, der Konkurrenz zu zeigen, wer die führende Position auf dem Atlantik beanspruchte.

Und es war ein gewagter Plan, mit dem die Cunard Line ihre drei verdienten alten Dampfer zu ersetzen plante: Nur noch zwei Schiffe (statt der bisherigen drei) sollten fortan rund ums Jahr nach einem festen wöchentlichen Fahrplan abfahren, was eine Präzision und Geschwindigkeit erforderte, wie es sie bis dahin noch nicht gegeben hatte.

Um wöchentliche Abfahrten garantieren zu können, mussten die neuen Oceanliner schneller als jedes vorherige Schiff sein. Ihre Reisegeschwindigkeit musste mindestens 28 ½ Knoten betragen, mit den nötigen Reserven, falls einmal ein Sturm oder ein anderes Ereignis die Reise verzögern sollte.

Damit sich diese Geschwindigkeit lohnte, musste wiederum die Anzahl der Kabinen, beziehungsweise der beförderten Passagiere, alles bisher Dagewesene übertreffen. Die beiden neuen Schiffe würden also nicht nur die schnellsten, sondern auch die größten Transatlantikliner der Welt werden.

So sehr diese Planung auch darauf hindeutete, dass hier zwei gigantische Prestigeobjekte im Entstehen waren, so sehr war sie auch von rein wirtschaftlichen Erwägungen geprägt. Denn auch wenn das Projekt die weltweite Auf-

Vorherige Seite: Die QUEEN MARY *auf Probefahrten vor der Insel Arran. Die große Bugwelle zeigt, dass sie noch keinen Wulstbug besitzt.*

Mitte der 30er Jahre kamen Cunards »Große Drei« – MAURETANIA, AQUITANIA *und* BERENGARIA *– in die Jahre. Die Nachfolge-Generation musste sorgfältig geplant werden.*

merksamkeit auf sich ziehen würde, so hatte sich die Cunard Line niemals überflüssigem Firlefanz, der als finanzielles Fiasko enden konnte, hingegeben. Wollte man einen wöchentlichen Fahrplan einhalten, dann waren faktisch die Betriebs-, Wartungs- und Personalkosten für zwei Schiffe deutlich geringer als jene, die für drei kleinere, herkömmliche Schiffe angefallen wären. Das Aufsehen, das diese Schiffe zweifellos erregen würden, war in diesem Sinne nur ein angenehmer Nebeneffekt und gute Publicity.
Die Geschäftsleitung sah vor, zunächst nur ein Schiff zu bauen, welches dann als Prototyp für das zweite dienen sollte, um jenes weiter zu perfektionieren.
Mit diesem Vorgaben saß also die Gruppe von Herren, der Planungsstab der Gesellschaft, im Cunard Building zusammen. Papier und Bleistifte lagen vor ihnen auf den Tischen, und einen Moment lang herrschte absolute Stille. Jeder schien ein wenig zu zögern, den Stein für dieses ehrgeizige Projekt ins Rollen zu bringen.
Schließlich fragte einer von ihnen: »Also, wie lang war die MAURETANIA?«
»790 Fuß.«
»Die AQUITANIA?«
»901 Fuß.«
»Dann machen wir doch dieses eintausend Fuß lang und sehen, was dabei herauskommt!«
Und so zeichneten die Ingenieure eine Linie, die eine Länge von eintausend Fuß darstellen sollte, auf ihre Blöcke. Der erste Schritt war getan.
Während der folgenden zwei Jahre beherrschte das neue Schiff die Reißbretter in den Planungsbüros der Cunard Line. Ein gigantischer Luxusliner von tausend Fuß Länge, mit einer Größe von mindestens 70.000 Tonnen, mit vier Schrauben und drei riesigen Schloten nahm auf einer unüberschaubaren Menge an Entwürfen und Zeichnungen nach und nach Form an.
Auf der Grundlage der Vorstellungen, die die Geschäftsführung vorgab, erarbeitete ein Stab von Konstrukteuren und Ingenieuren die konkrete Ausführung. Die angestrebte Kapazität und Geschwindigkeit des Schiffes gab vor, welche Größe nötig war, um effizient arbeiten zu können. Die technische Ausstattung ergab sich aus den Anforderungen, die an den Liner gestellt wurden: Damit der wöchentliche Fahrplan eingehalten werden konnte, durfte er nur etwa 36 Stunden für den so genannten turn-around im Hafen benötigen (darunter versteht man die Zeit, die benötigt wird, um ein Schiff nach seiner Ankunft für die nächste Abreise bereit zu machen). Er musste elf Monate lang ohne aufwändige Reparaturen operieren können, um nur einmal jährlich zur Überholung gedockt zu werden. Er musste widerstandsfähig genug konstruiert sein, um auch in schweren Stürmen noch schnell und sicher voran zu kommen. Die Passagiere durften nicht von ungebührender Vibration der Maschinen gestört werden, ebenso wenig von Lärm und Hitze, und der Rauch aus den Schornsteinen durfte niemandem den Spaziergang an Deck verderben.
Aus den zahlreichen Vorgaben ergab sich, dass das Schiff

eine Länge von etwa 310 Metern, eine Breite von ungefähr 36 Metern und eine Tonnage um die 80.000 Tonnen erreichen würde, so dass der nötige Antrieb für eine Geschwindigkeit von 28 1/2 Knoten untergebracht werden konnte.
Endlose Stunden debattierten die Konstrukteuere darüber, welche Maschinen das Schiff antreiben sollten. In die engere Wahl wurden Turbinen und Dieselmotoren gezogen, oder ein turbo-elektrischer Antrieb, bei dem Turbinen Elektromotoren mit Energie versorgen, die die Schiffsschrauben antreiben.
Bis dahin war es üblich, große Schiffe mit Dampfturbinen auszustatten. Die beiden anderen Konzepte waren noch recht jung, so dass die Wahl auf Turbinen fiel.
Damit stellte sich die Frage, auf welche Weise der Dampf für die Turbinen zu erzeugen sei. In Frage kamen herkömmliche Scotch-Kessel oder die moderneren Wasserröhrenkessel.
Lange Zeit waren sich die meisten an der Konstruktion des neuen Schiffes Beteiligten sich nicht über die Zuverlässigkeit von Wasserröhrenkesseln einig, zumal ihr geringeres Gewicht die Stabilität des Schiffes beeinflussen würde.
Die ersten Pläne für den neuen Liner sahen Scotch-Kessel vor, die mit ihrem Gewicht am Boden des Schiffes für gute Stabilität sorgen würden. Baute man leichtere Kessel ein, dann bestand die Gefahr, dass der Liner toplastig wurde.
Andererseits zeigten Beobachtungen der neuen BREMEN, die mit Röhrenkesseln ausgestattet war, und der jüngeren Schiffe der Royal Navy, dass Betriebskosten und Effizienz der Röhrenkessel wesentlich günstiger waren, so dass eigentlich nur sie für den neuen Passagierliner in Frage kamen. Letztlich fiel die Entscheidung also zu Gunsten von 24 Röhrenkesseln aus, die man in vier Kesselräumen unterbringen würde. Zusätzlich wurden zur Dampfversorgung von Generatoren und sonstiger Hilfsmaschinen drei herkömmliche Kessel eingeplant.
Die neue Bekesselung bedeutete, dass auf den oberen Decks des Schiffes Gewicht eingespart werden musste, was unter anderem durch ein für seine Zeit neuartiges System für die Abwasserentsorgung erreicht wurde: Bis dahin waren die Abwässer aus Waschbecken und Badewannen getrennt von denen der Toiletten entsorgt worden, da man bei eventuellen Verstopfungen oder schwerem Seegang ein unangenehmes Zurückschwappen befürchtete.
Die zuständigen Ingenieure sahen sich unter anderem in New York die Abwasserentsorgung der neuartigen Wolkenkratzer an und entwickelten ein System, das sie als Modell aus Glasrohren auf dem Dach des Cunard Building errichteten. So konnte das Fließverhalten der Abwässer mit Hilfe gefärbter Flüssigkeiten getestet werden, und die Direktoren der Cunard Line ließen sich davon überzeugen, in dem neuen Liner nur noch einen Abwasserkreislauf einzusetzen. Tonnen von Gewicht für zusätzliche Kupferrohre konnten so gespart werden.
Mittlerweile zeichnete sich ab, dass die Planung des neuen Flaggschiffes auf keinen Fall zu spät begonnen worden war: Die BREMEN des Norddeutschen Lloyd hatte 1929 ihre Jungfernreise angetreten und prompt der MAURETANIA den Rekord für die schnellste Atlantiküberquerung abgenommen. Ein Jahr später übernahm die EUROPA ihrerseits das Blaue Band von ihrem Schwesterschiff.
Bereits 1930 beförderte der »Ozean Express«, wie der Norddeutsche Lloyd seine beiden neuen Schnelldampfer nannte, doppelt so viele Passagiere wie Cunards Große Drei zusammen.
1927 hatte die britische Royal Mail Group die White Star Line von der amerikanischen International Mercantile Marine übernommen. White Star war also wieder eine rein britische Gesellschaft und rang nach wie vor mit Cunard um die vorderen Plätze im atlantischen Geschäft.
Jedoch sah sich die White Star Line ähnlichen Problemen gegenüber wie Cunard. Ihre Flaggschiffe veralteten zusehends und verloren mehr und mehr Passagiere an jüngere Liner.
Um ihren ältesten Liner, die 1911 in Dienst gestellte OLYMPIC, zu ersetzen, erteilte die White Star Line der Werft Harland & Wolff in Belfast den Auftrag zum Bau eines neuen Schiffes, der OCEANIC. Diese sollte ein ähnlich bemerkenswertes Schiff wie der neue Cunarder werden: Dieselmaschinen sollten vier Schrauben antreiben und mit ihren 200.000 PS dem über dreihundert Meter langen Schiff eine Reisegeschwindigkeit von dreißig Knoten verleihen.
Mit seinem Ziel, die Führung auf dem Atlantik zurückzuerlangen, hatte sich das Direktorium der Cunard Line in keiner Hinsicht eine leichte Aufgabe gesetzt. Bereits 1927 hatte die Gesellschaft ihr Kapital durch die Bereitstellung 1.100.000 neuer Aktien zu je £ 1 auf £ 8.100.000 aufgestockt, und dennoch merkte der Vorsitzende des Unternehmens, Sir Thomas Royden, schon zu diesem Zeitpunkt

an, dass damit die zu erwartenden Baukosten durch das Eigenkapital nicht abgedeckt seien.
Hatte sich die Planungsphase für den neuen Cunarder während der ersten drei Jahre im wesentlichen hinter den verschlossenen Türen der Planungsbüros abgespielt, so war es 1929 Zeit, das Vorhaben öffentlich zu verkünden und damit den nicht abreißen wollenden Gerüchten ein Ende zu setzen.
An der Ausschreibung für den Bauauftrag beteiligten sich einige der bedeutendsten britischen Werften: Vickers, Armstrong Whitworth, Harland & Wolff sowie John Brown & Co.
Am 28. Mai 1930 erging an John Brown & Co. die Mitteilung, dass sie den Bauauftrag gewonnen hatten und es am 1. Dezember des gleichen Jahres zur Vertragsunterzeichnung käme – allerdings vorbehaltlich der Klärung einiger wichtiger Fragen. Gemeint war damit, dass es vorläufig in Southampton kein Trockendock gab, das groß genug für den neuen Cunarder war, dass die Frage der Versicherung noch geklärt werden musste und dass es in New York keine Pier von ausreichender Länge für ein Schiff von mehr als dreihundert Metern gab.
Während insbesondere Sir Percy Bates, der stellvertretende Vorsitzende, die Ziele der Reederei konsequent verfolgte, um Lösungen herbeizuführen, arbeiteten in den folgenden sechs Monaten die Ingenieure der Werft eng mit den Planern der Cunard Line zusammen, um die Pläne für das Schiff, das von der Werft die Baunummer 534 bekam, auszufeilen.

Nicht weniger als 16 Modelle in verschiedenen Designs wurden hergestellt und im Testbassin der Werft auf ihre Seetauglichkeit hin überprüft. In dem Bassin konnten Bedingungen, wie Wind und Seegang, real nachgestellt werden, und das Verhalten der Schiffsmodelle mit eigenem Antrieb oder durch eine Schleppvorrichtung gestestet und protokolliert werden.
Im Windkanal wurden zahlreiche Entwürfe für die Schornsteine getestet, wieder verworfen und neu gezeichnet, bis schließlich die optimale Form festgelegt war und es sicher schien, dass das Deck auf diese Weise von Rauchgasen so gut es ging freigehalten werde.
Ein Vierteljahr vor Baubeginn wandte sich Sir Percy Bates in einem Rundschreiben an die Aktionäre, um ihnen das kühne Vorhaben, das in den letzten vier Jahren ausgearbeitet worden war, näher zu erläutern:
»Die Geschwindigkeit wird von der Notwendigkeit diktiert, die Reise zu allen Jahreszeiten und in beide Richtungen antreten zu können sowie von der Erwägung, welche Anzahl Stunden im Hafen auf beiden Seiten des Atlantiks nötig sind.
Die Größe wird von der Notwendigkeit diktiert, ausreichend verkaufbare Unterbringungen für Passagiere zu Verfügung zu stellen, um die Geschwindigkeit bezahlen zu können.
Nach Ansicht der technischen Berater, abgesehen von dem Versuch, Dampfer zu bauen, die sich mit anderen in Größe und Geschwindigkeit messen können, visiert die Firma Cunard ein Paar von Dampfern an, die, obgleich sie sehr groß und schnell sein werden, tatsächlich die kleinsten und langsamsten sind, die alle nötigen ökonomischen Bedingungen erfüllen können.
Über diese Bedingungen hinaus zu gehen wäre extravagant; hinter ihnen zurückzubleiben wäre inkompetent, denn die Gesellschaft würde damit anderen eine direkte Einladung überlassen, mit uns auf einer ökonomischeren Basis zu konkurrieren.«
Von Schiffen zu sprechen, die so klein und langsam wie nötig sind und gleichzeitig die beiden größten und schnellsten

Sir Percy Bates war der geistige Vater der QUEENS.

Schiffe der Welt zu planen, ist ein wunderbares Beispiel britischen Understatements – insbesondere, wenn man in Betracht zieht, welche Hürden den Erbauern dieser kleinsten und langsamsten Schiffe bevorstanden.
Das erste Problem stellte die Frage dar, wer den neuen Cunarder während der Bauphase und danach versichern solle. Für NR. 534 war ein Bauwert von über £ 4.000.000 veranschlagt. Der normale Versicherungsmarkt war jedoch nur in der Lage, £ 2.700.000 abzudecken. In dieser Lage trat die Cunard Line an die britische Regierung heran und bat um Unterstützung.
Ohne Zweifel hatte Cunard in der Situation einen weiteren »Verbündeten« in Form der Weltwirtschaftskrise. Während die Zahl der Arbeitslosen und der Firmenkonkurse im ganzen Land nach oben schnellte, bot der Bau von NR. 534 nicht nur über 3.500 Clydesidern einen Arbeitsplatz, sondern auch tausenden Menschen, die in den zuliefernden Betrieben in allen Teilen des Königreiches arbeiteten. Keine ausreichende Versicherung für das neue Schiff zu finden, hätte bedeutet, dass man gänzlich vom Bau hätte absehen müssen.
Die Regierung stand im Hinblick auf die hohe Arbeitslosenquote unter starkem Zugzwang, der bereits zu einer Revolte innerhalb der Labour Party geführt hatte. Dementsprechend führten die Verhandlungen zwischen Cunard und der Regierung schließlich zur Unterzeichnung des »Cunard (Insurance) Act« im Dezember 1930, in dem die Regierung erklärte, alle Risiken zu tragen, die der normale Versicherungsmarkt nicht abdecken konnte.
Die Bereitschaft der Staatsführung, die Cunard Line zu unterstützen, stieß allerdings nicht in allen Kreisen auf Verständnis, und die Times fragte in einem Leitartikel am 22. September 1930:
»Ist es klug, dass man das Parlament um Unterstützung bei einem Projekt bittet, das auf so kolossaler Ebene geplant ist, dass ein privates Unternehmen nicht die Fähigkeit besitzt, es durchzuführen? (...) Die wahre Frage ist, ob ein derart großes und kompliziertes Meisterwerk wirklich benötigt wird, um Passagiere über den Atlantik zu befördern. Den Möglichkeiten, dass das Schiff ein ökonomischer Fehlschlag wird, muss ins Auge geblickt werden.«
Während sich die Regierung in der Frage um die Versicherung von NR. 534 kooperativ gezeigt hatte, sah sich Sir Percy bei den Diskussionen um ein geeignetes Trockendock einem zäheren Verhandlungspartner gegenüber. Die Docks in Southampton gehörten der Southern Railway Company. Diese unterhielt zur Wartung von Schiffen ein Schwimm- und ein Trockendock und war verständlicherweise nicht recht Willens, geschätzte £ 1.500.000 für ein Dock zu investieren, das für gerade ein einziges Schiff benötigt wurde, welches wiederum die im Verhältnis lächerliche Summe von £ 5.000 einbrachte.
In monatelangen Verhandlungen machte Sir Percy von fast jedem Mittel der Diplomatie Gebrauch. In vielen kleinen Hinweisen lies er durchblicken, das Gladstone Trockendock in Liverpool könne den neuen Liner gerade eben aufnehmen, und vielleicht sei Liverpool deshalb ein viel geeigneterer Hafen für das neue Schiff. Er projizierte die Idee eines ganz neuen Hafens an Englands Südküste, extra für große Schiffe. Er rechnete dem Generaldirektor der Southern Railway, Sir Herbert Walker, in einer Note vor, welches Einkommen das neue Schiff der Bahngesellschaft an Passagiertransporten und Liegegebühren einbringen würde.
Sir Percy ging sogar so weit, Sir Herbert bei einem gemeinsamen Dinner glatt ins Gesicht zu sagen: »Kein Trockendock – kein Schiff!«
Schließlich schaltete sich der Vorsitzende von John Brown & Co., Sir Thomas Bell, in die Verhandlungen ein, der Sir

Das Seeverhalten der QUEEN MARY im Modellversuch. Nichts deutete darauf hin, wie sehr sie in der Realität rollen würde.

Herbert deutlich machte, dass die Regierung bereit sei, den Beschluss bezüglich der Versicherung zu unterzeichnen, aber dass die Cunard Line auf keinen Fall einen Bauauftrag geben konnte, so lange die Frage des Trockendocks nicht geklärt war.

Vermutlich sah Walker schließlich ein, dass er sich mit einer weiteren Weigerung in die Position des Buhmanns gebracht hätte, der verantwortlich für die weiter steigende Arbeitslosigkeit wäre, wenn Nr. 534 nicht gebaut wurde.

Ende November endlich teilte er deshalb Sir Percy mit, dass seine Gesellschaft das nötige Dock rechtzeitig bis Oktober 1933 zur Verfügung stellen werde, bat aber gleichzeitig um die Zusicherung, dass die Cunard Line auch zukünftig die Docks der Southern Railway in Southampton nutzen werde.

Sir Percy antwortete am 1. Dezember: »Im Hinblick auf eine solche Zusicherung werden Sie verstehen, dass wir nicht präziser sein können als die Southern Railway hinsichtlich der Fertigstellung des Trockendocks. Gleichzeitig kann ich persönlich Sie unverbindlich davon versichern, (1) dass die Gesellschaft zum gegenwärtigen Zeitpunkt keine Absichten hat, ihren Basishafen am Kanal zu ändern; (2) dass mir keine Umstände bekannt sind, unter denen die Gesellschaft dies wünschen könnte. Es versteht sich, dass für den Fall, dass das Dock nicht rechtzeitig fertig ist, Sie unter keine rechtlichen Verpflichtungen gegenüber der Firma Cunard kommen, aber ich muss Ihnen ausdrücklich sagen, dass, sollte dies unglücklicherweise der Fall sein, daraus ein sehr ernster Stand der Dinge resultieren würde.«

In New York verhandelte unterdessen der dortige Direktor der Cunard Line, Sir Ashley Sparks, mit den Behörden um eine Verlängerung der Cunard-Pier. Das Problem war hier nicht, ob man die Pier umbauen werde, sondern zu welchem Preis sie zukünftig genutzt werden sollte.

In den folgenden Monaten deutete Sir Percy in einem Brief an Sir Ashley sogar an, man müsse in Betracht ziehen, ein »Southampton« für das »London« finden, das sich New York nenne und schlug später Boston als Zielhafen mit kostenlosem Bahntransfer der Passagiere von und nach New York vor.

Im Hinblick auf die Depression und die drohenden Verluste, falls die Cunard Line ihren Verkehr in einen anderen Hafen verlegen sollte, stimmten die New Yorker Behörden schließlich einer Pier von tausend Fuß zu, für deren Benutzung Cunard jährliche Gebühren von £ 48.000 zu zahlen hatte.

Die wichtigen Fragen, von denen die Unterzeichnung des Bauauftrages für das neue Schiff abhing, waren also geklärt, und wie geplant erging im Dezember 1930 der offizielle Auftrag für den Bau eines eintausend Fuß langen Transatlantikliners an John Brown & Co.

In einer feierlichen Zeremonie wurden am 27. Dezember 1930 die erste Stahlplatten des Kiels für das Schiff Nr. 534 gelegt, und der Werftdirektor Donald Skiffington trieb die erste Niete in den Stahl. Einer der Vorsitzenden beschrieb diesen großen Tag in Clydeside: »Es war ein besonders ungemütlicher, nebliger Wintertag, und die elektrischen Lichter unter den Kränen der Helling mussten bereits bald nach halb vier Uhr nachmittags eingeschaltet werden. Doch der erbitterte Ethusiasmus der Manager, Meister und Arbeiter und ihr Ehrgeiz, nach all den Monaten des Wartens am Ende dieses ersten Tages etwas vorweisen zu können, waren so groß, dass die Arbeit in Nässe und Dunkelheit noch bis in die Nacht voran ging.«

Innerhalb von einem Monat war der gesamte Kiel gelegt, der längste, der bis dahin in Schottland gebaut worden war, und die Arbeit ging zügig voran, so dass Ende November 1931 bereits fast die gesamte Beplattung des Rumpfes fertig gestellt war.

Während Großbritannien mehr und mehr unter der Weltwirtschaftskrise zu leiden hatte, schufteten am Clyde die Arbeiter in drei Schichten Tag und Nacht an dem gigantischen Schiffskörper, und es war abschätzbar, dass Nr. 534 im späten Frühjahr 1932 vom Stapel laufen und 1934 auf Jungfernfahrt gehen werde.

Doch auch die Cunard Line war gegen die allgemeine Rezession nicht immun. Die anhaltende Krise in der Neuen und der Alten Welt führte dazu, dass weniger Passagiere den Atlantik überquerten, weil sie es sich nicht mehr leisten konnten, oder weil es keine Geschäfte mehr gab, die man auf der anderen Seite hätte abschließen können. Die Einnahmen aus den Überfahrten waren dementsprechend seit 1928 um fast zwei Drittel zurückgegangen – zu viel, um noch an den Bau eines neuen Superliners denken zu können.

Neue Schiffe wurden üblicherweise durch eine Kombination aus Rückstellungen, Anleihen auf dem Finanzmarkt und die Einnahmen während der ersten fünf Jahre Lebensdauer finanziert. In der gegenwärtigen Situation jedoch konnte kein Geldgeber mehr auf dem Finanzmarkt gefunden werden, und die Rückstellungen wurden an anderer Stelle benötigt. Die Cunard Line hatte noch etwa eine Million Pfund an flüssigen Mitteln, die zur Zahlung offener Rechnungen ausreichten.

Am 10. Dezember 1931 kam das Direktorium zu einer Sondersitzung zusammen. Es herrschte Krisenstimmung. Das Jahr hatte bereits schwere Einsparmaßnahmen mit sich gebracht, unter anderem eine deutliche Kürzung der Löhne »vom Direktorium an«, die immerhin £ 1.780.000 gespart hatte.

In NR. 534 waren zu diesem Zeitpunkt bereits £ 1.500.000 geflossen – zu viel, um das Projekt aufzugeben. Und doch waren alle Möglichkeiten ausgeschöpft.

Während eine Subventionierung der großen Schifffahrtsgesellschaften anderer Staaten – als Beispiel sei Frankreich genannt – durch die jeweiligen Regierungen nicht unüblich war, arbeitete Cunard lediglich auf Basis der Postsubvention und musste die schmerzhafte Konsequenz aus der Krise ziehen.

Am nächsten Morgen hing bei John Brown eine von Sir Thomas Bell unterschriebene Mitteilung aus:

»Hiermit wird allen Angestellten der Clydebank Schiffswerft (...) mitgeteilt, dass alle Arbeiten in Verbindung mit Vertrag 534 (dem Cunarder) ab Mittag, 11. Dezember, zu stoppen sind.

Das Arbeitsverhältnis aller Angestellten endet deshalb heute Mittag. Die Eigner drücken ihr tiefes Bedauern aus, dass besondere Umstände die totale Unterbrechung aller Bauarbeiten an Rumpf und Maschinen dieses wichtigen Projektes haben notwendig werden lassen.«

Für die über dreitausend am Bau von NR. 534 Beschäftigten und tausende von Angestellten der Zuliefererbetriebe wurde 1931 ein trauriges Weihnachten.

Und das ganze Jahr 1932 hindurch dominierte das Gerippe des mächtigen Schiffes die Silhouette von Clydeside und schien mit seinem Anblick die arbeitslosen Arbeiter verhöhnen zu wollen. Dieser namenlose tote Gigant mit der Baunummer 534 wurde zum Symbol für das Trauma, in dem ein ganzes Land erlebte, wie seine einst so leistungsstarke Industrie zum fast totalen Stillstand kam.

Gleichzeitig wurde wiederum Kritik an dem Vorhaben laut, in Form der Frage, ob ein Schiff dieser Größe wirklich von Nöten sei und dass die derzeitige Situation ganz bestimmt nicht nach einem Luxusliner verlange.

Die Cunard Line erklärte in einem Rundschreiben an ihre Aktionäre, der letzte für Cunard gebaute Expressliner sei 1914 die AQUITANIA gewesen, und seither haben andere Staaten größere, schnellere und modernere Schiffe gebaut, bis hin zur NORMANDIE der Compagnie Générale Transatlantique, die in Größe und Geschwindigkeit mit NR. 534 vergleichbar war.

Der Bedarf sei also für Schiffe dieser Art sehr wohl vorhanden. Wenn das neue Schiff nicht gebaut werde, käme das einer Kapitulation gleich, und die britische Post würde wahrscheinlich in der Zukunft von schnelleren ausländischeren Mitbewerbern transportiert.

Das Statement schloss mit den Worten:

»Um es zusammenzufassen, wird NR. 534 gebaut, weil die Firma Cunard ein solches Schiff brauchen wird; und aus keinem anderen Grunde. Es wird ein solches Schiff werden, weil es so gebraucht wird und weil es damit nicht klug wäre, ein anderes Schiff zu bauen. Mit anderen Worten ist sie für die Firma Cunard das unvermeidbare Schiff, und deshalb haben wir sie in Auftrag gegeben.«

Die düstere Lage hielt das ganze Jahr 1932 hindurch an, und auch 1933 schien es nicht, als sei eine schnelle Lösung des Problems in Sicht.

Während dieser ganzen Zeit machten sich vor allem zwei Männer sehr verdient in der Frage, wie man die Arbeiten an NR. 534 wieder beginnen könnte: Sir Percy Bates, der bereits vor Baubeginn alle Wege geebnet hatte, und David Kirkwood, Parlamentsmitglied von Clydeside.

Kirkwood sah die Kinder seiner Stadt hungern, sah depressive Männer und Frauen, die ihre Familien mit den wenigen Pennies der Arbeitslosenhilfe kaum ernähren konnten. Er sah, wie die Einwohner im Herbst und Winter ihre Zeit in billigen Kinos verbrachten, um zu Hause Heizkosten einzusparen. Er hörte sich an, wie Mütter darüber klagten, ihre Kinder seien derart unterernährt, dass sie die schweren Stiefel, die die Regierung als Teil der Einkleidung für Hilfebedürftige zur Verfügung gestellt hatte, nicht tragen konnten.

Kirkwood tat alles Menschenmögliche, um einen Weg zu finden, wie man das Skelett auf der Werft wieder zu Leben erwecken könnte. Er hielt Reden, bettelte, drohte und putzte Klinken. Er sprach mit Premierminister Ramsay Mac-

Donald, Finanzminister Neville Chamberlain, Sir Percy Bates und Sir Thomas Bell, und schließlich sogar mit dem Prince of Wales (dem späteren King Edward VIII.).
Der Prinz fuhr nach Clydeside, um sich selbst einen Eindruck von der Situation zu verschaffen. Langsam, ganz langsam, schien sich am Horizont eine Lösung abzuzeichnen. NR. 534 war zu einer Frage des nationalen Prestiges geworden, ein Symbol, mit dem Großbritannien aller Welt beweisen konnte, dass es die Krise bewältigte – oder dass es alle Hoffnung aufgegeben hatte.
Bei der White Star Line sah die Situation noch um einiges finsterer aus. Die Reederei steckte tief in den roten Zahlen. Den Bauauftrag für die neue OCEANIC hatte sie bereits zurücknehmen müssen, als von dem neuen Liner nur einige wenige Bodenplatten gelegt waren.
Und die Muttergesellschaft, die Royal Mail Steam Packet Company, schuldete den früheren amerikanischen Besitzern der White Star Line noch immer £ 2.000.000. Der Vorsitzende, Lord Kylsant, wurde wegen betrügerischer Machenschaften verhaftet.
Während also Sir Percy Bates und David Kirkwood über zwei Jahre lang dafür kämpften, dass man NR. 534 endlich seinem vorbestimmten Element übergeben könne, schrieb Neville Chamberlain in sein persönliches Tagebuch: »Mein Ziel war es immer, NUMMER 534 als Hebel zu benutzen, um eine Vereinigung der Cunard und White Star Lines zu erzielen, und so ein starkes britisches Unternehmen im Transatlantikhandel zu erschaffen.«
Bereits im Oktober 1932 hatte er Lord Weir, dem früheren Minister für Luftfahrt, den Auftrag erteilt, sich mit dem Geschäftsgebahren und der finanziellen Lage der großen britischen Nordatlantikreedereien und ihren ausländischen Konkurrenten zu befassen.
Das Ergebnis, zu dem er kam, entsprach genau Chamberlains Vorstellungen: Im Hinblick auf die allgegenwärtige Krise der Weltschifffahrt war Lord Weir der Meinung, man solle Cunard für die Fertigstellung des neuen Liners und des geplanten Schwesterschiffes Geld mit niedriger Verzinsung leihen, aber nur unter dem Vorbehalt, dass es zu einer Fusion mit der White Star Line käme.
Er hatte mit Sir Percy Bates gesprochen und mit Lord Essendon, dem Vorsitzenden der White Star Line. Beide zeigten Bereitschaft zu einer Fusion, wenn sie eine Einigung erzielen konnten.
Der »Weir Report« war noch lange Jahre eines der bestbewahrten Geheimnisse der britischen Schifffahrt. Insgesamt existierten seinerzeit nur vier Exemplare davon. Er sah vor, dass sich Cunard und White Star in einem neuen Unternehmen mit dem Namen Cunard White Star Ltd. zusammenschlossen, in dem Cunard einen Anteil von 62% hielt und White Star 38%.

Für den Stapellauf umwickelte man die Propeller der QUEEN MARY mit alten Autoreifen, um die Ränder zu schützen.

Die Regierung würde dem neuen Unternehmen insgesamt £ 9.500.000 leihen, die folgendermaßen aufzuteilen seien:

- £ 3.000.000 für die Fertigstellung von NR. 534.
- £ 1.500.000 als Arbeitskapital.
- £ 5.000.000 für das geplante Schwesterschiff.

> I
> 1932 bewilligte die britische Regierung ein Darlehen von 9,5 Millionen Pfund für den Bau von NR. 534. Dies würde heute in etwa einem Betrag von 490 Millionen Euro entsprechen.

Die schwerste Aufgabe hatte Chamberlain jetzt jedoch noch zu bewältigen: Er musste das Parlament davon überzeugen, dem Vorschlag zuzustimmen. Und nach Jahren der Depression, der Unterstützungskürzungen für Arbeitslose, der Hungermärsche und Proteste war dies kein einfaches Unterfangen.

Monatelang erregte die Debatte die Gemüter im Parlament, wurden hitzige und emotionale Diskussionen geführt und kam es zu Kritik und Zuspruch von beiden Seiten des Parlaments. Selbst unter den konservativen Parlamentsmitgliedern wurde die Frage gestellt, mit welcher Rechtfertigung der Staat in Zeiten schwerster Krise eine horrende Summe Geld für ein rein kommerzielles Projekt zur Verfügung stellen solle.

Captain (später Lord) Crookshank war einer der Gegner des Projektes. In einer Rede bemerkte er:

»Käme nun der Finanzminister plötzlich hier herein und würde sagen ›Jungs, hier sind £ 9.500.000 mit denen wir herumspielen können. Was machen wir damit?‹, dann gäbe es nicht einen Jungen in der Klasse, außer dem Ehrenmitglied von Dumbarton Burghs [David Kirkwood], der die Hand heben und rufen würde: ›Baut dieses Schiff!‹«

Auch der militärische Nutzen eines derart großen Passagierdampfers wurde in Frage gestellt.

Schließlich hielt David Kirkwood eine sehr emotionale Rede, in der er allen Anwesenden vor Augen hielt, dass NR. 534 wie kein anderes Symbol für das wirtschaftliche Versagen Großbritanniens stand, und dass die Krise anhalten werde, so lange noch das Skelett auf der Bauwerft stünde.

Er schloss seine Rede mit einer Aufzählung all der Wirtschaftszweige, deren Erfolg von dem neuen Cunarder abhing:

»Sieben Turbogeneratoren sind in Rugby im Bau; kraftvoll genug, um eine große Stadt mit Licht und Energie zu versorgen. Walsall schickt 400 Tonnen Hochdruckrohre. Wenn das Gesetz heute durchkommt und der Auftrag, mit dem Schiff weiterzumachen, ergeht, werden die Manufakturen 200.000 Stück Geschirr für sie herstellen müssen. (...) Die Turbinengehäuse, die feinste Gussarbeit die jemals gebaut wurde, kamen aus Sheffield und sind in Clydebank auf ein Tausendstel genau geschliffen worden, und hunderttausende von Turbinenblättern werden von schottischen Ingenieuren auf den tausendsten Teil eines Zolls genau von Hand eingesetzt werden. Liverpool hat einen Auftrag von über £ 10.000 für Glas für die Myriaden von Fenstern des Schiffes. Die Propeller kommen von einer Gießerei in London. Eine Gießerei in Darlington lieferte den Achtersteven, eine der großartigsten Ingenieursleistungen der Weltgeschichte, ein Gussstück von 190 Tonnen Gewicht. (...) Sechs Stunden brauchte man, um es die zwanzig Meilen nach Middlesborough zu befördern, wo es verschifft wurde. Fast ganz Darlington tauchte auf, um diese wundervolle Transportleistung von 190 Tonnen zu sehen. (...)

Hunderte von Männern in Southampton haben ein Dock aus der Erde ausgehoben, das größte Dock der Welt, in dem das Schiff ruhen kann, die größte maritime Leistung der Welt. Unter den Dingen, die benötigt werden – und sie kommen alle aus England – sind Meilen von Ankerketten, Meilen an Teppichen, Meilen an Vorhängen (...). Das Schiff braucht eine Ausstattung für täglich 15.000 Mahlzeiten auf See. Neun- bis zehntausend Männer im ganzen Land können sofort eingestellt werden. Innerhalb von nur einer Stunde würden allein in Clydebank 1.000 bis 1.500 Männer anfangen können.«

Schließlich kam es zu einer Abstimmung im Ober- und im Unterhaus, die zu Gunsten des neuen Cunarders ausfiel, so dass am 27. März 1934 der North Atlantic Shipping (Advances) Bill beschlossen wurde.

Innerhalb weniger Tage erhielten vierhundert Clydesider vom Postboten die frohe Botschaft:

»Sehr geehrter Herr, bitte melden Sie sich am Dienstag, 3. April 1934, um 7.40 Uhr bereit zur Arbeit bei John Brown & Co., Clydebank. Bitte übergeben Sie die beigefügte Vorstellungskarte dem Arbeitgeber.«

Es war als lebe die ganze Stadt wieder auf, als an jenem Morgen die Arbeiter – von den Klängen von Dudelsäcken begleitet – durch die Tore der Werft strömten.

Vor ihnen lag zunächst die Aufgabe, in der »größten Vogelkolonie der Welt«, die sich inzwischen in dem Schiffsrumpf eingenistet hatte, Rost zu klopfen. Nicht weniger als 130 Tonnen wurden nach gut zwei Jahren absoluter Stille aus dem gigantischen Rumpf entfernt. Bereits ein Vierteljahr zuvor hatte eine genaue Untersuchung des Rumpfes ergeben, dass die lange Liegezeit ihm keine Schäden zugefügt hatte.

Bis zum Ende der Woche arbeiteten bereits wieder 1.500 Menschen am Bau von NR. 534, und schließlich war die alte Zahl von 3.500 wieder hergestellt.

Am 11. Mai kam es zur offiziellen Gründung der Cunard White Star Ltd., und sechs Tage darauf wurde Sir Percy Bates zum Vorstandsvorsitzenden des Unternehmens gewählt.

Von der Wiederaufnahme der Arbeiten an dauerte es weniger als ein halbes Jahr, und der immer noch namenlose Liner war bereit zum Stapellauf. Die Wichtigkeit des Projektes zeigte sich darin, dass erstmals in der britischen Geschichte ein kommerzielles Schiff in königlichem Beisein zu Wasser gelassen wurde.

King George V. und Queen Mary waren angereist, um das Schiff zu taufen. Es war zehn Minuten nach drei Uhr am Nachmittag des 26. September 1934, als Queen Mary an das Mikrofon trat, von dem ihre Worte in die ganze Welt übertragen wurden.

Die Queen sagte: »Ich freue mich, dieses Schiff die QUEEN MARY nennen zu können. Erfolg wünsche ich ihr, und allen, die mit ihr fahren.«

Dann zerschmetterte eine Flasche australischen Weins an der Backbordseite des Bugs. Das Geheimnis um den Namen des neuen Schiffes war gelüftet, und nachdem Queen Mary den Liner getauft hatte, konnte alle Welt die Worte hören, die, leise von ihr gesprochen, von dem immer noch eingeschalteten Mikrofon übertragen wurden: »Und jetzt drücke ich den Knopf?«

»Ja, das ist hervorragend«, kam die Antwort.

In dem strömenden Regen, der sich an diesem Tag aus dem Himmel über Clydeside ergoss, richteten über 200.000 Zuschauer ihre Blicke auf den riesenhaften Schiffsrumpf, das größte bewegliche Objekt, das je von Menschen geschaffen worden war.

Sir Thomas Bell beschrieb den Moment:

»Für einige Sekunden – Sekunden, die einigen von uns wie Minuten erschienen – passierte gar nichts, bis schließlich ein willkommenes Krachen von Holzstämmen zu hören war, gefolgt von einer Bewegung, gerade wahrnehmbar, und nicht mehr. Dann, fast sofort danach, sahen wir mit an, wie die gewaltige Struktur sich die Helling hinab bewegte, ihre turmgleiche Masse allmählich an Geschwindigkeit gewann, schneller und noch schneller. Es war wirklich Ehrfurcht einflößend, eine so unwiderstehbare Kraft am Werk zu sehen und zu wissen, dass sie vollkommen außerhalb jeder menschlichen Kontrolle war.«

Der weiß gestrichene Rumpf der QUEEN MARY glitt über eine Fläche aus Holzstämmen, die mit 150 Tonnen Talg und 50 Tonnen Schmierseife für den Stapellauf vorbereitet worden war. Eine Feuerspur hinter sich lassend, rumpelte sie auf den Clyde zu, tauchte ins Wasser ein und wurde von mächtigen Ketten gebremst. Der Geruch von brennendem

King George V. und Queen Mary waren beim Stapellauf von NR. 534 als Ehrengäste anwesend. Die Queen taufte den Liner auf ihren Namen und lüftete damit das lange wohlgehütete Geheimnis.

Die QUEEN MARY war ein Flussdampfer auf dem Clyde. Zu Gunsten des neuen Cunarders änderten ihre Eigner den Namen auf QUEEN MARY II. Heute ist sie als Restaurant in London vertäut.

Holz, Roststaub der Ketten und verdampftem Talg hingen in der Luft.

Gerade hundert Sekunden waren vergangen, und eine begeisterte Menge jubelte und feierte ihr Schiff – die QUEEN MARY!

King George bezeichnete sie als das stattlichste Schiff auf dem Meer und sagte: »Es war der Wille des Volkes, dass sie fertig gestellt werde, und heute können wir sie losschicken nicht länger nur eine Nummer in den Büchern, sondern ein Schiff mit einem Namen auf der Welt, am Leben mit Schönheit, Energie und Stärke.«

Zu dem Geheimnis um den Namen der QUEEN MARY gibt es eine Anekdote, die an dieser Stelle erzählt werden soll. Es heißt, die Cunard Line habe ursprünglich geplant, ihr neues Flaggschiff QUEEN VICTORIA zu nennen. Dieser Name stand ganz in der Tradition der Reederei, alle Schiffsnamen auf -ia enden zu lassen, wie CARONIA, MAURETANIA oder AQUITANIA.

Für den königlichen Namen habe man allerdings am Hof um Erlaubnis bitten wollen, und diese Aufgabe habe Lord Royden übernommen, ein Direktor der Cunard Line und enger Freund von King George V.

Als Lord Royden den Moment für passend hielt, wandte er sich also an den König und sagte: »Würden Seine Majestät ihr Einverständnis geben, den großartigen Liner nach der bedeutendsten und bemerkenswertesten Frau zu benennen, die je Königin von England gewesen ist?«

Und er wollte hinzufügen, dass er von der verstorbenen QUEEN VICTORIA sprach, doch der König unterbrach ihn mit dem begeisterten Ausruf: »Das ist das großartigste Kompliment, das mir oder meiner Frau je gemacht wurde! Ich werde sie um ihre Zustimmung bitten, sobald ich nach Hause komme!«

Um Queen Mary nicht zu kränken, sei deshalb das neue Schiff nach ihr benannt worden.

Diese Geschichte ist nur eine von vielen Legenden, wenn nicht sogar die berühmteste, die sich um den Luxusliner ranken.

Der Grund für die Namenswahl war ein anderer: Während die Cunard Line ihre Schiffsnamen auf -ia enden ließ, hatten alle Schiffe der White Star Line Namen mit der Endung -ic, zum Beispiel TITANIC, OLYMPIC oder OCEANIC.

Der Name QUEEN MARY brach mit den Traditionen beider Reedereien und stellte so eine gewisse Einigkeit und einen neuen Anfang dar.

Weniger bekannt ist jedoch, dass selbst die Namensgebung der QUEEN MARY die diplomatischen Geschicke des Sir Percy Bates erforderte. Als dieser nämlich bezüglich der Namensgebung für das neue Schiff an das britische Handelsministerium trat, informierte ihn dieses, dass es bereits zwei Schiffe dieses Namens gab. Eines davon gehörte einer Kolonialregierung und stellte somit keine Schwierigkeiten dar. Das andere war ein Ausflugsdampfer, der ausschließlich in britischen Gewässern, genauer gesagt auf dem Clyde, unter-

Links: Schichtwechsel im Ausstattungsbassin.

Rechts: Drei Lokomotiven hätten Seite an Seite in die Schornsteine der QUEEN MARY gepasst.

wegs war. Die QUEEN MARY gehörte der Firma Williamson Buchanan Steamers Ltd., an deren Unterhändler, Mr. Macfarlane, sich Sir Percy wandte.
Dieser hatte Verständnis für die Situation, lehnte aber die Umbenennung seines Schiffes mit der Begründung ab, dass sein Unternehmen in scharfem Wettbewerb mit anderen Firmen stand, die die am Clyde gelegenen Orte miteinander verbanden und sich zusätzlich der Konkurrenz durch die Eisenbahn erwehren musste. Er befürchtete, eine Namensänderung seines neuesten Schiffes könne ungünstige Auswirkungen auf sein Geschäft haben.
Sir Percy setzte sich mit Sir Thomas Bell von John Brown in Verbindung, und es schien eine glückliche Fügung, dass dieser mit Captain Williamson befreundet war, der die kleine Reederei einst mitbegründet, aber sich inzwischen aus dem Geschäft zurückgezogen hatte.
Gemeinsam erreichten sie zumindest das Versprechen Macfarlanes, sich mit dem Geschäftsinhaber, Captain Buchanan, in Verbindung zu setzen.
Dieser zeigte sich kooperativ und machte den Vorschlag, den Namen seines Schiffes in QUEEN MARY II zu ändern, so dass der große Liner nicht auf den königlichen Titel zu verzichten brauchte.

Jahrzehnte später existierte Cunards QUEEN MARY nicht mehr im britischen Handelsregister, so dass der Ausflugsdampfer seinen alten Namen wieder annehmen konnte. Die QUEEN MARY liegt heute als schwimmendes Restaurant fest vertäut in London am Ufer der Themse.
Der Rumpf des Oceanliners QUEEN MARY hingegen schwamm nun wie eine riesenhafte weiße Badewanne auf den Wassern des Clyde, der eigens für den Stapellauf ausgebaggert worden war, und Schlepper kamen heran, um die noch leere Stahlhülle in das angrenzende Ausstattungsbassin zu schleppen.
Es vergingen eineinhalb Jahre, bis das Schiff aus eigener Kraft ins Meer hinaus fahren konnte. In der Zwischenzeit wimmelte es an Bord von Arbeitern und Künstlern, die einen Transatlantikliner aus dem leeren Rumpf machten.
Zunächst wurde mit Kränen alles schwere Gerät – Turbinen, Kessel, Generatoren, was immer an Maschinen nötig war, um das Schiff anzutreiben – in den Rumpf gehievt. Die

Kabinen, die einmal über 3.300 Passagiere und Besatzungsmitglieder unterbringen sollten, mussten eingerichtet werden, mehr als sechstausend Kilometer elektrischer Kabel verlegt und hinter Panelen verborgen werden. Es gab tausende Arbeiten zu erledigen, bis die QUEEN MARY als schwimmendes Luxushotel gelten konnte.

Bei ihrer Ausstattung hatten die Direktoren der Cunard Line eine Richtlinie festgelegt: Auf keinen Fall wollten sie eines jener schwimmenden Landhäuser vergangener Tage. Die Einrichtung der QUEEN MARY sollte modern, zeitgemäß und zweckmäßig sein, womit die Herren eine Art von schlichter Eleganz verbanden, wie sie die BREMEN einige Jahre zuvor präsentiert hatte.

Einige der bekanntesten und besten Architekten und Künstler wurden mit der Aufgabe betraut, die Inneneinrichtungen der QUEEN MARY zu gestalten und dem Schiff ein modernes Aussehen zu geben.

Im Falle der Künstler, die von der Öffentlichkeit und Presse damals für ihre Arbeiten hoch gefeiert wurden, führte dieses Vorhaben jedoch zu Differenzen. Die Geschäftsführung von Cunard White Star war doch konservativ genug, um den Erfolg ihres jüngsten Sprösslings nicht durch ein zu gewagtes Design aufs Spiel zu setzen.

Obgleich das reisende Publikum an moderne Gestaltung, wie man sie aus den großen Hotels der Zeit kannte, gewöhnt sein musste, waren einige Gemälde dem Direktorium doch zu mutig und kamen auf dem Liner niemals zum Einsatz. Eine besonders rüde Abfuhr erhielt dabei der Maler und Innenarchitekt Duncan Grant, der mit der Ausstattung der Grand Lounge beauftragt worden war.

Als Sir Percy zum ersten Mal den fast fertig gestellten Raum betrat und sich umsah, war er soweit zufrieden. Einzig über die drei Gemälde, die Grant gemalt hatte – und er galt als einer der besten Landschaftsmaler seiner Zeit – sagte Sir Percy: »Wisst ihr, was ihr damit machen könnt?«

»Ja, Sir?«, fragte einer seiner Untergebenen bereitwillig.

»Gebt sie einer Blindenschule!«

Der Künstler war nicht anwesend, um sich diese Demütigung seiner Kreationen anhören zu müssen, aber es ist nicht schwer, sich vorzustellen, wie seine Reaktion war, als er erfuhr, dass an Stelle der Gemälde, in denen monatelange Arbeit steckte, lediglich große Spiegel hängen würden.

Sir Stanley Spencer, ein anderer Künstler, hatte ein Bild gemalt, das eine Gruppe Arbeiter zeigte, die mit großer Anstrengung eine Stahlplatte an das Gerippe des Schiffes anpassten. Auch dieses Bild wurde von Cunard zurückgewiesen. Inmitten von Luxus und Entspannung wollte man die Passagiere wohl nicht daran erinnern, welch harte, schweißtreibende Arbeit der Bau der QUEEN MARY erfordert hatte.

Links und Mitte: Die QUEEN MARY wurde modern und zweckmäßig im Stil ihrer Zeit ausgestattet. Zahlreiche Kunstwerke wurden dafür extra von namhaften Künstlern angefertigt.
Rechts: Commodore Sir Edgar Britten hatte die Ehre, die QUEEN MARY auf ihrer Jungfernreise zu kommandieren.

Die schlichte Eleganz, mit der die Architekten die Kabinen und öffentlichen Räume des Schiffes gestaltet hatten, entsprach dagegen den Erwartungen des Direktoriums und zählt auch heute noch zu den beeindruckendsten Einrichtungen, die es je auf hoher See gegeben hat.

Im Dezember 1935, fünf Jahre nach Baubeginn, wurden erstmals die 24 Kessel und drei Hilfskessel der QUEEN MARY befeuert, um sie auf ihre Funktionsfähigkeit zu überprüfen. Während tief unten im Schiff Männer die Ölbrenner zündeten, wand sich schüchtern eine braune Rauchwolke aus dem vorderen Schornstein in den Himmel über der Werft. Ohne Zweifel näherte sich NR. 534 der Fertigstellung.

King Edward VIII. reiste am 5. März 1936 an den Clyde, um das fast fertige Schiff selbst zu inspizieren. Er wollte sich selbst ein Bild dieses »erstaunlichen Produktes britischer industrieller Fertigkeit« machen.

Extra für den König wurden einige Räume an Bord soweit hergerichtet, dass er einen Eindruck vom späteren Gesamtbild des Oceanliners erhielt. Doch die Werftleitung hatte die Rechnung ohne King Edward gemacht, der rundweg sagte, er habe die Nase voll davon, immer nur Lounges zu sehen. Er wollte wissen, wo die Besatzung schlafen sollte und wie die Kabinen Dritter Klasse aussehen würden. Über diese Kabinen sagte er: »Das ist luxuriöser als die Erste Klasse vor zwanzig Jahren!«

Von dem eigentlich vorgesehenen Programm nahm der König wenig Notiz, sondern ließ sich nach seinem Willen drei Stunden lang an Bord herumführen, besuchte die Brücke wie den Maschinenraum und sprach mit dem zukünftigen Kapitän der QUEEN MARY, Sir Edgar Britten, genauso wie mit diversen Werftarbeitern. Sein Interesse an den unteren sozialen Schichten des Schiffes sprach sich schnell herum.

Schließlich verließ der König zufrieden die Werft; allerdings nicht ohne vorher seine Bewunderung für den neuen Cunarder ausgesprochen zu haben.

Gerade als sein Wagen die Werft verließ, wurden erstmals die Dampfpfeifen der QUEEN MARY getestet.

Zwei von ihnen waren am vorderen Schornstein befestigt, eine dritte am mittleren. Ihr tiefer Klang hatte eine Reichweite von zehn Meilen und hallte stolz von den Hügeln am Clyde zurück.

Nur knapp drei Wochen später war der Moment für die erste Bewährungsprobe der QUEEN MARY und gleichzeitig des Abschieds von ihrem Geburtsort gekommen.

Es war für viele Clydesider ein bewegender Moment, als am Morgen des 24. März 1936 die Vertäuung der QUEEN MARY gelöst wurde, und eine Anzahl von Schleppern den neuen Luxusliner rückwärts aus dem Ausrüstungsbecken in die gegenüberliegende Mündung des River Cart manövrierten.

Die Einwohner hatten sich so sehr an das Bild des Schiffes gewöhnt, das über fünf Jahre lang das Stadtbild mitgeprägt hatte. Sie hatten gebangt und gebetet, ihm zugejubelt und es verflucht, es gebaut und bewundert – es lieben gelernt.

Jetzt mussten sie ihm Lebewohl sagen. Mancher Werftarbeiter hatte eine Träne im Auge, als die Schrauben der QUEEN MARY sich zu drehen begannen und, Flussschlamm aufwühlend, den Liner langsam vorwärts bewegten. Mit vier tiefen Tönen aus ihren Dampfpfeifen, sagte sie Clydeside, seinen Einwohnern und den Millionen Zuschauern, die die Ufer des Flusses säumten, Farewell.

Ein älterer Werftarbeiter sah ihr nach und murmelte: »Viel Glück, mein Mädchen!«

Mit Hilfe der Schlepper, die sie auf Kurs hielten und zwei Flusslotsen auf der Brücke begann die QUEEN MARY ihre erste Reise ins 14 Meilen entfernte Gourock.

Dies war der schwierigste Teil. Der Clyde war zwar ausgebaggert und kontinuierlich auf seine Tiefe hin überprüft worden. Doch immer noch stellte er die Flusslotsen und die Schlepperkapitäne vor eine Aufgabe, die höchste Präzision erforderte, wenn der Liner nicht aus der Fahrrinne geraten sollte.

Bei Dalmuir Light erfasste eine Windböe das Heck, und das Schiff drohte sich diagonal zum Fluss zu drehen. Die Schlepper mühten sich eine Stunde lang ab, um Schlimmeres zu verhindern, und obgleich die QUEEN MARY für einen Moment auf Grund gelaufen war, sagte der Flusslotse, der 56-jährige Captain Duncan Cameron, später, er habe mit solchen Problemen gerechnet. Das passiere manchmal, und er habe das Schiff einfach zum Stillstand gebracht. Schließlich habe noch nie jemand ein ähnlich großes Schiff durch einen so kleinen Fluss manöveriert.

Durch diesen Vorfall kam der QUEEN MARY die zweifelhafte Ehre zu, schon auf ihrer ersten Reise in Lloyds Liste der Unfälle und Totalverluste verzeichnet zu werden.

Die Jungfernreise der QUEEN MARY gab dem britischen Nationalbewusstsein nach der Weltwirtschaftskrise neuen Schwung.

Der Rest der Reise ging ohne weitere Zwischenfälle vonstatten, und schließlich ging das »stattlichste Schiff«, wie der verstorbene King George V. die QUEEN MARY genannt hatte, wohlbehalten in Gourock vor Anker.
Hier blieb sie einen Tag lang und bunkerte Treibstoff für die bevorstehende Reise nach Southampton. Auch der größte Teil der 24 Rettungsboote wurde erst jetzt an Bord genommen. Um den Tiefgang des Schiffes in dem engen und flachen Flussbett nicht unnötig zu erhöhen, hatte man sie separat von Clydeside hierher gebracht.
Und während an Bord letzte Feineinstellungen vorgenommen wurden, bestaunten hunderte und tausende von Schaulustigen die QUEEN MARY vom Ufer und vielen kleinen Schiffen.
Um halb drei Uhr nachts am 26. März wurde der Anker des Schiffes gelichtet, und die QUEEN MARY fuhr erstmals ins offene Meer hinaus – an Bord eine Mannschaft, die im Wesentlichen die Bauwerft stellte, sowie zwei Kapitäne von Cunard White Star. Commodore Sir Edgar Britten sollte das Schiff kommandieren, während Captain George Gibbons als Vorsichtsmaßnahme von der BRITANNIC transferiert wurde, um Britten im Falle unvorhersehbarer Schwierigkeiten zu unterstützen.
Die Reise nach Southampton hätte allerdings kaum besser verlaufen können, und nach einigen Stunden lief die QUEEN MARY in den Hafen ein.
Eine unüberschaubare Menschenmenge hieß sie jubelnd willkommen, und von der gerade ausfahrenden BREMEN wurde folgendes Telegramm empfangen:
»Unsere herzlichsten Glückwünsche für die Fertigstellung unseres jüngsten und größten Kameraden auf See. Möge unsere erste Begegnung der Beginn einer langen, guten Kooperation sein.«
Kommodore Ziegenbein, Offiziere und Besatzung

Commodore Britten telegraphierte zurück:
»Bitte nehmen Sie von mir, Offizieren und Besatzung unsere wärmste Anerkennung Ihrer freundlichen Nachricht entgegen. Die QUEEN MARY wird, da sind wir alle sicher, ein würdiger Nachfolger der vornehmen Schiffe, die ihr in den Wassern des Nordatlantik vorausgegangen sind und von denen ihr nobles Schiff eines der leuchtendsten Beispiele ist. Freundlichste Grüße.«

Die QUEEN MARY lief sofort nach ihrer Ankunft in das neue King George V. Dock ein, das extra für sie und ihre noch zu bauende Schwester ausgehoben worden war. Die letzten noch vorhandenen Vorrichtungen des Stapellaufes wurden vom Rumpf entfernt, und das Unterwasserschiff mit dem üblichen Anstrich gegen Rost und Algenbewuchs versehen.
Nach genauer Inspektion lief die QUEEN MARY zunächst ins Ocean Dock ein, von dem aus fast alle transatlantischen Abfahrten aus Southampton stattfanden, und wurde mit der noch fehlenden Ausstattung versehen.
Dann verließ sie den Hafen wieder. Zum Bauvertrag neuer Oceanliner gehörte üblicherweise auch der Punkt, dass das Schiff ausführliche Seetests zu absolvieren habe, bevor es von seinen Eignern übernommen wurde.
Die Tests für die QUEEN MARY wurden vor der Isle of

Man in der Irischen See durchgeführt. Dazu gehörte, welchen Wendekreis das Schiff bei einer bestimmten Geschwindigkeit hatte, wie schnell es eine Meile durchfuhr, wie lange der Bremsvorgang aus verschiedenen Geschwindigkeiten dauerte und die Feststellung der Höchstgeschwindigkeit.
Das Protokoll verzeichnete, dass die QUEEN MARY eine Geschwindigkeit von 32,84 Knoten erreicht hatte, und es bei einer Schraubengeschwindigkeit von 150 Umdrehungen pro Minute 10 Minuten, 30 Sekunden dauerte, das Schiff zum Stillstand zu bringen; gemessen ab dem Moment, als der Maschinentelegraph auf »Stop« gelegt wurde. Eine Wende um 180° dauerte bei 21 Knoten genau 4 Minuten, 1 Sekunde.
Nachdem alles zur Zufriendenheit ihrer Erbauer gestestet worden war, lief der Liner wieder in Southampton ein und machte im Ocean Dock fest. Der Bau von NR. 534 war damit offiziell beendet.
»12. Mai 1936. Übergabe der S.S. QUEEN MARY, Southampton 12 Uhr mittags.«
So schlicht nahm sich das Dokument aus, das besagte, dass die QUEEN MARY von nun an Cunard White Star gehörte.
Die folgenden zwei Wochen lang war das Schiff für die Öffentlichkeit zur Besichtigung geöffnet. Die Eintrittsgelder kamen der Seemannswohlfahrt zu Gute.
Am 25. Mai kam die königliche Familie an Bord, um ihrem jüngsten Botschafter viel Glück auf der bevorstehenden Reise zu wünschen. Die Anwesenheit von Queen Mary, King Edward VIII., dem Duke und der Duchess of York (sie sollten später King George VI. und Queen Elizabeth werden), ihrer Tochter Princess Elizabeth (die zukünftige Queen Elizabeth II.), Princess Margaret, dem Duke und der Duchess of Kent und der Duchess of Gloucester zeigte noch einmal sehr deutlich die nationale Bedeutung des neuen Cunarders.
Die königlichen Herrschaften wurden auf dem ganzen Schiff herumgeführt und zeigten sich von »Großbritanniens Meisterstück« sehr beeindruckt.
Queen Mary sah das nach ihr benannte Schiff zum ersten Mal, seit sie es getauft hatte, und als sie von Bord ging, sagte sie: »Ich bin entzückt von dem Schiff. Sie ist sogar noch hübscher, als ich erwartet hatte.«
Zwei Tage später verkündete ein tiefes Dröhnen ihrer Dampfpfeifen den wartenden Schleppern und den vielen tausend Schaulustigen, dass die Jungfernreise der R.M.S. QUEEN MARY ihren Anfang nahm.
Die Klänge der Royal Marine Corps Band, die »Rule Britannia« spielte, wurden fast übertönt von dem Jubel, der an Bord und an Land gleichermaßen herrschte.
Langsam und majestätisch fuhr der brandneue Oceanliner die Hafengewässer Southamptons hinab in den Solent. Am Mast flatterte der blaue Ensign, der anzeigte, dass Captain Sir Edgar Britten Reserveoffizier der Royal Navy war, und eine ganze Flotte kleiner Schiffe begleitete den stolzen Dampfer aus dem Hafen. Es war einen Tag nach dem 69. Geburtstag Ihrer Majestät Queen Mary.
1.742 Passagiere waren damit beschäftigt, sich in ihren Kabinen einzurichten und sich auf dem riesigen Dampfer zu verlaufen. Selbst zahlreiche Besatzungsmitglieder schienen aufgeregt wie Schulkinder.
»Es war wirklich das totale Chaos«, sagte eine Stewardess später, »aber so ein liebenswertes Chaos. Alle waren so freundlich und froh und angesteckt vom Geiste dieser Reise.«

Auf ihrer ersten Reise transportierte die MARY säckeweise leere Briefumschläge, die für Sammler in aller Welt an Bord gestempelt wurden.

Nach der Kanalüberquerung legte die QUEEN MARY in Cherbourg an und nahm weitere 107 Passagiere sowie zahlreiche Postsäcke und andere Fracht an Bord.
Insgesamt beförderte sie über dreitausend Sack Post, die zum Teil einfach nur leere Briefumschläge enthielten, die an Bord abgestempelt und an Philatelisten in aller Welt verkauft wurden.

Die ganze Reise wurde als ein einziges langes Fest bezeichnet. Die B.B.C. hatte an Bord ein Studio eingerichtet, mit 28 Mikrophonen, die über das gesamte Schiff verteilt waren. Somit wurde rund um die Uhr von Bord in aller Herren Länder berichtet.

Der Komponist Sir Henry Hall, der durch seine Konzerte für die B.B.C. hinlänglich bekannt war, dirigierte die Bordband, die sich aus einigen der besten Musikern ihrer Zeit zusammensetze. Extra für die QUEEN MARY hatte Sir Henry eine Erkennungsmelodie mit dem Titel »Somewhere at Sea« komponiert, und er hatte mit der B.B.C. ein Abkommen, dass er nicht weniger als 14 Konzerte auf See spielen solle, und zwar zu allen Tages- und Nachtzeiten, damit man die Musik überall auf der Welt, unabhängig von Zeitzonen, hören könne.

Sir Henry sagte darüber: »Soweit ich weiß, war es das erste Mal, dass ein Liner seine eigene Erkennungsmelodie hatte. (...) Tatsächlich pumpten wir das Zeug [die Musik] nur noch so raus, und in einigen Fällen fürchte ich, dass die Passagiere der Musik ein wenig überdrüssig wurden.«

An Bord befanden sich außerdem über hundert Reporter, die von der Jungfernfahrt berichteten und ihre Stories per Telegramm an die Redaktionen sandten.

Die QUEEN MARY war das erste Schiff mit einer Telefonanlage, die die Möglichkeit der Kommunikation des Schiffes mit dem Festland bot. Jede Kabine Erster Klasse hatte ein Telefon, und alle Verbindungen der insgesamt 700 Apparate an Bord wurde von Hand hergestellt, ob sie an Land gingen oder in eine andere Kabine. Insbesondere auf dieser ersten Reise hatten die Damen in der Telefonzentrale alle Hände voll zu tun, denn die Passagiere machten reichlich Gebrauch von dem neuen Luxus.

Eine Anruferin erzählte überall auf dem Schiff aufgeregt, sie habe ihren Hund in Australien bellen gehört.

Die Ankunft in New York zählte zu den spektakulärsten, die der Hafen je gesehen hatte. Bereits über hundert Meilen von der Küste entfernt wurde die QUEEN MARY zunächst von einem Flugzeuggeschwader der U.S. Air Force begrüßt, dann flogen drei kommerzielle Flugzeuge unter dem Kommando von Weltkriegsveteran Eddie Rickenbacker im Tiefflug über das Schiff hinweg. Aus Rickenbackers DC-2 ergoss sich ein Regen weißer Nelken auf die Decks des Luxusliners.

Sobald die QUEEN MARY sich den Hafengewässern näherte, hieß eine Flotte kleinerer Schiffe aller Art sie in der Neuen Welt willkommen. Feuerschiffe sprühten prachtvolle Fontänen in die Luft, und die Armada aus Yachten, Fähren und Vergnügungsdampfern geleitete den Liner zu seinem Liegeplatz.

Immer wieder nährten sich Schiffe mit Kapellen an Bord der QUEEN MARY und spielten »God Save The King« oder »Rule Britannia«, um den großen Dampfer zu begrüßen, und ein ums andere Mal antworteten Sir Henry Hall und seine Band mit »Somewhere at Sea«, das durch die

Links: In der Telefonzentrale wurden sämtliche Verbindungen von Hand hergestellt.
Rechts: Die triumphale Ankunft der QUEEN MARY in New York.

Die QUEEN MARY *enttäuschte nicht die Hoffungen, die man in sie gesetzt hatte.*

Sängerin Frances Day, die ebenfalls mitgereist war, zu einem Welthit werden sollte.
Schließlich manöverierte eine Gruppe Schlepper den Liner an seinen Liegeplatz, Pier 90. Sir Edgar Britten und Sir Percy Bates wurden in allen Ehren in Empfang genommen und fuhren zu einem Galadinner in der City Hall. Es war Montag, der 1. Juni 1936.
Die folgenden drei Tage waren eine nicht enden wollende Aneinanderreihung von Festivitäten, während etwa 30.000 Menschen je einen Dollar zahlten (der Gewinn kam wiederum der Seemannswohlfahrt zu Gute), um das stattlichste Schiff besichtigen zu dürfen.
Überall in New York konnte man alle möglichen Queen-Mary-Souvenirs kaufen, doch die zahlreichen Besucher zogen es vor, sich auf dem echten Schiff zu bedienen und nahmen mit, was nicht niet- und nagelfest war.
Freitags trat die QUEEN MARY ihre Rückreise in die Alte Welt an. Captain Sir Edgar Britten hatte über 30.000 Glückwunschbriefe im Gepäck, die er aus ganz Amerika empfangen hatte.
Die QUEEN MARY war also von Reisenden, Besatzung, Öffentlichkeit, Medien und sogar dem Köngishaus gefeiert worden. Gleichzeitig bereitete sie dem Direktorium von Cunard White Star einiges an Kopfzerbrechen. So sorgfältig sie zehn Jahre zuvor geplant worden war, so viele Kinderkrankheiten hatten sich doch auf dieser ersten Reise gezeigt, und es war nur dem ungeheuren Schub an Nationalstolz und neuer Motivation zu verdanken, die das krisengeschüttelte Königreich durch den Liner erhielt, dass die Journalisten an Bord respektvoll schwiegen.
Denn das stattlichste Schiff hatte sich auf seiner Jungfernfahrt keineswegs so stattlich verhalten. Bei der Abreise war niemandem aufgefallen, dass es in den breiten Gängen im Schiff keine Geländer zum festhalten gab. Sobald jedoch nur ein wenig Seegang aufkam, begann der Oceanliner derart zu rollen, dass man sich kaum auf den Beinen halten konnte. Und in etwas schwererem Seegang blieb manch einem Passagier fast das Herz stehen, weil es so aussah, dass das Schiff in wenigen Augenblicken kentern werde, bis es sich nach einer scheinbaren Ewigkeit wieder aufrichtete und nach der anderen Seite überlegte.
Dieses Phänomen sollte noch manches Stück Porzellan zerschellen lassen, und die englischen Manufakturen, die spezielles Geschirr für die Cunard Line herstellten, mussten zeitweise in Extraschichten arbeiten, um dem enormen Porzellanverschleiß der QUEEN MARY nachzukommen.
Davon abgesehen vibrierte das Meisterstück britischer Ingenieurskunst, wie Cunards Werbung die QUEEN MARY bezeichnete, am ganzen Heck wie eine Schlagbohrmaschine, und die Summen können nur erahnt werden, die die

Reederei Passagieren an Schadensersatz und »Schweigegeld« zahlte, weil der dicke Qualm aus den Schornsteinen ihre Kleidung ruiniert hatte.

Der erste Schritt gegen diese Startschwierigkeiten war es, dass in die Schornsteine spezielle Filter eingebaut wurden, sobald dies möglich war, mit denen der Qualm regelrecht gewaschen wurde.

Schon nach wenigen Monaten, im Januar 1937, zog die Cunard Line das Schiff vorläufig aus dem Dienst zurück. Offiziell waren einige »routinemäßige Wartungen« nötig geworden.

Was folgte, war allerdings alles andere als bloße Routine: Die Grand Lounge, der Rauchsalon und der größte Teil aller Luxuskabinen wurden bis auf das bloße Metall auseinander genommen. Dann wurde das Gerippe mit 45 Zentimeter breiten Stahlträgern verstärkt, und existierende Streben noch einmal querverstrebt.

In den Gängen wurden Geländer an den Wänden angebracht, und Möbel, die vorher in Wildwestmanier durch Kabinen und Gesellschaftsräume getanzt waren, wurden fest am Boden verankert.

Die Schlingerkiele des Schiffes wurden um mehrere Zoll verbreitert, und ein Satz neuer Schrauben wurde für die QUEEN MARY entworfen, um der Vibration Herr zu werden.

Die bisherigen Schrauben, die größten, die bis dahin gegossen worden waren, wurden stillschweigend verschrottet. Noch wenige Monate zuvor waren sie von tausenden stolzen Einwohnern aus Southampton und dem ganzen Land signiert worden.

Durch die zusätzliche Versteifung war die Vibration abgestellt. Die neuen Propeller trugen ihrerseits dazu bei und verliehen dem Schiff außerdem eine höhere Geschwindigkeit. Auch von übermäßigem Dreck aus den Schornsteinen blieben die Passagiere jetzt weitgehend verschont. Einzig das Rollen sollte noch lange ein Markenzeichen der QUEEN MARY bleiben.

Waren aber diese anfänglichen Nachbesserungen – so weit es ging – hinter verschlossenen Türen abgelaufen, so konnte eine gewisse Enttäuschung in der Bevölkerung und den Medien über einen anderen Punkt nicht übersehen werden: Die QUEEN MARY hatte auf ihrer Jungfernreise nicht das Blaue Band für Großbritannien zurückerobert.

Noch wenige Jahre zuvor war dies eine rein imaginäre Auszeichnung gewesen, die dem Liner zuteil wurde, der den Atlantik in der kürzesten Zeit in Ost–West-Richtung überquerte. Erst 1935 stiftete Harold Hales, ein Mitglied des britischen Parlaments, eine solide Silbertrophäe, die von Reederei zu Reederei weitergegeben werden sollte.

Das wahre Interesse am Blauen Band war erst kurz zuvor wieder aufgeblüht. Von 1907 an hatte es unanfechtbar der MAURETANIA und damit der Cunard Line gehört. 22 Jahre lang schaffte es kein anderes Schiff, es der MAURETANIA abzujagen. Einzig die LUSITANIA, das 1915 versenkte Schwesterschiff der MAURETANIA, hatte dieser den Rekord in den ersten Jahren strittig gemacht.

Erst 1929 wurde die Zeit für die Atlantikpassage von einem neuen Schiff unterboten. Die BREMEN überquerte den Atlantik auf ihrer Jungfernreise mit einer Durchschnittsgeschwindigkeit von 27,91 Knoten. Schon im Jahr darauf musste sie es der neuen EUROPA überlassen, bis 1933 mit der REX erstmals ein italienisches Schiff die Auszeichnung gewann.

1935 trat die großartige NORMANDIE der Compagnie Générale Transatlantique ihre erste Passage über den Atlantik an und gewann damit das Blaue Band für Frankreich. Bei ihrer Einfahrt in New York führte sie einen dreißig Meter langen blauen Wimpel als Zeichen ihres Triumphes am vorderen Mast.

In Größe, Ausstattung und Geschwindigkeit waren die QUEEN MARY und die NORMANDIE sich sehr ähnlich, und die gespannte Öffentlichkeit Großbritanniens hatte erwartet, die QUEEN werde auf ihrer Jungfernreise das Blaue Band von den Franzosen zurückerobern.

Doch trotz ihrer hohen Geschwindigkeit war es der QUEEN MARY auf ihrer ersten Reise nicht gelungen. Am fünften Tag der Überfahrt war sie in eine Nebelbank geraten, und Captain Britten hatte die Geschwindigkeit des Schiffes reduziert, so wie es die immer noch geltenden Befehle von Sir Samuel Cunard von vor fast einhundert Jahren vorschrieben:

»Für den Fall dass, während der Reise, undurchsichtiges Wetter Sie umgibt, ist die allergrößte Vorsicht anzuwenden, und Sie sollen nicht von dem Wunsche geleitet werden, die Reise fahrplanmäßig zu beenden, sondern einzig um die Sicherheit Ihres Schiffes bedacht sein.«

Nachdem Sir Percy Bates von der Jungfernreise nach Southampton zurückgekehrt war, antwortete er auf die Frage

Links: In der zeitgenössischen Werbung verwendeten Reedereien häufig bekannte Plätze (hier Londons Trafalgar Square) oder Gegenstände, um die Größe ihrer Schiffe zu demonstrieren.
Rechts: Die NORMANDIE *der Compagnie Générale Transatlantique war der* QUEEN MARY *in jeder Hinsicht ebenbürtig.*

nach dem Blauen Band: »Alles, was wir für diesen Fahrplan brauchen, sind 28,5 Knoten, und ich denke, wir haben ein Schiff, das das schaffen wird, und vielleicht mehr. Wir haben 28,5 Knoten mit einer Reserve geschafft, aber ich weiß nicht, wie viel Reserve. Wir mögen eines Tages herausfinden, was dieses Schiff kann, aber Rekorde bedeuten Risiken, und ich bin nicht dafür, Risiken einzugehen. Ich bin ganz gewiss nicht in der Stimmung zu rasen.«
Aber Sir Percy wusste sehr gut, welche Publicity das Blaue Band für sein Schiff bedeuten würde.
Um es zu gewinnen, musste ein Schiff die schnellste Transatlantikpassage in Ost–West-Richtung absolvieren. Die zu Grunde liegende Strecke war dabei die Entfernung zwischen Bishops Rock vor den Scilly Inseln und dem Abrose-Feuerschiff vor der Küste New Yorks.
Mit einer Durchschnittsgeschwindigkeit von 30,14 Knoten gelang es der QUEEN MARY in westlicher Richtung im August 1936 als erstem Schiff, den Atlantik in dieser Richtung mit mehr als dreißig Knoten zu überqueren.
Auf der Rückreise legte sie die Strecke in drei Tagen, 23 Stunden und 57 Minuten zurück, und damit war sie das erste Schiff, das die Transatlantikpassage in unter vier Tagen zurückgelegt hatte. Die durchschnittliche Geschwindigkeit auf der Rückreise hatte 30,63 Knoten betragen. Damit war die QUEEN MARY drei Stunden und 31 Minuten (oder 0,32 Knoten) schneller als die NORMANDIE.

Während an Land begeisterte Menschenmengen den Oceanliner empfingen, erfuhren die Passagiere erst nach und nach von dem Rekord, und die Cunard Line stritt kategorisch ab, es jemals auf irgendwelche Wettrennen angelegt zu haben.
Kurz nach der Reise gab Sir Percy, der inzwischen Glückwünsche von allen Seiten empfangen hatte, von Liverpool aus ein Statement ab:
»Wenn wir der QUEEN MARY auf dieser Reise freien Lauf ließen, gab es einen Sinn für unser Handeln. Wir sind momentan mit Erwägungen der Einzelheiten für das Schwesterschiff der QUEEN MARY beschäftigt. Bei der rechten Auswahl der Details für die Maschinen und Propeller war uns die Rundreise der QUEEN MARY während der letzten zwei Wochen von größtem Nutzen.«
Die Cunard Line verweigerte dementsprechend auch die Annahme der Hales-Trophäe.
Die NORMANDIE gewann 1937 das Blaue Band noch einmal für ein Jahr zurück, bis es 1938 endgültig im Besitz der QUEEN MARY blieb.
Für die nächsten 14 Jahre blieb das große britische Schiff Inhaberin dieser Auszeichnung, bis 1952 die UNITED STATES den alten Vorkriegsrekord der QUEEN MARY brach und wahrscheinlich für alle Zeit das letzte Schiff bleiben wird, das sich damit schmücken darf.

DIE QUEENS DES NORDATLANTIKS

KAPITEL 3

DAS ULTIMATIVE SCHIFF

KAPITEL 3

DAS ULTIMATIVE SCHIFF

QUEEN ELIZABETH
1936–1940

Noch während die QUEEN MARY bei John Brown & Co. ausgestattet wurde, begannen in der Öffentlichkeit die Diskussionen über ihr geplantes Schwesterschiff, und nach der Jungfernfahrt der MARY gingen bei der Cunard Line erste Buchungen für die Jungfernreise des zweiten Schiffes ein.

Doch Sir Percy Bates hatte schon sehr früh deutlich gemacht, dass es kein Schwesterschiff im eigentlichen Sinne geben werde. Hatte er die QUEEN MARY als das »unvermeidbare Schiff« bezeichnet, so sollte ihre Mitspielerin das »ultimative Schiff« werden.

Zwischen der ersten Planung für die QUEEN MARY und ihrer Jungfernreise waren zehn Jahre vergangen. Zehn Jahre, in denen im Schiffbau etliche Fortschritte erzielt wurden.

Schon der optische Vergleich der QUEEN MARY mit der NORMANDIE ließ deutlich werden, dass zwar beide Schiffe in einer Klasse eingestuft werden konnten, aber die NORMANDIE sah um einiges moderner und eleganter aus als die QUEEN MARY. Nicht, dass das britische Schiff unelegant gewesen wäre; es war nur ein wenig konservativ.

Die Kombination von sorgfältiger Planung, Erfahrungen mit der QUEEN MARY und ein wenig Spionage beim Gegner mussten folglich zum ultimativen Resultat führen.

Einer der Ingenieure der Reederei reiste also an Bord der NORMANDIE nach New York und gab sich als Lebensmittelhändler aus. Überall an Bord sah er sich genauestens um, und angesichts seiner vielen spezifischen technischen Fragen dürften der Crew des französischen Liners einige Zweifel an seiner »Tarnung« gekommen sein.

Allerdings sagte der Mann später, er habe durch die NORMANDIE wahrscheinlich mehr neue Ideen gewonnen, als durch die QUEEN MARY.

Das Gesamtbild des neuen Schiffes sollte geradliniger wirken. Die Planung sah statt eines vorderen Welldecks ein ebenes Vordeck vor. Hatte die QUEEN MARY zwei Buganker, so waren für den neuen Liner drei vorgesehen, wobei der dritte in zentraler Position im Vorsteven seinen Platz erhalten sollte. Das machte einen weiter vorspringenden Bug notwendig, und die hinteren Decks sollten in noch längeren Terrassen zum Heck hin auslaufen, so dass der neue Liner eine sehr schnittige Silhouette erhalten würde.

Technische Fortschritte sorgten für Unterschiede bei der Bekesselung: Die QUEEN MARY besaß 24 Röhrenkessel. Das neue Schiff benötigte nur zwölf Kessel, um die gleiche Leistung zu erreichen.

Andere Weiterentwicklungen machten die großen Ventilatoren und Luftfänge überflüssig, die auf den Decks der QUEEN MARY viel Platz einnahmen, so dass auf dem neuen Liner wesentlich mehr freie Decksfläche zur Verfügung stehen würde. Die Luftzufuhr wurde in die Sockel der Schornsteine integriert.

Durch diese verbesserten Platzverhältnisse auf Deck ließ sich ein Problem umgehen, das auf der QUEEN MARY immer wieder zu unzufriedenen Äußerungen geführt hatte: Das Promenadendeck für Passagiere Dritter Klasse lag direkt hinter der Brücke, was dazu führte, dass diese auf das darunter liegende Bootsdeck hinabblicken konnten, welches die Promenade für Reisende Erster Klasse war.

Umgekehrt wäre die Lage sicherlich akzeptiert worden, aber dass die Dritte Klasse auf die Erste hinabschauen sollte, war von Anfang an ein böser Fettnapf, und die Ingenieure setzten alles daran, diesen Fehler auf dem neuen Schiff nicht zu wiederholen.

Im Februar 1936 wurde der Bauauftrag an vier Werften ausgeschrieben: John Brown, Swan Hunter and Wigham Richardson, Vickers Armstrong sowie Cammell Laird.

Am 27. Mai 1936, während die QUEEN MARY sich anschickte, ihre Jungfernreise zu beginnen, erging die Nachricht an John Brown & Co., dass ihr Gebot das erste sei, das für den Bau des neuen Schiffes in Erwägung gezogen werde, und Anfang Oktober des gleichen Jahres wurde offiziell der Auftrag unterzeichnet.

Ein Gigant beginnt in die Höhe zu wachsen. Die Frage nach der Finanzierung war der Frage nach dem Zeitpunkt gewichen.

Vorherige Seite: Ein Bild, das bereits die Schnittigkeit der QUEEN ELIZABETH *erahnen lässt.*

Das »ultimative Schiff« erhielt von der Werft die Baunummer 552. Und dieses Mal sollte es keine Frage nach dem Ob geben, sondern nur nach dem Wann.
Cunard White Star kündigte an, NR. 552 werde 1938 vom Stapel laufen und 1940 die Jungfernreise antreten. Konnte das einhundertjährige Jubiläum der Gesellschaft passender begangen werden als mit dem Beginn des wöchentlichen Transatlantikdienstes der zwei Großschiffe?

Die Kiellegung des neuen Oceanliners begann ohne große Zeremonie am 6. Dezember 1936, und ohne nennenswerte Zwischenfälle technischer, finanzieller oder sonstiger Art wuchs alsbald das Gerippe des Schiffes in die Höhe.
Um den Namen des Schiffes wurde kein Geheimnis gemacht, wie es bei der QUEEN MARY der Fall gewesen war. Während die *New York Herald Tribune* von Baubeginn an verkündete, das Schiff werde KING GEORGE V. heißen,

Die QUEEN ELIZABETH wurde Cunards ultimatives Schiff.

um den verstorbenen König zu ehren, verkündete die Cunard Line im Februar 1938 offiziell, Nr. 552 werde den Namen QUEEN ELIZABETH tragen.
Die QUEEN ELIZABETH wurde nach einem wöchentlichen Planverfahren gebaut, dass so präzise funktionierte, dass ein Arbeiter genau wusste, welche Arbeiten in den nächsten Wochen auf ihn zukämen und die Werftleitung sich ein genaues Bild davon verschaffen konnte, wie der Liner in fünf Monaten aussähe.
Es gab genaue Tagespläne, in denen verzeichnet stand, wie lange diese oder jene Arbeit dauern dürfe, und das ganze Schiff war in Sektionen mit eigenen Plänen eingeteilt. Kam eine dieser Sektionen mit dem Bau nicht schnell genug hinterher, so konnten »Einsatztruppen« eingreifen und die Kollegen unterstützen, um den Gesamtbau nicht aus dem Gleichgewicht zu bringen.
Obwohl die QUEEN ELIZABETH nur noch die halbe Anzahl an Kesseln benötigte, besaß die installierte Maschinenanlage große Ähnlichkeit mit derjenigen, die für die QUEEN MARY entworfen worden war.
Auch der neue Liner hatte vier Schrauben, die von individuellen vierstufigen Turbinen angetrieben wurden. Damit sich Turbine und Schraube mit der effizientesten Geschwindigkeit drehen konnten, waren Untersetzungsgetriebe zwischengeschaltet, die die hohen Drehzahlen der Turbinen auf etwas weniger als 180 Umdrehungen pro Minute an den Propellern herabsetzten.
Jede der vier Schrauben aus massiver Mangan-Bronze hatte vier Flügel und wog 32 Tonnen. Trotz dieses enormen Gewichts und eines Durchmessers von 5,50 Metern waren sie so genau gegossen und ausbalanciert, dass man sie von Hand hätte drehen können. Bei Höchstgeschwindigkeit rotierten diese Wunderwerke fast drei Mal pro Sekunde um sich selbst.
In Tanks im Schiffsboden und der doppelten Außenhülle wurden vor jeder Überfahrt etwa 8.000 Tonnen Treibstoff gebunkert.
Die Maschinenräume waren folgendermaßen angelegt: erster und zweiter Kesselraum, Wasseraufbereitung und Klimaanlage, Turbogeneratorenraum, dritter und vierter Kesselraum, vorderer Maschinenraum (für die beiden äußeren Schrauben), hinterer Maschinenraum (für die inneren Schrauben).
Die Ölbrenner wurden von zwölf elektrisch betriebenen Ventilationssystemen mit Luft versorgt, so dass die Kessel Dampf bei einer Temperatur von 400 °C und einem Druck von 29 bar liefern konnten. Dieser wurde viermal mit jeweils niedrigerem Druck durch die Stufen der Turbine geleitet, um ihn optimal zu nutzen.
Fast alle Hilfsmaschinen der QUEEN ELIZABETH wurden elektrisch betrieben. Sie besaß zwei Generatoren, die eine Gesamtleitung von 8.000 Kilowatt besaßen. Jeder dieser Generatoren konnte allein ausreichend Energie für den normalen Betrieb des Schiffes produzieren, so dass einer meistens abgeschaltet war.

Zusätzlich gab es zwei weitere Generatoren, die nicht mit Dampf betrieben wurden, sondern mit Ölbrennern ausgestattet waren. Sie dienten als Notstrom-Aggregate und konnten jeweils 75 Kilowatt leisten.
Das Ruderblatt der QUEEN ELIZABETH wog 140 Tonnen und besaß zwei Türen und im Inneren eine Stahlleiter, um die Wartung zu vereinfachen.
Während sich an Europas politischem Himmel mehr und mehr düstere Wolken zusammenzogen, ging der Bau des neuen Oceanliners, des ultimativen Schiffes, mit unerschütterlichem Optimismus voran. Wie schon bei der QUEEN MARY schien jeder so vom Zauber dieses Giganten besessen, dass die sich anbahnende Krise darüber ganz vergessen wurde.
Im Sommer 1938 fand in Bellahouston Park, Glasgow, die »Empire Exhibition« statt, eine Ausstellung, in der den Briten stolz das Beste präsentiert wurde, das ihr enormes koloniales Imperium hervorzubringen hatte. Ein Modell der QUEEN ELIZABETH durfte auf dieser Ausstellung natürlich nicht fehlen und entwickelte sich bald schon zur Hauptattraktion. Die Menschen standen Schlange, um einen Blick auf das zukünfige Flaggschiff der Cunard Line werfen zu dürfen.
Der 27. September 1938 war ein typisch grauer schottischer Herbsttag. Für die Bewohner von Clydeside aber war es ein ganz besonderer Tag: Ihr Schiff würde heute vom Stapel laufen, das jüngste Kind einer Tradition, die diesen Teil des Landes im ganzen Empire bekannt gemacht hatte. Und die QUEEN ELIZABETH stellte den Höhepunkt dieser Tradition dar.
In Erinnerung an die schweren Regenfälle bei der Taufe der QUEEN MARY vier Jahre zuvor, hatte Ihre Majestät Queen Elizabeth darauf bestanden, dass jeder Einladung für den Stapellauf eine Karte mit folgendem Wortlaut beigelegt werden sollte: »Da es nicht möglich ist, Schutz gegen schlechtes Wetter zu bieten, ist es der Wunsch Ihrer Majestäten, dass die Gäste in angemessener Ausrüstung für eine solche Eventualität erscheinen mögen.«
Wiederum würde ein kommerzielles Schiff im Beisein der königlichen Familie vom Stapel gelassen werden. Auf der Liste der königlichen Ehrengäste standen für diese Gelegenheit King George VI., Queen Elizabeth, Princess Elizabeth und Princess Margaret.
Der 27. September war jedoch auch der Tag, an dem Premierminister Neville Chamberlain nach München flog, in dem Versuch, Adolf Hitler zur Vernunft zu bringen und den Frieden in Europa zu sichern – dieses eine Mal sollte es ihm noch gelingen.
Auf Chamberlains besondere Bitte und weil er es in der gegebenen Situation für das Beste hielt, blieb der König in London, so dass die Königin und die beiden Prinzessinnen allein nach Clydeside reisten, um ihre ehrenvollen Aufgaben wahrzunehmen.
Auf der Werft waren mittlerweile die Holzstützen entfernt worden, die den fast 40.000 Tonnen schweren Rumpf des Schiffes in Position gehalten hatten, so dass nur noch sechs solide Stahlklammern, die hydraulisch gelöst werden konnten, das Schiff am Hinabgleiten des fünfprozentigen Gefälles hinderten, auf dem es zum Fluss hin auf Land lag.
Offenbar aber hatte die QUEEN ELIZABETH es eilig, endlich ins Wasser zu kommen, denn Werftarbeiter hatten am Abend zuvor festgestellt, dass sie sich bereits millimeterweise bewegte.
Die Königin und die beiden Prinzessinnen trafen um kurz vor drei Uhr nachmittags ein. Queen Elizabeth sah zum ersten Mal das Schiff, das bald ihren Namen tragen sollte, und die kleine Abordnung aus Buckingham Palace wurde begeistert von Clydeside und den Werftarbeitern gefeiert. Die Queen ließ sich den technischen Ablauf des Stapellaufes erklären, winkte der jubelnden Menge zu, hatte für jeden ein freundliches Wort und wartete geduldig, bis auch der langsamste Fotograf ein Bild von ihr gemacht hatte.
Schließlich betrat sie die verglaste Plattform, die schon beim Stapellauf von NR. 534 King George V. und Queen Mary als Aussichtspunkt gedient hatte.
Etwa 8.000 Menschen befanden sich auf dem Werftgelände. Bei der Taufe der QUEEN MARY hatten sich fast vier Mal so viele dort aufgehalten, aber wegen der zunehmenden geheimen militärischen Aufträge, an denen die Werft inzwischen arbeitete, war bei diesem Anlass nur Werftarbeitern und einigen Ehrengästen der Zutritt gestattet.
Hingegen stand am anderen Flussufer eine Menge von etwa 70.000 Menschen und wartete ungeduldig auf den großen Augenblick.

King George VI. und Queen Elizabeth waren als Ehrengäste zum Stapellauf von NR. 552 geladen. Auf Bitte von Premierminister Chamberlain blieb der König jedoch in London, und Queen Elizabeth führte die Zeremonie durch.

Die Queen trat an das Mikrofon und sagte:
»Ich habe eine Nachricht vom König. Er gebietet den Menschen dieses Landes, guter Dinge zu sein, trotz der dunklen Wolken, die über ihnen und der ganzen Welt hängen. Er weiß genau, dass sie in Krisenzeiten, wie stets zuvor, kühle Köpfe und tapfere Herzen behalten werden.«
Dann fuhr sie mit ihrer eigenen Rede fort:
»Allein der Anblick dieses großartigen Schiffes führt uns vor Augen, wie bedeutend es für das Wohlergehen des Menschen ist, dass die Künste friedlicher Industrie fortgeführt werden müssen – Künste, in deren Ausführung Schottland längst schon einen führenden Platz hat.
Die engen Wasser des Clyde waren die Wiege für einen großen Teil von Großbritanniens Handelsmarine.
So ist es nur recht, dass von hier die größte Leistung in diesem Zusammenhang kommen soll, das größte der Schiffe, die über den Atlantik hin- und zurückfahren (...) und so ein Band der Freundschaft und der Verständigung zwischen dem britischen Volk und dem Volk der Vereinigten Staaten bilden. Es ist vollkommen passend, dass das nobelste Schiff, das je in Großbritannien gebaut wurde – gebaut mit der Hilfe seiner Regierung und seines Volkes – diesem Einsatz gewidmet sein soll.
Während diese Gedanken uns durch die Köpfe gehen, vergessen wir nicht die Männer, die dieses großartige Schiff ins Leben gebracht haben. (...) Ich gratuliere ihnen herzlich zu ihrer Arbeit. Der Stapellauf eines Schiffes ist wie jeder Beginn menschlichen Unternehmungsgeistes ein Akt von Hoffnung. Wir können die Zukunft nicht vorhersagen, aber (...) wir bekunden unseren Glauben, dass durch Gottes Gnaden und menschliche Geduld und guten Willen, Ordnung aus Wirrnis und Friede aus Aufruhr hervorgebracht werden kann.«

Nach diesen Reden blieben noch zehn Minuten Zeit, bis der vorgesehene Tagesablauf fortgesetzt werden konnte. Alles war genau berechnet worden. Das Schiff würde exakt in dem Moment ins Wasser eintauchen, wenn die auflaufende Flut ihren höchsten Stand erreicht hatte.
Während also die Queen sich mit Werftdirektor Lord Aberconway unterhielt, verbrachten die beiden Prinzessinnen die verbleibende Wartezeit mit einem sechs Meter langen Modell der QUEEN ELIZABETH, dass auf Knopfdruck vom Stapel gelassen werden konnte.
Unvermittelt hörte man das donnernde Krachen brechenden Holzes, und die QUEEN ELIZABETH begann sich zu bewegen. Auf der Aussichtsplattform der Ehrengäste hatte man das Herannahen des Zeitpunktes offenbar vollkommen übersehen.
Die Queen trat gemessen vor und warf einen Blick auf die Flasche Wein, die an einem blau-weiß-roten Band hing und schnitt die Halteleine durch. Die Flasche schwang dem fortgleitenden Liner hinterher und erreichte gerade noch die Spitze des Bugs, an der sie zerschmetterte.
Zufrieden, und sicherlich nicht ohne einen ironischen Gedanken, drückte die Queen auf den symbolischen Knopf, der das Schiff zu Wasser lassen sollte.
»Schnell, Eure Majestät«, rief Lord Aberconway, »gebt ihr den Namen, bevor sie das Wasser erreicht!«
Die Queen sah ihn an und antwortete: »Alles in Ordnung. Das habe ich bereits getan.«
Hatte vier Jahre zuvor alle Welt QUEEN MARY fragen hören, ob sie nun den Knopf drücken solle, so war bei dieser Gelegenheit das Mikrofon ausgefallen, und in dem allgemeinen Lärm hatte niemand die Worte gehört, die QUEEN ELIZABETH gesprochen hatte, als die Weinflasche am Bug des Schiffes zerschellt war: »Ich hoffe, dass gutes Glück die-

sem großartigen Schiff und allen, die auf ihm reisen, zuteil wird. Ich freue mich, sie zu Wasser zu lassen und nenne sie QUEEN ELIZABETH.«

Mit ohrenbetäubendem Knirschen, Quietschen und Krachen glitten 40.000 Tonnen Stahl auf den Fluss zu.

Kaum hatte das Schiff das Wasser erreicht, da wurde es bereits von der bereitstehenden Armada von Schleppern ins Ausrüstungsdock gezogen. Dieses wurde sodann mit einem Tor aus Stahl und Holz geschlossen, um zu verhindern, dass Flussschlamm sich unter dem Liner ansammelte und ihn auf Grund setzte.

Wie zuvor bei der QUEEN MARY folgten nun viele Monate, in denen aus der leeren Stahlhülle ein Luxusliner erster Güte entstand.

Noch am 22. August 1939 erklärte die Cunard Line, am 16. September würden King George VI. und Queen Elizabeth die Werft erneut besuchen, um am Stapellauf des Schlachtschiffes DUKE OF YORK teilzunehmen. Bei dieser Gelegenheit werden sie auch an Bord des Liners gehen, um den Stand der Arbeiten zu begutachten. Gleichzeitig wurde bekannt gegeben, die QUEEN ELIZABETH werde ihre Jungfernreise am 24. April 1940 antreten.

Doch es sollte nicht sein. Am 1. September 1939 fielen Hitlers Truppen in Polen ein, und zwei Tage später erklärten Großbritannien und Frankreich Deutschland den Krieg. Niemand konnte damals ahnen, wie viel Tod, Kummer und Leid in den nächsten fünfeinhalb Jahren folgen würden.

Am 29. September trat im Schatzamt in London eine Versammlung aus Vertretern der Regierung, Cunard White Star und John Brown zusammen. Es musste eine Antwort auf die Frage gefunden werden, was mit der QUEEN ELIZABETH zu passieren hatte. In ihrem unfertigen Zustand stellte sie ein nur zu verlockendes Ziel für die Bomber der deutschen Luftwaffe dar. Und außerdem nahm sie Platz in einem Ausrüstungsbecken ein, der nunmehr dringend für den Bau von Kampfschiffen benötigt wurde.

Aber um sie überhaupt bewegen zu können, mussten zumindest ihre Maschinen und die elektrischen Systeme einsatzfähig sein.

Am 2. November erteilte das Seefahrtsministerium eine Sonderlizenz. Diese war notwendig, damit einem kommerziellen Schiff kriegswichtige Materialien zugeführt werden konnten.

Während der Bau der QUEEN ELIZABETH mit Hochdruck vorangetrieben wurde, nahmen die Debatten, was mit ihr geschehen solle, kein Ende. War es nicht vielleicht klüger, sie abbrechen, um den Stahl in die Kriegsproduktion einfließen zu lassen?

Winston Churchill, zu jener Zeit noch oberster Lord der Admiralität, glaubte allerdings fest daran, die QUEEN ELIZABETH könne in diesem Krieg noch von Nutzen sein und schrieb am 6. Februar 1940 an die Cunard Line: »Sie muss den britischen Inseln so lange fernbleiben, wie dieser Befehl in Kraft ist.«

Damit war deutlich, dass der QUEEN ELIZABETH noch zwanzig Tage blieben, bis sie seetauglich sein musste. Nur zwei Mal pro Jahr erreichte das Hochwasser im Clyde einen Pegelstand, der ausreichte, um ein Schiff ihrer Größe sicher an die Küste zu bringen. Und die Ausrüstung der DUKE OF YORK konnte kein halbes Jahr mehr warten; ebensowenig wie die QUEEN nicht länger der Gefahr eines Luftangriffes ausgesetzt sein durfte.

Dies wiederum bedeutete, dass am 26. Februar alles nach einem exakten Plan ablaufen musste: Das erste Hochwasser des Tages sollte genutzt werden, damit der Liner die Werft verlassen konnte, mit dem zweiten würde das Schlachtschiff in das Ausrüstungsbecken einlaufen.

Doch wohin sollte die QUEEN ELIZABETH verbracht werden? Die Anzahl von Häfen, die ein Schiff ihrer Größe aufnehmen konnten, war beschränkt. Sydney und Singapore hätten die nötige Kapazität geboten und lagen weit außerhalb des deutschen Machtbereiches, aber andererseits war die QUEEN ein völlig neues Schiff. Sie hatte keine Probefahrten absolviert und war nicht für eine Reise um die halbe Welt vorbereitet.

Ein weiteres Problem war die Spionage. Die deutschen U-Boote warteten nur auf die Nachricht ihrer Informanten, wo sie dem Liner auflauern konnten.

Dementsprechend wurde seitens der Cunard Line verhältnismäßig lautstark verkündet, man wolle die QUEEN ELIZABETH zunächst für routinemäßige Inspektionen in Southampton docken, wie es bei neuen Schiffen üblich war. Die Hafenbehörden wurden darüber informiert, dass das King George V. Dock benötigt werde, Kisten mit Ausrüstungsgegenständen wurden nach Southampton geschickt, und größtenteils von der AQUITANIA wurde eine Crew von 400 Mann für eine Küstenreise angeheuert. Selbst Captain Jack Townley fuhr in dem Glauben an den Clyde, das Schiff auf einer Reise nach Südengland zu befehligen.

Erst als er bei seiner Ankunft feststellte, dass die QUEEN

Ein Bild, das die drohende Kriegsgefahr deutlich macht: Die QUEEN ELIZABETH im Hintergrund ist bereit, vom Stapel zu laufen. Davor Kriegsschiffe im Ausstattungsbassin.

ELIZABETH offenbar hochseebereit gemacht wurde, teilte Winston Churchill ihm mit, dass er seine Reisebefehle erst am Tag der Abreise von einem Boten des Königs erhalten und bis ins offene Meer von einer Marine-Eskorte begleitet werde.

Die QUEEN ELIZABETH wurde unterdessen mit einer antimagnetischen Vorrichtung ausgestattet, die sie vor magnetischen Minen schützen sollte. Diese bestand aus Kabeln einer Gesamtlänge von etwa zehn Kilometern, die zwischen der Wasserlinie und den oberen Decks rund um den Schiffsrumpf gelegt und befestigt wurden. Unter eine bestimmte Spannung gesetzt, sollten sie das Eigenmagnetfeld des Schiffes abschwächen.

Rumpf, Aufbauten und Schornsteine des Oceanliners wurde in einem dumpfen Schlachtschiffgrau gestrichen, um ihm ein unauffälligeres Aussehen auf dem Meer zu geben.

Am 22. Februar traf die Crew in Clydeside ein, die meisten nur mit leichtem Gepäck, nicht ahnend, was in wenigen Tagen von ihnen verlangt werden sollte.

Am 26. Februar, gegen Mittag, verließ die QUEEN ELIZABETH still und heimlich ihr Ausrüstungsbecken. Hatten bei der QUEEN MARY etwa eine Million Menschen die Ufer des Clyde gesäumt, so standen jetzt nur einige hundert Werftangestellte am Ufer und sahen dabei zu, wir ihr Schiff sie verließ. In seinem grauen Kleid sah das »ultimative Schiff« schmucklos und traurig aus.

Fünf Stunden dauerte die Fahrt bis Gourock, bei der die QUEEN von einer Flotte Schlepper stoisch auf Kurs gehalten wurde. Einzig an der Stelle, an der die QUEEN MARY auf Grund gelaufen war, drohte auch der neue Liner aus dem Ruder zu laufen, und es dauerte fast eine Stunde, sie wieder auf den rechten Kurs zu bringen, aber offiziell wurde keine Grundberührung verzeichnet.

Als sich um 17.15 Uhr die Dunkelheit über Gourock senkte, lag der Liner sicher vertäut im Tail of the Bank, dem natürlichen Hafenbecken des Ortes.

Zeitgleich befand sich einer der höheren Angestellten der Cunard Line, Mr. Percy Furness, in New York. Offiziell sollte er sich um einige Firmenangelegenheiten kümmern. Und tatsächlich hatte er eine Reihe von Anordnungen in einem Umschlag bei sich und sie mit dem dortigen Niederlassungsleiter Robert Blake besprochen.

Als sie damit fertig waren, sagte Furness: »Und noch etwas. Auf ihrer Uhr ist es 9.50 Uhr. In Schottland ist es jetzt 3.50 Uhr nachmittags, und wenn alles nach Plan verlaufen ist, nähert sich die QUEEN ELIZABETH in genau diesem Moment dem Tail of the Bank auf dem ersten Teil ihrer Reise hierher.«

Blake sah ihn an und sagte dann wie selbstverständlich: »Das bedeutet, wir müssen die MAURETANIA von Pier 90 verlegen, um Platz für sie zu machen.«

Tags darauf fand im Speisesaal Dritter Klasse die Übergabezeremonie des Dampfers an die Cunard Line statt. Es war ein einmaliges Ereignis in der Geschichte der Seefahrt, dass ein Oceanliner ohne jegliche Tests und Probefahrten von seiner Reederei übernommen wurde.

Als nächstes folgte die Musterung der Crew, die erst jetzt erfuhr, dass sie nicht nach Southampton fahren, sondern auf eine Hochseereise gehen würden. Einige wenige verließen das Schiff aus persönlichen Gründen und akzeptierten

I

Die Aufwandsentschädigung von £ 30, die Cunard White Star den Crewmitgliedern der QUEEN ELIZABETH für die Flucht des Schiffes zahlte, entspräche heute etwa einem Betrag von 1.250 Euro.

damit, auf einem Zubringerschiff mitten auf dem Gareloch für einige Tage in Gewahrsam zu bleiben, bis die QUEEN ELIZABETH in sicherer Entfernung von den britischen Inseln war.

Captain Townley mitgezählt, verblieb damit eine Besatzung von 398 Mann auf dem Schiff, die zusätzlich zu ihrem Gehalt für diese Reise eine Aufwandsentschädigung von £ 30 erhielten. Ein Beamter des Handelsministeriums musste den Vetrag jedes einzelnen der neuen Situation entsprechend ändern.

Die Hafenbehörde Southamptons verlangte unterdessen nach einem Plan für das Dockmanöver der QUEEN ELIZABETH, fest davon überzeugt, dass der Liner in den nächsten Tagen in den südenglischen Hafen einlaufen würde. In aller Eile wurde ein Plan erstellt und übermittelt.

Um sieben Uhr morgens am 2. März 1940, nur eine Stunde vor der festgelegten Abfahrtszeit, erreichte der angekündigte Bote des Königs die QUEEN ELIZABETH und übergab Captain Townley seine Reisebefehle.

Dieser hatte bereits ungeduldig darauf gewartet und verschwendete keine Zeit. Bereits eine halbe Stunde später begann die QUEEN ELIZABETH die Reise, die ihre Jungfernfahrt war.

Mit Hilfe des Flusslotsen manöverierte sie durch die enge U-Boot-Sperre an der Flussmündung und wurde von vier Zerstörern und einer Reihe von Flugzeugen im Zickzackkurs zweihundert Meilen weit ins Meer geleitet.

Der Lotse erfuhr nun, dass er mit dem Schiff reisen musste. Sein einziges Gepäck bestand aus einem Taschentuch, und die Besatzung spendete ihm Kleidung für die bevorstehende Reise.

Als die QUEEN ELIZABETH allein auf dem Ozean war, öffnete Captain Townley den Umschlag mit den Befehlen und erfuhr, dass das Ziel seiner Reise New York hieß.

Es war die wahrscheinlich ungewöhnlichste Jungfernreise aller Zeiten. Wie ein Windhund, der vor einem Rudel Wölfe flieht, jagte die QUEEN ELIZABETH über den Ozean. Captain Townley hatte Order, absolute Funkstille zu halten, die Fenster des Liners waren verdunkelt, und während der ganzen Überfahrt kam kein anderes Schiff in Sicht.

Im Inneren des Liners herrschte eine merkwürdige Stille. Nur ein Drittel der normalen Besatzung war an Bord, und die nur zum Teil fertigen Kabinen für über 2.200 Passagiere waren nicht belegt. Für die Männer, die das Schiff in Sicherheit brachten, ergab sich dadurch das Privileg einer Luxuskabine für jeden einzelnen, und die Mahlzeiten an Bord sorgten für allgemeine Begeisterung.

Obwohl für jeden reichlich Arbeit zu tun war, boten Tischtennis und gemeinsame Abende wenig Zerstreuung, und einer der Ingenieure von John Brown berichtete später von der Reise:

»Es gab keine Teppiche an Bord, nur bloße Stahlfußböden, keine Heizung, und die Beleuchtung bestand aus herabhängenden Drähten. Überall lagen Meilen elektrischer Kabel herum, an die nichts angeschlossen war. Und vor allem waren die Vorrichtungen für den Stapellauf noch nicht vom Rumpf entfernt, was zusätzlich an der Geschwindigkeit zehrte. Normalerweise hätten sie im Trockendock beseitigt werden müssen.«

Es spricht allerdings für die Gesinnung der Besatzung, dass sie am ersten Abend auf See den Club der Unerschrockenen Elizabethaner aus der Taufe hoben und folgendes festschrieben:

DER CLUB DER UNERSCHROCKENEN ELIZABETHANER

VERFASSUNG:	Der Club wurde gegründet auf der kombinierten Testfahrt und Jungfernreise der H.M.S. QUEEN ELIZABETH, die Glasgow am 26. Februar 1940 mit dem Ziel New York verließ. Wegen des Kriegszustandes wurden der Beifall der Öffentlichkeit durch günstigen Nebel und eine Eskorte aus Zerstörern und Flugzeugen ersetzt.
ZIELSETZUNG:	Die Behauptung zu bestätigen, dass wahre Elizabethaner des zwanzigsten Jahrhunderts unter allen Bedingungen voll ganz unerschrocken bleiben.
HAUPTQUARTIER:	Zahlmeisterbüro. A-Deck. QUEEN ELIZABETH.
REGELN:	Keine.
ÖFFNUNGSZEITEN:	12.30 und 6.30 p.m. *Honi soit qui mal y pense*
PRÄSIDENT:	Captain J. C. Townley, R.D.; R.N.R.

Dieser Aufstellung folgte eine Aufzählung der Club-Mitglieder, die sich während der folgenden Tage mit Seemannsgarn, Musik und Berichten über ihr Handwerk gegenseitig unterhielten.

Manches Mal sah man einen der Männer den Horizont nach feindlichen Schiffen absuchen. Aber glücklicherweise blieben beunruhigende Anzeichen dieser Art aus.

Der Techniker Robert Stein, der die Reise mitmachte, schrieb: »Die Reise war zeitweise ein unheimliches Erlebnis. Unsere Crew war wirklich nicht klein, aber in der leeren Größe des gigantischen Liners schienen wir unglaublich verloren, und es war seltsam, durch Meilen leer stehender Korridore und dunkler Decks zu wandern, als wäre man an Bord eines Geisterschiffes. In den enormen Speisesäälen echoten die Stimmen unserer Gruppe ganz sonderbar, und die stillen Tische rundherum schien unserem Gelächter Vorwürfe zu machen. Aber wir hatten auch unseren Ausgleich. Das Essen war absolut wundervoll, und wir hatten eine reiche Auswahl an Menüs, die jeden Tag gedruckt wurden, als trage der Liner seine volle Anzahl von Passagieren.«

Die QUEEN ELIZABETH reiste fast schutzlos. Ihre Hauptmittel zur Defensive waren ihre Geschwindigkeit und Wendigkeit, und beides war noch nie getestet worden. Ansonsten schützten nur einige Sandsäcke ihre Brücke, und auf den beiden Brückenflügen waren MG-Stände montiert.

Oben: Die QUEEN ELIZABETH flüchtete aus England als Schiff im Rohbau.

Unten: Nach ihrer geheimen Transatlantikreise wurde die ELIZABETH in New York Seite an Seite mit der MARY und der NORMANDIE aufgelegt. Nur dieses eine Mal lagen die drei größten Schiffe der Welt zusammen in einem Hafen.

Rechts: Die QUEEN ELIZABETH als Truppentransporter.

Und schließlich erreichte das »Phantomschiff, das von Phantomhänden gesteuert wurde« amerikanische Gewässer. Obgleich amerikanische Zeitungen gemutmaßt hatten, und die B.B.C. kurz zuvor von der bevorstehenden Ankunft der QUEEN ELIZABETH in New York berichtet hatte, herrschte erst Gewissheit, als ein Flugzeug der TWA sie am Morgen des 7. März vierzig Meilen östlich von Fire Island sichtete.

Mit dem abendlichen Hochwasser lief sie in New York ein. Ihre Ankunft stand dem Ende einer Jungfernreise zu Friedenszeiten in nichts nach. Zehntausende Schaulustiger säumten die Ufer, Feuerlöschboote empfingen den Liner, und die im Hafen liegenden Schiffe ließen den üblichen Dampfpfeifen-Chor erklingen.

Captain Townley kommentierte recht lakonisch: »So, da sind wir.«

Die Cunard Line hatte sich erbeten, die Publicity auf ein Minimum zu beschränken. Während eine Hundertschaft Polizisten sofort die Pier absicherte, um Schaulustige auf Abstand zu halten, ging der Präsident des New Yorker Stadtrats, Newbold Morris, an Bord und hieß Captain Townley und sein Schiff im Namen der Stadt willkommen. Aus England gingen Glückwünsche an Captain und Crew ein. Mrs. Townley schrieb: »Gute Arbeit, Jack.«

Die Queen schickte folgende Nachricht: »Ich sende Ihnen meine herzlichsten Glückwünsche zur sicheren Ankunft der QUEEN ELIZABETH in New York. Seit ich sie in jenen schicksalshaften Tagen 1938 zu Wasser ließ, habe ich ihre Fortschritte mit Interesse und Zuneigung beobachtet. Bitte richten Sie Captain Townley meine Komplimente für den sicheren Abschluss dieser gefährlichen Jungfernreise aus. Elizabeth R.«

Und Winston Churchill kommentierte zufrieden: »Wunderbar. Wirklich sehr gut. Ich hatte niemals irgendwelche Zweifel an ihrer Ankunft.«

Für die kommenden Monate untersagte die Cunard Line jegliche Besuche von Journalisten an Bord und auf der Pier. Man wollte absolut sichergehen, dass dem Schiff nichts zustieß und dass keine Informationen über ihren Bauzustand an die Öffentlichkeit gelangten.

Nur eine Presseerklärung wurde herausgegeben: »Angesichts der Umstände ist entschieden worden, dass die QUEEN ELIZABETH sich nach Amerika begeben solle. Sie legte vergangenen Samstag ab und traf heute nach einer ereignislosen Reise bei moderater Geschwindigkeit ein. Es wurde kein außergewöhnlicher Geschwindigkeitsversuch gemacht. Das Schiff trug keine Passagiere oder Fracht. Ihre Ausstattung ist noch nicht vollständig. Gemäß dem Beschluss für alle Schiffe der Gesellschaft, die amerikanische Häfen anlaufen, liegen keine Pläne vor, die über die Vertäuung an Pier 90, längsseits der QUEEN MARY, hinausgehen. Keine Besucher werden auf der Pier oder dem Schiff während seines gegenwärtigen Aufenthalts in New York geduldet.«

Es lag nun bei den Journalisten, auch ohne vorherigen Besuch auf dem Liner über dessen Ankunft zu berichten. Und sie taten es mit Begeisterung für das Schiff ebenso wie Bewunderung für seine Besatzung. In ihrem Leitartikel schrieb die New York Times:

»Die Welt ist daran gewöhnt, von den Briten maritime Kunststücke zu erwarten, aber es ist das Element jäher Überraschung und beinahe boshafter Kühnheit rund um die erste Reise der QUEEN ELIZABETH, das diese Regelmäßigkeit elektrisiert. Die Briten können mit Recht zufrieden sein angesichts einer so mutig genutzten und geschickt ausgeführten Gelegenheit.«

Beide QUEENS lagen nun Seite an Seite in New York, aber was sollte weiter mit ihnen geschehen, solange in Europa der Krieg tobte?

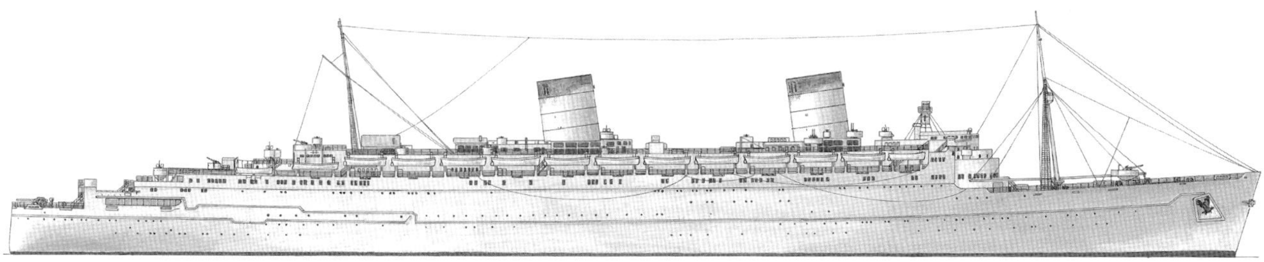

INTERLUDIUM I

Mutter und kleine Schwester der Queens

MAURETANIA 1906 – 1934
MAURETANIA 1938 – 1965

Zu Beginn des 20. Jahrhunderts waren es vier deutsche Schiffe, die die Crème de la Crème der Transatlantikflotte bildeten: Die KAISER WILHELM DER GROSSE, die KRONPRINZ WILHELM und die KAISER WILHELM II des Norddeutschen Lloyd sowie die DEUTSCHLAND der Hamburg-Amerika Linie.

Um diesem Quartett etwas entgegensetzen zu können und das Blaue Band zurück nach Großbritannien zu holen, wandte sich die Cunard Line mit der Bitte um Hilfe an ihre Regierung.

Angesichts des Ausverkaufs britischer Reedereien an den amerikanischen Morgan-Trust gewährte die Regierung der

Eine Ansicht der zweiten MAURETANIA: Im klassischen Cunard-Anstrich als Transatlantikliner.

Links: Die erste MAURETANIA als Transatlantikliner, Truppentransporter im Tarnanstrich und Kreuzfahrer.

Cunard Line bereitwillig ein zinsgünstiges Darlehen unter der Auflage, dass die zu bauenden Passagierschiffe als Hilfskreuzer geeignet seien, im Kriegsfalle zur Verfügung stünden und dass Cunard ein britisches Unternehmen bliebe.

Unter diesen Maßgaben liefen 1906 die ersten britischen Vierschornsteiner vom Stapel: die LUSITANIA und die MAURETANIA, beide mit Dampfturbinen und vier Schrauben sowie der klaren Maßgabe, das Blaue Band zu erringen ausgestattet. Und nicht nur ihre technischen Leistungen – der Geschwindigkeitsrekord von 26 Knoten, den die MAURETANIA aufstellte, wurde zwanzig Jahre lang nicht übertrumpft – und ihre schiere Größe beeindruckten: Ebenso bot ihre Ausstattung Passagieren sämtliche Annehmlichkeiten, die auf See möglich waren.

Zusammen mit der 1914 in Dienst gestellten AQUITANIA, die größer aber langsamer war, bedienten die beiden Windhunde Cunards wöchentlichen Expressdienst auf dem Atlantik.

Bereits kurz nach dessen Aufnahme machte der Ausbruch des Ersten Weltkriegs einen Strich durch die Planung. Die Karriere der LUSITANIA endete bereits am 7. Mai 1915 durch einen tödlichen Torpedotreffer des deutschen U-Boots U 20.

Die MAURETANIA hingegen machte sich als Truppentransporter und zeitweise auch Lazarettschiff verdient.

Nach dem Krieg nahm sie ihren regulären Dienst wieder auf, aber bereits nach wenigen Reisen zeigte sich, dass der harte Einsatz der vergangenen Jahre ihr arg zugesetzt hatte. Anfang der zwanziger Jahre wurde ihre Maschinenanlage grundlegend überholt und bei dieser Gelegenheit von Kohle- auf Ölbefeuerung umgestellt.

Mit der MAURETANIA, der AQUITANIA und der BERENGARIA (der vormaligen deutschen IMPERATOR) offerierte die Cunard Line ihren wöchentlichen Dienst, wenn auch die MAURETANIA ab und an auf Kreuzfahrten ging.

Mit Beginn der Weltwirtschaftskrise nahmen die Gewinne aus dem Transatlantikgeschäft immer mehr ab, so dass die MAURETANIA die letzten Jahre ihrer Karriere fast ausschließlich als Kreuzfahrer mit weißem Rumpfanstrich verbrachte, während die gemeinsamen Flotten von Cunard White Star im Atlantikdienst standen.

Im September 1934 trat die »Grand Old Lady of the Atlantic« ihre letzte Transatlantikreise an und wurde im Jahr darauf in Schottland verschrottet.

Dies wurde in der britischen Öffentlichkeit bekümmert zur Kenntnis genommen. Der alte Vierschornsteiner hatte sich lange Jahre verdient gemacht und war den Menschen ans Herz gewachsen.

Grund genug für die Cunard Line, einem neuen Schiff den Namen zu geben: Am 28. Juli 1938 fand sich Lady Bates, die Ehefrau von Cunards Vorsitzendem, auf der Werft Cammell Laird im englischen Birkenhead ein, um den jüngsten Cunarder auf den Namen MAURETANIA zu taufen.

Die MAURETANIA konnte in den Fahrplänen der Cunard Line sehr flexibel eingetzt werden: Zusammen mit der QUEEN MARY und der AQUITANIA sollte sie zunächst im wöchentlichen Expressdienst über den Atlantik dienen, um dann nach der Indienststellung der QUEEN ELIZABETH den Sekundärservice zu übernehmen.

Als Häfen waren dabei neben Southampton auch Liverpool und London vorgesehen. Obwohl die MAURETANIA mit 35.739 BRT etwas größer war als ihre Vorgängerin, hatte man bei ihren Abmessungen den Einsatz in London berücksichtigt.

Die MAURETANIA zählte zu den größeren Transatlantiklinern ihrer Zeit, und ihr elegantes Äußeres ließ sie wie eine kleinere Schwester der QUEENS aussehen. Mit ihrer Geschwindigkeit von 23 Knoten konnte sie tatsächlich im Expressdienst einspringen, wenn eine der QUEENS ihre reguläre Dockliegezeit hatte.

Der Ausbruch des Zweiten Weltkriegs nach der vierten Reise der MAURETANIA führte solche Pläne vorerst ad absurdum. Im März 1940 wurde der Liner zusammen mit den QUEENS von der britischen Regierung als Truppentransporter eingezogen.

Ihre erste Kriegsreise führte sie durch den Panama-Kanal nach Australien, wo die Umrüstung zum Truppentransporter stattfand. Während der ersten Kriegsjahre lag ihr Haupteinsatzgebiet zwischen Australien und dem mittleren Osten, um australische Soldaten zu den nordafrikanischen Kriegsschauplätzen zu transportieren. Häufig fuhr der Liner hier im Konvoi mit der AQUITANIA, der ILE DE FRANCE und gelegentlich auch den QUEENS.

In der zweiten Hälfte des Krieges operierte die MAURETANIA im »G.I. shuttle« auf dem Nordatlantik.

Nach dem Sieg der Allierten in Europa trug die MAURETANIA ihren Teil zu den Truppenbewegungen im Pazifik bei. Als die Kämpfe auch dort vorüber waren, transpor-

Eine weitere Ansicht der zweiten MAURETANIA*: in späteren Jahren als Kreuzfahrer in hellen Farbtönen.*

tierte der Liner tausende Soldaten wieder in ihre australische oder neuseeländische Heimat, bevor sie selbst nach Großbritannien zurückkehrte.

Nach der nötigen Generalüberholung fügte sie sich in die Rolle ein, für die sie gebaut worden war und betrieb Cunards Sekundärservice auf dem Nordatlantik in Verbindung mit Schiffen wie der CARONIA oder der BRITANNIC.

Als die Transatlantikroute mit Ende der fünfziger Jahre mehr und mehr unrentabel wurde, ging die MAURETANIA immer häufiger von New York aus auf Kreuzfahrten. Zu diesem Zweck wurde sie mit einer Klimaanlage ausgestattet und erhielt 1962 einen Rumpfanstrich in hellen Grüntönen.

Nach 26 Dienstjahren und einer makellosen Karriere kam im November 1965 das Ende für die MAURETANIA. Kurz nach ihrer Außerdienststellung trat sie ihre letzte Reise zur schottischen Abwrackwerft Thomas Ward & Sons an.

DIE QUEENS DES NORDATLANTIKS

KAPITEL 4

GRAUE GEISTER

KAPITEL 4

GRAUE GEISTER

QUEEN MARY
QUEEN ELIZABETH
1939–1946

Die QUEEN MARY verließ New York am 23. August 1939, um ihre vorläufig letzte Reise in die Alte Welt zu Friedenszeiten anzutreten.

Während das nationalsozialistische Deutschland einen Nichtangriffspakt mit der Sowjetunion schloss, hielt die Welt gespannt den Atem an. Es schien, als sei ein Krieg durch nichts mehr zu vermeiden. Die Luft schien geradezu zu knistern.

Elsie Greenman, die als Passagierin auf dieser Reise an Bord der QUEEN MARY war, schrieb:

»Als wir Manhattan verließen, gab es diese unheilvollen Kriegsgerüchte. Auf dem Atlantik fürchteten wir schließlich, der Krieg hätte bereits begonnen, da jeden Nachmittag, lange bevor es dunkel wurde, alle Bullaugen und Fenster abgedunkelt wurden und jeder Zugang zu den Außendecks verwehrt wurde. Zusätzlich wurden die täglichen Nachrichten der BBC durch eine Nachrichtensendung ersetzt, die über die Schiffslautsprecher gesendet wurde. Wir erreichten Southampton am Montag, 28. August und stellten fest, dass der Krieg noch nicht erklärt worden war.«

Bereits auf dieser Reise war die QUEEN MARY durch HMS HOOD eskortiert worden. Das Schlachtschiff war dem Liner bei Tag außer Sichtweite gefolgt und hatte sich nur im Schutze der Dunkelheit der QUEEN MARY genähert, um im Falle einer unerwünschten Begegnung Schutz zu bieten. Keiner der Passagiere hatte etwas von der Anwesenheit dieses gepanzerten Schutzengels geahnt.

Die Stimmung in Europa war mittlerweile zum Zerreißen gespannt, und als die QUEEN MARY am 30. August aus Southampton auslief, beförderte sie die Rekordzahl von 2.332 Passagieren – fast zweihundert mehr als ihre Zulassung vorsah. Insbesondere Staatsbürger der USA hatten ihren Urlaub oder Geschäftsreisen abgebrochen, um dem scheinbar nicht mehr zu vermeidenden Krieg zu entkommen. Jede einzelne Kabine auf dem Schiff war ausgebucht. Selbst in den Gesellschaftsräumen schliefen Menschen in Sesseln, auf Liegen oder auf dem Boden.

Die übliche Hochstimmung an Bord wurde überlagert von der Sorge um die nahe Zukunft, und die Sicherheitsmaßnahmen an Bord, die Verdunklung bei Nacht, trugen das Ihre dazu bei.

Schon Monate zuvor hatte die Crew besondere Instruktionen bekommen, wie sie sich im Falle eines Luftangriffs zu verhalten habe, wie eine Gasmaske zu gebrauchen sei und wie man zahlreiche Verletzte schnell und effizient behandeln könne.

Als Premierminister Neville Chamberlain am 3. September

Auf ihrer letzten Vorkriegsreise wurde die QUEEN MARY bereits von HMS HOOD eskortiert.

Es dauerte fast acht Jahre, bis die QUEEN MARY wieder in ihren Friedensfarben fahren konnte.

verkündete, zwischen Großbritannien und Deutschland herrsche Krieg, hatte die QUEEN MARY bereits den größten Teil ihres Weges über den Atlantik zurückgelegt. Um anderen Schiffen aus dem Weg zu gehen, fuhr sie fast hundert Meilen südlich ihrer normalen Route.

In New York angekommen, wurde sie sofort aufgelegt, und Cunard White Star sagte alle geplanten Reisen »für die absehbare Zukunft« ab. Die Admiralität hatte die Reederei angewiesen, nicht das Risiko einzugehen, den Liner in europäischen Gewässern einer Begegnung mit deutschen U-Booten auszusetzen.

Bis auf eine kleine Gruppe, die die QUEEN MARY in Stand halten sollte, reisten die meisten Besatzungsmitglieder auf anderen Schiffen zurück nach England.

Doch auch im neutralen New York war das Schiff nicht völlig sicher. Ein besonderes Sicherheitskommando des britischen Geheimdienstes fürchtete, dass in New York stationierte Spione der Achsenmächte einen Sabotageakt auf die QUEEN MARY planen könnten.

Angesichts der geringen Mannschaftsstärke bestand die Gefahr, dass der Liner durch eine Bombe oder durch Brandstiftung beschädigt wurde.

Zusammen mit dem FBI, der New Yorker Polizei, der U.S. Army, Navy und Küstenwache sollten die britischen Agenten die Sicherheit der QUEEN MARY gewährleisten. Ihre Flanken wurden bei Nacht von Flutlichtern abgetastet, während an Land bewaffnete Patrouillen Tag und Nacht die Pier überwachten.

Dank dieser Sicherheitsmaßnahmen blieb der längste Aufenthalt der QUEEN MARY in New York ruhig.

Das Schiff blieb den Herbst und Winter hindurch an seiner Pier liegen, Seite an Seite mit der NORMANDIE, die sich ebenfalls im amerikanischen Exil befand.

Während dieser Wochen wurden die leuchtenden Farben der QUEEN MARY mit einem matten Kriegsschiff-Grau übermalt.

Unterdessen wurde in Großbritannien darüber diskutiert, was mit dem Stolz der britischen Handelsmarine geschehen sollte. Für Passagierdienste waren die europäischen Gewässer zu gefährlich, insbesondere für ein derartiges Symbol nationalen Prestiges. Die deutschen U-Boote lauerten bereits jetzt jedem Handelsschiff auf, und ein Dampfer von der Größe der QUEEN MARY war für jeden U-Boot-Kommandanten ein gefundenes Fressen – ganz zu schweigen von der Gefahr von Luftangriffen auf den Oceanliner.

Aber auch der militärische Nutzen der QUEEN MARY wurde von zahlreichen Zeitgenossen in Frage gestellt: Sie sei auf hoher See viel zu auffällig, und die britische Marine könne die Schiffe einfach nicht entbehren, die zum Schutze des Liners von Nöten seien. Außerdem sei ein Passagierschiff, selbst bei dieser Größe, vollkommen ungeeignet, um als Frachter eingesetzt zu werden. Und die 1.000 Tonnen Treibstoff, die der Dampfer pro Tag verheize, seien in den Tanks und Bunkern britischer Kriegsschiffe besser untergebracht.

Einige Mitglieder des Parlaments schlugen vor, die QUEEN MARY entweder an das neutrale, nicht in den Krieg verwickelte Amerika zu verkaufen oder sie zu verschrotten, um Stahl für den Bau von Kriegsschiffen zu gewinnen.

Das wäre das traurige Ende einer kurzen Karriere gewesen, aber die QUEEN MARY hatte auch Fürsprecher, die sahen, welche ungeahnte Kapazität sie für Truppentransporte hatte und dass sie mit ihrer hohen Geschwindigkeit jedem feindlichen U-Boot einfach davonlaufen konnte.

Die Fürsprecher setzten sich letzten Endes durch. QUEEN MARY und QUEEN ELIZABETH sollten dem Empire als Truppentransporter dienen. Am 1. März 1940 wurden

Die ANTONIA brachte die Crew der QUEEN MARY zurück nach Großbritannien.

Cunard White Star in Liverpool offiziell die Requisitionspapiere übergeben:
»Die Regierung Seiner Majestät verlässt sich auf das Wohlwollen von Ihnen, Ihrer Belegschaft und Ihren Agenten bei der Ausführung dieser Instruktionen und der Vorbereitung des Schiffes für den Dienst des Königs, insbesondere hinsichtlich der Entladung von Fracht, Versorgung mit Treibstoff, Bevorratung und Bemannung.«
Auf diese Weise übernahmen 18 Schiffe der Cunard Line Aufgaben für die Regierung, eine Tonnage von über 430.000 Tonnen.
Am 7. März traf die QUEEN ELIZABETH nach ihrer geheimen Jungfernfahrt in New York ein. Sie wurde auf der anderen Seite der Pier, an der bereits die QUEEN MARY lag, vertäut. Es war die erste Begegnung der beiden Schiffe, für die man so große Pläne gehabt hatte.
Und es war das erste und einzige Mal, dass sich die drei größten und schnellsten Passagierliner der Welt Seite an Seite in einem Hafen befanden – ein imposanter Anblick.
Als die QUEEN ELIZABETH eintraf, wurde die QUEEN MARY bereits für die bevorstehende Reise vorbereitet. Ihre Umrüstung zum Truppentransporter sollte in Sydney stattfinden, und nachdem sie ein halbes Jahr untätig im Hafen von New York gelegen hatte, waren eine Reihe von Arbeiten nötig, um sie auf die Reise um den halben Erdball vorzubereiten.
Der graue Schiffsanstrich wurde erneuert, während überall auf dem Liner Passagiereinrichtungen, die vorerst nicht mehr benötigt wurden, in Kisten verpackt wurden. Die edlen Möbel, mehr als zweihundert Kisten Kristall, Porzellan und Silberbesteck, kilometerweise Teppiche sowie zahlreiche empfindliche Ziergegenstände wurden in Lagerhäusern von Cunard White Star längs des Hudson eingemottet.
Arbeiter begannen damit, Tonnen von Sand und Schlick, die sich in dem halben Jahr unter dem gigantischen Schiffsrumpf gesammelt hatten, abzusaugen, und auf Wunsch der Admiralität wurde die QUEEN MARY bewaffnet, wenn auch nur leicht. Ihre beste Verteidigung war nach wie vor ihre Geschwindigkeit, aber an ihrem Heck wurde ein einzelnes Vier-Zoll-Geschoss installiert, dazu an Deck einige Vickers- und Lewis-Maschinengewehre, die noch aus Zeiten des Ersten Weltkriegs stammten.
Einem deutschen Schlachtschiff oder einem Flugzeuggeschwader war die QUEEN MARY damit freilich nicht gewachsen, aber gegen ein Aufklärungsflugzeug oder kleinere Schiffe konnten die Waffen wirkungsvollen Schutz bieten.
Die Bewaffnung der QUEEN MARY wurde 1942 aufgestockt, aber außer zu Übungszwecken wurde von dem Liner nie ein Schuss abgefeuert.
Zur Sicherheit des Schiffes wurde ein ASDIC Unterwasser-Tonerkennungssystem, eine Art frühes Sonar, installiert, das sich letztlich als nutzlos herausstellte, da die Eigenbewegung des Liners zu viel Geräusche verursachte, um sicheren Schutz vor U-Booten zu bieten.
Wie die QUEEN ELIZABETH wurde nun auch die QUEEN MARY mit einem Entmagnetisierungsgürtel ausgestattet, der das Magnetfeld des Schiffes aufheben und es so vor magnetischen Minen schützen sollte.
Am 19. März gingen 470 Besatzungsmitglieder von einem anderen Cunarder, der ANTONIA, an Bord der MARY und begannen mit den letzten Vorbereitungen, um den Oceanliner seeklar zu machen.
Spätestens als die Rettungsboote der QUEEN MARY probehalber gefiert wurden und Vorräte für die Reise am Schiff angeliefert wurden, konnte es der Öffentlichkeit nicht mehr entgehen, dass die Tage des Exils in New York für Schiff und Besatzung gezählt waren.

Die Empress of Britain, Empress of Japan und Empress of Canada gehörten zum ersten Konvoi, in dem die Queen Mary fuhr.

Um kurz nach acht Uhr am Morgen des 21. März manöverierten Schlepper die Queen Mary ins Fahrwasser des Hudson, und so unauffällig es dem großen Oceanliner möglich war, trat er seine Fahrt in den offenen Atlantik an, verschwand bald aus der Sichtweite und ging auf einen südlichen Kurs.

Einen Tag zuvor hatte die Mauretania New York verlassen. Ihre Abfahrt war Teil eines doppelten Täuschungsplans gewesen: Man hatte gehofft, die Öffentlichkeit werde glauben, alle Aktivitäten rund um die Queen Mary hätten nur den Zweck gehabt, von der bevorstehenden Abreise der Mauretania abzulenken, so dass der größere Liner einen Tag später so wenig Aufmerksamkeit erregen würde, wie dies nur irgendwie möglich war. Sollten außerhalb der neutralen amerikanischen Gewässer deutsche Kriegsschiffe auf Beute lauern, dann wäre die Mauretania kein so schwer wiegender Verlust wie die Queen Mary – wenn auch schlimm genug!

Die Queen Mary folgte der Küste Südamerikas und überquerte dann den Südatlantik. Am 3. April lief sie unter Begleitschutz durch tief fliegende Bomber in der Tafelbai ein. Für die Einwohner von Kapstadt bedeutete der Besuch des Oceanliners eine Überraschung. Sie blieb nur lange genug, um Bunkeröl aufzunehmen, dann setzte sie ihre Reise mit Kurs auf Sydney fort, wo sie am 17. April eintraf.

Die Ankunft der Queen Mary geschah ohne formellen Empfang, während sie für die Bevölkerung eine Sensation darstellte. Die Mauretania lag bereits in dem australischen Hafen. Ihre geringere Größe hatte es ihr erlaubt, durch den Panama-Kanal zu fahren und so eine beträchtliche Seestrecke abzukürzen.

Len Houghton, der auf der Mauretania gereist war, beschrieb die Ankunft der Queen Mary in Sydney aus seiner eigenen Sicht: »Wir waren der erste große Atlantikliner, der in Sydney ankam und sorgten für große Aufregung. Jeder wollte die Mauretania sehen. Aber als die Queen Mary den australischen Hafen erreichte, waren wir völlig weg vom Fenster.«

Schon einen Tag nach ihrer Ankunft wurde an der Pier der Cockatoo Docks and Engineering Company mit der Auf-

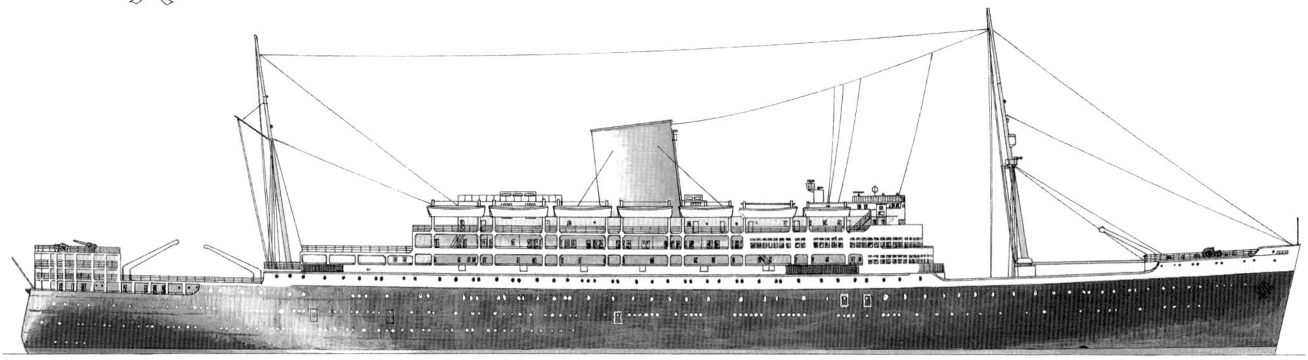

Auch die ANDES gehörte zu dem Konvoi der ersten Truppenreise der QUEEN MARY.

gabe begonnen, die QUEEN MARY in nur zwei Wochen zum größten Truppentransporter, den die Welt bis dahin gesehen hatte, umzurüsten. Zunächst wurde ihre restliche Luxus-Einrichtung an Land gebracht und in nordaustralischen Lagerhäusern eingelagert – bis hin zu den Türen ihrer Kabinen. Nur noch einige polierte Holzoberflächen erinnerten an den bisherigen Luxus.

Dann wurden hölzerne Kojen und Segeltuch-Betten installiert und die sanitären Einrichtungen aufgestockt, ebenso die Kombüsen.

In Rekordzeit war die Umrüstung abgeschlossen. Die QUEEN MARY konnte jetzt bis zu 5.500 Soldaten an Bord nehmen – fast das zweieinhalbfache ihrer normalen Passagierkapazität.

Die 1927 gebaute CANBERRA und die AUSTRALIA von 1911 übernahmen bis Kapstadt mit HMNZS LEANDER den Geleitschutz für den ersten Konvoi.

Am Morgen des 7. Mai nahm die QUEEN MARY ihre ersten 5.000 Soldaten an Bord, und legte mit Kurs auf Fremantle im Westen des australischen Kontinents ab. Sie hatte Order, die Truppen in einem Konvoi von sieben Schiffen nach Großbritannien zu bringen. Mit ihr fuhren die AQUITANIA und MAURETANIA (Cunard-White Star), EMPRESS OF JAPAN, EMPRESS OF CANADA und EMPRESS OF BRITAIN (Canadian Pacific Line) sowie die brandneue ANDES (Royal Mail Line) – insgesamt umfassten die Schiffe eine Tonnage von über 227.000 Tonnen und trugen mehr als 14.000 australische und neuseeländische Soldaten.

Als Geleitschutz fuhren die Kreuzer HMAS AUSTRALIA, HMAS CANBERRA und HMNZS LEANDER mit dem Konvoi nach Kapstadt.

Inzwischen hatte sich die Situation in Europa dramatisch verschlechtert: Deutsche Truppen hatten im April Dänemark und Norwegen eingenommen und waren am 10. Mai in die Benelux-Staaten einmarschiert, da sie durch die scheinbar undurchdringlichen Wälder der Ardennen nicht aufzuhalten waren und die Maginot-Linie einfach umgingen.

Die Evakuierung von Dünkirchen hatte die britischen Truppen vor der Vernichtung gerettet, aber sie hatten fast ihr gesamtes Gerät aufgeben müssen. Nur die nach wie vor bestehende Hoffnung der Reichsregierung, sich mit Großbritannien zu verbünden, hatte es verhindert, dass die deutschen Soldaten den Briten nachgesetzt hatten.

Der Konvoi lief nach einem kurzen Aufenthalt in Kapstadt über Freetown nach Großbritannien und erreichte den Firth of Clyde am 16. Juni 1940. Zwei Tage zuvor waren die Deutschen in Frankreich einmarschiert, und schon am 10. Juni hatte Italien Großbritannien und Frankreich den Krieg erklärt.

Bis zum Ende des Krieges blieb Gourock am Ufer des Clyde der britische Anlaufhafen der QUEEN MARY. Alle anderen britischen Ziele wären zu gefährlich gewesen.
Während noch die Gefahr einer deutschen Invasion über dem Königreich hing, erkannten die Strategen, dass sich der Hauptschauplatz des Krieges ins Mittelmeer verlagern werde. Die QUEEN MARY nahm deshalb 5.000 britische Soldaten an Bord und verließ den Clyde als Teil eines Konvois, der zu den größten gehörte, die je die britische Küste verließen: 30.000 Mann reisten an Bord von zwölf Schiffen: QUEEN MARY und FRANCONIA (Cunard Line), EMPRESS OF BRITAIN (Canadian Pacific), ANDES (Royal Mail Line), STRATHAIRD und STRATHEDEN (P&O Line), ORION, OTRANDO und ORMONDE (Orient Line), ASKA (British India Line), BATORY (Gdynia-America Line) sowie MONARCH OF BERMUDA (Furness Line).
Über Freetown und Kapstadt brachte der Konvoi seine kostbare Fracht nach Trincomalee in Ceylon (heute Sri Lanka).
Dort verließ die QUEEN MARY den Konvoi. Captain Irving hatte Order erhalten, Singapore anzulaufen. Der asiatische Hafen, der Teil des britischen Empire war, besaß ein Trockendock, das leidlich groß genug war, die QUEEN MARY aufzunehmen. Leidlich deshalb, weil der Oceanliner fast die gesamte Breite des Docks ausfüllte und an beiden Enden überhing.
Dieser Dockaufenthalt war nach den letzten Monaten dringend nötig geworden – nicht zuletzt, um die Kruste von Seebewuchs von ihrem Rumpf zu entfernen, die sich dort während der Liegezeit in New York angesammelt hatte. Auch die Maschinen und die Ruderanlage hatten eine Überholung nötig.
Um die Sicherheit des Schiffes, ihrer Crew und der Truppen zu verbessern, wurde ein System für die Abwehr von Minen installiert, das aus zwei torpedoförmigen Geräten bestand. Diese waren an Winden mit langen Ketten an beiden Seiten des Bugs befestigt und wurden unter Wasser geschleppt, wenn das Schiff unterwegs war. Unter der Wasseroberfläche festgeketteten Minen wurden so von ihrer Befestigung geschnitten und trieben an die Oberfläche, wo sie durch Gewehrfeuer zerstört werden konnten.
Während die QUEEN MARY überholt wurde, erhielt ihre Besatzung den Landurlaub, den sie sich in den vergangenen Monaten redlich verdient hatte. Eine Reihe von Crewmitgliedern übertrieb es jedoch mit dem Stressausgleich ein wenig, und die Polizei der Stadt hatte alle Hände voll zu tun, randalierende Seeleute zur Raison zu bringen. Der örtliche Militär-Befehlshaber spielte bereits mit dem Gedanken, alle Besatzungsmitglieder auf ihr Schiff zu verbannen, als das Problem am 14. September durch eine neue Kriegslage gelöst wurde.
Italienische Truppen waren in Ägypten einmarschiert. Die britischen Armeen, die ihnen gegenüberstanden, waren nicht nur in der Unterzahl, sondern auch schlecht ausgerüstet, und es bestand höchste Gefahr, dass die Achsenmächte vom Suezkanal Besitz ergriffen. Damit wäre die wichtigste Verbindung zwischen dem Königreich und seinen großen Kolonien unterbrochen worden. Versorgungstransporte hätten die lange Route um das Kap der Guten Hoffnung nehmen müssen. Außerdem wären die ölreichen Länder des mittleren Ostens in akuter Gefahr gewesen.
Die QUEEN MARY wurde somit beordert, sich mit größtmöglicher Geschwindigkeit nach Sydney zu begeben, wo ihre Truppenkapazität aufgestockt werden sollte.
In den folgenden drei Monaten machte sie zwei Reisen, um Truppen an den neuen Schauplatz des Krieges zu bringen. Der Weg durch das Rote Meer schien zu gefährlich, so dass sie ihre menschliche Fracht in Bombay bzw. Trincomalee entlud, von wo aus die Soldaten in kleineren Schiffen nach Suez weiter transportiert wurden.
Ende Februar lief der Liner noch einmal in Singapore ein, wo der Dockaufenthalt, der im Sommer so abrupt beendet worden war, fortgesetzt wurde.
Am 9. April 1941 traf die QUEEN MARY erstmals seit dem Auslaufen aus New York auf ihre Halbschwester QUEEN ELIZABETH, deren Umrüstung zum Truppentransporter gerade abgeschlossen worden war. Es sollte nicht das letzte Mal sein, dass sich beide Schiffe in diesem Krieg in Gewässern begegneten, die ihren Erbauern nie in den Sinn gekommen wären.

Die QUEEN ELIZABETH hatte ihre militärische Karriere nach dem Einmarsch der Italiener in Ägypten begonnen. Ihre Kapazität wurde nun dringend benötigt, und die QUEEN MARY hatte den militärischen Wert der beiden größten britischen Schiffe eindrucksvoll bewiesen.

Nachdem die QUEEN MARY und die MAURETANIA im März 1940 New York mit Kurs Sydney verlassen hatten, hatte sich das öffentliche Interesse auf die QUEEN ELIZABETH konzentriert, weil man erwartete, der Liner werde in Kürze seinen beiden Weggefährtinnen folgen.

Der größte Teil ihrer Besatzung war jedoch an Bord der SCYTHIA nach England zurückgekehrt. Die QUEEN ELIZABETH lag wie tot an Pier 90, und nur eine kleine Mannschaft hielt an Bord die Stellung. Ein einziger Kessel stand unter Dampf und produzierte genügend Energie, um die elektrischen Systeme des Schiffes und die Heizung in Betrieb zu halten.

Bald wurde es um die QUEEN ELIZABETH stiller, wenn sie auch regelmäßiges Thema der Tageszeitungen war. Im Laufe der Wochen gab es die wildesten Spekulationen und Vorschläge, was man mit ihr machen könne. Ein wiederholt aufkommendes Gerücht wollte wissen, dass die QUEEN ELIZABETH zu einem Flugzeugträger umfunktioniert werden sollte, der entweder 48 Flugzeuge und 6.000 Soldaten tragen konnte, oder – wenn man das Innere des Schiffes regelrecht ausschlachtete – 270 Flugzeuge und ihre Piloten.

Cunard White Star wollte von solchen Plänen rund um ihr Flaggschiff nichts wissen. »Niemals!«, rief ein Sprecher entsetzt aus, als man ihn darauf ansprach.

Bei aller Spekulation war es der Öffentlichkeit unbekannt, dass die Queen gar nicht wirklich einsatzbereit war. Wohl hatte sie die Reise über den Atlantik zur Zufriedenheit aller (die Deutschen ausgenommen) gemeistert, doch war sie noch immer ein Schiff im Rohbau. Elektrische Verbindungen und Rohrleitungen endeten zum großen Teil im Nirgendwo, weder Heizung noch Belüftung funktionierten, und an Stelle der Lifts gab es nur leere Schächte.

Andererseits lag der Einberufungsbefehl für das Schiff vor, und damit musste es die vordringlichste Aufgabe sein, es für den bevorstehenden Dienst vorzubereiten.

Da New York ein neutraler Hafen war, durfte man keinesfalls durch militärische Vorbereitungen diese Neutralität in Gefahr bringen. Seitens Cunard White Star erging dementsprechend die Entscheidung, dass in New York nur alle Arbeiten vorgenommen werden sollten, um die QUEEN ELIZABETH seeklar zu machen. Die Umrüstung zum Truppentransporter sollte in Sydney stattfinden, wie es auch bei der QUEEN MARY gehandhabt worden war.

Der Auftrag für die ausdrücklich nicht-militärischen Arbeiten an der QUEEN ELIZABETH beinhaltete die Ausrüstung mit erweiterten Kochgelegenheiten und sanitären Einrichtungen, die Installation des Kommunikationssystems sowie die Vervollständigung der Ausstattung für Notfälle auf See. Er wurde vergeben an die Schiffswerft Todd in Hoboken am anderen Ufer des Hudson.

Während sich die Arbeiten an Bord ihrem Ende näherten, hielt die Cunard Line mit Vertretern des britischen Seefahrtsministeriums eine Sonderkonferenz in New York ab, auf der entschieden wurde, dass die QUEEN ELIZABETH zunächst nach Singapore laufen und eingedockt werden solle, um dann in Sydney die nötige Ausstattung für den Transport von Soldaten zu erhalten.

Als Ende Oktober damit begonnen wurde, den Liner seeklar zu machen, war trotz aller Geheimhaltung vor der New Yorker Bevölkerung nicht zu verbergen, dass die QUEEN bald auf Reisen gehen werde, und die Presse begann wieder, Vermutungen über die kommende Verwendung des Dampfers anzustellen.

Unterdessen trafen aus Großbritannien 400 Seeleute ein, die für die bevorstehende Überführungsreise von Nöten waren.

Am 13. November 1940 beendete die QUEEN ELIZABETH ihren achtmonatigen Aufenthalt in New York. Es war ein grauer, schmutziger Morgen, als sie ihre Pier verließ, um im Dienste seiner Majestät Krone und Vaterland zu dienen.

Die »Herald Tribune« berichtete tags darauf:

»Die QUEEN ELIZABETH beendete gestern acht Monate der Untätigkeit und brach bei Nieselregen auf. Die Abfahrt fand ohne Zeremonie statt. Mitglieder ihrer Besatzung von 465 Mann (...) beteuerten ihre Unwissenheit hinsichtlich des nächsten Zielhafens. Einige von ihnen glaubten, dass die QUEEN ELIZABETH erst nach Trinidad oder Halifax fahren werde.

Die QUEEN ELIZABETH legte um 3.32 Uhr nachmittags ab. Der rote Wimpel der britischen Handelsmarine wehte an ihrem Hauptmast.«

Der Oceanliner fuhr abgedunkelt und unter Funkstille auf einem festgelegten Zickzackkurs nach Trinidad, um dort 4.000 Tonnen Trinkwasser und 6.000 Tonnen Treibstoff aufzunehmen, die für die Reise nach Kapstadt nötig waren. Der südafrikanische Hafen war zwei Wochen nach der Abreise aus New York erreicht, und nach wenigen Tagen setzte der Liner seinen Weg über Indien und Ceylon nach Singapore fort.

Auch die AQUITANIA reiste mit den QUEENS im Konvoi.

Dort wurde die QUEEN ELIZABETH wenig herzlich begrüßt. Die Bevölkerung hatte den letzten Aufenthalt der QUEEN MARY im August und September noch lebhaft in Erinnerung, und um eine Wiederholung der Ereignisse zu vermeiden, musste die Crew an Bord bleiben, während das Schiff seine Überholung erhielt. Diese umfasste Arbeiten an den Maschinen sowie die Reinigung des Rumpfes, auf den eine frische Schicht graue Farbe aufgetragen wurde. An Bewaffnung erhielt sie ein altmodisches Sechs-Zoll-Geschütz achtern sowie drei ebenso antiquierte Drei-Zoll-Flak-Geschütze.

Am 11. Februar 1941 verließ die QUEEN ELIZABETH Singapore und lief über Fremantle nach Sydney, wo sie zehn Tage später eintraf, um vom Superliner zum Supertruppentransporter umgebaut zu werden.

Die Umrüstung fand wie bei der QUEEN MARY bei der Cockatoo Docks and Engineering Company statt. Eine Reihe der Arbeiten, die in Singapore erledigt worden waren, wurden wegen der schlechten Ausführung in Australien noch einmal nachgearbeitet.

Abgesehen von den Unterkünften für Soldaten erhielt die QUEEN ELIZABETH während ihres Aufenthalts in Sydney eine hervorragende medizinische Austattung. Die Lounge, der Rauchsalon und die Gartenlounges wurden zu Krankenstationen umfunktioniert, und im Heckbereich richtete man eine Isolierstation ein. Dazu gab es eine Röntgenstation im Türkischen Bad.

Auf Anordnung von Dr. Joe Maguire wurden alle Krankenbetten querschiffs eingebaut, um zu vermeiden, dass die Patienten herausfielen, wenn das Schiff in schwerer See rollte.

Am 1. April waren die Arbeiten abgeschlossen, und die QUEEN ELIZABETH lief aus Sydney aus, um im tasmanischen Hobart vor Anker zu gehen. Der Grund für diese Verlegung war, dass es im Hafen von Sydney nicht genügend Platz für die QUEEN MARY und die QUEEN ELIZABETH gab. Wenn einer der Superliner im Hafen lag, musste der andere nach Hobart ausweichen.

Wohl hätten beide Schiffe in den Hafen gepasst, aber die Behörden mussten beschämt einräumen, dass es nicht genug Raum gab, damit beide Schiffe manövrieren konnten – ganz zu schweigen von der Gefahr, dass eine der QUEENS womöglich in stürmischem Wetter zu schwojen begonnen hätte.

Am 9. April kam es zu dem bereits erwähnten Zusammentreffen der beiden QUEENS vor Sydney. Im Konvoi mit der MAURETANIA sollten sie 16.000 Soldaten nach Suez bringen. Und nachdem sich die italienischen Truppen aus Eritrea zurückgezogen hatten, war es nicht mehr notwendig, die Soldaten in Ceylon oder Indien auf andere Schiffe zu transferieren.

Obwohl im Indischen Ozean und am Eingang zum Roten Meer immer noch Gefahr bestand, auf Kriegsschiffe der Achsenmächte zu treffen, erschienen die Gewässer nun sicher genug, die großen Truppentransporter über Aden nach Suez fahren zu lassen.

Insgesamt vier dieser Reisen machten sie im Laufe des Jahres 1941. Neben der MAURETANIA und der AQUITANIA gehörten diesen Konvois zeitweilig auch die NIEUW AMSTERDAM und die ILE DE FRANCE an, wobei letztere

Die AQUITANIA *im schwarz-grauen Tarnanstrich.*

mit Mühe 20 Knoten erreichte und so den Konvoi deutlich verlangsamte.

Nach der ersten dieser Reisen lief die ELIZABETH noch einmal Singapore an, während die MARY direkt zurück nach Sydney fuhr, wo sie am 29. Juni zusammen mit ihrer Halbschwester die zweite Reise nach Suez antrat.

Im Hinblick auf Feindberührungen verliefen diese Truppentransporte sehr ruhig, wenn auch insbesondere in den Gewässern des Roten Meeres stets erhöhte Wachsamkeit herrschte und beim Vonbordgehen der Truppen in Suez Eile geboten war. Die Gefahr eines Luftangriffs konnte nicht ausgeschlossen werden.

Außerdem hieß es, Hitler haben eine Prämie von umgerechnet 2,5 Millionen Dollar und das Ritterkreuz für den U-Boot-Kommandanten ausgesetzt, dem es gelänge, eine der QUEENS zu versenken.

Beim Verlust eines QUEEN-Liners hätte sich Großbritanniens Tonnage für Truppentransporte drastisch reduziert, aber wie von Schutzengeln umgeben versahen beide Schiffe unbehelligt ihren Dienst in den fremden Gewässern.

Allerdings drohte den QUEENS eine andere Gefahr, die von den Truppen an Bord ausging. Die Schiffe waren als Transatlantikliner nie für Fahrten durch die Tropen konzipiert worden. Bei ihrem Bau war man davon ausgegangen, dass es nötig sei, die Passagiere vor dem rauhen Klima des Nordatlantiks zu schützen – nicht tausende von Truppen vor der Hitze des Indischen Ozeans.

Dementsprechend verwandelten sich beide Liner regelmäßig in gigantische schwimmende Brutkästen, und in den unteren Decks erreichte die Temperatur leicht 50 °C und mehr. Zwar boten Seewasserduschen den schwitzenden Truppen Abkühlung, aber die Belüftungssysteme der QUEENS konnten der brüllenden Hitze auf keiner der Reisen Herr werden, und die angespannten Nerven der Truppen lagen regelmäßig bloß. Dies führte zu zahlreichen emotionalen Ausbrüchen, von denen Faustkämpfe noch harmlos waren. Die gestresste Besatzung musste immer wieder Auseinandersetzungen verhindern, bei denen Töpfe mit kochendem Wasser und Feuerwehrschläuche als Waffen eingesetzt wurden.

In jenem Sommer 1941 starben zahlreiche Soldaten an Bord am Hitzschlag, und auf einer Reise der QUEEN ELIZABETH konnte eine Meuterei gerade noch abgewandt werden: Einige Soldaten, ausgelaugt von der Hitze und unzufrieden mit der Bordverpflegung, hatten einen der Köche gepackt und in seinen eigenen Ofen gesteckt, der zu diesem Zeitpunkt geheizt war.

Der Koch konnte rechtzeitig aus seiner misslichen Lage gerettet werden, und die Missetäter wurden an Bord des Kreuzers CORNWALL gebracht, mit dem sie zunächst nach Kapstadt transportiert wurden und später weiter nach England, wo ihnen der Prozess gemacht wurde.

Mittlerweile spekulierten die Kriegsstrategen, dass 1942 wahrscheinlich das entscheidende Jahr im Kampf gegen die Achsenmächte werde, aber der japanische Angriff auf Pearl Habor am 7. Dezember 1941 zerschlug jede Hoffnung dieser Art.

Er bedeutete nicht nur ein abruptes Ende der Rundreisen beider QUEENS zwischen Sydney und Suez, sondern auch eine dramatische Veränderung der Kriegslage:

- Die Japaner standen auf Seiten der Achsenmächte, und damit waren die Gewässer des Pazifik für kein Schiff der Alliierten mehr sicher.
- Singapore als Anlaufhafen und Dockmöglichkeit für britische Schiffe war der Gefahr einer japanischen Invasion ausgesetzt.
- Australische Soldaten waren in derartigen Zahlen nach Europa und in den mittleren Osten gebracht worden, dass die verbliebenen Truppen einem japanischen Angriff nicht hätten Stand halten können.
- Wenn Australien fiele, hätten die Achsenmächte durch das verbündete Japan Zugang zu den kriegswichtigen Öl- und Gummivorräten der arabischen Welt.
- Die Versenkung der britischen Schlachtschiffe PRINCE OF WALES und REPULSE durch japanische Bomber bedeutete, dass es vorerst keine Schiffe im Pazifik gab, die man den Japanern hätte entgegensetzen können.

Andererseits bedeutete der Eintritt der USA in den Krieg erheblichen Nachschub an Männern und Material.
Die QUEENS hatten zusammen etwa 80.000 australische und neuseeländische Truppen nach Suez transportiert. Nun erhielten sie eine neue Aufgabe: Zunächst sollten sie die geschwächte australische Abwehr durch amerikanische G.I.s stärken und dann die nun gefährlichen Gewässer verlassen, um den amerikanischen Nachschub dorthin zu transportieren, wo er am dringendsten benötigt wurde.
Die Pläne hatten vorgesehen, dass beide Schiffe nacheinander im Trockendock von Singapore überholt werden sollten. Aber angesichts der japanischen Bedrohung wurde diese Planung aufgegeben – zum Glück, wie sich zeigen sollte, denn im Februar 1942 nahmen japanische Truppen Singapore ein.
Aufgrund der neuen Situation wurden eine Reihe von Handlungen nötig, und die Wege der beiden Liner trennten sich nach ihrer vierten und letzten gemeinsamen Rückkehr aus Suez. Während die MARY Trincomalee mit Kurs auf die amerikanische Ostküste verließ, setzte die ELIZABETH ihre bereits begonnene Reise nach Sydney fort.
Wie geplant erreichte sie den australischen Hafen am 15. Dezember 1941. Sie blieb fast zwei Monate vor Ort, die die Crew zum Training an den installierten Waffen nutzte. Ihre Offiziere, Vertreter der Cunard Line und der Royal Australian Navy diskutierten unterdessen die nächste Reise.
Am 6. Februar 1942 legte die ELIZABETH ab, wie immer mit geheimem Ziel. Nach einem kurzen Stop im neuseeländischen Auckland, um Wasser und Treibstoff aufzunehmen, setzte sie Kurs auf die zu Frankreich gehörenden Marquesasinseln. Ihr endgültiges Ziel war Kanada, doch für die lange Strecke von Australien war es nötig, Treibstoff nachzubunkern.
Der Zwischenstop vor der französischen Inselgruppe brachte ein paar bange Stunden: Die QUEEN ELIZABETH sollte hier auf den Tanker BISHOPDALE treffen. Wie vereinbart ließ Captain Fall die Schiffssirene ertönen – doch nichts geschah. Nur einige Inselbewohner standen am Strand und starrten das sonderbare Schiff an, das vor ihrer Insel ankerte.
Endlich, mit Verspätung, tauchte die BISHOPDALE auf, und es wurde keine Zeit verloren, die QUEEN mit dem lebenswichtigen Gut zu versorgen. Dann setzte sie mit hoher Geschwindigkeit und einem weiten Zickzackkurs ihren Weg nach Esquimalt im kanadischen British Columbia fort.
Um ein Schiff von der Größe der QUEEN ELIZABETH sicher in den Hafen zu bringen, war ein gewisser Tidenstand notwendig. Unglücklicherweise hatte sich der Zuständige für die Berechnung der Ankunftszeit von der Zeitverschiebung verwirren lassen, und der Hafenlotse von Esquimalt ließ das Schiff »im Nirgendwo kreuzen«, bis der Wasserpegel wieder hoch genug zum Einlaufen war.
Diese Verzögerung war nicht das einzige Missgeschick, dass der ELIZABETH in Esquimalt widerfuhr: Beim Einlaufen ins Dock war vergessen worden, die Minenabwehr, die der Liner vor sich her schleppte, einzuholen, und das Dock wurde beschädigt.
Schließlich war die ELIZABETH doch sicher gedockt, und innerhalb von nur einer Woche konnten die nötigen Überholungs- und Reinigungsarbeiten abgeschlossen werden, und das Schiff lief nach Vancouver aus, um dort neu bevorratet zu werden.
Am 13. März traf die QUEEN ELIZABETH in San Francisco ein und erregte großes Aufsehen. Sie war mit Abstand der größte Dampfer, der je in den Hafen eingelaufen war. Sie passierte die Golden Gate Bridge bei Niedrigwasser und wurde von den Schleppern langsam und vorsichtig an Pier 35 festgemacht.
Der Hafenkommandant schlug vor, die Kapazität des Schiffes auf 8.000 zu erhöhen, indem in noch freien Bereichen

weitere Kojen installiert und Matratzen in geschützten Ecken platziert werden sollten. Captain Fall zeigte sich einverstanden, und während der folgenden vier Tage waren etwa einhundert Arbeiter der Bethlehem Steel Corporation mit dieser Aufgabe betraut. Zusätzlich stockten sie auch die Kombüsenkapazität auf, verstärkten den Splitterschutz für Brücke und Funkraum und überholten die Ankermaschinen.
Danach wurde keine Zeit verloren, 8.000 amerikanische Soldaten einzuschiffen, und die QUEEN ELIZABETH verließ San Francisco im Konvoi mit den Truppentransportern PRESIDENT COOLIDGE und MARIPOSA, den eskortierenden Zerstörern TALBOT und KING sowie dem Kreuzer CHESTER, der sich in Höhe der Farallon Islands den anderen Schiffen anschloss.
Die Reise nach Australien führte wieder über die Marquesasinseln, wo der Tanker TORRES die Treibstoffvorräte des Konvois auffüllte.
Zwischen Neukaledonien und Fidschi stieß der Zerstörer USS ALDEN zu dem Konvoi. Die Besatzung des amerikanischen Zerstörers war wenig begeistert bei der Aussicht, die QUEEN ELIZABETH eskortieren zu müssen. Ihr Schiff war ein Veteran aus dem Ersten Weltkrieg und nach monatelangem Dienst und der Schlacht in der Javasee reichlich mitgenommen.
So zeigte sich bald, dass die ALDEN die Geschwindigkeit der im Zickzack laufenden ELIZABETH nicht einmal halten konnte, wenn sie selbst einen schnurgeraden Kurs steuerte. Schließlich blockierte die Ruderanlage des Zerstörers, der in einen unkontrollierten Drift geriet, und dem Oceanliner vor den Bug lief.
Im letzten Moment schwenkte die QUEEN ELIZABETH zur Seite und verfehlte das Heck der ALDEN um weniger als siebzig Meter.
Am 6. April lief die QUEEN ELIZABETH mit ihrer kostbaren Ladung in Sydney ein und begegnete dort wieder der QUEEN MARY, die bereits 8.600 amerikanische Soldaten abgesetzt hatte und nun Richtung New York auslief.

Die QUEEN MARY hatte eine ereignisreiche Reise hinter sich: Als der japanische Angriff auf Pearl Habor erfolgt war, hatte sie noch sicher in Trincomalee gelegen, und eigentlich war als nächstes für sie ein Dockaufenthalt in Singapore vorgesehen. Das schnelle Vordringen der Japaner ließ dieses Vorhaben jedoch zu riskant erscheinen, und am 19. Dezember erhielt Captain Townley Order, New York anzulaufen.
Die QUEEN MARY fuhr über Kapstadt und Trinidad und erreichte ihre Pier am Hudson am 12. Januar 1942. Nach fast zweijähriger Abwesenheit feierten die New Yorker die Rückkehr QUEEN MARY. Tausende von Menschen standen an den Fenstern der Wolkenkratzer und auf dem West Side Highway, der an den Ozeanpiers entlang führte.
Die vorherrschende Stimmung lautete »MARY bekommt, was immer MARY will« – und das bedeutete, dass das Rote Kreuz zunächst warme Mäntel für die frierende Besatzung stiftete. Nach monatelangen Fahrten durch tropische Gewässer war der amerikanische Winter für sie bitterkalt.
Wenige Tage später wurde der Liner ins Trockendock der US-Navy in Boston verholt, wo sie ihre dringend benötigte Überholung erhielt. Arbeiter der örtlichen Bethlehem Steel Company stockten binnen 13 Tagen die Kapazität der QUEEN MARY um 3.000 auf 8.500 Schlafplätze auf. Jeder freie Platz wurde genutzt, selbst der Damen-Schreibsalon und das entleerte Schwimmbad Erster Klasse.
Um Platz zu sparen, verwendete man Kojen, die aus einem Metallrohrrahmen bestanden, in den stabiles Segeltuch gespannt wurde. Diese Kojen konnten tagsüber hochgeklappt werden, und je nach Raumhöhe passten bis zu sechs davon übereinander, so dass praktisch ein Soldat auf dem anderen schlief.
Für die zusätzlich zu befördernden Truppen mussten weitere Toiletten und Duschen installiert werden, und außerdem war es nötig, ausreichend Raum für Vorräte zu schaffen. Immerhin sollte das Schiff fortan gegenüber ihrer ursprünglichen Auslegung als Luxusliner die vierfache Menge an Passagieren transportieren.
Auch die Bewaffnung der QUEEN MARY wurde erheblich aufgestockt. Ihre geringen Möglichkeiten zur Selbstverteidigung waren während der ersten Monate im Kriegseinsatz oftmals Inhalt von Diskussionen gewesen, obschon es bislang niemals nötig gewesen war, auf andere Schiffe oder Flugzeuge zu feuern.
Nun erhielt die QUEEN MARY zehn 40-mm-Doppelkanonen, 24 einrohrige 20-mm-Kanonen (längs des Oberdecks), sechs Drei-Zoll-Geschütze (zwei auf dem Vordeck, vier achtern) und schließlich vier Zwei-Zoll-Raketenwerfer zur Abwehr von Luftangriffen, die rund um den hinteren Schornstein gruppiert wurden. Und sie erhielt eines der wenigen Marine-Radars, über die Großbritannien damals ver-

fügte. Die Installation dieser noch recht jungen und kostspieligen Technik beweist, welchen Wert der Liner in der strategischen Planung darstellte.
Ende 1941 war der britische Premierminister Winston Churchill in die USA gereist, um dort Pläne auszuarbeiten, wie gemeinsam mit dem neuen Kriegsverbündeten gegen die Nazis und den japanischen Expansionismus vorzugehen sei.
Man hatte sich geeinigt, dass die USA den Hauptanteil an Männern und Material stellen würden, während das Königreich dafür verantwortlich war, für ausreichende Schiffstonnage zu sorgen.
Dementsprechend wurden die beiden QUEENS jetzt unter amerikanisches Kommando gestellt. Das bedeutete, ihre Besatzungen, die nach wie vor bei Cunard White Star angestellt waren und von dieser bezahlt wurden, erhielten ihre Befehle ab sofort von amerikanischen Vorgesetzten.
Die QUEEN MARY nahm nach ihrem Dockaufenthalt 8.398 amerikanische Soldaten an Bord, die für die Verteidigung Australiens sorgen sollten.
Frisch versorgt mit Wasser und Brennstoff verließ der Liner Boston am 18. Februar unter einem strahlend blauen Himmel und schlug einen südlichen Kurs ein. Ihr Ziel hieß ursprünglich Trinidad, wo die Vorräte zur Weiterreise ergänzt werden sollten.
Aber Geheimdienstberichte informierten Captain Townley von verstärkter Aktivität deutscher Langstrecken-U-Boote in jenen Gewässern. Für diese U-Boote, die auf hoher See von U-Boot-Tankern (so genannten Milchkühen) versorgt wurden, wäre die QUEEN MARY mit ihren über 9.000 Menschen an Bord ein gefundenes Fressen gewesen. Trotz aller Geheimhaltung ließ sich der Besuch der QUEENS gerade in kleineren Häfen wie Trinidad kaum verbergen. Im Vorwege mussten 6.000 Tonnen Bunkeröl und 4.000 Tonnen Frischwasser bereitgestellt werden. Spione der Achsenmächte mussten auf solche Aktivitäten aufmerksam werden.
Townley bekam dementsprechend den Befehl, 23 Meilen vor Key West, Florida, vor Anker zu gehen, um dort von zwei Tankern die notwendigen Versorgungsgüter zu bekommen. Außerdem sollte er als Master der QUEEN MARY abgelöst werden.
Townley hatte mit 63 Jahren das festgesetzte Pensionsalter erreicht. Sein Nachfolger wurde Captain James Bisset.
Bisset beschreibt seinen Dienstantritt auf der QUEEN MARY im dritten Teil seiner Autobiographie »Commodore: War, Peace and Big Ships«:
»Captain Jack Townley hieß mich willkommen. Mit 63 Jahren hatte er das Pensionsalter erreicht. Natürlich fiel ihm der Abschied von der See schwer, aber die Regel wurde eisern eingehalten.
Von ihm erfuhr ich, dass die QUEEN MARY zwei Tage vorher Boston verlassen habe. (...) Ganz neu aber war es mir, dass in der letzten Nacht nach seiner Angabe zehn Schiffe torpediert worden waren, alle auf der Marschroute der QUEEN. ›Ich glaube, ich habe sehr viel Glück gehabt, heil hier anzukommen‹, fügte er hinzu. (...)
Ohne Befehl durfte ich meinen Ankerplatz nicht verlassen. So lange blieben Tanker längsseits, und Zerstörer patrouillierten nach See zu. Die Tanker spielten in gewisser Weise die Rolle von Puffern, falls wirklich ein U-Boot auf Schussweite herankam. Ich bezweifle sehr, dass ihre Kapitäne dies ebenso sehr begrüßten, wie wir es taten. Am 25. Februar kam der Befehl zur Fortsetzung der Reise. In den Tanks waren 8.300 Tonnen Öl und 6.500 Tonnen Wasser, an Proviant 1.000 Tonnen an Bord.
Um 16 Uhr gab ich Befehl zum Anker lichten und trat dabei auf den Steuerbordausleger, um zu sehen, wie der riesige Schlickhaken aus dem Wasser kam. Dann befahl ich ›Volle Fahrt voraus‹ und den zu steuernden Kurs. Mein Schiff bewegte sich!«
Um möglichst einen weiten Bogen um die U-Boote zu schlagen, steuerte Bisset einen Kurs westlich um Kuba herum und ließ die QUEEN MARY dann mit 30 Knoten durch die Karibik rasen.
Bisset wusste nicht, dass er damit beinahe den Kurs der deutschen U-Boote U 129 und U 161 gekreuzt hätte. Nur zehn Meilen hinter der QUEEN MARY versenkten sie einen alliierten Öltanker, den der Liner noch kurz zuvor passiert hatte. Die MARY war ihren Verfolgern um Haaresbreite entwischt!
Die verbleibende Reise verlief ohne Zwischenfall, und am 6. März lief die MARY in Rio de Janeiro ein, um einmal mehr alle erforderlichen Versorgungsgüter aufzunehmen.
Während kleinere Schiffe längsseits gingen, arbeiteten Spione der Achsenmächte in dem neutralen brasilianischen Hafen fieberhaft an einem Plan, wie man den ungeliebten Truppentransporter effektiv in die Falle locken konnte.
Dieser deutsch-italienische Spionagering unter der Führung des Conte Edmondo di Robilant betrieb eine geheime

Das traurige Ende der NORMANDIE *als ausgeglühtes Wrack im Hafen von New York.*

Funkstation in den Bergen über der Stadt, von der ein Beamter des US-Außenministeriums durch geschickte Nachforschungen erfahren hatte, und die brasilianische Polizei hob das Versteck aus, just nachdem eine Funkmeldung mit der geplanten Abreisezeit der QUEEN MARY an U-Boot-Kommandanten in der Nähe ergangen war.

Captain Bisset wurde umgehend informiert, und die MARY legte einige Stunden früher ab.

Zum Zeitpunkt ihrer ursprünglich geplanten Abreise verließ ein Öltanker den Hafen und lief prompt in einen Hinterhalt. Schon zum zweiten Mal war die QUEEN MARY haarscharf entkommen.

Ein japanischer Radiosender berichtete dennoch, die QUEEN MARY sei torpediert und versenkt worden. Captain Bisset erfuhr durch einen seiner Funkoffiziere von dieser Meldung und antwortete: »Behalten Sie das bloß für sich! Lassen Sie die Truppen nicht wissen, dass wir versenkt wurden. Sie könnten es sonst mit der Angst kriegen.«

Auf dieser Reise entkam die QUEEN MARY noch ein drittes Mal knapp einer Katastrophe: Ein Kurzschluss in einem

Gang auf dem B-Deck, unterhalb der Brücke, verursachte einen Brand.
Obgleich man die Besatzung sorgfältig in die Brandbekämpfung eingewiesen hatte, dauerte es zwei Stunden, bis die Flammen unter Kontrolle waren. Der Rauch war bis zur Brücke aufgestiegen, aber die Männer an Bord hatten Disziplin bewiesen und waren nicht in Panik verfallen.
Nur wenige Wochen zuvor hatte die NORMANDIE in New York ein ungünstigeres Schicksal ereilt. Die ehemalige Konkurrentin der QUEEN MARY war nach dem amerikanischen Kriegseintritt beschlagnahmt worden, um ebenfalls zum Truppentransporter umgebaut zu werden. Während der Arbeiten, die an der Pier der Compagnie Générale Transatlantique stattfanden, war durch Leichtsinn der Arbeiter ein Stapel Rettungswesten in Brand geraten.
Bei dem Versuch, den Brand in den Griff zu bekommen, pumpte die New Yorker Hafenfeuerwehr so viel Wasser in die Aufbauten des Oceanliners, dass dieser toplastig wurde und an seinem Liegeplatz kenterte.
Das war das Ende des Stolzes der französischen Handelsmarine. Die NORMANDIE hatte zu schwere Schäden davongetragen, als dass man sie noch zu irgendetwas hätte gebrauchen können.
Nach einem Zwischenstop in Kapstadt traf die QUEEN MARY am 28. März in Sydney ein. Die Reise von Boston hatte 34 Tage gedauert. Wohl behalten konnten die amerikanischen Soldaten von Bord gehen.
Als sie am 6. April mit Kurs auf New York wieder auslief, traf die QUEEN ELIZABETH gerade von San Francisco ein, um ihrerseits amerikanische Truppen für die Verteidigung Australiens auszuschiffen. Beide QUEENS zusammen hatten über 16.000 Soldaten gebracht, um sicherzustellen, dass Australien fest in der Hand der Alliierten blieb.
Die QUEEN MARY eilte über Kapstadt und Rio de Janeiro nach New York, um einer neuen Kriegslage gerecht zu werden: Erstens brauchte das Heimatland dringend die amerikanischen Truppen. Zweitens war dem »Wüstenfuchs« General Feldmarschall Rommel von Libyen aus im Frühjahr 1942 ein überraschender Vorstoß der Wehrmacht bis nach Alexandria gelungen.
Vorerst drangen die Deutschen nicht weiter vor; hauptsächlich deshalb, weil ihnen das Material knapp wurde, aber auch weil die Truppen erschöpft waren. Es war nun eine Frage der Zeit, ob es den Briten oder den Deutschen zuerst gelang, ihre Armeen mit Menschen und Material zu versorgen.
Am 6. Mai passierte die MARY die Bermudas, als man fünf Rettungsboote mit Überlebenden der LADY DRAKE sichtete. Der Liner der Canadian National Line hatte Truppen transportiert, als ein U-Boot ihn torpediert und versenkt hatte.
Beide QUEENS hatten während des ganzen Krieges strengen Befehl, unter keinen Umständen jemals zu stoppen – auch nicht zur Bergung von Überlebenden oder um einen Mann über Bord zu retten.
Captain Bisset setzte einen Funkspruch ab und ließ den Überlebenden mit einer Morselampe signalisieren, dass er die US Navy in Kenntnis setzen werde.
In einem der Rettungsboote saß der Sohn des Chef-Zahlmeisters der QUEEN MARY, der als erste Reaktion ausrief: »Da geht er hin, dieser Riesenbastard!«
Da ihm aber die Befehle bekannt waren, die Bisset hatte und am nächsten Tag tatsächlich Rettung kam, mäßigte er seine Meinung und telegraphierte seinem Vater schelmisch: »Dad nutzlos wie immer, hat uns im Stich gelassen. Aber wir haben es geschafft!«
Die QUEEN MARY legte am 7. Mai in New York an. Aber die Situation in Europa und im Mittelmeer-Raum ließ keinen langen Aufenthalt zu. Höchste Eile war geboten, und schon nach vier Tagen legte der Liner mit der Rekordzahl von 9.880 Soldaten in Richtung Schottland ab. Die Besatzung von 875 Mann mitgezählt, war es das erste Mal, dass mehr als 10.000 Menschen auf einem einzigen Schiff reisten.
Mit hoher Geschwindigkeit im Zickzack fahrend, überquerte die MARY den Atlantik und erreichte den Clyde fünf Tage später. Nachdem die amerikanischen Soldaten von Bord gegangen waren, wurden sofort 9.537 britische Truppen an Bord genommen, und schon am 22. Mai setzte der Dampfer Kurs auf Suez via Freetown und Kapstadt. Neben den Soldaten befanden sich an Bord 1.000 Tonnen Militärgüter und — 1 1/2 Tonnen Zahlscheine für die Truppen!
Im Indischen Ozean drohte Gefahr von japanischen U-Booten, und die QUEEN MARY musste die Strecke von Kapstadt bis Suez ohne Zwischenstop zurücklegen; 6.200 Meilen insgesamt. Die QUEEN MARY benötigte zwölf Tage, und sowohl die Versorgung mit Brennstoff als auch mit Versorgungsgütern wurden bis aufs Äußerste strapaziert.

Es war die längste Strecke, die das Schiff je zwischen zwei Häfen zurücklegte.
Dazu gesellte sich nicht nur das altbekannte Problem der mangelnden Belüftung in dem heißen Klima, sondern dieses Mal auch noch ein Sandsturm.
»Die ganze Luft war voller Staub. Es war, als herrsche dichter gelblicher, aber heißer und trockener Nebel. Die Schiffsführung wurde zur Hölle«, beschreibt Bisset die Reise in seiner Autobiographie.
In den unteren Decks wurden wieder Seewasserduschen improvisiert, die die Soldaten ununterbrochen nutzten, während im Frisiersalon (dem einzigen Raum des Schiffes mit einer Klimaanlage) ein Notlazarett errichtet wurde. Dennoch starben drei Soldaten am Hitzschlag und mussten auf See bestattet werden.
Einen Monat nach ihrer Abreise vom Clyde erreichte die MARY ihr Ziel. Sofort begann die Ausschiffung von Fracht und Soldaten mit Hilfe von Nil-Fähren. Die Truppen setzten in den entscheidenden Schlachten von El Alamein dem Vormarsch der Deutschen ein Ende.
Schon am nächsten Tag begann die QUEEN MARY ihre Rückreise in die USA. An Bord befand sich eine bunte Mischung von »Passagieren«: 1.398 deutsche Kriegsgefangene, 300 polnische Wächter und einige alliierte Truppenangehörige.
Nach der Ankunft in New York sehnte sich die Besatzung nach ein paar ruhigen Tagen. Seit der letzten Abfahrt aus dem Hafen hatte ihr Schiff 31.000 Meilen in 71 Tagen mit kaum einer Pause zurückgelegt (ganz zu schweigen von der 35.000-Meilen-Reise, die dieser vorausgegangen war), aber noch war weder Schiff noch Crew die Rast vergönnt, denn die QUEEN MARY musste jetzt für die größte Aufgabe des Krieges vorbereitet werden – den Einsatz im so genannten G.I. Shuttle.

Nachdem die QUEEN ELIZABETH am 6. April 1942 ihrer Halbschwester vor Sydney begegnet war, blieb sie 13 Tage in dem australischen Hafen, dann folgte sie den Spuren der QUEEN MARY über Kapstadt und Rio de Janeiro nach New York, wo sie am 24. Mai festmachte.
Die Crew erhielt ein paar Tage Landurlaub, während Arbeiter der Schiffswerft Todd Kojen und sanitäre Einrichtungen für weitere 2.000 Truppen installierten.
Am 2. Juni nahm die ELIZABETH 9.850 amerikanische G.I.s an Bord, um sie nach Schottland zu bringen, und wie der ältere der beiden Liner nahm sie dort ein ähnlich großes Kontingent an Soldaten auf, das die geschwächte britische Streitmacht in der Wüste unterstützen sollte.
Die QUEEN ELIZABETH wurde von acht Zerstörern und einem Flak-Kreuzer bis Spanien eskortiert, wo in der südlichen Biscaya ein deutsches Aufklärungsflugzeug den Konvoi ausmachte. Die eskortierenden Schiffe vertrieben es mit Geschützfeuer wie eine lästige Fliege. Kurz darauf trennte sich der Liner aus dem Konvoi und tauchte in einer dichten Nebelbank unter.
Die weitere Reise über Freetown und Kapstadt nach Suez verlief – von der brüllenden Hitze im Innern des Schiffes abgesehen – ruhig, und am 18. Juli konnte die ELIZABETH ihre menschliche Fracht in Suez ausschiffen.
Die Übernahme deutscher Kriegsgefangener verlief bei diesem Aufenthalt weniger glatt, als Flugzeuge der Gegner einen Luftangriff auf den Hafen flogen. Die ELIZABETH musste die gefährlichen Gewässer schnellstens verlassen und hatte nur etwa die Hälfte der Gefangenen an Bord.
Wieder führte ihr Kurs über Kapstadt und Rio de Janeiro, und es war für viele Jahre das letzte Mal, dass der Liner durch andere Gewässer als die für ihn vorbestimmten fuhr.
Am 19. August traf die QUEEN ELIZABETH in New York ein.

Als Winston Churchill kurz nach der japanischen Attacke auf Pearl Habor die USA bereist hatte, hatte er mit dem amerikanischen General George C. Marshall darüber diskutiert, ob man es wagen könne, 15.000 Soldaten auf jeder QUEEN einzuschiffen.
Marshall hatte diese Idee zuerst aufgebracht, aber er hatte Zweifel, ob es im Falle einer U-Boot-Attacke nicht zu gewagt sei, eine solche Menge an Truppen zu riskieren.
Churchill war der Ansicht, wenn man den Krieg durch diese Verfahrensweise nur um einen einzigen Tag kürzen könne, sei es das Risiko wert und antwortete Marshall: »Ich kann Ihnen nur sagen, was wir tun *sollten*. Welche Risiken

Sie eingehen wollen, müssen Sie schon selbst entscheiden. Wenn es Teil einer Operation ist, sollten wir alles an Bord bringen, das sie tragen können ... es ist Ihre Entscheidung!«
Als die QUEEN MARY einen Monat darauf, im Januar 1942, an ihrer Pier in New York lag, ging General Marshall an Bord, um sich selbst ein Bild von den Möglichkeiten des Liners zu machen und sprach mit Staff Captain Harry Grattidge.
Dieser sah kein Problem in der Unterbringung so vieler Soldaten an Bord. Nur eines machte ihm Sorge: Aus Erfahrung wusste er, dass sich bei der Ausfahrt aus einem Hafen häufig die Soldaten auf einer Seite des Schiffes drängten, um einen letzten Blick auf ihre Heimat zu werfen.
Das konnte leicht dazu führen, dass das Schiff für den Moment eine leichte Schlagseite entwickelte, und eben dies war Grattidges Sorge: Wenn die QUEEN MARY in New York nur fünf Grad Schlagseite hatte, würde sie den Holland-Tunnel unter dem Hudson nicht passieren können.
Marshall bewies Vertrauen und versicherte Grattidge, dass die Soldaten still stehen würden, wenn sie den Befehl dazu erhielten und sich erst dann wieder bewegen würden, wenn man es ihnen ausdrücklich erlaubte. Damit hatte Marshall die Entscheidung getroffen. In Zukunft würden die beiden britischen Schiffe komplette Divisionen befördern.

Die QUEEN MARY war am 21. Juli 1942 nach ihrer hektischen Reise über Schottland und den mittleren Osten in New York eingelaufen, und ihre Crew wünschte sich nichts sehnlicher als einige Tage Urlaub.
Doch noch war ihnen die Rast nicht vergönnt, denn ihr Schiff sollte bereits zwölf Tage später wieder auslaufen, und bis dahin musste die MARY auf ihre nächste Funktion vorbereitet werden.
Der Liner, so war es nach der Unterhaltung von Premierminister Churchill und General Marshall entschieden worden, sollte auf den Ozean zurückkehren, für den er gebaut worden war – den Nordatlantik. Ihre nächste Aufgabe bestand darin, zusammen mit ihrer Halbschwester als Shuttle-Dienst zu fungieren und so viele amerikanische G.I.s in die Alte Welt zu bringen, wie man nur irgendwie unterbringen konnte.
Dementsprechend mussten die an Bord vorhandenen Einrichtungen einmal mehr aufgestockt werden, um fünfzig Prozent mehr Soldaten nicht nur Platz zum Schlafen und für die Körperhygiene zu bieten, sondern auch sie mit Mahlzeiten zu versorgen.
Die hölzernen Kojen, die zu Kriegsbeginn in Australien installiert worden waren, wurden größtenteils durch die Platz sparenden, herunterklappbaren Leintuchbetten ersetzt. Und in diesen wiederum würden die Männer in Schichten eingeteilt schlafen. Nach jeweils acht Stunden wurde gewechselt, so dass manche Koje rund um die Uhr in Gebrauch war.
Während die QUEEN MARY im Hafen lag, arbeitete die Besatzung Hand in Hand mit Männern der Schiffswerft Todd, um die enorme Aufgabe zu bewältigen. Am Ende waren praktisch nur noch die Gänge frei von Betten sowie vier Gesellschaftsräume, von denen zwei für die Mahlzeiten und zwei für den Aufenthalt der Soldaten zur Verfügung standen. An Deck durften sie sich während der Reisen nicht aufhalten, um im Falle eines Angriffs der Crew und den Geschütz-Mannschaften nicht im Wege zu stehen.
Mit 15.125 Soldaten lief die QUEEN MARY am 2. August in Richtung Europa aus. Es war das erste Mal, dass eine ganze Division der U.S. Army auf einem einzigen Schiff transportiert wurde.
Die ELIZABETH folgte der MARY in einem Abstand von nur vier Wochen. Nachdem sie am 19. August von ihrer letzten Reise nach Suez zurückgekehrt war, wurde auch ihre Kapazität drastisch erhöht. Zusätzlich wurde die Bewaffnung verstärkt, so wie dies auf der MARY schon einige Monate zuvor geschehen war. Und die QUEEN ELIZABETH erhielt ein Radar der U.S. Navy, das fortan durch Techniker der Royal Navy bedient wurde.
Am 5. September ankerte die ELIZABETH im Firth of Clyde. Zwei Tage dauerte es, um die Division von Soldaten an Land zu bringen, die sie wohlbehalten über den Atlantik gebracht hatte.

Die QUEEN MARY und die QUEEN ELIZABETH waren wieder zu Hause, auf dem Atlantik. Zwei Jahre lang waren sie in ferne Häfen und durch fremde, oft gefährliche Ge-

wässer gefahren, und mit ihren grau gepöhnten Schiffskörpern schnell als die Grauen Geister bekannt geworden, die scheinbar aus dem Nichts in Gegenden auftauchten, wo niemand sie erwartet hatte, um mit unbestimmtem Ziel bald wieder zu entschwinden.
Nun erfüllten die beiden Oceanliner die Aufgabe, die sie am besten konnten – Menschen binnen kürzester Zeit von Amerika nach Europa zu bringen.
Freilich hatten Sir Percy Bates und seine Planer es sich 15 Jahre zuvor anders ausgemalt, aber vom strategischen Standpunkt gesehen schienen die QUEENS wie geschaffen für ihre neue Rolle als »G.I.-Shuttle«.

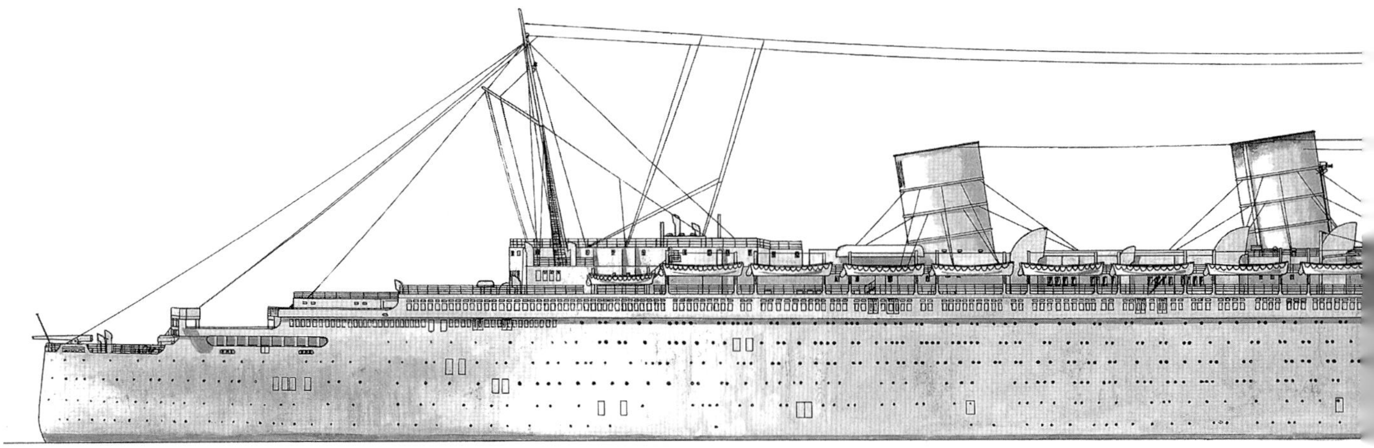

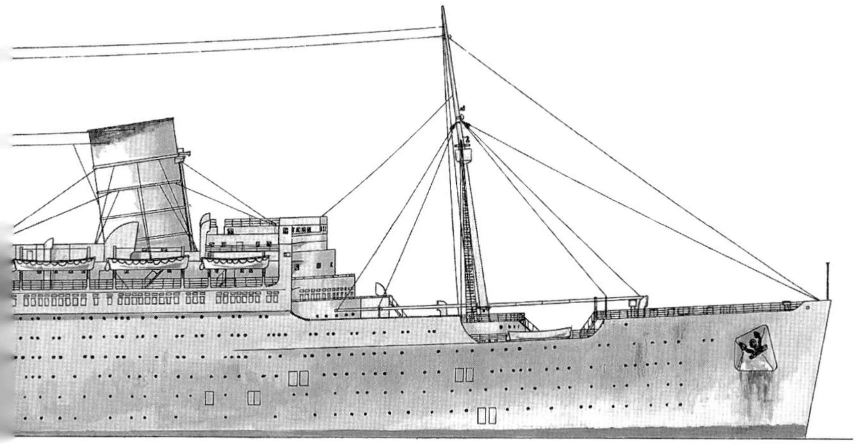

Die QUEEN MARY *als Truppentransporter im Tarnanstrich.*

DIE QUEENS DES NORDATLANTIKS

Kapitel 5

Knappes Entrinnen

KAPITEL 5

KNAPPES ENTRINNEN

QUEEN MARY
QUEEN ELIZABETH
1942

Die QUEENS befanden sich noch nicht lange in ihrer neuen Funktion als G.I.-Fähren, als beide in kurzer Abfolge nur um Haaresbreite einer Katastrophe entgingen. Die QUEEN MARY hatte am 27. September 1942 mit einer Ladung Truppen in New York abgelegt, um wie üblich ohne Eskorte mit hoher Geschwindigkeit den Atlantik zu überqueren. Die Route, die sie dabei bereiste, war niemals identisch mit der einer anderen Reise, und auch die Zickzackmuster, die das Schiff steuerte, wurden immer wieder modifiziert.

Das Fahren im Zick-Zack geschah nach genauen Instruktionen, die der Master aus einem Buch auswählen konnte. Das Schiff wurde um eine bestimmte Gradzahl vom Kurs abgebracht und lief dann eine festgelegte Zeit in diese Richtung. Auf der Brücke gab es eine elektrische »Zickzackglocke«, die so eingestellt werden konnte, dass sie gemäß des gewählten Musters in regelmäßigen Abständen klingelte und dem Steuermann mitteilte, dass es Zeit war, den Kurs zu wechseln.

Dieser würde dann die Fahrtrichtung so ändern, dass der Liner um die gleiche Gradzahl in die andere Richtung vom Kurs abkam, bis die Glocke wieder schellte und das Schiff auf seinen ursprünglichen Kurs zurück gesteuert wurde – bis bei einem erneuten Klingeln das Spiel von vorne begann.

Dadurch verlängerte sich die Transatlantikreise zwar um bis zu zwei Tage, aber für jedes Schiff, das man passierte, war es völlig unerkennbar, welchen Kurs die QUEEN steuerte. Am Morgen des 2. Oktober fuhr die QUEEN MARY nach dem Zickzackmuster Nr. 8, als sie gegen 7 Uhr auf die Eskorte traf, die sie durch die Gewässer der britischen Inseln geleiten sollte. Die Gefahr, hier auf U-Boote zu stoßen, war besonders groß, so dass beide QUEENS am Ende ihrer Atlantikpassagen immer von britischen Kampfschiffen in Empfang genommen wurden.

In diesem Fall bestand der Geleitzug aus sechs Zerstörern zur Abwehr von U-Booten und dem Kreuzer HMS CURACOA.

Die CURACOA war ein altes Schiff aus Zeiten des Ersten Weltkriegs, das hauptsächlich für die Luftabwehr auf See eingesetzt wurde, und eben diese Rolle hatte es schon auf den drei vorangegangenen Reisen der MARY übernommen. Während die Zerstörer die Spitze des Zuges übernahmen, um eventuelle U-Boote rechtzeitig aufzuspüren, blieb die CURACOA in der Nähe des Liners und folgte dessen Zickzackmuster.

Es war ein klarer Tag mit mäßiger Brise, aber die See war verhältnismäßig rauh. War der Kreuzer zunächst in einem Abstand von fünf Meilen vor der QUEEN MARY hergelaufen, so zeigte sich, dass er es bei den Wetterbedingungen nicht schaffte, die hohe Geschwindigkeit des schnell laufenden Dampfers zu halten, und am Vormittag war sein Vorsprung auf einige hundert Meter geschrumpft. Auch schien sich die Besatzung der CURACOA unter Captain John Boutwood über das Zickzackmuster nicht ganz im Klaren zu sein, und einige Male kam der Kreuzer dem Oceanliner recht nahe.

Auf der QUEEN MARY hatte Navigationsoffizier Stanley Wright gegenüber Captain Cyril Gordon Illingworth seine Bedenken über die Nähe des anderen Schiffes geäußert. Illingworth, der Captain Bisset auf dieser Reise vertrat, hatte ihn jedoch beruhigt: »Machen Sie sich keine Sorgen um den Kreuzer. Diese Jungs wissen alles über Eskorten. Er wird uns aus dem Weg gehen.«

Um kurz nach zwei Uhr am Nachmittag befand sich Captain Illingworth im Kartenraum in der Nähe der Brücke, um die geschätzte Ankunftszeit in Gourock zu errechnen. Auf der Brücke hatte der Erste Offizier Noel James Robinson das Kommando, und nun machte auch ihm die CURACOA einige Sorgen. Es sah so aus, als kreuze ihr Kurs, von Steuerbord kommend, den der QUEEN MARY.

»Ein bisschen nach Backbord«, wies er den Steuermann an, um der CURACOA mehr Spielraum zu geben. Eigentlich war es die Pflicht des eskortierenden Schiffes, den Truppentransport nicht zu behindern.

An Bord des Kreuzers war man sich noch immer nicht über den exakten Kurs der QUEEN MARY im Klaren und beließ es dabei, darüber zu diskutieren, anstatt einfach zu fragen. Doch auch Captain Boutwood sah, dass der Abstand zu gering wurde. Um vom herannahenden Bug der MARY klarzukommen, befahl er: »Steuerbord 15 Grad – nur um sicher zu gehen.«

Doch immer noch befanden sich beide Schiffe auf Kollisionskurs.

»Hart Backbord!«, rief Robinson – zu spät: Der Vordersteven der QUEEN MARY prallte gegen die Flanke des Kreuzers, vier Meter von deren Heck entfernt.

Die CURACOA legte sich weit nach Backbord über, während der Liner sie regelrecht zerschnitt. Die Ingenieure im Maschinenraum des Liners fühlten eine leichte Erschütterung und glaubten, eine große Welle habe das Schiff getroffen. Kein Grund zur Besorgnis.

Auch Captain Illingworth im Kartenraum hatte die Erschütterung gespürt und eilte sofort auf die Brücke.

An Bord der CURACOA hatte die »leichte Erschütterung« wesentlich schwer wiegendere Folgen gehabt: Der Bug der QUEEN MARY hatte die drei Zoll starken Panzerplatten des Kreuzers zerschlagen wie ein Stück Pappe.

Die beiden Teile der CURACOA hielten sich noch an der Wasseroberfläche, sanken aber schnell. Die amerikanischen Truppen auf der QUEEN MARY warfen sofort an Rettungsflößen und -ringen über Bord, was immer griffbereit lag.

Ein Bild, das die Enge an Bord bei Truppenreisen erahnen lässt.

Die Besatzung der CURACOA kämpfte um ihr Leben bei dem Versuch, ihr brennendes Schiff zu verlassen und in dem ölüberzogenen Wasser von dem sinkenden Wrack freizukommen. 338 Männer ließen bei diesem Unglück ihr Leben – ertrunken, zerquetscht, erschlagen. Nur 101 Seeleute konnten aus den eisigen Fluten gerettet werden.

Captain Illingworth muss das Herz geblutet haben, als er seinen Kurs fortsetzte. Für einen Seemann ist es Ehrensache, anderen Seeleuten zu helfen, wenn sie in Not sind. Aber die Order für die QUEEN MARY hieß, dass das Schiff unter keinen Umständen jemals stoppen dürfe, bevor es seinen Bestimmungshafen erreicht hatte. Insbesondere in den Gewässern rund um die britischen Inseln wäre das ein tödlicher Leichtsinn gewesen, der das Leben der Menschen an Bord der MARY unnötig gefährdet hätte.

Illingworth konnte nur den Zerstörern in seinem Geleit von dem Unglück berichten, von denen zwei kehrt machten und die Überlebenden, unter ihnen auch Captain Boutwood, retteten.

Unterdessen begutachteten Schadenskontrollteams die Beschädigung, die die Kollision an der MARY verursacht hatte. Ihr Vorsteven war im Hinblick auf eine mögliche Kollision mit Treibeis im Atlantik äußerst stabil konstruiert worden. Die Kollision mit den Panzerplatten der CURACOA hatte ihn einige Meter weit eingedrückt und dabei in einer Art verbogen, die das Eindringen größerer Wassermassen verhinderte.

Die Schiffszimmerleute legten Kollisionsmatten vor das verbleibende Leck und arbeiteten mit tragbaren Pumpen gegen das eindringende Wasser an. Die Geschwindigkeit des Liners wurde für das verbleibende Stück der Reise auf zehn bis fünfzehn Knoten reduziert, um den Druck des Wassers auf das vordere Kollisionsschott zu mindern.

Die QUEEN MARY traf einen Tag später in Gourock ein, wo Taucher das Ausmaß des Schadens näher inspizierten. Der Vorsteven war gebrochen und eine Reparatur unausweichlich. Aber es war dem Schiff möglich, vorher noch einmal den Atlantik zu überqueren. Man hielt es für zu gefährlich, den Liner in einem britischen Hafen einem Luftangriff auszusetzen. So wurde das vorhandene Leck nur mit reichlich Zement verschlossen und das Schiff nach Amerika geschickt.

Am 14. Oktober lief die QUEEN MARY zum zweiten Mal in diesem Jahr in das Dock der U.S. Navy in Boston. Ihr Aufenthalt dauerte neunzehn Tage. Das war zu wenig Zeit, um einen neuen Vorsteven zu fertigen und zu installieren, so dass das bestehende Material lediglich repariert und sorgfältig verstärkt wurde. Der Liner wurde dringend wieder im Einsatz benötigt.

Die MARY hatte sich zum Glück nur ein blaues Auge geholt, noch glimpflicher kam die QUEEN ELIZABETH im darauf folgenden Monat davon. Der Vorfall ereignete sich auf der Reise westwärts.

Captain Sir James Bisset, der unmittelbar vor Fahrtantritt von King George VI. zum Ritter geschlagen worden war, schreibt über den Beginn der Reise: »QUEEN MARY war provisorisch repariert worden und unter Captain Illingworth nach Boston ausgelaufen. Ich erhielt Befehl, an Bord der QUEEN ELIZABETH nach New York zu fahren – als Passagier! Kapitän war jetzt Captain Fall. In New York sollte ich wieder meine QUEEN MARY übernehmen.

Für mich war es ein ganz neues Erlebnis, auf einmal Fahrgast zu sein, noch dazu auf einem Schiff, das ich erst vor so kurzer Zeit geführt hatte.

Ich bekam eine Kabine Erster Klasse auf dem A-Deck und stellte sehr schnell fest, dass in meiner Nähe berühmte Persönlichkeiten von Theater und Film untergebracht waren, darunter Basil Dean, Alexander Korda und Douglas Fairbanks. Solche Männer wurden mit Vorrang befördert, weil Unterhaltung, wie sie sie boten, in Kriegszeiten für die Moral der Soldaten und Zivilisten äußerst wichtig war.«

Einen Monat zuvor war das deutsche U-Boot U 704 aus dem französischen Saint Nazaire ausgelaufen, um zum Wolfsrudel »Panther« südlich von Grönland zu stoßen und Jagd auf alliierte Schiffe zu machen.

Später hatte Kapitänleutnant Kessler, unter dessen Kommando U 704 stand, Befehle erhalten, sich der Gruppe »Veilchen« anzuschließen, die weiter westlich operierte.

Am 8. November hatte ein alliiertes Patrouillenflugzeug das Boot gesichtet und beschossen. Der Angriff hatte ein Leck an den vorderen Torpedorohren verursacht und außerdem Schäden an der Oberseite der Schiffshülle. Da auch der Treibstoff allmählich knapp wurde, setzte Kessler Kurs auf St. Nazaire. Er hatte noch fünf Torpedos; vier in den vorderen Rohren und einen achtern.

Am 9. November herrschte schlechtes Wetter. Der Wind peitschte die Seen hoch, und immer wieder nahmen Schneeschauer den Männern auf dem Ausguckturm die Sicht, als der Wachhabende gegen ein Uhr nachmittags meldete, das Wetter habe aufgeklart, und ein großes Schiff sei gesichtet worden.

Auf See hatten die QUEENS strikte Order, unter keinen Umständen jemals zu stoppen.

Kessler befahl sofort alle Mann auf Kampfstation, ließ auf Periskoptiefe tauchen, einen Abfangkurs einschlagen und die vorderen Torpedorohre klar machen.
Der Dampfer hatte zwei Schornsteine, zwei Masten und eine stufenförmige Deckstruktur achtern. Kessler schlug in seinem Referenzbuch zur Schiffserkennung nach und erkannte, dass es sich nur um die QUEEN ELIZABETH handeln konnte.
Nur neun Minuten nachdem das fremde Schiff gesichtet worden war, feuerte er seine vier Torpedos ab und wartete.
An Bord der QUEEN ELIZABETH hatte niemand das U-Boot gesichtet. Captain Bisset erzählte später, in etwa fünfhundert Metern Entfernung vom Schiff habe es eine heftige Explosion gegeben, die auch die Offiziere auf der Brücke wahrgenommen hatten.
Das deckt sich mit der Aussage Kesslers. Auf seinem Schiff nahm man die Explosion eines Torpedos wahr. U 704 war auf zwanzig Meter abgetaucht, und als der Horchposten meldete, das andere Schiff habe gestoppt, ging Kessler wieder auf Periskop-Tiefe.
Inzwischen hatte sich das Wetter wieder so weit verschlechtert, dass er nichts sehen konnte. Er ging deshalb auf volle Fahrt voraus, um zunächst seine Beute aufzutreiben und ihr dann mit dem Hecktorpedo einen gezielten Todesstoß zu versetzen.
Noch während er auf die vermutete Position der QUEEN ELIZABETH zulief, meldete ihm der Horchposten, das feindliche Schiff habe wieder Fahrt aufgenommen und dampfe mit hoher Geschwindigkeit davon.
Kessler ließ einen Funkspruch absetzen, dass sein Boot die QUEEN ELIZABETH beschädigt habe und gab ihren Kurs bekannt, in der Hoffnung, ein anderes U-Boot werde sie abfangen.
Bis an sein Lebensende hielt Kessler daran fest, einer seiner Torpedos habe den Liner getroffen. Wahrscheinlicher ist es jedoch, dass es eine Fehlzündung gab und der Torpedo detonierte, bevor er das Schiff erreicht hatte.
Das würde sich auch mit den Aussagen der beteiligten Crewmitglieder der ELIZABETH decken. Unbegreiflich erscheint es jedoch, dass Captain Fall das Schiff stoppen ließ, wenn er ahnen musste, dass sich ein U-Boot in der Nähe befand. Auch dieses Manöver, das eine schwerwiegende Verletzung seiner Befehle dargestellt hätte, wurde später von Besatzungsmitgliedern wiedergegeben.
Winston Churchill bezeichnete alle Behauptungen der Deutschen als »offenkundige Lüge« – aber interessanterweise gelten alle Dokumente über diese Reise des Schiffes als verschollen.
Die QUEEN ELIZABETH lief wenige Tage später in New York ein, und ihre 7.300 Passagiere (in der Hauptsache Flüchtlinge) konnten wohlbehalten von Bord gehen.

Nach der Reparatur der Schäden aus der Kollision mit der CURACOA verließ die QUEEN MARY am 8. Dezember New York mit 10.389 G.I.s zu ihrer letzten Transatlantikpassage des Jahres. Es war der Beginn einer Odyssee von fast 42.000 Seemeilen in über vier Monaten, die später als »die lange Reise« bekannt wurde.
Zunächst wurden die amerikanischen Soldaten in Gourock ausgeschifft. Dann verließ die QUEEN mit 10.669 Soldaten ein letztes Mal die vetrauten Gewässer des Atlantiks und setzte zwei Tage vor Weihnachten einen südlichen Kurs.
Zweck dieser Truppenbewegung war es, britische Soldaten in den Mittelmeerraum zu transportieren, um dort australische Truppen abzulösen. Diese wiederum sollten zunächst in die Heimat zurückgebracht werden und sich dann an der Wiedereroberung des Pazifikraums beteiligen.
Die Reise führte über Freetown, Kapstadt und Aden nach Suez, wo Captain Bisset vom zuständigen Befehlshaber Admiral Halifax erfuhr, dass der Transport der 31.451 australischen Soldaten zeitgleich, also als Konvoi geschehen solle.
»Ich sollte Kommodore dieses Geleitzuges sein«, schreibt Bisset, »gewiss eine Ehre, auf die ich gern verzichtet hätte. Es hieß doch im Grunde nichts anderes, als dass die QUEEN MARY ihre Geschwindigkeit, ihre beste Abwehr, der des langsamsten Schiffes werde anpassen müssen. Das war die QUEEN OF BERMUDA mit 18 Knoten.«
Bisset kochte innerlich vor Wut – verständlicherweise, wenn man die Situation näher betrachtet: Bis alle Schiffe des Konvois sich in Massawa, Äthiopien, versammelt hatten, vergingen fast zwei Wochen. – Zwei Wochen, in denen die QUEEN MARY und die 9.995 Soldaten an Bord immer der Bedrohung eines Luftangriffes ausgesetzt waren.
Dazu kam, wie Bisset ganz richtig feststellte, die Gefahr durch die geringe Geschwindigkeit des Konvois. Sein Ärger wird vielleicht noch deutlicher, wenn man sich den Geleitzug in Zahlen ansieht, ohne die militärischen Eskortschiffe, die für den Truppentransport nicht erheblich waren:

Schiff	Truppen	Crew	Geschwindigkeit
QUEEN MARY	9.995	877	30 kn
AQUITANIA	6.953	606	23 kn
ILE DE FRANCE	6.531	675	20 kn
NIEUW AMSTERDAM	6.241	465	20 kn
QUEEN OF BERMUDA	1.731	253	18 kn

»Ich behielt für mich, was ich dachte«, schreibt Bisset weiter, »ein Kapitän der Handelsmarine debattiert nicht mit der Royal Navy, am allerwenigsten mit einem Admiral.« Nachdem sich der Konvoi am 28. Januar 1943 in Massawa versammelt hatte, begann die Reise nach Australien.

Da Ceylon als nicht sicher vor Luftangriffen erachtet wurde, liefen die Schiffe das Addu-Atoll am südlichen Ausläufer der Malediven an. Es diente als geheimer Stützpunkt der Alliierten zur Versorgung ihrer Seefahrzeuge.

Von der letzten Etappe der Reise über Fremantle nach Sydney schreibt Bisset: »Die Soldaten brachten nicht endende Hurras aus, als endlich die australische Küste in Sicht kam. Die NIEUW AMSTERDAM trennte sich nach dem Verlassen von Fremantle vom Geleitzug, um nach Melbourne zu gehen. (...) Als wir am 27. Februar an einem schönen, sonnigen Nachmittag durch die Molen von Sydney und dann durch den Hafen liefen, standen die Truppen jubelnd an der Reling. Fähren und Schlepper tuteten pausenlos, und Menschen am Ufer winkten mit Hüten, Taschentüchern und Flaggen. Trotz aller Sicherheitsmaßnahmen hatte sich die Nachricht herumgesprochen, dass die Jungs der Second Australian Imperial Force heimgekehrt waren. Die Ausschiffung begann sofort. Diese Sonnabendnacht wird in Sydney nicht so bald vergessen werden. (...) Ich habe oft Menschen heimkehren sehen, aber selten glücklichere.«

Fast einen Monat blieb die MARY in Sydney, bevor sie mit einer Ladung von 8.326 Passagieren die lange Rückreise nach Gourock antrat. Die Hälfte der Mitreisenden stellte eine Gruppe von 4.050 italienischen Kriegsgefangenen dar, die in Großbritannien zum Arbeitsdienst herangezogen werden sollten.

Nach der Abreise der QUEEN MARY sollten fast 35 Jahre vergehen, bevor mit der QUEEN ELIZABETH 2 am 24. Februar 1978 wieder eine Cunard-QUEEN in Sydney anlegte – und glücklicherweise unter freundlicheren Umständen.

CANADIAN ARMY OVERSEAS

CHRISTMAS DINNER

at Sea

25 DECEMBER, 1945

Aboard

H.M.T. QUEEN ELIZABETH

Kapitel 6

G.I.S und Kriegsbräute

KAPITEL 6

G.I.S UND KRIEGSBRÄUTE

QUEEN MARY
QUEEN ELIZABETH
1942–1946

Schon Monate bevor die QUEENS ihre neue Aufgabe als G.I. Shuttle aufnahmen, hatten Experten der U.S. Navy begriffen, welche ungeahnten Möglichkeiten diese Schiffe boten. Natürlich war die Anzahl der Betten, die man an Bord unterbringen konnte, eingeschränkt; selbst wenn es sich um klappbare Segeltuchbetten handelte.

Aber welcher Soldat schlief schon 24 Stunden am Tag? Wenn man jedes Bett mit zwei oder drei Männern belegte, die sich in einem Turnus von acht Stunden abwechselnd schlafen legten, dann konnte man die Schiffe bis zum Bersten mit Truppen füllen.

Dies und die Diskussion zwischen General Marshall und Premierminister Churchill hatte dazu geführt, dass beide Oceanliner schließlich ganze Divisionen der U.S. Army transportierten. Die QUEEN MARY stellte im Juli 1943 einen Rekord auf, der noch bis in unsere Tage Gültigkeit besitzt: Sie beförderte neben ihrer Crew von 943 Mann eine Truppenstärke von 15.740 Mann. Das bedeutete, 16.683 Menschen, so viel wie eine kleine Stadt, reisten auf einem einzigen Schiff!

So etwas hatten sich ihre Erbauer nicht träumen lassen! Und was hätte wohl der alte Samuel Cunard gesagt?

Die QUEENS blieben auch in ihrem neuen Einsatzgebiet weiter als die »Grauen Geister« bekannt. Bei ihrer Routenplanung legte die Admiralität größten Wert darauf, Begegnungen mit anderen Schiffen zu vermeiden, wo immer es ging.

Oft wichen die Liner um viele hundert Meilen nach Norden oder Süden von der üblichen Transatlantikroute ab. Man hätte ihnen nahe Island ebenso begegnen können wie in der Nähe der Azoren. Aber immer fuhren sie vollkommen verdunkelt mit höchster Geschwindigkeit im Zickzack.

Als der Sommer 1942, der erste Sommer des G.I. Shuttle, seinem Ende entgegen ging, gab es noch einmal Diskussionen hinsichtlich der zu transportierenden Truppenstärken. Bis dahin waren die QUEENS vollbesetzt gefahren. Das hieß, selbst auf den geschlossenen Promenadendecks waren Betten installiert, in denen Soldaten schliefen, so dass nur ein schmaler Gang als Passageweg übrig blieb.

Abgesehen davon, dass die Temperatur auf dem Nordatlantik in den Wintermonaten regelmäßig den Gefrierpunkt unterschreitet, so dass die Nutzung dieser Unterbringungen völlig unmöglich wurde, hatte Captain Irving Bedenken bezüglich der üblichen Winterstürme. Er wusste, dass seine QUEEN ELIZABETH (wie auch die QUEEN MARY) in bewegter See leicht anfing zu rollen und befürchtete, wenn die Soldaten dadurch aus den oberen Kojen fielen, werde es entweder so viele Verletzte geben, dass es das medizinische Personal schlicht und einfach überforderte, oder der Master des Schiffes müsse die Geschwindigkeit trotz der Bedrohung durch feindliche Schiffe deutlich verringern, so wie es auf Friedensreisen übliche Praxis war.

Captain Bisset hatte die Bewegungen seines Schiffes beim Zickzackfahren beobachtet und unterstützte Irvings Ansichten, indem er betonte, auf Reisen mit 11.000 Menschen an Bord sei sein Schiff weitaus weniger toplastig gewesen als mit 15.000 Soldaten.

Damit erging letzten Endes die Entscheidung, die QUEENS nur im Sommer 15.000 Mann auf einmal transportieren zu lassen. In den Wintermonaten sollte ihre Kapazität auf 10.000 Mann beschränkt werden und die oberen Kojen so weit wie möglich ungenutzt bleiben.

Nach der letzten langen Reise der QUEEN MARY stellten die QUEENS ein Muster an Zuverlässigkeit dar. Und ihre Kommandanten bewiesen stets ein glückliches Händchen. Bis zum Ende des Krieges erreichten tausende G.I.s sicher

Ab 1942 wurden komplette US-Divisionen auf den QUEENS transportiert. Häufig befanden sich über 15.000 Menschen an Bord. Nur eine ausgeklügelte Bord-Logistik ließ einen geregelten Ablauf zu.

Bild auf Seite 88: Eine Menükarte von einer der Repatriierungsreisen.

und gesund Gourock. Verpasste Mahlzeiten, gelegentliche Fälle von Platzangst und Soldaten, die sich in den kilometerlangen Gängen der Schiffe ab und an verliefen, blieben die schlimmsten Katastrophen, mit denen die Besatzungen der beiden Oceanliner umzugehen hatten.
In New York stand ein 750 Mann starkes Kommando an Militärpolizisten bereit, um die wertvollen Liner vor möglichen Sabotageakten zu schützen. Ein kommandierender Offizier dieser Garde pflegte zu sagen: »Ihr beginnt heute ein Schiff zu bewachen, das für die allierten Nationen so lebenswichtig ist, dass ich jeden Mann in dieser Kompanie opfern würde, wenn ich zwischen seiner Sicherheit und der des Schiffes zu entscheiden hätte.«
Und doch konnten Zwischenfälle nie ausgeschlossen werden: Auf der QUEEN MARY fand man einmal Kronkorken, mit denen die Düsen zahlreicher Feuerwehrschläuche verstopft waren. Bei einer anderen Gelegenheit wurden die Rettungsboote probehalber zu Wasser gelassen, und einige von ihnen begannen zu sinken. Bei näherer Inspektion stellte sich heraus, dass jemand Löcher in ihren Boden gebohrt hatte.

Natürlich kann es gut sein, dass beides nur gedankenlose Scherze gelangweilter Soldaten gewesen sind, aber dennoch stellten solche Späße eine Bedrohung für die Sicherheit des Schiffes dar.

Im April 1943 fand man sogar einige Bomben unter einem Stapel Decken an Bord der QUEEN ELIZABETH. Dieser Vorfall konnte niemals aufgeklärt werden. Da die vemeintlichen Bomben sofort über Bord geworfen wurden und im schmutzigen Hafenwasser versanken, erfuhr man nie, ob es sich um echte Bomben handelte oder lediglich Attrappen, die ein Witzbold auf dem Schiff platziert hatte. Eine nach dem Zwischenfall erstellte Skizze jedoch gab Anlass zu der Vermutung, dass es sich um britische Bomben gehandelt hatte.

Eine typische Transantlantikreise mit amerikanischen G.I.s begann nicht nur mit der Einschiffung der Soldaten, sondern auch mit der Übernahme von Vorräten, Frischwasser und Treibstoff. Wegen der kriegsbedingten Materialknappheit und Rationierung in Großbritannien wurde in New York stets genug Verpflegung für die Hin- und Rückreise übernommen, um die knappen britischen Ressourcen zu entlasten.

Ein ungewöhnlicher Blick in das Innere des Vormastes der MARY.

Täglich verbrannte jede der beiden QUEENS 1.000 Tonnen Treibstoff. Um bei plötzlich nötig werdenden Kursänderungen oder Brennstoffknappheit in Gourock nicht in die Bedrouille zu kommen, verließen die Schiffe jedoch immer mit 8.000 Tonnen des wichtigen Gutes den Hafen.

Der Frischwasserbedarf für die Küchen an Bord und als Trinkwasser für Crew und Truppen betrug auf See 700 bis 800 Tonnen pro Tag. Und das war das Minimum. Seewasser wurde eingesetzt, wo immer es möglich war – selbst zum Schrubben des Decks und zur Körperpflege. Für letztere gab es sogar spezielle Salzwasser-Seife an Bord.

Die G.I.s wurden üblicherweise unter dem Deckmantel der Nacht eingeschifft. John Gleason, der im Dezember 1943 einberufen wurde, erinnert sich:

»Wir wurden nach Fort Hamilton in Brooklyn geschickt (...) und warteten dort, bis es dunkel wurde. Dann wurden wir auf einer Fähre untergebracht, deren Fenster und Bullaugen übermalt waren. Ich glaube, wir fuhren zu einer Pier in Hoboken, aber genau konnten wir das nicht wissen. Wir traten von der Fähre, gingen über eine schmale Pier und an Bord des wartenden Truppentransporters. Wir hatten absolut keine Ahnung, auf welchem Schiff wir waren oder wohin diese Reise gehen sollte. Ich wurde dem B-Deck zugewiesen und sofort dorthin geschickt. Von den Kojen gab es fünf übereinander mit 45 Zentimetern dazwischen. Zum Glück hatte ich die oberste Koje. Wir legten auch bei Dunkelheit ab (...). Insgesamt waren wir etwa 10.000. Ich war in der älteren Gruppe (Ende zwanzig bis dreißig), aber einige waren erst neunzehn. Erst bei erstem Tageslicht sprach es sich herum, dass wir an Bord der französischen ILE DE FRANCE waren.«

Die Logistik funktionierte so hervorragend, dass die Anbordnahme von 15.000 Mann in New York innerhalb von nur zwölf Stunden abgeschlossen sein konnte. In einem Militärcamp im nahen New Jersey hatte man gigantische Nachbauten von den entsprechenden Innenräumen der QUEENS aufgestellt. Truppen, die auf die Ankunft der MARY oder der ELIZABETH warteten, wurden bereits hier gedrillt, um später Verzögerungen bei der echten Einschiffung zu vermeiden.

Um zu verhindern, dass auf den Treppen des Schiffes alles kreuz und quer lief, wurden zuerst diejenigen Soldaten eingeschifft, die dem untersten Deck zugeteilt waren. Der Wächter an der Gangway bestätigte jeweils den Nachna-

Halifax war einer der regelmäßigen Anlaufhäfen für Truppentransporte (hier die AQUITANIA).

men des Soldaten, und dieser musste dann seinen Vornamen nennen, damit sichergestellt war, dass sich keine blinden Passagiere einschlichen.

Viele Soldaten hatten in ihrem Leben nie zuvor ein Schiff betreten, und die erste Bewährungsprobe war unmittelbar nach dem Ablegen zu bestehen, wenn die QUEEN mit absolut ebenem Kiel über den Holland-Tunnel fahren musste. Der Befehlshabende der Army bellte dann »Alle Mann stillgestanden!« in das Lautsprechersystem des Schiffes, und die Soldaten rührten sich nicht, bis die Decke des Tunnels sicher überquert war.

Üblicherweise gab es noch vor dem Ablegen eine Musterung, um die Männer in die Organisation und Sicherheitsmaßnahmen an Bord einzuweisen und Notfallübungen abzuhalten. Es war alles bis ins Kleinste ausgeklügelt: Nach einem aushängenden Plan war das Schiff in drei Zonen eingeteilt; blau, weiß und rot.

Jeder Soldat erhielt einen farbigen Anstecker, der auswies, welcher Zone er zugeteilt war. Die Grenzen waren mit farbigen Linien markiert und durften nur mit ausdrücklicher Genehmigung übertreten werden. Ausgenommen davon war das Cunard-Personal.

Im ehemaligen Austin-Reed-Shop an Bord war die Polizeiwache untergebracht, und die Militärpolizisten hielten Wache darüber, dass alle Regeln genau eingehalten wurden.

Soldaten, die unerlaubt in einer anderen Zone aufgegriffen wurden, mussten zur Strafe dem Küchen- oder Reinigungspersonal helfen.

Alle Gänge an Bord waren »Einbahnstraßen«. Der Verkehr an Bord der QUEENS lief gegen den Uhrzeigersinn. Das hieß, um unnötiges Gedränge zu verhindern, durfte in den Gängen steuerbords nur Richtung Bug gegangen werden, während jeder (und das beinhaltete auch das Personal), der zum Heck wollte, die Gänge an Backbord zu nutzen hatte. Rettungswesten mussten rund um die Uhr getragen werden. Hiervon waren nur die Männer ausgenommen, die die Geschütze bemannten. Wer ansonsten gegen diese Regel verstieß, wurde damit bestraft, dass er seine Schuhe abgeben musste.

In Küstennähe wurden die QUEENS immer von einer Eskorte begleitet. Sobald diese den Rückweg antrat und damit Schiff, Besatzung und Truppen allein den Gefahren des Atlantiks überließ, hielt der Captain über Lautsprecher eine kurze Rede. Im Oktober 1943 war es Captain Illingworth, der sich an die Truppen an Bord der QUEEN MARY wandte:

»Ich appelliere an alle Offiziere und Männer, meinen Befehlen genauestens zu gehorchen. Ich habe nur eine Aufgabe. Das ist die Aufgabe, dieses Schiff sicher in den Hafen zu bringen, und diese Aufgabe werde ich erledigen, so Gott will. Es ist nicht wichtig, dass Ihr, 15.000 an der Zahl, sicher im Firth of Clyde ankommt, sondern dass das Schiff dort sicher vor Anker geht. Denkt daran: Ihr und ich seid nicht unersetzlich für die erfolgreiche Beendigung dieses Krieges, das Schiff schon. Ihr müsst deshalb im Kopf behalten, dass all Eure Gedanken auf dieser Überfahrt seiner Sicherheit dienlich sind. Feindliche Kräfte sind an der Arbeit, und der Hunne wird alles in seiner Macht Stehende tun, um der QUEEN Schaden zuzufügen. U-Boote werden uns verfolgen, und Flugzeuge werden uns bedrohen. Sie haben es getan, und wir haben jeden Grund zu der Annahme, dass sie es wieder tun werden. Aber die QUEEN passt auf sich auf. Von jetzt an, bis zu dem Moment, wenn Ihr von Bord geht, denkt in den Maßstäben des Schiffes. Behandelt sie gut und nutzt sie nicht aus. Sie steht bereit, um für Euch zu tun, was sie für tausende vor Euch getan hat. Erweist Euch ihres Vertrauens würdig und betrügt sie nicht durch Unachtsamkeit und Missetat. Haltet Euch daran, und das Schiff wird Euch nächsten Dienstag in die Mündung des Clyde bringen – so wahr uns Gott helfe.«

Genau so sorgfältig ausgearbeitet wie alle anderen Vorgänge an Bord war die Logistik für die Verpflegung der tausenden von Soldaten. Das Personal in den Küchen arbeitete praktisch rund um die Uhr, um jedem Soldaten täglich zwei Mahlzeiten zur Verfügung zu stellen; Frühstück und Abendessen.
Pro Mahlzeit gab es sechs Sitzungen von jeweils 45 Minuten. Das Frühstück wurde von 6.30 bis 11.00 Uhr serviert, von 15.00 Uhr bis 19.30 Uhr gab es Abendessen.
Die Soldaten wurden im ehemaligen Speisesaal Erster Klasse verpflegt. Jeder der Männer hatte eine Karte, auf der genau verzeichnet war, für welche Sitzung er eingeteilt war und auf welchen Platz er sich zu setzen hatte. Militäpolizisten sorgten dafür, dass der Ablauf geregelt blieb. Kurz vor dem Essen hatten sich die Männer, die für eine Sitzung eingeteilt waren, am vorderen Ende der Messe einzufinden, wo vier Reihen gebildet wurden. Sein Feldgeschirr musste jeder selbst mitbringen. Sobald die letzte Gruppe die Messe verlassen hatte, ließ man die nächste in den Saal und wartete ab, bis alle sich auf die langen Bänke gesetzt hatten. Erst dann brachten Helfer das Essen an die Tische.
Das Frühstück bestand für gewöhnlich aus gekochten Eiern, Cerealien, Brot und Marmelade sowie wahlweise Kaffee oder Tee. Zum Dinner gab es dicke Suppen, Fleisch und Kartoffeln.
Jeder Mann durfte so viel essen, wie er wollte, und am Ausgang konnte er sich mit Sandwiches und Früchten für den Tag versorgen.
Nach dem Essen musste der Betreffende sofort aufstehen und die Messe in einer von sechs Reihen am hinteren Ende des Raumes verlassen.
Die Luft war erfüllt nicht nur von Essensdämpfen und dichtem Zigarettenrauch, sondern auch vom lauten Geklapper des Metallgeschirrs und den Stimmen von bis zu 2.000 Menschen. Ein Soldat beschrieb es als »Mischung zwischen einer Kantine der Arbeiterklasse und dem Hauptbahnhof zur Hauptverkehrszeit.«
Am Ausgang dirigierten wiederum Militärpolizisten die Truppen zu den Abwaschstellen auf dem A-Deck, B-Deck oder D-Deck, je nachdem, durch welchen Ausgang sie den Saal verlassen hatten.
Dort angekommen, mussten die Männer (immer ohne stehen zu bleiben) ihr Geschirr zuerst in heißem Salzwasser vorspülen, dann in Salzwasser mit Seife abwaschen und schließlich in kaltem Salzwasser nachspülen.

Womit aber beschäftigten sich 15.000 Mann, wenn sie nicht gerade schliefen oder auf Essen warteten?
Langeweile war in der Tat ein Feind der Truppentransporte, aber andererseits gab es reichlich Ablenkung.
Täglich wurde zwei Notfallübungen abgehalten, manchmal sogar bei Nacht, an denen alle teilzunehmen hatten, die nicht gerade mit anderen Aufgaben beschäftigt waren. Diese Übungen boten dem Reinigungspersonal wiederum Gelegenheit, die Quartiere der Truppen auszufegen.
Täglich trainierten die Besatzungen an den Geschützen. Viele Soldaten betrachteten dieses Spektakel nicht nur zur Unterhaltung, sondern fühlten sich von dem lärmenden Handwerk auch hinsichtlich der Sicherheit des Schiffes äußerst beruhigt.
In der verbleibenden Zeit wurde den Truppen Zerstreuung verschiedener Art angeboten. Während einige Soldaten ihre Zeit schlicht damit verbrachten, zu lesen, Briefe zu schreiben oder sich zu unterhalten, gab es regelmäßig Konzerte der Armee-Bands und täglich zwei Filmvorführungen. Die Filme, die gezeigt wurden, stammten aus einer kleinen Sammlung an Bord. Da die Truppen nach wenigen Tagen das Schiff verließen, war das für sie kein Problem. Aber ein Besatzungsmitglied der Cunard Line erzählte nach dem Krieg, er habe »Pride and Prejudice« (dt. »Stolz und Vorurteil«) 120 Mal gesehen!
Weitere Unterhaltung wurde von Mitgliedern des Roten Kreuz organisiert, und für gläubige Reisende gab es Gottesdienste verschiedener Konfessionen.
Glücksspiele waren ebenso verboten wie Alkohol, elektrische Geräte und Messer, und die Militärpolizei hatte ein strenges Auge auf die Einhaltung dieser Regeln. Aber zumindest Glücksspiele wie Poker und Blackjack ließen sich kaum unterbinden, und man kann nicht mal schätzen, wie viele tausend Dollar auf beiden QUEENS im Laufe des Krieges gewonnen und verloren wurden.
Und schließlich wurde die Reisezeit dazu genutzt, die G.I.s auf die andersartigen kulturellen Bedingungen in ihrem Zielland vorzubereiten. Neben Vorträgen zu diesem Thema erhielt jeder G.I. eine kurze Broschüre mit den wichtigsten Regeln.
Sie enthielt einige Hinweise zu sprachlichen Unterschieden des britischen und des amerikanischen Englisch – insbesondere, um den Amerikanern Fettnäpfchen zu ersparen. Zum Beispiel wurden G.I.s darauf hingewiesen, dass die Bedeutung des Spruchs »You look like a bum« völlig verkehrt

aufgefasst werden könnte. Das amerikanische Englisch meint damit: »Du siehst aus wie ein Penner« (zum Beispiel nach anstrengenden Kriegseinsätzen), während britische Bürger verstehen würden: »Du siehst aus wie ein Arsch.« Auch ansonsten erhielten die anreisenden Soldaten aus der Broschüre einige sinnvolle Ratschläge:
»Du wirst besser bezahlt als der britische ›Tommy‹. Reib ihm das nicht ständig unter die Nase. Sei fair zu ihm. Er kann in der Not ein Kamerad sein. (...) Wenn man Dich in einer Familie zum Essen einlädt, dann iss nicht zu viel. Andernfalls isst Du womöglich ihre gesamte Wochenration auf.«

Wenn sich die Überquerung des Atlantiks ihrem Ende näherte, wurden die QUEENS zunächst von einer britischen Flugzeugpatrouille und schießlich von einigen Zerstörern in Empfang genommen, um sie durch die Gewässer rund um Irland und schließlich bis in den Clyde zu geleiten.
Für die Truppen waren diese Geleitzüge ein sicheres Zeichen, dass sie fast am Ziel waren und sich bald von der Anspannung der Seereise erholen konnten – um sich dann ihrer eigentlichen Aufgabe zu stellen.
Die Ausschiffung der Soldaten in Gourock dauerte für gewöhnlich etwa 36 Stunden, und es wurde keine Zeit verloren, das Schiff für die Rückreise bereit zu machen, so dass es schon nach wenigen Tagen Anker lichten konnte.
Auf den Rückfahrten trugen die QUEENS für gewöhnlich eine bunte Mischung an Passagieren: Diplomaten, Flüchtlinge, verwundete G.I.s, britische Soldaten, die in den USA an besonderen Fortbildungskursen teilnehmen sollten, und vor allen Dingen deutsche und italienische Kriegsgefangene. Drei- bis fünftausend von ihnen wurden auf jeder Reise mitgenommen, um in kanadischen Arbeitslagern interniert zu werden oder in den Südstaaten der USA für die Ernte der Baumwolle eingesetzt zu werden.
Für diese »Passagiere« herrschten strengste Sicherheits- und Überwachungsmaßnahmen. Alle Gegenstände, die potenziell als Waffen verwendet werden konnten, wurden aus den Unterbringungen entfernt, und an strategischen Punkten baute man Barrikaden aus Sandsäcken und Stacheldraht auf.
So blieben während sämtlicher Reisen mit Kriegsgefangenen Schmierereien an den Wänden (die mit Haft bei Wasser und Brot bestraft wurden), Beschwerden über Unterbringung, Behandlung und Verpflegung die schlimmsten Zwischenfälle, mit denen die Bewacher umzugehen hatten.
In den späteren Phasen des Krieges, insbesondere nach der Landung in der Normandie, mussten immer mehr verwundete Soldaten transportiert werden. Die Front verschob sich zwar immer mehr auf Deutschland zu, doch noch war das »Tausendjährige Reich« nicht besiegt, und die Wehrmacht leistete erbitterten Widerstand.
Um britische Krankenhäuser (die bis zur Kapazität gefüllt waren) und Ressourcen zu entlasten, wurde im letzten Kriegsjahr alles an Schiffen eingesetzt, das verfügbar war, um verletzte G.I.s in die Heimat zu bringen.

Auch Prominente verkehrten auf den QUEENS. Winston Churchill reiste drei Mal mit der QUEEN MARY nach Amerika.
Die erste dieser Reisen fand im Mai 1943 statt, unmittelbar nach der »langen Reise« des Schiffes.
Der Transport einer derart wichtigen Persönlichkeit setzte diverse Vorbereitungen voraus. Churchill reiste mit einem Stab von etwa 150 Personen; Ministern, Sekretärinnen, Wachen und nicht zuletzt seiner Frau und seiner Tochter Mary.
Für die Gruppe wurde das Hauptdeck vom Rest des Schiffes regelrecht abgeschottet. Alle Zugänge wurden schwer bewacht. Zahlreiche Gerüchte wurden gestreut, um zu verbergen, wer sich tatsächlich an Bord befand, denn die Vorbereitungen in Gourock ließen sich nicht gänzlich verheimlichen. »Je mehr Geschichten, desto mehr Sicherheit«, hatte Churchill selbst gesagt. So wurde verbreitet, die niederländische Königin Wilhelmina reise mit dem Cunarder, während andere Quellen zu wissen glaubten, es handle sich um hochrangige Kriegsgefangene aus Deutschland. Auf der Passagierliste wurde der Premierminister schlicht unter dem Namen »Colonel Warden« geführt.
Für Churchill und seine Mitreisenden waren außerdem zahlreiche andere Vorbereitungen nötig. Auf dem Hauptdeck entstand eine verkleinerte Version der Whitehall mit der nötigen Ausstattung, um auch auf See aktiv arbeiten zu können.
Tatsächlich verließ das Team das Hauptdeck während der Reisen nur, um an den vorgeschriebenen Bootsübungen teilzunehmen.
Da die QUEEN MARY für gewöhnlich absolute Funkstille hielt, begleitete ein Kreuzer das Schiff, wenn Winston Churchill an Bord war. Alle Botschaften wurden mittels einer Morselampe zu dem Kriegsschiff übertragen, welches

sich dann etwa hundert Meilen weit von dem Liner entfernte, um die Funksprüche abzusetzen.
Die Kabinen, in denen der Premierminister und sein Stab reisten, wurden vor der Reise so weit wie möglich in ihren Vorkriegszustand versetzt. Dafür wurden Möbel des Schiffes aus Lagerhäusern entnommen. Auch die Qualität der Mahlzeiten war von einem deutlich höheren Standard, als ihn die Truppen oder Kriegsgefangenen bekamen. Und es war in seiner Kabine an Bord der MARY, wo Churchill zum ersten Mal die Pläne für die Operation »Overlord« erklärt wurden – dem alliierten Einmarsch in das deutsch besetzte Europa.
Da die QUEENS als G.I. Shuttles unter amerikanischem Kommando standen, gab es einen sehr bedeutenden Unterschied gegenüber ihren früheren Truppentransporten unter dem Kommando der britischen Admiralität: Sie waren jetzt »trockene Schiffe«, was nichts anderes hieß, als dass der Ausschank von Alkohol verboten war.
Man sagte, Churchill habe ein sehr bedrücktes Gesicht gemacht, als er erstmals davon erfuhr. So war extra für den Trakt, den er und sein Stab auf dem Schiff belegten, eine Sonderregelung erlassen worden, die es gestattete, dort alkoholische Getränke zu servieren.
Die zweite Reise, die Churchill an Bord der QUEEN MARY unternahm, führte das Schiff im August 1943 nach Halifax in Nova Scotia, Kanada.
Churchill wollte an der Konferenz von Quebec teilnehmen, und die MARY lag achtzehn Tage in Halifax, um den Premierminister und seinen Stab nach Abschluss der Gespräche wieder nach Großbritannien zu bringen.
Relativ kurzfristig überlegte Churchill es sich anders und reiste an Bord eines britischen Kreuzers, während die QUEEN MARY seinen verbleibenden Stab sowie 14.989 kanadische Soldaten beförderte.
Die letzte Reise, die Winston Churchill während des Krieges an Bord der QUEEN MARY unternahm, brachte ihn und seine Begleiter wiederum nach Halifax, um dort an der zweiten Quebec-Konferenz im September 1944 teilzunehmen.
Ging der Minister in Schottland stets unter dem schützenden Mantel der Dunkelheit an Bord, so wurde er in Kanada von einer erfreuten Menge empfangen.

Die erfolgreiche Verteidigung des Suez-Kanals durch britische Truppen und die Niederlage der 6. deutschen Armee vor Stalingrad im Februar 1943 markierten den Wendepunkt des Zweiten Weltkriegs.
Bis zu diesem Punkt hatten die Alliierten erbittert gekämpft, um den scheinbar nicht zu hemmenden Vorwärtsdrang der feindlichen Truppen aufzuhalten. Danach begann der langsame Fall des Deutschen Reiches.
Am 6. Juni 1944 gelang den Alliierten die Rückeroberung der Normandie – D-Day!
Und in den folgenden Monaten konnte die Wehrmacht immer weiter zurückgedrängt werden. Die Deutschen kämpften erbittert, aber die amerikanischen und britischen Truppen rückten unaufhaltsam vor und befreiten Frankreich, Belgien und die Niederlande im Westen, während die Rote Armee in Polen und der Tschechoslowakei einmarschierte.
Schließlich fielen alliierte Truppen aus allen Richtungen in das nun fast verteidigungslose Deutsche Reich ein.
Am 25. April fiel Berlin. Drei Tage später nahmen kommunistische Guerilla-Krieger Italiens Diktator Mussolini gefangen und brachten ihn um. Im Angesicht der unmittelbar bevorstehenden totalen Niederlage nahm sich Adolf Hitler am 30. April das Leben.
Großadmiral Karl Dönitz, den Hitler zu seinem Nachfolger bestimmt hatte, blieb nur noch die Aufgabe, Deutschlands bedingungslose Kapitulation zu verkünden.
Es war der 8. Mai 1945 – VE-Day!

Die Alliierten hatten gesiegt. Die QUEENS transportierten zu diesem Zeitpunkt schon seit fast einem Monat keine Truppen mehr. Zum Schluss war keine weitere Verstärkung mehr nötig gewesen, und die QUEEN MARY lag zur gründlichen Überholung im Dock der U.S. Navy in Bayonne, New Jersey, das sie während des Krieges bereits einige Male genutzt hatte.
Der Krieg in Europa war vorüber. Die QUEENS hatten ihre Aufgabe erfüllt. Zusammen hatten sie bis Kriegsende 1.242.532 Soldaten transportiert.
Sir Percy Bates gaben diese Zahlen Grund zu der Einschätzung, der Einsatz der QUEENS habe das Ende des Kriegs um ein Jahr beschleunigt.

Doch noch konnten sich Schiffe und Besatzungen nicht auf ihren Lorbeeren ausruhen. Im Pazifik ging der Krieg weiter. Japan war noch nicht besiegt, und amerikanische Kriegsstrategen kalkulierten, dass der Preis für den Sieg gegen

Die Truppen auf der Repatriierungsreise an Weihnachten 1945 erhielten ein besonderes Dinner im Gegensatz zum üblichen Kriegsspeiseplan an Bord.

CUNARD
WHITE STAR
LIMITED

MENU

ROAST TURKEY
CRANBERRY SAUCE
GREEN PEAS BROWNED POTATOES

COLD HAM
LETTUCE SALAD

PLUM PUDDING SWEET SAUCE
ICE CREAM
CHRISTMAS CAKE

FRESH FRUIT MIXED NUTS
COFFEE

Japan eine Million toter Soldaten allein auf Seiten der Alliierten sein würden.
Es galt nun, so schnell wie möglich die G.I.s, die sich in Europa befanden, in den Pazifik zu bringen.
Für die QUEENS bedeutete das, dass sie ihren bisherigen Fahrplan fast unverändert fortsetzten – mit dem Unterschied, dass die Hauptmasse an Männern jetzt in westlicher Richtung über den Atlantik transportiert wurde.
Der Abwurf der Atombomben auf Hiroshima am 6. August und Nagasaki am 9. August katapultierte die Menschheit in das Atomzeitalter – und bleibt bis heute eine der umstrittensten Kriegshandlungen der Militärgeschichte.
In Großbritannien waren unterdessen Stimmen in Öffentlichkeit und Presse laut geworden, die Premierminister Clement Attlee vorwarfen, das Königreich ordne sich den Vereinigten Staaten unter. Tausende britischer Truppen warteten in alle Winde verstreut auf ihre Heimkehr, während man die QUEENS und die AQUITANIA, die drei größten britischen Dampfer, den USA völlig selbstlos zur Verfügung stelle.
Unter dem Druck der Öffentlichkeit kabelte Attlee an Präsident Truman und wies diesen darauf hin, dass die Bedingungen, unter denen das Schiffstrio ursprünglich unter amerikanisches Kommando gestellt worden waren, nicht mehr existierten, dass britische Soldaten ihre Heimat teilweise seit fünf Jahren nicht mehr gesehen hatten und dass er, Attlee, deshalb darauf bestehen müsse, dass die Vereinigten Staaten dem Königreich das Kommando über die QUEENS und die AQUITANIA zurückgaben oder für angemessenen Ersatz sorgen sollten.
Truman diskutierte diese Bitte mit seinen Stabschefs und musste Attlee Recht geben.
Schließlich wurde ein Kompromiss gefunden, den der Minister für Kriegstransporte am 12. Oktober im britischen Unterhaus bekannt gab: Die QUEEN ELIZABETH und die AQUITANIA wurden umgehend an die Briten zurückgereicht, während die QUEEN MARY weiterhin für die Rückführung amerikanischer Staatsbürger eingesetzt werden sollte.
Als Ausgleich für sie stellten die USA Großbritannien zehn ihrer Victory-Schiffe sowie zwei kleinere Schiffe zur Verfügung.
Ab August 1945 verwendeten die QUEENS statt Gourock wieder Southampton als Zielhafen in der Alten Welt. Die Admiralität hatte erklärt, die Gewässer seien wieder ausreichend frei von Minen, und obgleich die Stadt schwer von deutschen Bomben beschädigt worden war, ließen sich die großen Mengen an Passagieren hier effizienter abfertigen als im Firth of Clyde.
Am 7. August lief die QUEEN ELIZABETH zum letzten Mal aus Gourock aus. Ihre Flaggen signalisierten »Thank you«, die im Hafen liegenden Schiffe ließen ihre Dampfpfeifen ertönen, die G.I.s standen an der Reling und winkten, und die Crew der ELIZABETH hatte ein großes weißes Banner mit der Aufschrift »Thank you, Gourock« gefertigt.
In New York wurden die ersten heimkehrenden Truppen von einer jubelnden Menge begrüßt – und natürlich jubelten die Soldaten beim Anblick ihres Vaterlandes nicht weniger.
Und die Bürger Southamptons wiederum hießen ihre beiden großen Liner ebenfalls mit großem Beifall willkommen. Während die QUEEN MARY, wie beschrieben, zunächst weiter den Amerikanern zur Verfügung stand, brachte die QUEEN ELIZABETH kanadische Truppen nach Hause. Die ersten beiden Reisen gingen nach Halifax, aber da Com-

modore Bisset fortgesetzte Bedenken hinsichtlich der Sicherheit dieses Hafens im Falle eines winterlichen Sturmes äußerte, gingen die zehn folgenden Fahrten nach New York, von wo aus die Truppen per Zug in die Heimat gebracht wurden.

Auf einer dieser Reisen fuhren Winston Churchill und seine Frau in die USA. Sie waren auf dem Weg nach Florida, wo der Ex-Premierminister einen Erholungsurlaub antreten wollte.

»Es geht mir einigermaßen gut«, sagte er an Bord, »aber ich hatte ein oder zwei kleine Erkältungen, und mein Doktor hat gesagt, ich müsse England für den Winter verlassen. Es soll ein wahrer Erholungsurlaub werden. Keine Ansprachen, nichts zu schreiben, keine Arbeit. Ich werde ein wenig malen. Ich habe die letzten paar Jahre sehr viel getan, und ich glaube, ich habe mir einen Urlaub verdient.«

Die Reise begann am 9. Januar 1946, und auf Bitte von Commodore Bisset hielt Churchill am Tag vor der Ankunft eine Rede:

»Meine Freunde und Kameraden auf der QUEEN ELIZABETH! Für die meisten von euch heißt es: heimwärts. Es ist eine gute Fahrt auf einem großen Schiff unter einem famosen Kapitän, richtiger gesagt: Kommodore, gewesen. Noch sind wir nicht am Ziel, aber ich bin gewiss, er wird den richtigen Weg zu finden wissen. Jedenfalls ist er diese Route schon häufiger gefahren, wie ich bezeugen kann; denn ich fuhr mit ihm in jenen Tagen, als es noch U-Boote und dergleichen gab. Sie scheinen alle verschwunden, und wir brauchen keinerlei Angst mehr vor ihnen zu haben. Es hat sich viel ereignet: Die Meere sind frei, die alte Flagge weht, und Sie, die das geschafft haben oder wenigstens zum Teil geschafft haben – denn etwas haben die Briten auch geleistet – kehren heim. Die Aufgabe ist gelöst, die Pflicht getan. Was für ein seltsames, erschreckendes und doch funkelndes Kapitel dieser Krieg doch gewesen ist! Was für Wandlungen er in der ganzen Welt und im Geschick so vieler Familien herbeigeführt hat. Wie hat er die Pläne jedes einzelnen von uns vereitelt. Was mussten wir für Freiheiten hergeben, die uns lieb waren, wie viel Bequemlichkeiten, wie viel Sicherheit! Aber auch wie viel Mut in

R.M.S. "QUEEN MARY" Saturday, March 16, 1946

Luncheon

Pea Soup, Naturel

Weakfish, Grenobloise

or

From the Grill: Loin Pork Chop, Garni

Brussels Sprouts Egg Plant, Lyonnaise

Baked Jacket and Puree Potatoes

or

Cold: Corned Ox Tongue Fresh Brawn

Lettuce, Tomato and Beetroot Salad

Roll Currant Pudding, Maple Syrup

or

Biscuits Cheese Coffee

R.M.S. "QUEEN MARY" Wednesday, March 13, 1946

Dinner

Creme Favorite

Boiled Striped Bass, Sauce Danoise

or

Roast Philadelphia Capon, Milanaise

French Beans Carrots, Flamande

Boiled and Roast Potatoes

Pears Melba

Dessert Tea Coffee

Gefahr, wie viel Ruhm für die Tapferen und Treuen! Und die gute Sache ist nicht unterlegen. Die Tyrannen sind gestürzt, und diejenigen, die die Menschheit der Zukunft zu versklaven versuchten, hat die abschließende Strafe getroffen oder wird sie noch treffen.
Ihr Kanadier, von denen so viele bei der 5. kanadischen Division gedient haben, werdet an die Siege in Italien und am Rhein denken. Wir Engländer aber denken an die Tage von 1940, als das kanadische Armeekorps in Kent und Sussex fast allein stand, während 25 deutsche Divisionen bereit waren, über den Kanal zu setzen und Großbritannien ein für alle Mal auszulöschen. Auch ich denke bisweilen an jene Tage und wie schön es war, als jeder daheim und im ganzen Empire von dem gleichen so schlichten, so herrlichen Impuls beseelt war: ›Siegen oder sterben!‹
Ein Sieg unter Waffen oder wie auch immer erkämpft, ist nur eine Möglichkeit, sich als Überlegener zu erweisen, in weiterem Felde, auf höherer Ebene. Habt keine Angst vor der Zukunft! Seid wachsam, stark, hellsichtig, aber sorgt Euch nicht. Unsere Zukunft liegt in unseren Händen. Unser Leben ist das, was wir daraus machen. Das große britische Commonwealth und Empire geht wieder einmal ruhmreich und frei aus einer Feuerprobe hervor, und es will ein Gebäude errichten und eine Gemeinschaft schaffen, wo Platz und gleiche Chancen für alle sind.
Gestern stand ich auf der Brücke und beobachtete die haushohen Seen und dieses Schiff, das ja wirklich kein Spielzeug ist, wie es sie überwand und ihres Zornes spottete. Da habe ich mich gefragt, weshalb wohl das Schiff die Wogen bezwingen kann, obwohl doch die Wogen so viele sind und das Schiff nur eins. Der Grund ist folgender: Das Schiff hat einen Zweck, und die Wogen haben keinen. Zahllos, unermüdlich, aber wirkungslos laufen sie hierhin und dorthin. Das Schiff aber hat den Zweck, uns ans Ziel zu bringen. Lasst uns deshalb einen Zweck in unserem nationalen und imperialen Politik wie auch in unserer privaten Leben haben. Dann wird die Zukunft für jeden und für alle Früchte tragen, und der Lohn für die Krieger wird sich ihrer Taten nicht unwürdig erweisen.«

Auf der Rückseite beförderte die QUEEN ELIZABETH die »Magna Carta« nach Großbritannien. Es war eins von vier Exemplaren dieses berühmten Dokumentes und lagerte für gewöhnlich in der Lincoln-Kathedrale. 1939 hatte die QUEEN MARY es nach New York transportiert, wo es auf der Weltausstellung gezeigt worden war.
Nach Kriegsausbruch hatte man die »Magna Carta« zunächst in der Kongress-Bibliothek in Washington gelagert, um sie nach dem Angriff auf Pearl Habor in Fort Knox unterzubringen.

Links: Schlicht gehaltene Speisekarten von einer Repatriierungsreise der QUEEN MARY.

Rechts: Nach dem Krieg wurden die Schornsteine der QUEEN ELIZABETH wieder in Cunard-Rot gestrichen. Bis zu ihrer vollständigen Wiederherstellung als Luxusliner vergingen noch einige Monate.

H.M.T. QUEEN ELIZABETH — HALIFAX HARBOUR, N.S.

Die Magna Carta war in einer verplombten Metallkiste verpackt, und Commodore Bisset musste ihren Empfang bestätigen. Die Quittung besagte: »Eine Blechkiste. Inhalt: die Magna Charta.«
»Zwar war ich überzeugt, dass diese Behauptung stimmte«, schreibt Bisset, »aber konnte ich todsicher sein? Also ließ ich die Quittung ändern. Nun lautete sie: ›Eine Blechkiste. Inhalt: angeblich die Magna Charta‹.«
Gegenüber den Reportern sagte er, dies sei die wertvollste Fracht, die die QUEEN ELIZABETH je transportiert habe – natürlich abgesehen von den 750.000 Soldaten, die mit ihr gereist seien.
Doch schon ergab sich eine neue Schwierigkeit: Die Kiste, in der sich die »Magna Charta« befand, war einen halben Zoll zu groß, selbst für das größte Schließfach.
Bisset löste das Problem ganz pragmatisch, indem er sie unter seinem Bett verstauen ließ. Er war der Einzige, der einen Schlüssel zu seiner Kabine besaß.
Eine britische Zeitung titelte: »Kommodore schläft mit Magna Charta unter seinem Bett. Erster Mann in der Geschichte, der das tut.«

Eine ganz andere (menschliche) Fracht transportierte die QUEEN MARY nach Kriegsende. Nachdem sie von der Aufgabe, G.I.s nach New York zu bringen, entbunden war, trat sie einen letzten, nicht mehr gänzlich militärischen Dienst an: In den Kriegsjahren hatten eine Reihe Amerikaner britische Frauen geheiratet, und nachdem die Soldaten nun zurückgekehrt waren, sollten ihnen 12.886 neue Amerikanerinnen und ihre 3.768 Kinder folgen.
Es war vermutlich eine der glücklichsten Aufgaben, die die QUEEN MARY in ihrem langen Leben erfüllte. Anfang 1946 wurde sie entsprechend ausgerüstet. Die amerikanischen Klappbetten verschwanden aus ihren Kabinen und wurden durch komfortablere und weniger dicht gepackte Kojen ersetzt. Außerdem bekam der Liner eine Ausstattung von Kinderbetten, Hochstühlen und Wickelplätzen. Eine zusätzliche Besatzung des Roten Kreuz bemühte sich darum, den jungen Frauen und den Kindern eine möglichst sorglose Überfahrt zu bereiten.
Ähnlich wie die G.I.s in die britische Kultur eingewiesen worden waren, gab es jetzt Vorlesungen über den »American Way of Life«, und statt Tee wurde Kaffee ausgeschenkt – nicht zur Begeisterung aller Mitreisenden.
Von Februar bis Mai machte die QUEEN MARY sechs dieser Reisen, um die »G.I.-Bräute« (auch »Kriegsbräute« genannt) zu ihrem neuen Zuhause zu bringen.
In New York spielten sich nach jeder Ankunft herzerwärmende Szenen ab. Um großes Durcheinander zu vermeiden, sollten die Frauen in einem Gitterverschlag warten, während ihre Männer draußen in alphabethischer Reihenfolge aufgerufen wurden und die Familien zusammengeführt wurden.
Doch regelmäßig ging das Temperament mit den Amerikanern durch, und von Wiedersehensfreude gepackt, durchbrachen sie sämtliche Absperrungen. – Jubelnde Männer, kreischende Frauen und schreiende Kinder waren das Resultat, aber letztlich fand sich, was zusammengehörte.
Unter ähnlichen Bedingungen beförderte die MARY auch 18.900 Frauen und Kinder zu einem neuen Leben in Kanada.
Am 29. September 1946 traf sie in Southampton ein.
Ihr Kriegsdienst war vorüber.

Die QUEEN MARY hatte in den langen, düsteren Jahren 810.730 Menschen befördert und war 661.771 Meilen gedampft. Die QUEEN ELIZABETH hatte mit 811.324 Passagieren 492.635 Meilen zurückgelegt.

Die Zahlen geben die gesamte Anzahl der beförderten Passagiere an, also nicht nur Soldaten auf dem Weg an die Front, sondern auch Heimkehrende, »G.I.-Bräute«, Kriegsgefangene usw.

Im Sommer 1946 nähert sich die QUEEN ELIZABETH ihrer Fertigstellung als Oceanliner, während die QUEEN MARY noch in Staatsdiensten steht.

INTERLUDIUM II

Gebaut am Clyde

DIE GESCHICHTE VON JOHN BROWN & CO.

Die AQUITANIA (rechts) und die QUEEN ELIZABETH (links) gehören zu den berühmtesten bei John Brown gebauten Schiffen.

John Brown & Company Ltd. wurde 1837 in Sheffield gegründet. Das Unternehmen war anfangs ausschließlich in der Produktion von Stahl tätig, aber John Brown war an einer vertikalen Konzentration interessiert, um mehr Einfluss auf Produktion und Verwendung seines Stahls zu haben.
So kam es, dass sein Unternehmen sich 1899 in eine am Clyde gelegene Schiffswerft einkaufte. Der Schiffbau hatte in Schottland, insbesondere in der Gegend um Glasgow, eine lange Tradition. In Clydebank (etwa elf Kilometer von Glasgow entfernt) hatten die Gebrüder Thomson 1871 eine Schiffswerft gegründet, die im Laufe der folgenden 25 Jahre zu einem der führenden Unternehmen in der Gegend wurde.
Sofort nach der Übernahme wurde die Werft erweitert, und über die nächsten 70 Jahre konnte sie eine eindrucksvolle Liste von Bauten vorweisen. Bereits kurz nach Beginn der John-Brown-Ära in Clydebank begann die Zusammenarbeit mit der

Auch die zweite CARONIA wurde bei John Brown gebaut.

Cunard Line, die sich wie ein roter Faden durch die Geschichte der Werft zieht: Die »schönen Schwestern« CARONIA und CARMANIA, die 1904 und 1905 abgeliefert wurden, waren die ersten von 32 Schiffen, die John Brown & Co. für Cunard baute.

Die noch heute berühmtesten Baunummern der Werft sind natürlich die 534, 552 und 736 – die drei QUEENS. Aber auch Schiffe wie die LUSITANIA, AQUITANIA, CARONIA (1946), WINDSOR CASTLE, EMPRESS OF BRITAIN und KUNGSHOLM brachen vom Clyde zu ihren unterschiedlichen Lebenswegen auf. Insgesamt baute die Werft über 500 Schiffe, von denen gut 150 von der britischen Regierung finanziert wurden – Kriegsschiffe. Und unter der Baunummer 691 lief 1953 ein weiteres Mitglied der königlichen Schiffsfamilie vom Stapel – wenn auch nicht für die Cunard Line, so doch für das britische Königshaus – die Royal Yacht BRITANNIA.

Auf dem großen Werftgelände konnten nicht nur die Schiffe gebaut werden. Die Werft besaß eigene Fertigungswerkstätten für Turbinen, Kessel und sonstige Hilfsmaschinen. John-Brown-Turbinen wurden auch von anderen Werften in deren Neubauten installiert.

Gegen Ende der vierziger Jahre begann das Unternehmen sich auf einem anderen Gebiet zu versuchen. In Zusammenarbeit mit der britischen Regierung begann die Forschung für den Bau von Gasturbinen zur Energieproduktion.

Mit dem Niedergang des britischen Schiffbaus in den sechziger Jahren gewann das neue Tätigkeitsfeld für John Brown zunehmend an Bedeutung, und 1965 konnte das Unternehmen einen Vertrag über die regelmäßige Lieferung von Gasturbinen mit der amerikanischen General Electric Company abschließen.

Angesichts der Schwierigkeiten im Schiffbau wurde das Unternehmen geteilt: Während die Werft Teil des Konsortiums Upper Clyde Shipbuilding Ltd. wurde, übernahm die neu gegründete Firma John Brown Engineering den Geschäftszweig Gasturbinen.

Auf diesem Feld sollte John Brown Engineering auch nach der Übernahme des Unternehmes durch den Großkonzern Trafalgar House Investments (der auch die Cunard Line aufkaufte) erfolgreich bleiben.

Zunehmende Expertise sorgte dafür, dass immer aufwändigere Projekte in aller Herren Ländern in Angriff genommen werden konnten, bis hin zu so genannten *turnkey contracts* – komplett von John Brown Engineering entworfenen und fertig übergebenen Anlagen. Dazu zählten nicht nur Gasturbinen zur Stromerzeugung, sondern auch Gaskraftwerke auf britischen Öl-Plattformen oder Turbinen zum Gastransport durch sibirische Pipelines.

Auch nach der Übernahme von Trafalgar House durch die norwegische Kvaerner-Gruppe 1996 lieferten die Clydesider weiterhin High Tech in alle Welt – doch von dem berühmten Namen John Brown bleiben nur Erinnerungen.

Nur noch das ehemalige Ausstattungsbassin erinnert an die einst mächtige Werft John Brown.

DIE QUEENS DES NORDATLANTIKS

KAPITEL 7

EIN GOLDENES ZEITALTER

Kapitel 7

EIN GOLDENES ZEITALTER

Queen Mary
Queen Elizabeth
1946 – 1958

Am 6. März 1946 lief die Queen Elizabeth mit 1.709 Passagieren in Southampton ein und wurde an Pier 101 festgemacht. Ihre letzte Reise als Truppentransporter war damit beendet.

Schon seit einem halben Jahr trug der Liner wieder die berühmte rot-schwarze Schornsteinmarke der Cunard Line, aber ihr Rumpf hatte nach wie vor seinen grauen Anstrich. Die Elizabeth sollte das erste der großen britischen Handelsschiffe sein, das nach dem Krieg renoviert wurde, um nicht nur der Welt zu zeigen, dass Großbritannien immer noch zu den Top-Seemächten gehörte, sondern auch um den Stolz seines kriegsgebeutelten Volkes wieder aufzubauen.

In sechs Jahren hatte die Elizabeth fünf Ozeane gesehen, ferne Häfen angelaufen und alle möglichen Aufgaben erfüllt – nur nicht die, für die sie eigentlich bestimmt war. Tausende Soldaten hatten ihre Spuren auf dem Schiff hinterlassen. Die Fußböden waren abgenutzt, McKilroy war allgegenwärtig – kurzum: Die Queen Elizabeth hatte dringend eine Überholung nötig, um aus ihr den Oceanliner der Spitzenklasse zu machen, der sie bisher nicht sein durfte.

Doch fast hätte sie vorzeitig ein unrühmliches Ende gefunden. Der größte Teil der Crew, bis auf etwa 300 Mann, hatte das Schiff verlassen, als am Morgen des 8. März ein Besatzungsmitglied auf dem Promenadendeck plötzlich den Geruch von Rauch wahrnahm: In einem Raum, der vorläufig als Lager für medizinische Materialien diente (darunter auch brennbare Flüssigkeiten) war ein Feuer ausgebrochen, das in Verbandmaterialien und Holzverkleidungen sofort reiche Nahrung fand. Zu allem Unglück handelte es sich um den einzigen Raum des Schiffes, der nicht über eine automatische Sprinkleranlage verfügte.

Die Besatzung versuchte sofort, das Feuer zu löschen, aber dichter, beißender Qualm und chemische Dämpfe machten es ihr so gut wie unmöglich, zum Brandherd vorzudringen.

Nach wenigen Minuten traf die Feuerwehr Southamptons ein, die Commodore Bisset alarmiert hatte – und stand prompt vor einem Problem: Die Leitern der Männer reichten nicht bis ans turmhohe Promenadendeck heran.

Geistesgegenwärtig ließ Bisset einige Rettungsboote fieren, in die die Feuerwehrmänner stiegen, um dann wie in einem Fahrstuhl auf Höhe des brennenden Decks gehoben zu werden.

Drei Stunden dauerte es, bis der Brand gelöscht war. Durch die Hitze hatten sich die umliegenden Stahlträger verzogen. Es sah aus, als habe das Schiff eine riesige Brandblase am Promenadendeck. Gerade noch hatte man Großbritanniens künftiges Vorzeigestück vor der Vernichtung retten können.

Es gab nach dem Brand eine sehr genaue Untersuchung des Vorfalls. Die Polizei händigte an alle Besatzungsmitglieder Fragebögen aus. Man befürchtete einen Sabotageakt und zog sogar in Erwägung, eine Militärpatrouille für den Hafen abzustellen, in dem sich eine Reihe von Schiffen befand, die noch immer als Truppentransporter fuhren.

Sabotage ließ sich letztlich nicht belegen, und später wurde allgemein angenommen, der Brand sei durch die Unachtsamkeit eines Arbeiters entstanden, der in dem Raum eine verbotene Zigarettenpause gemacht hatte.

Bis zum Ende des Monats blieb die Elizabeth in Southampton und wurde auf ihre bevorstehende Verwandlung zum Luxusliner vorbereitet. Eine Truppe Arbeiter ihrer Bauwerft John Brown & Co. war damit beschäftigt die verbliebene militärische Ausstattung abzubauen. Edle Holz-

Die Haupttreppe erster Klasse lässt die schlichte Eleganz der QUEEN ELIZABETH erkennen.

verkleidungen, die 1940 bereits installiert waren, hatte man zu Beginn des Krieges hinter schützenden Wänden verborgen, die nun entfernt wurden. Und schließlich waren die unfertigen elektrischen Leitungen sechs Jahre zuvor nur provisorisch angeschlossen worden, so dass meilenweise Kabel herausgerissen und an Land gebracht wurden.

In ihre Bauwerft konnte die ELIZABETH nicht zurückkehren, weil die Wasser des Clyde zu flach und schmal waren. Die Cunard Line hatte sich deshalb mit John Brown & Co. darauf geeinigt, dass der Umbau im Firth of Clyde stattfinden sollte, wegen der Nähe zur Werft – also ganz in der Nähe des langjährigen Kriegshafens der ELIZABETH.

Zweieinhalb Monate lag der Liner in Schottland, und Arbeiter von John Brown & Co. beseitigten die Spuren der vergangenen Jahre. In Bootsmannsstühlen arbeiteten sie an der Bordwand und spachtelten die graue Farbe fort, trugen dann frischen Rostschutz auf und schließlich 30 Tonnen Farbe, so dass die ELIZABETH in ihrem schwarz-weißen Friedenskleid erstrahlte.

Die 26 Rettungsboote wurden zur Werft Maclean in Gourock geschleppt, sorgfältig überholt und neu ausgestattet, bevor sie strahlend weiß zum Schiff zurück gebracht wurden.

An Bord mussten tausende Quadratmeter Linoleum in den Passagier- und Besatzungsbereichen und Holzbelag der Decks erneuert werden. In den Gesellschaftsräumen standen Gerüste. Edle Verkleidungen wurden entfernt, um an Land wieder zu altem Glanz gebracht zu werden.

Die Arbeiter nahmen das Schiff fast bis zu seiner Stahlkonstruktion auseinander. 2.000 Fenster und Bullaugen mussten von schwarzer Farbe befreit werden, 4.000 Meilen elektrischer Kabel mussten überprüft und, wenn nötig, in Stand gesetzt werden. Kombüsen, Boiler, Kühlräume, Lagerräume, Winschen, Aufzüge, elektrische Uhren – kein Teil war zu groß oder zu klein, um nicht sorgfältig untersucht und überholt zu werden.

Ein für den Auftrag zuständiger Angestellter der Werft sagte später, dass die Renovierung unter dem Strich um etliches aufwändiger gewesen sei, als der ursprüngliche Bau des Schiffes.

Die QUEEN ELIZABETH *kurz vor Ihrer Fertigstellung 1946.*

Ihre Majestät Queen Elizabeth übernimmt auf den Probefahrten des nach ihr benannten Schiffes das Steuer. Commodore Sir James Bisset steht beratend zur Seite.

Erschwerend kam die komplizierte An- und Abreise der Werftarbeiter und Arbeitsmaterialien hinzu: Sie mussten in Zügen und Lastwagen von Clydebank über Glasgow nach Gourock am Südufer des Clyde gefahren werden und von dort in Tendern an Bord kommen.
Um den Zufluss benötigter Güter zu erleichtern, installierte man für die Dauer der Arbeiten sogar eine spezielle Funktelefonanlage an Bord, mit der es möglich war, der Werft auftretenden Bedarf an bestimmten Materialien direkt mitzuteilen.
Eine Feuerwache von 200 Mann patrouillierte Tag und Nacht auf dem Schiff. Zu frisch waren die Erinnerungen an den Vorfall in Southampton Zudem wurde an Bord mit Schweißgeräten gearbeitet – und ein Schweißgerät hatte den Brand auf der NORMANDIE in New York ausgelöst.
Während des gesamten Clyde-Aufenthalts der ELIZABETH standen ihre Kessel unter Dampf. Das Schiff war nicht an einer Pier vertäut und musste in auftretenden Notsituationen manövrierfähig bleiben.
Am 16. Juni kehrte der Liner nach Southampton zurück. Äußerlich hatte die ELIZABETH bereits wieder ein sehr schmuckes Aussehen, aber noch war sie ein leeres Schiff.
Der größte Teil ihrer Luxusausstattung war nie an Bord installiert worden und befand sich in Lagerhäusern in der Umgebung von Southampton. Die Gegenstände, die 1940 bereits installiert gewesen waren, lagerten in New York, Sydney und Singapore. Von den beiden letzteren Häfen brachten Frachter sie nach Liverpool, während es die AQUITANIA war, die die sorgfältig in New York eingelagerten Möbel an Bord nahm und nach Southampton transportierte.
Dort hatte man einen großen und einen kleinen Hangar des Flughafens sowie den Teil eines weiteren angemietet, insgesamt eine Fläche von über 8.000 Quadratmetern.

Sämtliche Gegenstände wurden hier zwischengelagert, untersucht, zugeordnet und wenn notwendig restauriert.
Da Arbeitskräfte in Southampton nach dem Krieg knapp waren, wurde auch die weitere Ausstattung der QUEEN ELIZABETH von Arbeitern der Werft durchgeführt. Sie waren in Nissenhütten sieben Meilen außerhalb der Stadt untergebracht, in denen während des Krieges Ausgebombte gelebt hatten.
Über tausend Arbeiter von John Brown & Co. mussten täglich mit etwa vierzig Bussen zum Schiff gebracht werden – Ingenieure, Elektriker, Maler, Klempner, Zimmermänner, Schweißer und hundert Poliererinnen.
4.500 Tische, Stühle und Sofas, 4.000 Matrazen, 6.000 Vorhänge und Tagesdecken für Betten, 2.000 Teppiche und tausende andere Einrichtungsgegenstände fanden ihren Platz an Bord.
Während nun auch die Kessel und Maschinen sorgfältig überholt wurden, stellten Künstler an Bord Werke fertig, mit denen sie Jahre vorher begonnen hatten.
Am 6. August lief der Liner ins King George V Dock ein, wo Ruder und Schrauben ebenfalls eine Verjüngungskur erhielten und der Unterwasseranstrich erneuert wurde.

Am 5. Oktober waren alle Arbeiten abgeschlossen, und der Liner fuhr noch einmal nach Schottland, um dort seine offiziellen Probefahrten, die es 1940 nicht gegeben hatte, nachzuholen. Die QUEEN ELIZABETH war so neu, wie ein sechs Jahre altes Schiff es nur sein konnte, ein wahrhaftes Prestigesymbol für ihr Land und ihre Besitzer – der größte Oceanliner der Welt.

Für die Probefahrten waren neben den Vorsitzenden von Cunard White Star drei ganz besondere Gäste an Bord: Queen Elizabeth und ihre Töchter Elizabeth und Margaret Rose.

Sie wurden von Sir Percy Bates in Greenock abgeholt und fuhren dann mit der QUEEN MARY II zu dem wartenden Luxusliner.

Sir Percy machte die Queen mit Commodore Sir James Bisset bekannt, und dieser wiederum stellte seine Offiziere vor. Dann entschuldigte er sich und ging auf die Brücke.

Das königliche Trio besichtigte das Schiff und gesellte sich am Nachmittag zu den Offizieren auf der Brücke, um dort zu verfolgen, wie die QUEEN ELIZABETH die abgemessene Meile durchlief.

Den Prinzessinnen hatte man Stoppuhren gegeben, und sie ermittelten, dass der Liner nordwärts die erste Meile mit 29,71 Knoten, die zweite mit 29,75 Knoten durchlief.

Für die südwärtige Strecke übernahm Queen Elizabeth das Ruder des Schiffes, das ihren Namen trug und das sie vom Stapel hatte laufen lassen. Unter Anleitung von Commodore Bisset hielt sie den Liner auf Kurs, und beide Meilen wurden mit genau 30 Knoten durchlaufen.

Schon am Tage zuvor hatte Bisset festgestellt, dass diese Geschwindigkeit erreicht werden konnte, ohne die Maschinen des Schiffes übermäßig zu belasten. Aber es wurde nie getestet, welche der ungleichen Schwestern die schnellere war. Im Gegensatz zur MARY unternahm die ELIZABETH während ihrer Transatlantikkarriere nie einen Rekordversuch. Man darf aber annehmen, dass sie durchaus in der Lage gewesen wäre, ihrer älteren Weggefährtin das Blaue Band strittig zu machen.

Die Queen und die Prinzessinnen blieben an Bord, bis der Liner am späten Nachmittag wieder vor Greenock ankerte.

Mit 400 Ehrengästen und Reportern trat die QUEEN ELIZABETH am folgenden Tag die Rückreise nach Southampton an. An Bord befand sich auch Captain Jack Townley, der den Liner auf seiner geheimen Flucht nach New York befehligt hatte und sich mittlerweile im Ruhestand befand. In der Irischen See tauchte ein britisches U-Boot auf und morste mit britischem Humor: »Was für ein wundervolles Zielobjekt!«

Commodore Bisset antwortete nicht weniger scherzhaft: »Das habe ich auch gedacht, als ich Euch gesehen habe!«

Am 16. Oktober brach die QUEEN ELIZABETH zu ihrer offiziellen Jungfernreise auf. Auf der Brücke stand Commodore Bisset, der mit 63 Jahren bereits das Pensionsalter erreicht hatte. Da ihm der Abschied vom Leben auf dem Ozean ohnehin schwer fiel, war er der Bitte von Cunard White Star, das Kommando über die QUEEN ELIZABETH für einige Monate zu übernehmen, gerne nachgekommen.

Die festliche Atmosphäre, unter der die Reise begann, wurde von der Nachricht überschattet, dass Sir Percy Bates am Tage zuvor in seinem Büro in Liverpool zusammengebrochen und am Abreisetag verstorben war. Eigentlich hatte er die Reise mit antreten sollen. Schließlich war er der geistige Vater der QUEENS.

Sein Bruder Frederick, der ihm als Vorsitzender von Cunard White Star nachfolgen sollte, bat Commodore Bisset, trotzdem mit der Jungfernfahrt wie geplant fortzufahren. Sein verstorbener Bruder würde es so gewollt haben.

Entsprechend ging das Auslaufen aus Southampton unter großem Jubel vor sich. Eine Menschenmasse verabschiedete den Liner, dutzende kleiner Fahrzeuge auf dem Wasser umgaben die QUEEN, und es gab ein lautstarkes Konzert von Dampfpfeifen.

An Bord befanden sich 2.288 Passagiere. Der Liner war damit nicht nur ausgebucht, sondern sogar überbucht. Insgesamt hatten über 7.000 Buchungen für die Jungfernreise vorgelegen, von denen die ältesten noch aus dem Jahre 1938 datierten, als die QUEEN ELIZABETH vom Stapel gelaufen war.

Unter den Reisenden befand sich eine Menge Prominenz. Neben bekannten Großindustriellen, Star-Reportern und Berühmtheiten aus der damaligen Unterhaltungsindustrie auch einige hochrangige Politiker.

Die illustresten Gäste, die Bisset an Bord willkommen heißen durfte, waren mit Sicherheit die sowjetischen Delegierten der Vereinten Nationen Vischinsky und Molotov, die in Suiten auf dem B-Deck untergebracht waren.

Der sowjetische Abgesandte Molotov übernahm das Ruder auf der Jungfernreise der QUEEN ELIZABETH. Reporter wollten wissen, dass er vom Kurs abgekommen sei.

Bisset lud die Russen zu einem informellen Treffen in seine Kabine ein, wo Molotov den angebotenen Wodka ausschlug und ein Glas Whisky vorzog. Schließlich bot Bisset den beiden Diplomaten an, die Brücke zu besichtigen.
Molotov deutete an, er würde gerne einmal das Ruder übernehmen, und da sich das Schiff auf dem offenen Meer befand, hielt der Commodore das Risiko für überschaubar.
Es hieß später, Molotov sei derart an der Schiffsführung und den Navigationsgeräten interessiert gewesen, dass er die QUEEN ELIZABETH zwei Grad vom Kurs abkommen ließ – nach links natürlich.
Für die britischen Passagiere des Schiffes war es eine Reise im Schlaraffenland: Großbritannien litt immer noch an den Nacheffekten des Kriegs, insbesondere der Rationierung von Lebens- und Genussmitteln, Kleidung und allerlei anderen Produkten.
All das gab es an Bord der QUEEN ELIZABETH im Überfluss. Die mitreisenden Journalisten wurden nicht müde, von den opulenten Menüs zu berichten, die die Stewards reichten. Gleichzeitig achteten sie auch darauf, ihren Lesern zu versichern, dass Großbritannien dazu lediglich die Kartoffeln und den gekochten Fisch beigetragen hatte (beides stellte den üblichen Speiseplan in britischen Haushalten zu jener Zeit dar), während alle anderen Lebensmittel aus Amerika an Bord der AQUITANIA nach Southampton gebracht worden seien.
Sobald das Schiff auf See war, stürmten die Passagiere die Geschäfte an Bord, um all die Artikel zu erwerben, die an Land rationiert oder schlicht und einfach nicht zu haben waren. Die meisten Läden mussten wegen Überfüllung wieder schließen. Letztlich wurden Schlangen gebildet, in die sich die Reisenden einreihen mussten, um sich mit Kleidung und anderen Luxusgütern einzudecken.
Auf einer späteren Reise ging King George VI. in Southampton mit einigen Brötchentüten von Bord, denn Weißmehl war in Großbritannien ein knappes Gut, selbst in Buckingham Palace, und frische Brötchen waren für viele Passagiere in diesen Jahren ein beliebtes Mitbringsel für Freunde und Familie.
Der Schiffsarzt Dr. Joe Maguire hatte während der ganzen Reise alle Hände voll zu tun. Die Briten waren die Fülle und Qualität an Nahrungsmitteln nach Jahren der Kriegsdiät nicht mehr gewohnt, und Klagen über Verdauungsprobleme zählten zu den häufigsten Beschwerden von Maguires Patienten.
Einer von ihnen war der Tabak-Magnat Sir Hugo Cunliffe-Owen, der in der ersten Nacht der Reise zusammenbrach, als er den Speisesaal verließ. Er wurde mit Verdacht auf eine Herzattacke in das Bord-Hospital eingeliefert. Die Reporter meldeten dies über Funk an ihre Zeitungen.
Die Kurse für Tabak-Aktien fielen, bis sich am folgenden Tag herausstellte, dass Sir Hugo sich schlichtweg »überfressen« hatte.
Während der Überfahrt hielt Commodore Bisset eine Gedenkfeier für den verstorbenen Sir Percy Bates ab, an dem Mitglieder aller Besatzungsteile und viele Passagiere teilnahmen.
Die QUEEN ELIZABETH legte die Strecke von Bishop's Rock bis zum Ambrose-Feuerschiff in vier Tagen, 16 Stunden und 18 Minuten bei einer durchschnittlichen Geschwindigkeit von 27,99 Knoten zurück.
Commodore Bisset lobte die Maschinen, als der Liner am 21. Oktober in New York einlief und sagte, das Schiff sei gelaufen »wie eine Nähmaschine«.
Es war ein strahlend schöner Herbstmorgen, und eine Flotte kleiner Schiffe, Feuerlöschboote, die schäumende Fontänen sprühten, und Flugzeuge, die über dem Liner kreis-ten, hießen die QUEEN ELIZABETH in New York willkommen.
Die ersten Gäste, die von Bord gingen, waren die beiden sowjetischen Abgeordneten, die unter strengen Sicherheitsmaßnahmen in Limousinen davon fuhren.
Während der folgenden vier Tage konnte die Öffentlichkeit das Schiff gegen ein Eintrittsgeld von einem Dollar besichtigen. Der Erlös kam der Seemannswohlfahrt zu Gute.

Das nachträglich eingebaute Kino der QUEEN MARY wirkte ein wenig improvisiert.

Die folgenden Reisen gingen unter einer ähnlich fröhlichen Stimmung vor sich, und die Reichen und Berühmten waren bald wieder Stammgäste von Cunard White Star. Die QUEEN ELIZABETH war für zwölf Monate im Voraus ausgebucht.

Als die QUEEN MARY am 29. September 1946 von ihrer letzten Fahrt im Kriegsdienst nach Southampton zurückkehrte, befand sich noch die gesamte Arbeitertruppe von John Brown & Co. vor Ort und war damit beschäftigt, der QUEEN ELIZABETH den letzten Schliff zu geben.
Schon wenige Tage darauf konnte mit der Renovierung der QUEEN MARY begonnen werden. Die Arbeiten waren im Großen und Ganzen dieselben wie auf dem jüngeren Schiff. Der Hauptunterschied lag darin, dass die MARY nicht an den Clyde zurückkehrte, sondern der komplette Umbau in Southampton stattfand.
Cunard White Star nutzte die Gelegenheit, die Einrichtung der QUEEN MARY in einigen Punkten an ihre jüngere Halbschwester anzupassen. So wurde auf der MARY der vormalige Ballsaal und die Steuerbord-Gallerie zu einem Kinosaal umfunktioniert, bei dessen Einrichtung man sich eines noch recht neuen Materials bediente: Plastik.
Insgesamt aber blieb die QUEEN MARY auch weiterhin das ältere der beiden Schiffe, innerlich wie äußerlich. Die QUEEN ELIZABETH hatte nicht nur eine elegantere und stromlinienförmigere Silhouette, sondern ihre ganze Innenausstattung wirkte leichter und moderner.

I Ende der vierziger Jahre brachte jede Reise eines Queen-Liners der Cunard Line £ 100.000 ein. Das entspräche heute einem Betrag von etwa 3,4 Millionen Euro.

Genau diese Gegensätze aber waren es, die die QUEEN MARY letztlich zur beliebteren der beiden machten. Für viele Reisende war sie ein Bollwerk der dreißiger Jahre, der Blütezeit des britischen Empire.
Im Zuge ihrer Renovierung erhielt die QUEEN MARY auch einen neuen Vorsteven, der das Provisorium ersetzte, das nach ihrer Kollision mit der CURACOA installiert worden war.
Am 24. Juli 1947 lief die MARY zu einer 36-stündigen Testfahrt in den Ärmelkanal aus und begegnete auf dem Rückweg vor Cowes der auslaufenden QUEEN ELIZABETH. Erstmals waren beide Schiffe in den Farben des Friedens angestrichen.
Eine Woche später legte die QUEEN MARY zu ihrer ersten kommerziellen Nachkriegsreise ab, und tags darauf startete die QUEEN ELIZABETH von New York.
Der wöchentliche Transatlantikdienst mit zwei Schiffen, den die Cunard Line über zwanzig Jahre zuvor ausgearbeitet hatte, hatte endlich begonnen! Für die nächsten zwanzig Jahre legte jeden Mittwoch je eine QUEEN in New York und eine in Southampton ab, und egal um welche Uhrzeit, sie sich auf dem Atlantik begegneten – an der Reling standen winkende Passagiere, und beide Schiffe ließen den Bass ihrer Dampfpfeifen ertönen.
Die QUEENS wurden als die größten Dollar-Gewinner der Nachkriegszeit bezeichnet. Die Kabinen Erster Klasse waren oft zwei Monate im Voraus ausgebucht, diejenigen der Touristenklasse sogar sechs Monate. Jede Reise brachte £ 100.000 ein, und der Bruttogewinn von Cunard White Star belief sich 1949 auf sieben Millionen Pfund.
Für die Crew begann die Reise immer lange bevor die ersten Passagiere an Bord kamen. Während Armeen von Stewards damit beschäftigt waren, Kabinen zu reinigen,

Die QUEEN ELIZABETH an Southamptons prächtigem Ocean Terminal.

Vorräte unterzubringen und alles auf die Ankunft der Passagiere vorzubereiten, begann das Personal im Maschinenraum bereits 16 Stunden vor der Abreise, die Maschinen vorzuwärmen.

Um Schäden an den empfindlichen Turbinen zu vermeiden, geschah dieser Prozess schrittweise, und jede halbe Stunde wurden die Maschinen durch mechanische Hilfsmittel bewegt, um eine gleichmäßige Erwärmung sicherzustellen.

Zwei Stunden vor der Abreise ließ der Chefingenieur die Maschinen testen. Das beinhaltete nicht nur, die Turbinen probehalber vorwärts und rückwärts laufen zu lassen, sondern auch die Überprüfung der Maschinentelegraphen und der Rudermaschine.

Eine Viertelstunde bevor der Liner ablegte, wurden alle Maschinentelegraphen auf »Stand by« gelegt. So lange der Lotse sich an Bord befand, tat im Maschinenraum eine Doppelschicht ihren Dienst.

Schließlich gab der Kapitän den Befehl »Volle Fahrt voraus«, was für den Chefingenieur bedeutete, dass die Schrauben für die Atlantiküberquerung mit 174 Umdrehungen pro Minute laufen mussten, um der Reisegeschwindigkeit des Schiffes zu entsprechen. Aber es würden drei Stunden vergehen, bis die QUEEN diese Geschwindigkeit erreichte. Jede höhere Geschwindigkeit sprach der Kapitän direkt mit seinem Chief ab.

Die Passagiere reisten üblicherweise mit dem Zug am Schiff an. Das imposante Ocean Terminal in Southampton hatte die Funktion als doppelter Bahnhof: Auf der Landseite hielten die Züge, auf der anderen Seite lag das Schiff.

Nicht weniger als vier so genannte Bootszüge brachten die Passagiere und ihr Gepäck zum Ocean Terminal. An Bord wimmelten Stewards, Passagiere und Besucher durcheinander.

In den anfänglichen Jahren war die Zahl der Besucher, die jeder Passagier im Hafen mit an Bord bringen konnte, unbegrenzt. Aber da es insbesondere in New York allzu häufig vorkam, dass neben den 2.000 Passagieren 12.000 ihrer Freunde an Bord gingen, die die Abfahrt verzögerten oder sogar vergaßen, rechtzeitig von Bord zu gehen und dann das Lotsenschiff nehmen mussten, beschränkte die Cunard Line die Zahl der Gäste, die jeder Reisende mit an Bord bringen durfte, auf zwei.

Nach dem Zwischenstop in Cherbourg, wo weitere Passagiere, Post und Ladung übernommen wurden, begann die Transatlantikpassage – oder auf dem Rückweg das letzte Stück der Reise nach Southampton.

Die Gesellschaft an Bord war immer noch streng in drei Klassen unterteilt: First Class, Cabin Class und Tourist Class.

Bereits lange vor dem Krieg waren die Reedereien dazu übergegangen, die Dritte Klasse in Touristenklasse umzubenennen, um zu zeigen, dass es nicht mehr arme Auswanderer waren, die in diesen Kabinen reisten, sondern Durchschnittsbürger auf dem Weg in den Urlaub. Die große Auswanderungswelle war mit der Verschärfung der amerikanischen Einwanderungsgesetze in den zwanziger Jahren ohnehin zu Ende.

Tatsächlich jedoch gab es durchaus Passagiere, die sich über die Klassentrennung hinwegsetzten. Für einen Reisenden

Der Verandah Grill war das exquisiteste Restaurant an Bord der QUEENS.

Erster Klasse war es kein Problem, sich in den unteren Decks des Schiffes umzusehen.
Passagiere der Touristenklasse jedoch, die sich außerhalb ihres Bereiches aufhielten, wurden von der Crew in die Schranken verwiesen.
Aber selbst unter den Passagieren der Ersten Klasse gab es Unterschiede. Dies machte sich zum Beispiel bei der Auswahl derjenigen bemerkbar, die im Verandah Grill dinierten. Dieses kleine und exklusive Restaurant mit Blick über die achteren Decks war äußerst beliebt und auf beiden QUEENS stets ausgebucht.
Manche Passagiere versuchten schon Monate vor Reiseantritt, einen Platz im Verandah Grill zu reservieren – um dann von der Cunard Line informiert zu werden, dass unglücklicherweise schon alles ausgebucht sei.
Andere Reisende hingegen waren für die Gesellschaft von solcher Wichtigkeit, dass sie kurz vor der Abfahrt anrufen und sofort einen der begehrten Plätze reservieren konnten.
Auch galt für das Personal die ungeschriebene Regel, dass man den Reichen alles durchgehen lassen konnte, sofern dadurch nicht andere Passagiere beeinträchtigt wurden, die einen gesellschaftlich höheren Stand besaßen.
Jedem Fahrgast in der Ersten Klasse waren diese Regeln bekannt, und still schweigend fügte man sich in seinen Platz in der Oberklasse der Gesellschaft.
Auch unter der Crew gab es eine feste Hackordnung. Lange Zeit schien es normal, dass der Kommodore der Cunard Line vom Königshaus die Ritterehre verliehen bekam, und die Crew der Ersten Klasse verhielt sich so vornehm, dass manche Reisenden annahmen, es mit Aristokraten zu tun zu haben.

Der Cunard-Service besaß legendären Status, und die Besatzung tat alles dafür, dass die Realität dieser Legende nicht spottete.
Passagiere, die eine Suite gebucht hatten, erhielten einen Rundum-Service, der so weit ging, dass ihnen auf Wunsch jede Mahlzeit in ihren Appartements gereicht wurde. Der persönliche Steward verdiente sich so Trinkgelder, die sich auf einer einzigen Reise auf bis zu £ 50 belaufen konnten. Um sicherzustellen, dass alles zur vollsten Zufriedenheit »seiner« Passagiere ablief, gab er für gewöhnlich den Angestellten in der Küche und anderen Untergebenen Trinkgelder, damit diese alle Bestellungen der betreffenden Suite bevorzugt abwickelten.

I

Stewards der Ersten Klasse verdienten auf einer einzigen Überfahrt Trinkgelder von bis zu £ 50 – was heute einem Wert von etwa 1.200 Euro gleichkäme!

Noch höhere Trinkgelder als die Stewards konnten sich die Bellboys verdienen. Es handelte sich dabei um Jungen, die ihren Dienst bei Cunard im Alter von 15 Jahren begannen. In ihren Uniformen wurden sie an Bord als Laufburschen eingesetzt, aber ausschließlich für leichte Arbeiten.
Zu ihren Aufgaben gehörte es beispielsweise, Passagiere ausfindig zu machen, die am Telefon verlangt wurden, Nachrichten zu überbringen, die Aufzüge zu bedienen oder die Türen des Speisesaals zu öffnen.

Eine Suite Erster Klasse auf der QUEEN ELIZABETH.

Für gewöhnlich fanden die Passagiere die Bellboys so brav und niedlich, dass sie nicht mit den Tips geizten, und es kam durchaus vor, dass reiche Amerikaner einen Bellboy adoptieren wollten.

Die Speisekarten an Bord der QUEENS boten eine Vielfalt an, die sich mit den besten Hotels und Restaurants auf beiden Kontinenten messen konnte. Während der Jahre nach dem Krieg, als viele Produkte in England noch knapp waren, wurden die Lebensmittel fast ausschließlich in den USA eingekauft.

So ausgefallen die Wünsche der Passagiere sein mochten – die Küchen konnten damit umgehen. Selbst besondere Diätpläne oder koschere Ernährung waren kein Problem.

Eine kleine Anekdote erzählt die Geschichte eines reichen amerikanischen Öl-Magnaten, der diesen Service auf die Probe stellen wollte. In dem festen Glauben, die Küchenchefs vor eine unlösbare Aufgabe zu stellen, bestellte er Klapperschlangensteaks. Der Kellner ging auf den Scherz ein, und wenig später servierte er dem staunenden Amerikaner eine Platte Aale, während zwei seiner Kollegen hinter ihm standen und mit Babyrasseln klapperten.

Am Ende jeder Reise stand die Einfahrt in den New Yorker Hafen. Fast alle Passagiere standen an der Reling, um die Freiheitsstatue vorbeiziehen zu sehen. Die QUEEN lief dann in den westlichen Arm des Hudson, um an der Cunard-Pier festzumachen. Acht Schlepper waren dafür nötig.

Im Februar 1953 erhielt Captain Donald Sorrell an Bord der QUEEN MARY, die am folgenden Tag in New York anlegen sollte, von der Cunard Line die Nachricht, dass die Schlepperkapitäne in New York sich im Streik um mehr Lohn befänden. Die Reederei fragte ihn, ob er es sich zutraue, die MARY ohne die Hilfe von Schleppern an die Pier zu bringen.

Sorrell, der das Schiff nur als Ersatzkapitän kommandierte, hatte sich schon Jahre zuvor ausgemalt, welche Schritte nötig wären, um ein derartiges Manöver mit einem so großen Schiff auszuführen. Man darf nicht vergessen, dass die QUEEN MARY aus dem Zeitalter vor der Einführung des Bugstrahlruders stammte.

Sorrell wusste, dass Captain Irving dieses Manöver 1938 bereits einmal gelungen war und antwortete der Cunard Line: »Es wäre mir eine Freude.«

In New York säumte eine große Menschenmenge das Ufer. Während Sorrell sein Glück versuchte, hielten Menschen an Bord und am Ufer den Atem an.

Tatsächlich war der ILE DE FRANCE das Anlegemanöver ohne Schlepper gelungen, aber der Cunarder CARONIA hatte bei einem ähnlichen Versuch die Pier beschädigt.

Ein Rettungsboot der CARONIA war der QUEEN MARY mit den Leinen behilflich, während Sorrell den Liner unter hoher Konzentration Meter um Meter in Position brachte. Plötzlich erfasste die Strömung des Hudson das Heck der QUEEN MARY und drohte den Dampfer auf die Pier zu drücken. Ruhig befahl Sorrell: »Volle Kraft zurück.«

Bei einem zweiten Versuch nutzte er die Strömung zu seinem Vorteil, indem er das Schiff an der Ecke der Pier vertäuen ließ, damit die Strömung es hineinschob. Und es glückte! Sorrell hatte das zweitgrößte Schiff der Welt ohne jede Hilfe in die enge Parklücke manövriert und machte damit rund um die Welt Schlagzeilen.

Streiks waren stets die Hauptbedrohung für den engen Fahrplan der QUEENS. Immer wieder kam es vor, dass Seeleute, Hafenarbeiter oder Schlepperkapitäne auf beiden Seiten des Atlantiks für bessere Arbeitsbedingungen oder mehr Gehalt streikten. Bei einigen Gelegenheiten schlossen sich sogar Besatzungsmitglieder der Schiffe den Streikenden an.

Im Dezember 1948 hatte ein Streik den Hafen von Southampton derart lahm gelegt, dass letztlich die QUEEN ELIZABETH, QUEEN MARY und AQUITANIA gemeinsam mit Kurs auf New York ablegten – und zwar vollbesetzt. Es war das einzige Mal, dass die QUEENS die Strecke zusammen zurücklegten, und nicht in entgegengesetzten Richtungen.

Die QUEENS wurden stets als glückliche Schiffe bezeichnet, von Passagieren und Besatzung gleichermaßen. In den vielen Jahren, die sie den Atlantik (und im Krieg auch andere Ozeane) befuhren, blieb die Kollision der QUEEN MARY mit der CURACOA der schlimmste Zwischenfall. Auch wenn sie einige schwere Stürme zu bestehen hatten, die deutlich ihre Spuren an den Aufbauten hinterließen, Rettungsboote beschädigten und Bullaugen zerschmetterten, blieben sie wie durch ein Wunder von größeren Katastrophen verschont. Nicht aber von gelegentlichen Missgeschicken:

Am 14. April 1947 kehrte die QUEEN ELIZABETH von einer besonders stürmischen Überfahrt aus den USA zurück. Am Nachmittag befand sie sich bereits in heimischen Gewässern und nahm den Flusslotsen an Bord, der den Liner um die Bramble-Sandbänke in den Hafen bringen sollte.

Die Einfahrt in den Hafen von Southampton erforderte hohes Geschick, und für gewöhnlich war es ein Lotse namens Jim Bowyer, der die QUEENS durch die Untiefen steuerte. Er hatte sich bewährt und wurde deshalb von der Cunard Line spezifisch angefordert.

Die Verantwortung für alle Geschehnisse auf dem Schiff trug dennoch immer der Kapitän. Auf dieser Reise war es Captain Ford, der die ELIZABETH befehligte.

Als er den Lotsen an Bord nehmen wollte, stellte sich heraus, dass Bowyer zuvor ein anderes Schiff gesteuert hatte und wegen des schlechten Wetters noch nicht hatte zurückkehren können.

Der Ersatzmann, der für Bowyer einsprang, F.G. Dawson, hatte noch nie auf der Brücke eines der großen Cunarder gestanden.

Die QUEEN ELIZABETH lief mit langsamer Geschwindigkeit um die westliche Sandbank. Um sicher in den Hafen zu kommen, musste sie ein umgekehrtes S beschreiben, das sie zuerst um die östliche, dann um die westliche Untiefe führte.

Ford schien es, als käme sein Schiff danach zu weit nach Backbord vom Kurs ab, während der Lotse fest überzeugt war, dass er den richtigen Kurs steuere.

Doch Ford lag richtig. Die QUEEN ELIZABETH fuhr einen zu großes Bogen und reagierte zu langsam auf das eingeschlagene Ruder, so dass Ford die Steuerbord-Schrauben rückwärts laufen ließ, um den Liner noch rechtzeitig herumzudrehen. Die Geschwindigkeit betrug nur noch drei bis vier Knoten, und mit der ganzen Eleganz einer großen Dame lief die QUEEN ELIZABETH kaum merklich – auf Grund.

Und damit begannen 26 Stunden Ärgernis und Angst um den Liner. Der Captain befürchtete, das Schiff könne bei ablaufendem Wasser Schaden nehmen. Zudem bestand Gefahr, dass es bei nachlassendem Auftrieb noch tiefer in den lehmigen Grund sackte.

Ein erster Versuch, das Schiff aus eigener Kraft herauszuschaukeln, schlug fehl. Der Lotse ließ zunächst die Steuerbord-Turbinen mit voller Kraft zurück laufen und nahm nach einer halben Minute auch die Backbord-Maschinen dazu.

Der Captain schickte eine Funknachricht an die Reederei-Niederlassung in Southampton: »Sendet sofort Schlepper West Bramble Ford.«

Doch selbst die vereinten Kräfte von kommerziellen und militärischen Schleppern reichten nicht, um den großen Liner aus seiner misslichen Lage zu befreien.

Ford gab den Befehl, 1.065 Tonnen Brennstoff in bereit stehende Leichter und 2.610 Tonnen Wasser in den Fluss zu pumpen, um das Schiff leichter werden zu lassen. Es half nichts.

Mit Einsetzen des Niedrigwassers um halb zehn abends wurden alle Bemühungen vorerst eingestellt.

Unterdessen begannen sich die Passagiere zu beschweren, weil man ihnen nicht mitteilte, was passiert war, und außerdem eine Sperre für ausgehende Nachrichten über das Schiff verhängt hatte. Natürlich war es nicht zu übersehen, dass die QUEEN ELIZABETH auf Grund lag, aber unter den gegebenen Umständen war es den Passagieren völlig unmöglich, Arrangements für eine verspätete Ankunft zu treffen.

Am folgenden Nachmittag, wurden die Reisenden Erster Klasse und ihr Gepäck per Tender ausgeschifft, und am Abend gelang es, das Schiff unter Zuhilfenahme von 16 Schleppern und den eigenen Maschinen freizuschleppen. Zu diesem Zeitpunkt verhinderte dichter Nebel, dass die ELIZABETH ihren Weg fortsetzte, und letztlich lief sie erst

In dieser Broschüre wurde potenziellen Passagieren Ende der 40er Jahre ein Bild des angenehmen Bordlebens auf Cunard-Schiffen vermittelt.

Der Rauchsalon Erster Klasse auf der QUEEN ELIZABETH.

am folgenden Abend mit fünfzig Stunden Verspätung ins Ocean Dock ein.

Der Zwischenfall hatte Cunard White Star allein £ 43.500 an Schleppergebühren gekostet.

Die QUEEN MARY lief im Januar 1949 in Folge eines Sturms vor Cherbourg auf Grund. Zwar konnte sie bereits am nächsten Morgen von vier Schleppern befreit werden, doch lief sie zunächst zurück nach Southampton, wo Taucher ihren Rumpf nach Schäden absuchten.

Sie fanden einige verbogene Platten am Heck, durch die Wasser in das Schiff eindrang. Umgehend wurden tonnenweise Sand herangeschafft und zwei Lastwagenladungen Zement, die Arbeiter im Akkord in die Bilge füllten, um das Leck zu stopfen.

Diese temporäre Reparatur war so erfolgreich, dass sie einige Monate hielt, bevor das Schiff bei seinem nächsten Dockaufenthalt permanent repariert wurde.

Die QUEENS hatten pro Jahr je zwei Aufenthalte im Trockendock. Im Winter wurden sie für sechs Wochen aus ihrem Fahrplan genommen, um rundum erneuert zu werden, während der zehntägige Aufenthalt im Sommer nur zur Auffrischung diente und zur Reparatur eventuell aufgetretener Schäden.

I

Die £ 43.500 Schleppergebühren, die der Cunard Line entstanden, als die Queen Elizabeth 1947 auf Grund lief, würden heutzutage 1,6 Millionen Euro entsprechen.

Am 1. Januar 1950 hörte die Cunard White Star Ltd. auf zu existieren. Die verbliebenen 38% Aktienkapital der alten White Star Line waren von der Cunard Line für £ 7.600.000 aufgekauft worden, und das Eigentum an allen Schiffen ging auf eine neue Gesellschaft über, die Cunard Steam-Ship Company Ltd.

Im Januar 1955 machte die QUEEN MARY einmal mehr Schlagzeilen: Unter dem Kommando von Captain Sorrell hatte sie einen Funkspruch von dem unter panamesischer Flagge fahrenden Frachter LIBERATOR erhalten. Zwei seiner Seemänner waren in eine der Ladeluken gestürzt und lebensgefährlich verletzt. An Bord gab es keine ausreichende medizinische Versorgung.

Die QUEEN MARY stand 323 Seemeilen weit entfernt und war damit nicht das nächste Schiff, wohl aber das schnellste und am besten ausgestattete.

Sofort änderte Captain Sorrell den Kurs und hielt auf den Frachter zu. Über den Atlantik fegte gerade ein Sturm, und es würde ein gefährliches Unterfangen werden, ein Boot abzusetzen, um die LIBERATOR zu erreichen.

Der Erste Offizier Leslie Goodier stellte eine Mannschaft aus Freiwilligen zusammen, zu der auch einer der beiden Schiffsärzte gehörte, Dr. Timothy Yates.

Captain Sorrell versuchte, die QUEEN MARY so gut es ging, quer zum Wind zu drehen, um ein Lee für das Rettungsboot zu schaffen. Die Männer brauchten elf bange Minuten, um die Strecke zwischen den beiden Schiffen zurückzulegen.

Die QUEENS waren die größten Dollar-Verdiener der 50er Jahre.

Als der Doktor und ein weiterer Seemann an Bord des Frachters waren, kehrte das Rettungsboot zur MARY zurück. Seine Besatzung war seekrank, und es hätte zu kentern gedroht, wenn es noch länger längsseits des Frachters geblieben wäre.

Auf dem Liner formierte sich eine zweite Gruppe Freiwilliger unter Chief Officer Read, die den Arzt und beide Patienten zurück auf die QUEEN MARY brachte. Die beiden verletzten griechischen Seeleute von der LIBERATOR überlebten den Unfall und wurden am Ende der Reise in ein Krankenhaus in Southampton verlegt.

Begeisterte Passagiere sammelten für die freiwilligen Retter, von denen jeder am Ende etwa £ 25 bekam. Das entsprach ungefähr dem Monatsgehalt, das ein Crewmitglied der QUEEN MARY damals verdiente.

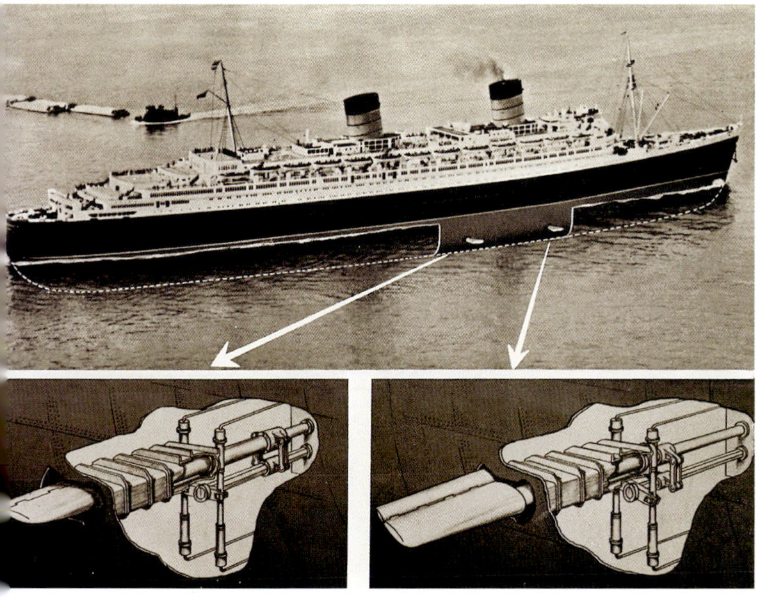

Der Einbau von Stabilisatoren verminderte das Rollen der QUEENS beträchtlich.

Als die QUEEN ELIZABETH Anfang 1955 von ihrem jährlichen Dockaufenthalt in den Dienst zurückkehrte, hatte man ein Problem gelöst, das den Passagieren (und bisweilen auch der Besatzung) jahrelang im wahrsten Sinne des Wortes im Magen gelegen hatte:

Beide QUEENS waren berüchtigt dafür, bereits bei mäßigem Seegang heftig zu rollen, und insbesondere die QUEEN MARY legte sich in schwerer See um bis zu 25° in jede Richtung über. Die Kosten, die die Cunard Line aufzuwenden hatte, um zerbrochenes Porzellan zu ersetzen, gingen in die Tausende. Allein 1957 gingen 25.000 Teller an Bord der QUEEN MARY zu Bruch – größtenteils in Folge starker Schiffsbewegungen. Das starke Rollen der QUEEN MARY lieferte letztlich sogar die Vorlage zu dem Buch und Kinofilm »The Poseidon Adventure« (dt. »Die

Die QUEEN ELIZABETH *läuft zu ihrer jährlichen Überholung ins King George V. Trockendock ein.*

Höllenfahrt der Poseidon«), in welchem ein großer Luxusliner in stürmischer See kentert.
Die Bewegungen der QUEENS waren in der Tat Furcht erregend, da es eine Ewigkeit zu dauern schien, bis sie sich wieder aufrichteten – nur um sich dann langsam in die andere Richtung überzulegen.
Colonel Denis Bates, Generaldirektor der Cunard Line, hatte also Experten beauftragt, die Möglichkeiten zu untersuchen, die QUEENS mit Stabilisatoren auszustatten. Dies stellte sich als schwierig heraus, denn beim Bau beider Schiffe war die Nachrüstung dieser Hilfsmittel nicht vorgesehen. Zunächst ließen die Ingenieure Bates wissen, dass der Einbau völlig unmöglich sei. Bates hingegen insistierte, dass man eine Lösung finden müsse, und nachdem Designer und Konstrukteur mit Maßbändern ausgestattet die Maschinenräume beider Schiffe untersucht hatten, kamen sie zu dem Schluss, dass es doch möglich sei.
Der Einbau der Denny-Brown-Stabilisatoren war nichtsdestotrotz ein schweres Unterfangen.
Kurz gefasst bestanden die Stabilisatoren aus waagerechten Flossen, die bei Seegang aus der Bordwand des Schiffes ausgefahren wurden. Im Falle der QUEENS waren diese Ruder etwa dreieinhalb Meter lang.
Eine ausgeklügelte Mechanik erkannte, in welche Richtung sich der Rumpf überlegte und steuerte entsprechend gegen – ähnlich der Höhenruder an den Tragflächen eines Flugzeugs.
Das Problem bei den QUEENS bestand nicht nur darin, dass die Maschinenräume ohnehin schon sehr voll waren, sondern auch, dass es keine Möglichkeit gab, die Stabilisatoren von oben ins Schiff zu heben. Die Installation musste von außen geschehen.
Insgesamt sollte jede der QUEENS zwei Paar Stabilisatoren bekommen, also vier Ruder.
Allein die Vorbereitungen für den Einbau nahmen 14 Monate in Anspruch. Bei jedem Hafenaufenthalt der QUEEN ELIZABETH wurden im Maschinenraum Bauteile neu arrangiert. Zum Teil geschah dies sogar während der Reisen. Die Hauptarbeit wurde während der Überholung im Winter 1954 / 55 in Angriff genommen, als der Liner im Trockendock lag. Der Maschinenraum wurde während dieser Wochen derart umgestaltet, dass selbst die beteiligten Ingenieure sich fragten, wie man je wieder Ordnung in das herrschende Chaos bringen sollte. Es galt, fünf Meilen Kabel und 350 Meter Rohrleitungen zu verlegen.
In die Bordwände wurden Öffnungen geschnitten, und die Maschinerie der Stabilisatoren per Kran zwischen Schiff und Dockwand hindurch balanciert, um installiert zu werden.
Doch trotz aller Schwierigkeiten glückte das Vorhaben. Der

Der Einbau von Stabilisatoren in die QUEEN ELIZABETH kostete Mitte der fünfziger Jahre 250.000 Pfund – eine Summe, die heute etwa 6,3 Millionen Euro gleich käme.

Einbau hatte £ 250.000 gekostet, aber das Verhalten der QUEEN ELIZABETH in schwerer See verbesserte sich so merklich, dass drei Jahre später auch die QUEEN MARY mit Stabilisatoren ausgestattet wurde.

Die Beliebtheit der beiden großen Cunarder spiegelt sich nicht nur in den Passagierzahlen wider, die sie in den fünfziger Jahren beförderten, sondern auch in der Art der Fahrgäste. Die Passagierlisten Erster Klasse lesen sich wie ein »Who is who« der fünfziger Jahre. Politiker, Diplomaten, Filmstars, Royalität, Wirtschaftsgrößen – wer etwas auf sich hielt, reiste mit den QUEENS. Die Liste der Prominenz war lang.

Nach seiner Wiederwahl zum Premierminister reiste Winston Churchill einige Male mit der QUEEN MARY. Sein Stab war nun nicht mehr so groß wie zu Kriegszeiten, aber Churchill ließ trotzdem mehrere Kabinen zu Büros umfunktionieren, von denen aus er mit London in Verbindung bleiben oder seine Kriegserinnerungen diktieren konnte.

Insgesamt hatte der Minister hohe Achtung von dem Schiff und seiner Besatzung und beschrieb seine Reisen stets als sehr angenehm.

Auch Mitglieder des britischen Königshauses waren regelmäßige Gäste auf beiden Schiffen. 1954 reiste die Queen Mother mit der QUEEN ELIZABETH nach New York und an Bord der QUEEN MARY zurück nach Großbritannien. Sie zeigte lebhaftes Interesse an beiden Schiffen und ihrer Routine. Einen großen Teil der Zeit verbrachte sie damit, in ihren hochhackigen Schuhen alle Teile des Schiffes zu sehen und gleichermaßen mit Passagieren aller Klassen und Besatzungsmitgliedern zu sprechen.

Eine New Yorker Zeitung titelte: »Das schönste am Besuch ihrer Majestät QUEEN ELIZABETH, der Queen Mother, ist, dass sie so freundlich ist!«

Und so taten die QUEENS ihren wöchentlichen Dienst. Auf ihnen wurde gereist, gefeiert und gut gelebt. Zehntausende brachten sie sicher ans Ziel und warfen ihren Besitzern prächtige Gewinne ab. Zeitweise transportierten Schiffe der Cunard Line 30% aller Transatlantikreisenden.

Das Jahrzehnt nach dem Krieg war die große Zeit der QUEENS, ein wahrhaft goldenes Zeitalter – doch schon brauten sich düstere Wolken am Horizont zusammen.

Eine Begegnung zwischen der QUEEN ELIZABETH und der kleineren, aber wesentlich schnelleren UNITED STATES.

DIE QUEENS DES NORDATLANTIKS

KAPITEL 8

ATLANTISCHER SCHWANENGESANG

KAPITEL 8

ATLANTISCHER SCHWANENGESANG

QUEEN MARY
QUEEN ELIZABETH
1958–1967

Das Jahr 1957 wurde das erfolgreichste Jahr, das die QUEENS je sahen. Nie zuvor hatten so viele Passagiere auf dem Seeweg den Atlantik überquert. Nie zuvor – und nie mehr danach – hatten Cunards Superliner so prächtige Gewinne eingebracht.
Das Jahr 1957 war aber auch das Jahr, in dem erstmal ebenso viele Passagiere auf dem Luftweg über den Atlantik reisten wie zur See – und von Jahr zu Jahr wurden es mehr.
Die Einführung der Jetflugzeuge 1958 trug weiter zum Erfolg der Luftfahrt bei. Die Wirtschaftlichkeit und Geschwindigkeit, mit der diese neuen Verkehrsmittel operierten, ließ innerhalb von wenigen Jahren das Verhältnis von Luft- und Seepassagieren umkippen.
In den Chefetagen der großen Reedereien wollte niemand etwas von den drastischen Veränderungen des Weltverkehrs wissen. Die Vorstände wurden nicht müde, immer wieder neue Begründungen für den dramatischen Rückgang an Passagieren zu finden. Nur eines kam ihnen nicht in den Sinn – eine Epoche ging unaufhaltsam ihrem Ende entgegen.

Colonel Denis Bates, Cunard-Vorsitzender am Ende der fünfziger Jahre, glaubte fest an die Überlegenheit der Transatlantikliner. Für ihn war der anwachsende Luftverkehr lediglich eine vorübergehende Modeerscheinung, und so schien es nur logisch, als Nachfolgerin für die alternde QUEEN MARY einen neuen Superliner von 75.000 BRT zu planen.
Wer sich mit den QUEENS emotional verbunden fühlte, konnte nicht daran glauben, dass ihre große Zeit vorbei war. Captain Ford erklärte lächelnd, eine Lady könne nicht elegant den schmalen Gang zwischen den Sitzreihen eines Flugzeuges entlangschreiten – aber auf der QUEEN ELIZABETH könne sie es. Und er fügte hinzu: »Johnny tut, was seine Lady verlangt. – Ich vertraue auf die Frauen Amerikas, dass sie uns in Gange halten!«
Und Episoden, die sich in manchen Reisebüros abspielten, in denen Angestellte für die Vorzüge des Luftverkehrs warben und von älteren Ehepaaren zur Antwort bekamen: »Wir haben 25 Jahre gewartet, um diese Reise zu machen, und wir sind ganz sicher nicht daran interessiert, in sechs-

New Yorks »Ocean Liner Row« in den 50er Jahren.

einhalb Stunden anzukommen!«, waren Wasser auf die Mühlen derjenigen, denen ihre QUEENS heilig waren.
Noch 1959 schrieb die Zeitschrift *Shipbuilding Record*: »Die zwei QUEENS ziehen zweifellos Passagiere an, und egal wie sich der transatlantische Verkehr entwickeln wird – es wird immer Passagiere geben, die nur das Beste wollen. Die westliche Welt wird reicher, nicht ärmer, und es kann keinen Zweifel daran geben, dass die Üppigkeit künftiger QUEENS ebenso gefragt sein wird wie augenblicklich.
Die QUEENS haben eine gewisse Würde, und eine ganze Generation lang haben sie tausenden von Reisenden das gewisse Etwas geboten, das andere nicht haben.«
Und doch täuschte nichts darüber hinweg, dass die QUEENS von 1961 an Jahr für Jahr tausende Dollar Verluste einfuhren. Die sechziger Jahre sollten in mancher Hinsicht das dunkelste Jahrzehnt für die QUEENS werden – und auch für die Cunard Line.
Colonel Denis Bates starb im September 1959. Sein Nachfolger wurde Sir John Brocklebank, ein Experte im Gebiet der Container-Fracht. Unter seiner Führung als Vorsitzendem entstand zusammen mit Generaldirektor Philip Bates ein Plan, der die Reederei retten sollte. Insbesondere während der Wintermonate, wenn weniger Passagiere zwischen Southampton und New York verkehrten, waren die Verluste hoch. Der Werbeslogan der Cunard Line »Hin zu kommen ist der halbe Spaß« erhielt während dieser Periode des Jahres eine eigenwillige Doppeldeutigkeit: Mit einem rollenden und stampfenden Schiff fünf Tage lang über einen stürmischen Ozean zu fahren, war ganz sicher weniger als der halbe Spaß, als mit einem Jet binnen weniger Stunden das schlechte Wetter schlicht zu überfliegen.
Sir John sah die Lösung deshalb darin, die QUEENS in den Wintermonaten auf Kreuzfahrten zu entsenden. Dies lag zwar fernab der Pläne, nach denen die beiden Oceanliner in den dreißiger Jahren entstanden waren, aber es konnte helfen, sie wieder in die Gewinnzone zu bringen. Und angesichts der erfolgreichen Kreuzfahrten der MAURETANIA und insbesondere der CARONIA schien es gar nicht so abwegig.
Ende 1961 kam es also zu folgender Unterredung zwischen Commodore Donald Maclean und einem Abteilungsleiter von Cunards Kreuzfahrtabteilung im Aufenthaltsraum des Commdore an Bord der ELIZABETH.
»Könnten Sie mit diesem Schiff vor Nassau vor Anker gehen, falls man es auf eine Kreuzfahrt von New York entsenden würde?«, fragte der Abteilungsleiter.
»Ich denke schon«, antwortete Maclean.
Gut ein Jahr später, im Februar 1963, legte die QUEEN ELIZABETH mit 1.300 Passagieren von New York ab, um zum ersten Mal in ihrer Karriere auf eine Kreuzfahrt zu gehen. Wie anders war diese Reise, als die üblichen Transatlantiküberquerungen: Vor der Abfahrt kamen 7.000 Besucher an Bord, deren Eintrittsgelder der Seemannshilfe zu Gute kamen.
Vier Kapellen spielten, als der Liner – mit bunten Wimpeln geschmückt – ablegte. Alle Kabinen waren mit Sekt- und Weingläsern ausgestattet. Die Klassenunterteilung war aufgehoben: Erstmals kamen alle Passagiere in den Genuss, sich frei auf dem ganzen Schiff mit seinen 37 Gesellschaftsräumen bewegen zu können.
Für £ 20.000 hatte man den vormaligen Rauchsalon der Cabin Class zur »karibischen Bar« umgestaltet. Die ganze Reise, von der die ELIZABETH 72 Stunden auf See verbrachte, wurde zu einer langen Party mit Varietéparaden, Kostümfesten und einer Steel Band, die in Nassau an Bord kam. Die Passagiere konnten von mittags bis in die frühen Morgenstunden tanzen, und viele von ihnen kamen während der ganzen Reise nicht ins Bett.
Nicht weniger als 649 Flaschen Champagner, 205 Flaschen Sekt, 322 Flaschen Rotwein, 460 Flaschen Weißwein, 160 Flaschen verschiedener Liköre, 100 Flaschen Brandy, 190 Flaschen Rum, 1.383 Flaschen Whisky, 393 Flaschen Gin und 25.000 Flaschen Bier wurden auf dieser Reise konsumiert – ganz zu schweigen von den Bergen an Menüs, die den feiernden Passagieren serviert wurden. Die Crew arbeitete begeistert in dieser für sie ungewohnten Umgebung, die eine willkommene Abwechslung von der Routine des Atlantikdienstes darstellte, und das ungewöhnliche Publikum an Bord wusste den makellosen Cunard-Service zu würdigen.
Die erste Kreuzfahrt der QUEEN ELIZABETH brachte der Cunard Line in fünf Tagen £ 150.000 ein. Grund genug, die ELIZABETH noch zwei weitere Reisen nach dem gleichen Muster machen zu lassen.
Auf der zweiten dieser Reisen mussten einige Passagiere, die am frühen Morgen bereits auf den Beinen waren, mitansehen, wie ein kleines, einmotoriges Flugzeug, das zunächst auf den Liner zuflog, plötzlich an Höhe verlor und ins Meer

Lebensmittelkonsum auf den ersten Kreuzfahrten der Queen Elizabeth:

Speck:	1.360 kg
Eier:	4.290 Stück
Milch:	8.200 Liter
Lachs:	1.000 kg
Austern:	6.000 Stück
Räucherlachs:	230 kg
Kaviar:	480 kg
Rindfleisch:	10.430 kg (drei Reisen)
Weintrauben:	600 kg
Hummer:	725 kg
Heilbutt:	380 kg
Krabbenfleisch:	190 kg
Froschschenkel:	160 kg
Eiscreme:	6.800 Liter

stürzte. Man nahm an, dass der Pilot die ELIZABETH von seinem Flugzeug aus gesehen hatte und sich näher ansehen wollte. Warum es zu dem Unglück kam, konnte nicht geklärt werden.

Commodore Watts ließ sein Schiff umkehren, und auch die Küstenwache Floridas wurde alarmiert, aber weder der Pilot noch Überreste seiner Maschine konnten geborgen werden.

Doch auch die Kreuzfahrten konnten die QUEENS nicht retten. Auch wenn sie einen Teil der Verluste auffingen, die die Liner auf dem Atlantik einfuhren, zeigten sie nur zu deutlich, in welch verzweifelter Lage sich die Cunard Line befand: Die Eleganz und Grandeur, die lange Jahre das Bild an Bord bestimmt hatten, wollten sich einfach nicht mit den veränderten Bedingungen des neuen Jahrzehnts vereinbaren lassen, und manch ein Liebhaber der QUEENS musste einfach das Herz bluten, wenn er sah, wie Großbritanniens ehemalige Vorzeigestücke schlichtweg unter Wert verkauft wurden.

Die QUEEN MARY ging Weihnachten 1963 auf ihre erste Kreuzfahrt. Diese wurde für die Gewinner eines Preisrätsels der Zeitung *The News of the World* ausgerichtet, die die Mary zu diesem Zweck gechartert hatte. Welch eine Demütigung für das stattlichste Schiff!

Die Aufgabe war denkbar einfach gewesen: Um zu gewinnen musste man die acht Dinge, von denen man glaubte, dass man sie an einer Kreuzfahrt am meisten genießen würde, in die richtige Reihenfolge bringen.

Die Gewinner durften ihre Ehefrau (bzw. ihren Ehemann) und ihre Kinder unter 21 Jahren mitbringen – oder ihre Eltern, falls sie unverheiratet waren. Die Einschiffung erfolgte am 23. Dezember, und an Heiligabend sollte die MARY bereits auf dem Weg in wärmeres Wetter sein, so dass sie am zweiten Weihnachtstag in Las Palmas eintreffen würde. Commodore Geoffrey Marr (damals noch Captain), der den Liner auf dieser Reise befehligte, schreibt über die erste Kreuzfahrt der QUEEN MARY in seinem Buch »The QUEENS and I«:

»Wenn ich eine Zeitung in die Hand nehme, wende ich mich, nach einem kurzen Blick auf die Überschriften, beinahe instinktiv der kleinen Wetterkarte für den Nordatlantik zu. Aber was ich am Morgen des 23. Dezember sah, verdarb mir fast den Appetit aufs Frühstück. Ein Tief nördlich der Azoren bewegte sich schnell nach Osten in die Biskaya, und ich wusste, wir würden am nächsten Tag mit 1.200 Passagieren hindurch fahren, von denen mehr als 400 unter zwölf Jahren waren. Ich wusste auch, dass 95 Prozent dieser Passagiere eines gemeinsam haben würden: sie waren noch nie bei einem schlimmen Sturm auf See gewesen.«

Tatsächlich nahm der starke Wind nach dem Ablegen im-

Mit dem Siegeszug der Düsenflugzeuge fuhren fast alle Transatlantikliner sehr schnell in die roten Zahlen.

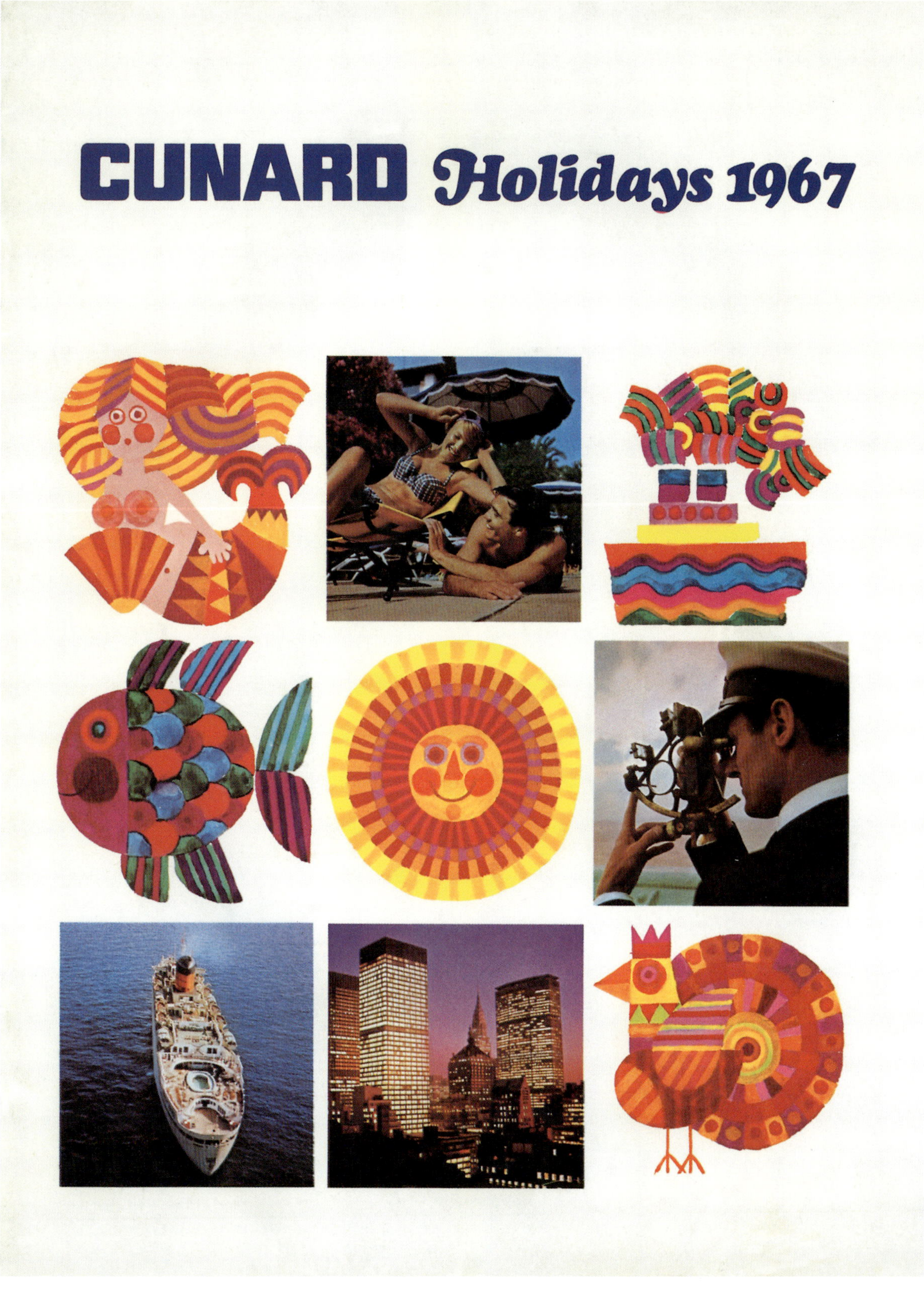

Eine Werbebroschüre für Cunard-Kreuzfahrten. Doch auch durch diese Maßnahme konnten die QUEENS *nicht gerettet werden. Ein neues Schiff musste auf die neuen Bedingungen maßgeschneidert sein.*

mer mehr zu, und als die QUEEN MARY am nächsten Morgen durch die schwere See stampfte, fanden sich in den Restaurants insgesamt weniger als hundert Passagiere zum Frühstück ein.
Commodore Marr beschreibt weiter:
»Kurz nach Mittag hatten wir Böen von Orkanstärke, der Wind wirbelte den Schaum von den Spitzen der Brecher umher und füllte die Luft mit Gischt, die die Sicht auf unter eine Meile reduzierte. Dann, um 13.38 Uhr nahm sie eine schwere See über die Steuerbord-Seite, die die Spitze einer der großen Ventilatoren-Hutzen am vorderen Ende des Promenadendecks abriss. Sie muss mehr als eine Tonne gewogen haben, krachte gegen die Scheiben des Promenadendecks und zerschmetterte zwei von ihnen. Diese großen Fenster bestehen aus zwei Zentimeter dickem Panzerglas und sind von massiven Stahlläden geschützt, die seit der Nacht zuvor geschlossen waren. Aber ein starker Schlag lässt Panzerglas trotz seiner Stärke in Millionen von kleinen rasiermesserscharfen Stückchen zerspringen. Just in diesem Moment ging einer unserer Passagiere mit seinem drei Jahre alten Sohn dieses Deck entlang, weil er dachte, dem Jungen könnte es an der frischen Luft besser gehen. Plötzlich wurde er von tausenden Panzerglasstücken überschüttet.
Glücklicherweise konnte er seinen Sohn schützen, der nur zwei kleine Schnitte abbekam. Aber der arme Vater blutete aus mehr als einem dutzen Schnitten an seinem Gesicht und seinen Händen.«
Die QUEEN MARY drehte nach diesem Zwischenfall bei, damit eine provisorische Reparatur des Schadens vorgenommen werden konnte, und gegen Abend beruhigte sich das Wetter zunehmend.
Der nächste Morgen brachte glatte See und sonniges Wetter, und der Rest der Reise verlief ganz nach Plan. Bald war der Sturm für die meisten Passagiere nur noch eine aufregende Erinnerung, von der sie zu Hause erzählen konnten.
Nach ähnlichem Muster ging die QUEEN MARY bis zum Ende ihrer Karriere, vor allem in den Wintermonaten, noch oft auf Kreuzfahrt. Ihr Fahrplan sah dabei etwa folgendermaßen aus:

Tag 1	abends	Abfahrt Southampton
Tag 4	abends	Ankunft Las Palmas
Tag 5	abends	Abfahrt Las Palmas
Tag 8	morgens	Ankunft Southampton

Aus heutiger Sicht wirkt dieser Fahrplan nicht sehr originell, aber Anfang der sechziger Jahre war die Kreuzfahrt noch weitgehend eine Domäne reicher Amerikaner. Für den Durchschnittsbriten bot eine Kreuzfahrt nach diesem Muster eine fast exotisch anmutende Abwechslung an Bord eines berühmten Oceanliners mit Rundum-Service. Die Preise waren moderat, und so hatte man daheim etwas zu erzählen.
Um die QUEENS besser in ihre neue Rolle als Teilzeit-Kreuzfahrtschiffe einzufügen, wurde ihr Interieur bei jeder Überholung ein Stück weit angepasst. Bei der QUEEN MARY handelte es sich hierbei hauptsächlich um kosmetische Veränderungen. Ein großer Umbau lohnte sich nicht mehr: Der Liner war fast dreißig Jahre alt, und ihre Nachfolgerin sollte in der zweiten Hälfte der sechziger Jahre in Dienst gestellt werden.
Dennoch ist es sehr zweifelhaft, dass die Maßnahmen, die unternommen wurden, um sie ihrer neuen Clientèle schmackhaft zu machen, wirklich als gelungen bezeichnet werden dürfen. In den sechziger Jahren war die nostalgische Anziehungskraft auf Passagiere das Beste, das die MARY noch bieten konnte. Im Hinblick auf ihre Ausstattung musste man sich eingestehen, dass sie veraltet war. In einer Zeit, in der Seereisende Kabinen mit eigenen Bädern in allen Klassen mehr und mehr als Selbstverständlichkeit ansahen, konnte einzig und allein die Atmospäre der »guten alten Zeit«, der hervorragende Service an Bord und eine gewisse Zuneigung zu der großen alten Dame noch Passagiere anziehen.
Statt Eleganz und Nadelstreifen, die einmal das Bild in der Lounge der Cabin Class geprägt hatten, fand man nun allerdings an gleicher Stelle den Flamenco Room vor, der mit weißen Holzspalieren, Bildern von Stierkämpfern und Imitationen spanischer Ziegelmauern Urlaubsgefühl vermitteln sollte – und doch nur wie ein billiger Abklatsch wirkte.
Und die Observation Bar, die Passagieren Erster Klasse bislang den Blick auf den Bug erlaubt hatte, wurde nun auch der Touristenklasse zugänglich gemacht. »Die Grandeur nahm nach und nach ihren Platz auf dem Rücksitz ein«, schreibt Clive Brooks in »Atlantic QUEENS«. Fast mochte man die QUEEN MARY mit einer verarmten Adelsdame vergleichen.

Etwas besser kam die QUEEN ELIZABETH weg: Sie sollte noch bis in die Mitte der siebziger Jahre eingesetzt werden und neben Kreuzfahrten den wöchentlichen Expressdienst auf dem Nordatlantik zusammen mit dem neuen Liner unterhalten.

Bei ihrer jährlichen Winterüberholung erhielt auch sie zahlreiche Umbauten, die sie flexibler für ihre neuen Einsätze machen sollten: Auch ihre Observation Bar wurde der Touristenklasse zugänglich gemacht. Die Erste Klasse erhielt dafür eine neue Cocktailbar im ehemaligen Tanzsaal.

Auf dem Sports Deck wurde der Roof Top Club für jugendliche Passagiere eingerichtet, mit Jukebox, Getränkeautomaten und einer Kickerplatte. Einem ähnlichen Zweck diente der Neptune Club auf dem Main Deck.

Die vermutlich wichtigste Neuheit war die Einrichtung einer Wäscherei, um auf langen Reisen dem erhöhten Bedarf an Betttüchern, Tischdecken, Uniformen und natürlich Wäsche der Passagiere nachkommen zu können.

So ausgestattet, machte die QUEEN ELIZABETH 1964 nicht nur weitere Reisen nach Nassau auf den Bahamas, sondern auch eine 25-tägige Mittelmeer-Kreuzfahrt, die sie nach Las Palmas, Athen, Tanger, Neapel, Cannes, Gibraltar und Lissabon führte.

Es schien, als läge in dem eingeschlagenen Kurs die Chance, die QUEEN ELIZABETH wieder aus den roten Zahlen zu steuern, und so investierte die Cunard Line Anfang 1966 noch einmal 1,75 Millionen Pfund in eine große Überholung, für die die ELIZABETH an den Clyde zurückkehrte. Der Umbau bestand vor allem aus der Einrichtung eines Lido-Decks mit Swimming Pool sowie der Modernisierung aller Kabinen, die nunmehr mit eigenen Duschen und Toiletten ausgestattet wurden.

Doch beinahe hätte der Aufenthalt der QUEEN ELIZABETH nahe ihres Geburtsorts zu einem wirtschaftlichen Desaster geführt. Commodore Marr berichtet in seinem Buch, wie er am Clyde einen nur halb fertigen Liner vorfand:

»Als ich an Bord ging, erwartete ich natürlich, sie fast seeklar vorzufinden. In ihrem Farbkleid sah sie besonders gut aus, aber an Bord war das Chaos unvorstellbar. Das Schiff hatte nun über vier Monate am Clyde verbracht und sollte in drei Wochen nach Southampton abfahren, doch von den 300 Kabinen, die mit Duschen und Toiletten ausgestattet wurden, war nicht eine einzige fertig. (...) Der strukturelle Teil unseres Umbaus, der den Bau eines Lido-Decks und eines Außenpools umfasste, war einigermaßen gut vorangegangen, ebenso die Arbeiten an einer kompletten Klimaanlage für das Schiff. Als also der Vorsitzende am Dienstag, 8. März, mit den Bediensteten des Clyde-Trockendocks zum Lunch und einer Begutachtung des Schiffes ging, stellte ich fest, dass ihm nur das neue Lido-Deck und die Arbeiten, die sich der Fertigstellung näherten, gezeigt werden sollten, während ich dachte, er sollte das furchtbare Durcheinander in den unfertigen Kabinen der Decks C und D sehen.« Mit dreißig Arbeitern an Bord, die dafür Sorge zu tragen hatten, dass die Kabinen fertig gestellt wurden, trat die QUEEN ELIZABETH ihre Atlantik-Überfahrt an, und bis zur Ankunft in New York waren zumindest die meisten Kabinen auf dem C-Deck wieder benutzbar.

Nur Stunden vor der Abfahrt wurde das Wasser für diese Sektion wieder eingestellt – und es regnete und rieselte überall aus zerschnittenen Rohren. Zwanzig Kabinen wurden regelrecht überflutet.

Es war das Resultat eines weit verbreiteten Übels auf Werften: Die Menge gestohlener Materialien war kaum zu übersehen, und insbesondere abgesägte Kupferrohre ließen sich gut verkaufen und – auf Beineslänge geschnitten – leicht aus dem Dock schmuggeln.

Wie durch ein Wunder gelang es der Besatzung allerdings, die Kabinen rechtzeitig zu trocknen, neue Vorhänge aufzuhängen und Teppiche zu verlegen – und es gab keine einzige Beschwerde seitens der Passagiere, die bald darauf an Bord kamen.

Es war ein anderer Zwischenfall, der letztlich dazu führte, dass die Passagiere auf der nächsten Reise der ELIZABETH nach ihrer Rückkehr aus Amerika, einen vollständigen Liner vorfanden: Die NUS, die britische Seemannsgewerkschaft, hatte zum Generalstreik ausgerufen, um eine 17-prozentige Lohnerhöhung durchzusetzen. Zwei Monate lang lag die QUEEN ELIZABETH in Southampton fest, und bald lag die gesamte Cunard-Flotte auf.

Premierminister Harold Wilson apellierte an die Streikenden, die bereits im Jahr zuvor eine beträchtliche Lohnerhöhung erhalten hatten, den Streik zu beenden, da sie sich gerade in dieser schwierigen Zeit, in der sich die Seefahrt befand, damit nur ihr eigenes Grab schaufelten.

Schätzungsweise verlor allein Cunard durch den Streik vier Millionen Pfund. Die Ereignisse trieben nur noch weitere Nägel in die Särge der QUEENS.

Sir Basil Smallpeice war 1964 John Brocklebanks Nachfolger als Vorsitzender der Reederei geworden, als dieser den Posten aus gesundheitlichen Gründen aufgeben musste.

Brocklebank hatte bereits eine Menge Veränderungen eingeführt, um die in Tradition erstarrte Cunard Line wieder auf den rechten Kurs zu bringen.

Seitens der Seeleute wurde immer wieder die mangelnde Kooperation der an Land beschäftigten Cunard-Mitarbeiter mit dem Personal auf See kritisiert. Darüber schreibt Commodore Marr:

»1964–65 waren extrem schwierige Jahre für Cunard. Ich musste oft an eine Konversation denken, die ich drei Jahre zuvor mit einem Seefahrtskorrespondenten geführt hatte. (...) Ich fragte ihn, wie er Cunards Zukunft sähe. Er sagte: ›Ich glaube, Cunard hat noch immer eine Zukunft, aber (...) es wird wohl mindestens fünf Jahre dauern, um die tote Hand des Colonel Bates loszuwerden. Der rühmte sich damit, niemals einen Fuß auf Amerika gesetzt zu haben, obwohl er sich sechzig Prozent seines Geschäfts von dort erhoffte, und er ist nur zwei Mal an Bord der QUEEN ELIZABETH gewesen, der größten Einheit der Flotte. Seine Idee war es, dass er und ein paar seiner Kumpels eine Weltreederei von seinem Büro in der fünften Etage in Liverpool aus führen könnten.‹ Trotz aller Bemühungen von Sir John Brocklebank, zeigte jede Bilanz schlechtere Resultate als die vorige. (...) Trotz der Verminderung der Flottengröße schien es nie eine Verminderung des Personals an Land zu geben, und die Lücke zwischen See- und Land-Mitarbeitern schien immer weiter auseinander zu klaffen. (...) Später, als Sir John Brocklebank Experten für Wirtschaftseffizienz einberief, um die Organisation innerhalb der Firma zu überprüfen, war einer ihrer ersten Punkte, es sei als untersuche man zwei vollkommen eigenständige Unternehmen.«

Sir Basil Smallpeice sah sich 14,1 Millionen Pfund Verlusten gegenüber, die die Cunard-Flotte in nur fünf Jahren eingefahren hatte. Für ihn gab es nur eine Aufgabe: Cunard musste überleben und wieder Gewinne abwerfen, ungeachtet der drastischen Maßnahmen, die dafür erforderlich schienen. Smallpeice unternahm die nötigen Schritte – und die waren bitter.

Eine erste Erkenntnis war es, dass die QUEEN ELIZABETH trotz ihrer jüngsten Umbauten schlichtweg kein Kreuzfahrtschiff war. Auf ihren Fahrten durch das Mittelmeer musste sie immer wieder auf Reede ihre Passagiere ausschiffen, weil ihr Tiefgang eine Einfahrt in die Häfen nicht gestattete. Und bei Seegang konnte es leicht passieren, dass eine Ausschiffung nicht möglich war, weil das Risiko zu groß war, dass sich Passagiere beim Einstieg in die kleinen Boote verletzten.

Dazu kamen Schwierigkeiten mit der Klimaanlage des Schiffes: Die Kabinen hatte man für die Kreuzfahrten mit einer modernen Anlage ausgestattet, die die Räume in tropischen Gewässern angenehm kühl hielt. Aus Kostengründen hatte man jedoch in den Gesellschaftsräumen das alte System belassen, das mit kaltem Seewasser arbeitete.

Auf dem Atlantik mochte dies funktionieren, aber in südlicheren Breiten, wo die Wassertemperatur in flachen Gewässern durchaus bis zu 30 °C betrug, brachte das freilich gar nichts.

Erst später gelang es, die Klimaanlage so umzukonstruieren, dass überschüssige Kapazität des neuen Systems für die Gesellschaftsräume genutzt werden konnte.

Ein Zurück gab es für die QUEENS jedoch auch nicht mehr. Auf dem Atlantik verloren sie jeweils £ 750.000 pro Jahr. – Und unter welchen Umständen! Die festlich-elegante Atmosphäre, die an Bord in den fünfziger Jahren geherrscht hatte, schien wie ein Geist durch nun verlassene Gesellschaftsräume, Gänge und Kabinen zu hallen.

Auf einer Rundreise im Januar 1967 transportierte die QUEEN ELIZABETH ganze siebzig Passagiere ostwärts und

Der Streik der National Union of Seamen 1966 brachte der britischen Handelsschifffahrt schwere Einbußen. Die Cunard Line verlor etwa vier Millionen Pfund – was nach heutigen Maßstäben einem Verlust von etwa 70 Millionen Euro gleichkommt!

I

In der ersten Hälfte der sechziger Jahr fuhr die Cunard-Flotte einen Verlust von 14,1 Millionen Pfund ein. Heute entspräche dies einem Betrag von 275 Millionen Euro.

Die QUEEN ELIZABETH gegen Ende ihrer Karriere für die Cunard Line. Roststreifen demonstrieren die wirtschaftliche Misere ihrer Eigner. Am Heck sind die nachträglichen Umbauten zu erkennen.

kehrte mit 130 Reisenden nach New York zurück. Die Besatzung sprach von einer »Geisterschiff-Reise«.

In dieser Zeit konnte es einem Passagier leicht passieren, dass er seinen Nachmittagstee im Grand Saloon nur in Gegenwart eines dutzend Stewards zu sich nahm. Es war ein Trauerspiel.

Die Cunard Line war eine Gesellschaft die um ihr Überleben kämpfte – und es war überall erkennbar: Hässliche Roststreifen zierten die einst so makellosen Bordwände der QUEENS. Statt golden glänzendem Messing fand sich an Bord grüne Patina.

Die Presse bezog sich mit Überschriften wie »Cunard am Meer« auf öde englische Badeorte in verregneten Sommern und machte sich damit über die verlassenen QUEENS lustig.

Die wenigen loyalen Passagiere, die die QUEENS noch hatten, wurden durch neue Besatzungen vergrauelt, für die die Arbeit an Bord nur noch ein Job war. Der berühmte Cunard-Service war ihnen unbekannt, und selbst die potenziellen Trinkgelder schienen sie nicht zu beeindrucken. Ein Journalist schrieb, die Stewards hörten sich an »wie ein ausländisches Fußball-Team«, und Passagiere Erster Klasse müssten Fragen wie »wollen Sie etwas, um sich zu besaufen?« einstecken.

Britannia 1840 1,135 tons
Persia 1856 3,300 tons
CUNARD
125th ANNIVERSARY
1840-1965
Bothnia 1874 4,535 tons
Campania 1893 12,950 tons
Mauretania 1907 31,938 tons
Queen Mary 80,774 tons
Queen Elizabeth 83,678 tons
Carmania 22,600 tons

Doch auch hier gab es scheinbar kein Zurück: Auf den billigen Kreuzfahrten fand sich an Bord ein anderes Publikum ein, das an das Selbstbedienungszeitalter gewöhnt war, und dem die verbliebenen Stewards alter Schule auf die Nerven gingen, weil sie allzu zuvorkommend waren.

Alle Hoffnungen, die QUEEN ELIZABETH noch bis in die Mitte der siebziger Jahre gewinnbringend zusammen mit der Nachfolgerin der QUEEN MARY einsetzen zu können, wurden schließlich 1966 zunichte gemacht: Die USA verabschiedeten ein neues Gesetz zur Feuersicherheit an Bord von Schiffen. Das brach der QUEEN ELIZABETH endgültig das Genick. Den nötigen Umbau konnte die Cunard Line sich unmöglich leisten.

Das Unvermeidbare bestätigte sich letztlich am 8. Mai 1967, als Captain William Law an Bord der QUEEN MARY (und etwa zur gleichen Zeit Captain J. E. Woolfenden auf der QUEEN ELIZABETH) die Aufforderung erhielt, einen versiegelten Umschlag zu öffnen. Er enthielt eine Nachricht von Sir Basil Smallpeice:

»Es ist eine Sache tiefen Bedauerns für die Gesellschaft, für mich persönlich und für Freunde in aller Welt, dass diese beiden herrlichen Schiffe, die QUEEN MARY und die QUEEN ELIZABETH, in Kürze das Ende ihrer Einsatzzeit erreichen müssen. Sie haben eine einzigartige Position in der Geschichte des Meeres inne und die Zuneigung seefahrender Völker in aller Welt. Aber wir können unserer Zuneigung und unserem Sinn für Geschichte nicht erlauben, uns von dem Ziel abzulenken, aus Cunard eine florierende Gesellschaft zu machen, und keine andere Entscheidung macht geschäftlich Sinn.«

Damit waren die Tage der beiden größten Oceanliner der Welt gezählt, und nur vier Monate später brach die QUEEN MARY in New York zu ihrer letzten Atlantiküberquerung auf, ihrer 1000. Reise. Es war der 22. September 1967.

Die große alte Dame erhielt einen emotionalen Abschied in New York. Jeder wollte einen letzten Blick auf das berühmte Schiff werfen, als es den Hudson hinab fuhr. Ein Fernseh-Reporter sagte über diesen Augenblick, er habe die Freiheitsstatue bis zu diesem Tag niemals weinen sehen.

Drei Tage später kam es in den frühen Morgenstunden auf dem Atlantik zur letzten Begegnung der QUEEN MARY mit ihrer Halbschwester. Im Licht ihrer Scheinwerfer hell erstahlend, rasten sie mit einer gemeinsamen Geschwindigkeit von fast sechzig Knoten aufeinander zu, und die mächtigen Bässe ihrer Dampfpfeifen brüllten einander einen letzten Abschiedsgruß zu.

Captain John Treasure Jones auf der Brücke der QUEEN MARY und Commodore Geoffrey Thrippleton Marr auf der Brücke der QUEEN ELIZABETH nahmen ihre Mützen ab und wussten, dass sie damit nicht nur vor ihren großartigen Schiffen salutierten, sondern auch dem Ende einer Epoche.

DIE QUEENS DES NORDATLANTIKS

KAPITEL 9

QUEENS AUF ABWEGEN

Kapitel 9

QUEENS AUF ABWEGEN

Queen Mary
Queen Elizabeth/Seawise University
1967–1972

Die Queen Mary kehrte am 27. September 1967 von ihrer letzten Nordatlantikreise nach Southampton zurück. Ein letztes Mal hatte sie die Strecke voll besetzt zurückgelegt. Viele altbekannte Gesichter fanden sich an Bord, die noch ein Mal, um der alten Zeiten Willen, mit der Queen Mary nach Europa reisen wollten.

In Southampton wurde ihr ein rauschender Empfang bereitet. Die Stadt feierte ein letztes Mal ihre Lady. Aber all diese Feierlichkeiten konnten nicht darüber hinwegtäuschen, dass der Zeitpunkt zum Abschied gekommen war, und so war es ein bittersüßes Lächeln, das die meisten Beteiligten auf ihren Gesichtern trugen. Beim Einlaufen in den Hafen sangen die Menschen an Bord *Auld Lang Syne*, ein Lied, das man in den folgenden Wochen an Bord des Schiffes noch oft hören sollte.

Zwei kurze Kreuzfahrten nach Las Palmas im Oktober waren die letzten Reisen, die die Queen Mary offiziell für die Cunard Line machte. In 31 Jahren hatte sie 3.794.017 Meilen zurückgelegt und dabei über 2.114.000 Passagiere befördert.

Für Schiffspostsammler gab es zur Außerdienststellung der Queens zahlreiche Sonderausgaben.

Immerhin war das weitere Schicksal der Queen Mary nicht ungewiss: Als ihre Außerdienststellung bekant gegeben worden war, hatte es zahlreiche Vorschläge und Angebote gegeben, was weiter mit ihr geschehen solle: Ein Amerikaner aus Little Rock, Arkansas, hatte vorgeschlagen, man solle die Queen Mary und die Queen Elizabeth aneinander schweißen und so den größten Katamaran der Welt bauen. Andere Vorschläge lasen sich wesentlich aussichtsreicher: Die Stadt Liverpool wollte die Mary als schwimmende Jugendherberge ankaufen, Japan wollte das Schiff als Museum erwerben, eine Gruppe Geschäftsleute aus Atlanta schlug vor, ein schwimmendes Handelszentrum aus der Queen Mary zu machen.

Freilich war die Cunard Line nicht daran interessiert, ihren alten Liner an eine Reederei zu verkaufen, die ihr damit womöglich Konkurrenz gemacht hätte. Unter den interessierten Städten war es schließlich Long Beach, Kalifornien (noch vor Philadelphia und New York), das mit einem Angebot von 3,45 Millionen Dollar den Zuschlag erhielt.

Bereits 1966 hatte die Stadt ihr Interesse an der Queen Mary der Cunard Line gegenüber geäußert, und am 18. August 1967 wurde der Kaufvertrag unterzeichnet: Die Queen Mary würde fortan als schwimmendes Hotel und Museum in Kalifornien beheimatet sein.

Die Cunard Line schlug vor, das Schiff mit einer Rumpfmannschaft bei kostengünstiger langsamer Fahrt nach Long Beach zu überführen. Die Verantwortlichen dort lehnten diesen Vorschlag rundweg ab. Für sie kam nur eine großer Auftritt der Queen Mary mit Passagieren an Bord in Frage.

Dies wiederum lehnte die Cunard Line ab. Schließlich kam es zu einem Kompromiss: Die Buchungen für die Reise wurden vom Reisebüro Fugazy in New York übernommen,

14 Helikopter und eine Flotte von Schiffen aller Art eskortierten die QUEEN MARY *auf ihrer letzten Ausfahrt aus Southampton.*

während die Cunard Line bei der Planung assistierte und für den Service an Bord sorgte.

So legte die QUEEN MARY am 31. Oktober 1967 unter dem Kommando von Captain John Treasure Jones in Southampton ab. Der Liner war vollständig ausgebucht, und ihre »letzte große Kreuzfahrt«, wie die Reise in Anzeigen angekündigt worden war, wurde gleichzeitig ihre längste Reise zu Friedenszeiten.

Als der Liner das Ocean Dock verließ, spielte eine Kapelle *Auld Lang Syne.* 14 Helikopter der Royal Navy in Ankerformation eskortierten das Schiff aus dem Hafen, und das Royal Yacht Squadron funkte folgende Nachricht: »Es tut mir Leid, Lebwohl zu sagen – die allerbesten Wünsche«

Boote und Vergnügungsdampfer aller Art begleiteten die QUEEN MARY mit flatternden Fahnen und tutenden Pfeifen aus dem Hafen. Der Liner führte einen 310 Fuß langen Wimpel, der zeigte, dass es die letzte Reise des Schiffes war – zehn Fuß für jedes Dienstjahr.

Die erste Etappe führte die MARY nach Lissabon. Um Treibstoff zu sparen, wurde sie nur von den inneren Turbinen angetrieben. Dies gab ihr eine Geschwindigkeit von 22 Knoten, aber auf dem ersten Stück der Reise wurde sie durch schlechtes Wetter aufgehalten, so dass sie das Hochwasser in Lissabon verpasste und erst mit zwölf Stunden Verspätung einlaufen konnte.

Der nächste Stopp fand in Las Palmas statt, wo Treibstoff an Bord genommen wurde, um die 3.500 Meilen lange Strecke nach Rio de Janeiro zurückzulegen.

Die Reise durch tropische Gewässer stellte die Besatzung vor ein mittlerweile bekanntes Problem: die fehlende Klimaanlage. Glücklicherweise hatte man die meisten Passagiere vor Antritt der Reise davor gewarnt, dass die QUEEN MARY ein Schiff für den kalten Nordatlantik war und dass es während der Fahrt durch die tropische Zone zu hohen Temperaturen an Bord kommen könne.

Leider forderte die Hitze ihren Tribut in Form von Leonhard Horsburgh, dem Fischkoch, der am 13. November einen Hitzschlag erlitt und daran starb. Er wurde zwei Tage später auf See bestattet.

Bis zum Zwischenstopp in Rio stand die Crew in der Mermaid Bar vor dem Problem, dass Souvenirjäger alles an sich rissen, das nicht niet- und nagelfest war, und die Drinks nunmehr in Pappbechern ausgeschenkt werden mussten.

Insgesamt war die 860 Mann zählende Besatzung ein wenig überfordert mit dieser ungewöhnlichen Reise, und es kam zu zahlreichen Beschwerden angesichts des Service an Bord. Andererseits hatte man die Passagiere davon in Kenntnis gesetzt, dass Beschwerden nach Reiseende nicht mehr angenommen werden konnten – schließlich war es die letzte Reise.

Auch in Rio de Janeiro wurde die QUEEN MARY wie eine wahre Königin begrüßt.
Dem nächsten Abschnitt der Reise blickten die Offiziere mit Besorgnis entgegen: Die Strecke nach Valparaiso in Chile, die den Liner um Kap Hoorn führen würde.
Mittlerweile war die äquatoriale Hitze, die noch Tage zuvor geherrscht hatte, vergessen, und an Bord mussten die Heizungen eingeschaltet werden. Dennoch blieb das Glück der QUEEN MARY treu, und das Wetter war weitgehend ruhig, als sie ums Kap dampfte.
Allerdings fiel ein eisiger Regen. Das hinderte eine Reihe von Passagieren dennoch nicht daran, auf dem offenen Deck Schlange zu stehen – nach einem Bus!
Die QUEEN MARY beförderte auf ihrem Achterdeck zwei Londoner Doppeldeckerbusse, und Doktor Orville Cole, ein Arzt aus Long Beach, war auf die Idee gekommen, Tickets zu verkaufen, so dass die Reisenden später stolz erzählen konnten, sie seien in einem Londoner Bus um Kap Hoorn gefahren!
Die Eintrittsgelder kamen einer Schule in Long Beachs Partnerstadt Valparaiso zu Gute.
Dutch Miller, der Captain von Long Beachs Rettungsschwimmern, der ebenfalls mitreiste, wollte nicht im Regen auf einen Bus warten und entschloss sich zu einer bequemeren Variante: Er schwamm um Kap Hoorn – im Swimming Pool Erster Klasse!
Nur wenige Stunden nach der Umrundung Kap Hoorns frischte das Wetter auf, und das Meer wurde rauh – die QUEEN MARY hatte das gefährliche Seegebiet gerade rechtzeitig verlassen.
In Valparaiso kam neben 60 Journalisten der Vize-Bürgermeister von Long Beach an Bord, um das letzte Stück der Reise in seine Heimatstadt mit dem Liner zurückzulegen.
Die letzten Stationen hießen Callao in Peru, Balboa am westlichen Ende des Panamakanals und Acapulco in Mexiko, wo einige Würdenträger und noch mehr Journalisten an Bord kamen, um das letzte Stück der Reise nach Long Beach an Bord zu verbringen.
500 Meilen vor ihrer Ankunft wurde die QUEEN MARY von einer DC-9 begrüßt, die einen Schwall weißer Nelken auf das Schiff hinab regnen ließ – als Erinnerung an ihre erste Ankunft in New York 31 Jahre zuvor.
Je näher der Oceanliner seinem letzten Zielort kam, desto größer wurde die Anzahl an Fahrzeugen, die ihn begrüßten: Jachten, Ausflugsdampfer, Ruderboote, Schiffe der Küstenwache, Fischkutter, Motorboote und sogar der atomgetriebene Kreuzer USS LONG BEACH.
In Hafen von Long Beach wartete eine begeistert jubelnde Menge auf die Ankunft der QUEEN MARY, die sich langsam ihren Weg durch die unüberschaubare Menge von geschätzten 10.000 Wasserfahrzeugen bahnte.
Um 12:07 Uhr am 9. Dezember 1967 war das Anlegemanöver beendet, und Captain Jones signalisierte dem Maschinenraum ein letztes Mal »fertig mit den Maschinen«.
Nach 14.559 Meilen und 40 Tagen hatte die QUEEN MARY ihr neues Zuhause erreicht.
Vom Bürgermeister der Stadt erhielt Captain Jones den Stadtschlüssel – aus Blumen hergestellt. Jones überreichte im Gegenzug die Cunard-Hausflagge und den Blue Ensign der britischen Handelsmarine.

Nachdem die Passagiere von Bord gegangen waren, verließ nach und nach auch die Besatzung das Schiff. Die meisten gingen schweren Herzens und viele mit einer Träne im Auge. »Ich konnte mich nicht noch einmal nach dem Schiff umdrehen und daran denken, dass wir sie zurückließen«, sagte ein Steward.

Captain Jones schrieb über die offizielle Übergabezeremonie am 11. Dezember: »Der britische Ensign, der Bugstander und die Cunard-Hausflagge wurden dann niedergeholt und die Flagge der Vereinigten Staaten an beiden Mastspitzen gehisst. Es war eine sehr bewegende Zeremonie, und wir hatten alle einen dicken Kloß im Hals. So endete das Schiff QUEEN MARY.«

Während die QUEEN MARY damit in Long Beach noch einem langen Leben in Pension entgegensehen konnte, war das Schicksal der QUEEN ELIZABETH etwas verworrener. Commodore Geoffrey Marr, ihr letzter Kommandant, berichtet über diesen Zeitabschnitt ausführlich in seiner Autobiographie.

Das letzte Jahr, das die QUEEN ELIZABETH im Dienste der Cunard Line zubrachte, wurde so erfolgreich, dass sie am Ende sogar wieder Gewinne einbrachte. Die Kreuzfahrten waren neu organisiert worden und führten die ELIZABETH nur noch in Häfen, die Schiffe ihrer Größe aufnehmen konnten. Auf nur einer Kreuzfahrt waren weniger als 1.000 Passagiere an Bord.

Auch die Transatlantikreisen warfen wieder Profit ab, wenn auch so mancher Passagier nur aus nostalgischen Gründen gefahren sein wird, bevor es diese Möglichkeit nicht mehr gab.

Commodore Marr verglich die QUEEN ELIZABETH in ihrem letzten Jahr mit einem billigen Laden, der mehr oder weniger permanent mit Ausverkauf wegen Geschäftsaufgabe Werbung machte. Er glaubte bis zuletzt, dass das Schiff seiner Reederei noch über Jahre hinweg Gewinne bringen könne und war der Ansicht, dass es ein Fehler sei, die Außerdienststellung so lange im Voraus anzukündigen.

Aber die Sir Basil Smallpeice hatte den Beschluss gefasst, und es kam unausweichlich der 30. Oktober 1968 – der Tag, an dem die QUEEN ELIZABETH zum letzten Mal in New York ablegte.

Links: Bei ihrer Ankunft in Long Beach erhielt die QUEEN MARY einen begeisterten Empfang.

Rechts: Eine der letzten Abfahrten der QUEEN ELIZABETH aus New York.

Auch sie wurde von der Stadt an einem klaren Herbsttag lebhaft verabschiedet. Bürgermeister John Lindsay ging an Bord und hielt eine Ansprache. Dann überreichte er Marr eine Plakette der amerikanischen Regierung als Anerkennung für den Kriegsdienst des Schiffes sowie eine Bronzemedaille der Stadt New York.

Als der Liner dann seine angestammte Pier verließ und den Fluss hinabfuhr, den er so gut kannte, begleiteten ihn Fontänen sprühende Löschboote, Hafenschlepper und allerlei andere Schiffe und Schiffchen aus dem Hafen.

Nie wieder konnte es ein solches Schiff geben.

Am letzten Abend auf See hielt Commodore Marr eine Rede an Bord, in der er allen Beteiligten dankte, dass es eine so erinnernswerte Reise geworden war. Am Ende traten Crew, Künstler und viele Passagiere auf die Bühne und sangen *Auld Lang Syne*, »was mir einen Kloß in den Hals brachte«, schreibt Marr, »und Tränen in die Augen vieler Leute, die wussten, dass es das Ende einer Ära war. Es war schwer zu ertragen.«

Während des folgenden Aufenthalts in Southampton kam hoher Besuch an Bord: Queen Elizabeth, die Queen Mother, hatte sich angekündigt, um dem Liner, den sie selbst dreißig Jahre zuvor getauft hatte, Lebewohl zu sagen.

Die Crew gab sich Mühe, der ELIZABETH vor diesem Besuch noch einmal ein glänzendes Äußeres zu verpassen und reinigte die Schornsteine und die weiße Farbe der Aufbauten auf der Seite, die dem Ocean Terminal zugewandt war. Auch im Inneren wurde »klar Schiff« gemacht und poliert, was zu polieren ging.

Die Queen Mother wurde auf dem R-Deck von Commodore Marr und Staff Captain Law begrüßt sowie von einer Ehrengarde aus Crewmitgliedern.

Nach Cocktails in der Midships Bar, wurde im Verandah Grill das Mittagessen serviert. Die Queen Mother saß zwischen Commodore Marr und Sir Basil Smallpeice. Da mittlerweile bekannt war, dass die QUEEN ELIZABETH ein neues Zuhause in Florida finden sollte, drückte die Queen Mother ihre Hoffnung aus, das weitere Schicksal des Liners werde der stolzen Tradition gerecht, mit der er sich in Krieg und Frieden behauptet habe. Marr schreibt darüber: »Ich behielt meine Bedenken für mich.«

Nach dem Essen machte die Queen Mother noch einen Rundgang auf dem Schiff, um mit Besatzungsmitgliedern aus allen Bereichen zu sprechen.

Die letzte Passagierreise der QUEEN ELIZABETH war eine achttägige Kreuzfahrt nach Las Palmas und Gibraltar. Das Schiff war vollständig ausgebucht, und bei gutem Wetter wurde die Reise ein Erfolg.

Bei der Ausfahrt aus Gibraltar gaben die Royal Navy und Royal Airforce der QUEEN ELIZABETH einen spektakulären Abschied: Alle Schiffe der Navy, die sich im Hafen befanden, eskortierten den Oceanliner hinaus ins Meer, während Kampfjets über der Szene tollkühne Kurven flogen, um den spanischen Luftraum nicht zu verletzen.

Zurück in Southampton fand am 18. November eine Abschiedsparty für die Offiziere statt, an der sich nicht nur Southamptons Bürgermeister beteiligte, sondern auch »annähernd jeder Offizier, der jemals mit dem Schiff gefahren war und hinkommen konnte«, wie Marr es beschrieb. Es wurde eine lange Nacht und ein rauschendes Fest.

Marr flog am nächsten Tag mit dem Chefingenieur John Grant nach Florida, um sich von dem dortigen Stand der Vorbereitungen für die Ankunft der QUEEN ELIZABETH zu überzeugen und zu sehen, welche Punkte noch geklärt werden mussten.

Von der weiter folgenden Geschichte gibt es viele Darstellungsweisen der diversen Beteiligten. Im Großen und Ganzen kann man sie jedoch auf drei Versionen beschränken: Die Erlebnisse der verbliebenen Mannschaft, die über alle Vorgänge weitgehend im Dunkeln gehalten wurde. Die Angaben der neuen Besitzer des Schiffes und schließlich die Hintergründe, die die Presse herausgefunden haben wollte.

Eine Rumpfmannschaft von 193 Mann sollte den Liner nach Port Everglades bringen und dort noch neun Monate bei dem Schiff verbleiben.

»Wir gingen auf eine sehr lange Dienstreise«, schreibt Commodore Marr, »unter merkwürdigen Umständen, und taten einen Job, den wir nie zuvor getan hatten, ohne zu wissen, was die Zukunft bereit hielt oder was für eine seltsame Verstrickung es werden würde.«

Der Morgen des 28. November war neblig und ungemütlich, und der Hafen schien einsam und verödet, als die QUEEN ELIZABETH um acht Uhr die Leinen loswarf. Es war eine sehr stille letzte Abreise aus der Stadt, in der sie so lange zu Hause gewesen war, als schaue das Land einfach weg, während ein Stück seiner Geschichte davonfuhr. Viele Liebhaber der QUEEN ELIZABETH hatten später das Gefühl, der Liner sei schlichtweg unter den Teppich gekehrt worden.

Erst auf See erhielt der Oceanliner einen Teil der Anerkennung, die er verdiente: Zunächst in Form des Zerstörers HMS HAMPSHIRE, dessen Crew an Deck stand und der ELIZABETH zujubelte.

Auch die Crew und Passagiere der CARMANIA, die von einer Kreuzfahrt im Mittelmeer zurückkehrte, grüßten die QUEEN ELIZABETH.

Schließlich erhielt der Liner ein Funksignal des jüngsten Mitglieds der königlichen Schiffsfamilie: Die QUEEN ELIZABETH 2 befand sich auf ihren Probefahrten in Höhe der Isle of Arran und wünschte ihrer Vorgängerin viel Erfolg in ihrer neuen Rolle.

Die QUEEN ELIZABETH traf am 7. Dezember 1968 in Florida ein. Dies war exakt nach Plan, aber James Nall von der Investment Company of Florida, den die Cunard Line als Verwalter vor Ort eingesetzt hatte, hatte Marr vor der Ankunft darüber informiert, dass es einen Tag länger als geplant dauern werde, das Hafenbecken in Port Everglades für die ELIZABETH ausreichend tief auszubaggern.

Marr erhielt den Auftrag, Flagge zu zeigen, und so fuhr die QUEEN ELIZABETH langsam in Sichtweite der Küste Floridas bis Key Biscaine, machte dort kehrt und lief in nördliche Richtung bis Palm Beach. Hunderte von Yachten und Segelschiffen begleiteten den Liner auf seinem ungewöhnlichen Schlenker, bevor er am nächsten Morgen in Port Everglades einlief und an seinem neuen Liegeplatz festmachte.

Und damit begann für die Mannschaft eine lange, unruhige Wartezeit. Ihre Verträge sahen vor, dass sie neun Monate an Bord blieben und in dieser Zeit den achteren Maschinenraum sowie die nötigen Kessel in Ordnung hielten, um das Schiff aus eigener Kraft an einen permanenten Liegeplatz verbringen zu können.

Marr selbst wurde auf diverse Vorträge geschickt, die nicht nur in Florida, sondern auch in Städten wie Cincinnati, Ohio, stattfanden, um dort die Werbetrommel für die QUEEN ELIZABETH als Touristenattraktion zu rühren.

Unterdessen kamen täglich etwa 2.000 Besucher an Bord, die jeweils $ 2,50 zahlten, um das Schiff zu besichtigen.

Trotzdem machte sich unter der Besatzung bald ein ungutes Gefühl breit: Zu spärlich und unklar waren die Informationen, die aus London kamen. Und auch in Port Everglades schien es nicht, als gäbe es irgendeinen Fortschritt. Hatte man die QUEEN ELIZABETH vergessen?

Um diese Frage zu beantworten, ist es nötig, einen Blick auf die Umstände zu werfen, unter denen die QUEEN ELIZABETH nach Florida verkauft wurde – denn ursprünglich war nicht Port Everglades, sondern Philadelphia zu ihrem Altersruhesitz auserkoren worden.

Eine Gruppe von Herren aus Philadelphia hatte bereits im Vorjahr ein Gebot für die QUEEN MARY abgegeben: Die Gebrüder Robert R. Miller und Stanton R. Miller sowie ihr Geschäftspartner Charles F. Willard.

Das Gebot der Stadt Long Beach war höher gewesen, und das Konglomerat aus Philadelphia hatte den Zuschlag nicht erhalten. Doch schon zu diesem Zeitpunkt hatten sie keinen Hehl daraus gemacht, dass sie eigentlich mehr an der QUEEN ELIZABETH interessiert waren.

Während der folgenden Monate taten sich die drei Herren (die sich selbst C-B-S nannten – Charlie, Bob und Stan) mit dem Immobilienbesitzer Philip Klein zusammen, der ein 25 Hektar großes Stück Marschland in der Nähe von Philadelphias Flughafen besaß.

Ursprünglich hatten C-B-S Klein vorgeschlagen, dort ein Motel mit angeschlossener Marina – ein Boatel – als 25-Millionen-Dollar-Projekt zu errichten. Zu diesem Zweck war eine Firma, die Airport-Boatel Inc. gegründet worden. Mit der QUEEN ELIZABETH in Griffweite hatten Stanton und die Miller-Brüder ihre Pläne geändert: Das Schiff sollte als Hotel an den Delaware River kommen, um auf Kleins Grundstück Teil eines Freizeitparks werden, der die sieben Weltwunder in Miniatur ausstellte. Die QUEEN ELIZABETH sollte das achte Weltwunder darstellen.

Für C-B-S begann ein hartes Ringen um die QUEEN ELIZABETH: Ihr anfängliches Angebot von 6,5 Millionen Dollar wurde von einer Gruppe japanischer Geschäftsleute überboten. Weitere Angebote kamen aus Australien, Südafrika und noch einmal aus Atlanta, bis schließlich ein brasilianisches Unternehmen 7,5 Millionen Dollar bot, um aus der ELIZABETH ein Casinoschiff zu machen.

Ein solches Ende sah Sir Basil Smallpeice für seinen Liner gar nicht gerne, und in einem ominösen Geschäft, in das Cunards eigener Schiffsmakler, die Firma H.E. Moss, verwickelt war, boten C-B-S letztlich 7,75 Millionen Dollar für das Schiff.

Philip Klein behauptete später dem *Philadelphia Magazine* gegenüber: »Sie wollten die ganze Zeit, dass wir sie [die QUEEN ELIZABETH] bekämen. Was meinen Sie, wo das letzte Gebot geschrieben wurde? Im Büro von Moss. Was meinen Sie, wer die Bedingungen diktierte? Finister [der Leiter des Unternehmens]. Sie wollten, dass wir sie nach Philadelphia bringen.«

Das *Philadelphia Magazine* veröffentlichte im Juni und Juli 1968 zwei sehr aufschlussreiche Artikel ihres Reporters Greg Walter über die Machenschaften von C-B-S.

Die QUEEN ELIZABETH bei ihrer Ankunft in Port Everglades – für Schiff und Besatzung der Beginn einer langen, ungewissen Wartezeit.

Das Geschäft wurde am 5. April 1968 im Savoy Hotel in London besiegelt, und alle Seiten schienen froh und glücklich darüber zu sein: Die Millers und Willard, weil sie das Schiff hatten und Sir Basil und seine Direktoren, weil sie die QUEEN ELIZABETH in guten Händen wussten.
Wenn sie allerdings so bedacht um das weitere Schicksal ihres Dampfers waren, stellt sich angesichts der weiteren Ereignisse die Frage, warum sie nicht vorher einen Repräsentanten nach Philadelphia entsandt hatten, um sich dort von den vollmundigen Anpreisungen der drei Geschäftsmänner zu überzeugen.
Dieser Abgesandte hätte herausgefunden, dass der Bürgermeister Tate und der Ratsvorsitzende der Stadt, Paul D'Ortona, die ursprünglich im Savoy dabei sein sollten, es sich anders überlegt hatten, als sie herausfanden, dass sich das Grundstück nicht auf dem Stadtgebiet Philadelphias befand, sondern in Tinicum, der Nachbarstadt. C-B-S hatten nur Gebrauch vom Prestige Philadelphias gemacht, während alle Steuern und sonstigen Abgaben der Stadt Tinicum zu Gute gekommen wären.
Der Repräsentant hatte auch herausgefunden, dass es keine Pläne zum Bau einer sechsspurigen Autobahn gab, die als Zubringer zum Schiff gedient hätte. Das nämlich hatten C-B-S behauptet. Tatsächlich aber hätte es mindestens drei Jahre gedauert, eine solche Straße zu bauen – selbst wenn sich Philadelphia und der Staat Pennsylvania dazu bereit erklärt hätten.
Er hätte weiterhin herausgefunden, dass es keine Untersuchungen darüber gab, ob der Delaware entsprechend vertieft werden könne, um die ELIZABETH zu ihrem geplanten Liegeplatz zu bringen und dass niemand bereit war, dafür die Kosten zu tragen.
Schließlich hätte er herausgefunden, dass nicht nur der Fluglärm bei Westwind auf dem Gelände unerträglich war (und sich C-B-S wie durch ein Wunder nicht mehr erinnern konnten, wer die Dezibel-Tests durchgeführt hatte), sondern auch dass an dieser Stelle ausgesprochen unangenehme Gerüche aus dem Fluss aufstiegen – bedingt durch die nahe gelegenen Ölraffinerien und -docks.
Kurzum – ein Repräsentant der Cunard Line hätte nur zu einem Ergebnis kommen können: Von allen Plätzen war dies der denkbar Ungeeignetste, um die QUEEN ELIZABETH unterzubringen; das Projekt konnte nur scheitern. Und die Herren Willard, Miller und Miller hatten die Cunard Line durch und durch hinters Licht geführt.
Hätte sich in der Chefetage der Cunard Line damals zumindest jemand die Mühe gemacht, sich ein wenig über die neuen Geschäftspartner zu informieren, vielleicht ihre Lebensläufe durchzulesen, dann wäre der Gesellschaft sicher mancher Ärger erspart geblieben:
Der 41-jährige Stanton Miller beispielsweise hatte seine Karriere 1946 als Exportvertreter für Schuhe, Haushaltswaren und Elektrogeräte begonnen. 1950 rief der den »Ware-des-Monats-Club« ins Leben, den er bereits nach einem Jahr an eine Firma aus New York verkaufte. Die Baufirma Sturm & Co., deren Vizepräsident er war, ging 1955 bankrott. Als Partner beteiligte er sich an einer Firma für Tiefkühlnahrung, die bereits nach acht Monaten in die Pleite ging. Er wurde später Vorsitzender eine Firma aus Puerto Rico, die ihn unter anderem wegen Verlusten auf $ 50.000 verklagte.
1954 tat sich Stanton Miller mit seinem Bruder Robert zusammen. Die beiden gründeten zwei Unternehmen, die sich eher schlecht als recht mit mit dem Verkauf von Kapital verschiedener anderer Unternehmen befassten. Eine Holding-Gesellschaft aus New York verklagte die Brüder auf $ 500.000 – und verlor den Fall.
Sieht man sich die gesamten Umstände an, dann könnte einen der Verdacht beschleichen, dass die Miller-Brüder sich zwar gut verkaufen konnten, da sie immer wieder Geschäftspartner und Geldgeber an Land ziehen konnten – aber dass ihr geschäftliches Geschick stark zu wünschen übrig ließ.
Überraschend waren die Millers 1964 als neue Besitzer des Drake Hotels in Philadelphia aufgetreten, dass sie von Grund auf renovierten. Die Frage, woher sie nach all den finanziellen Missgeschicken das Geld hatten, das Hotel zu erwerben und in Stand zu setzen, war schnell geklärt: Ihr Geldgeber hieß Jimmy Hoffa – den sie kennenlernten, als er wegen Bestechnung einer Jury vor Gericht stand.
Es würde an dieser Stelle zu weit führen, alle Seilenschaften aufzudecken, in die C-B-S verstrickt waren. Der Bericht des *Philadelphia Magazine* ist bemerkenswert und zeigt selbst Verbindungen von Willard und den Millers zur Mafia auf.
Während sie noch mit Behördenvertretern in Philadelphia verhandelten, hatten sie gleichzeitig schon Kontakt zu Floridas Gouverneur Claude Kirk aufgenommen, und ihm vorgeschlagen, ihren Freizeitpark »The Eighth Wonder of the World« in der Umgebung von Fort Lauderdale unter-

zubringen. Sie machten Kirk ihr Projekt mit der Schätzung schmackhaft, der Liner werde jährlich drei Millionen zusätzliche Besucher nach Südflorida bringen und für die Region jährlich fünfzig Millionen Dollar wert sein.
Kirk und der Vorsitzende der Port Everglades Hafenverwaltung, Larry Corcoran, stimmten dieser Idee nur allzu bereitwillig zu – ebenfalls ohne von dem vorangegangenen Debakel in Philadelphia zu wissen.
Alle waren von den großen Worten von C-B-S beeindruckt, und die Kommission der Hafenverwaltung beschloss einstimmig, während der ersten sieben Monate des Projekts nur nominelle Liegeplatzgebühren für die QUEEN ELIZABETH zu berechnen, weil alle Beteiligten fest daran glaubten, bis zu diesem Zeitpunkt habe sie bereits ihren permanenten Liegeplatz eingenommen. Auch die Frage nach einem geeigneten Grundstück für den Freizeitpark schien sich schnell zu klären, und die Cunard Line erklärte, am Liegeplatz der ELIZABETH stünden 36 Hektar Land zur Verfügung.
Das Unternehmen schlug allerdings bereits fehl, bevor die QUEEN ELIZABETH überhaupt ihre letzte Reise für die Cunard Line gemacht hatte: Die $ 600.000 Anzahlung, die C-B-S für die ELIZABETH geleistet hatten, stammten lediglich aus einem Kredit, und wie auch immer sie sich vorgestellt hatten, den Rest zu zahlen – sie mussten schon bald zugeben, dass sie das Geld nicht aufbringen konnten.
Am 23. Oktober 1968 verkündete Sir Basil Smallpeice auf einer Pressekonferenz, dass der Liner von einer neuen Firma verwaltet werden würde, an der die Cunard Line 85% hielt, während Willard und die Miller-Brüder den Rest inne hatten.
Die Elizabeth (Cunard) Corporation of Florida sollte zehn Jahre lang durch die Cunard Line kontrolliert werden und der Muttergesellschaft jährlich zwei Millionen Dollar zahlen und vier Millionen im Voraus, um die Schulden für den Liner zu begleichen, den die Cunard Line damit an die neue Firma verkaufte.
Danach sollte die Elizabeth Corporation auf Charles Willard, Stanton Miller und Robert Miller übergehen.
Die nächste Runde im Tauziehen um die QUEEN ELIZABETH begann kurz nach ihrer Ankunft in Florida: Die Wahlen in Broward County, dem District Floridas, in dem sich Port Everglades befindet, gingen zu Ungunsten der bisherigen Regierung aus.

Damit erhielt auch Port Everglades eine neue Hafenverwaltung, und plötzlich waren die Behörden bei Weitem nicht mehr so begeistert davon, dass sich die QUEEN ELIZABETH in ihrem Hafen befand. Insbesondere ein Mitglied der neuen Hafenverwaltung war der Meinung, es sei eine schlechte Idee gewesen, dem Liner die Einfahrt in den Hafen zu gewähren und zudem die Liegegebühren annähernd zu erlassen. Der Mann hieß W. Phil McConaghey, und in den folgenden Monaten sollte er der Elizabeth Corporation, der Cunard Line und der Crew der QUEEN ELIZABETH das Leben noch manches Mal schwer machen. McConaghey war dafür bekannt, unangenehme Fragen zu allem zu stellen, mit dem er in Berührung kam, und es dauerte nicht lange, dass er anfing, zu untersuchen, wem der alte Oceanliner ganz genau gehörte, warum er »frei parken durfte«, ob er ein Schiff oder ein Gebäude sei (und somit vielleicht steuerpflichtig), und wer das ganze Projekt überhaupt finanzierte.
Die Tatsache, dass sich Cunard über alle Vorgänge rund um die QUEEN ELIZABETH in tiefes Schweigen hüllte, machte die ganze Sache nicht viel übersichtlicher. Fakt ist nur, dass Commodore Marr nach der Hälfte des geplanten Aufenthaltes in Port Everglades im April 1969 nach England flog, um dort zwei Wochen lang Urlaub zu machen.
Seine Crew war zu diesem Zeitpunkt mehr als besorgt um die Zukunft der QUEEN ELIZABETH, und auch Marr schrieb über seinen Urlaub: »Ich hätte es alles viel besser genießen könne, wäre da nicht dieses besorgte Gefühl um das Schiff gewesen, denn dieses Mal konnten wir nicht darauf bauen, dass keine Neuigkeiten gute Neuigkeiten waren.«
Am 28. April, dem Tag vor seiner Rückkehr nach Florida hatte er eine Unterredung mit Philip Shirley, dem stellvertretenden Vorsitzenden der Cunard Line, der sich sehr bedeckt hielt. Marr flog mit dem Gefühl zurück nach Florida, dass es nicht so lief wie Shirley es sich wünschte.
Während durch die Presse die wildesten Gerüchte über die Zukunft der QUEEN ELIZABETH gingen, kristallisierte sich mehr und mehr heraus, dass sie sich unter den gegenwärtigen Umständen nicht lange tragen lasse: Die Einnahmen der Touristenführungen reichten nicht mal aus, um die täglichen Kosten zu tragen, die in Port Everglades entstanden. Schließlich musste die noch an Bord befindliche Mannschaft entlohnt werden, und da die ELIZABETH nicht von außen mit Energie versorgt wurde, flossen täglich vierzig Tonnen Öl durch ihre Brenner.

Ende Juni gab die Cunard Line eine Erklärung ab, dass der Liner nach England zurückkehren würde, wenn sich nicht bis Ende Juli ein definitiver Käufer gefunden habe.
Marr beauftragte seinen Chefingenieur deshalb, die nötigen Kessel zu überprüfen und die Maschinenanlage für die Rückführung des Schiffes vorzubereiten. Aus England wurden zwei Techniker eingeflogen, die das Radar in Ordnung brachten und die Funkanlage durchsahen.
Der Aufwand stellte sich als unnötig heraus: Noch immer gab es ein großes Interesse in allen Teilen der Welt, den Liner zu kaufen.
In London gingen Angebote von allen Kontinenten ein. Eines schien ganz besonders vielversprechend: Die neu gegründete Firma The Queen Ltd. aus den USA bot 8,6 Millionen Dollar für das Schiff.

Die an Bord angebotenen Führungen erwiesen sich als wirtschaftlicher Fehlschlag. Die neue Hafenverwaltung von Port Everglades machte den Eignern der QUEEN ELIZABETH zusätzlich das Leben schwer.

The Queen Ltd. war eine Tochtergesellschaft der Firma Utilities Leasing Corporation aus Haverford, Pennsylvania, und unter ihren Teilhabern waren – Stanton Miller, Charles Willard und Robert Miller.
Spätestens an dieser Stelle hätte die Cunard Line vielleicht doch eines der anderen Angebote annehmen sollen, aber die Verlockung war zu groß: Zwei Millionen Dollar waren sofort fällig, und die restlichen sechs Millionen nach einem Jahr. Die $ 600.000, die C-B-S bereits im Vorjahr angezahlt hatten, zählten in die Begleichung des Kaufpreises hinein.
Commodore Marr war dem neuen Deal gegenüber eher skeptisch: »Alle, die nicht von der neuen Firma benötigt wurden, würden Anfang August nach Hause fliegen, einen Monat bevor ihre Verträge abliefen. Noch mehr gemischte Gefühle – ich wollte nur den Anker lichten und nach Hause fahren.«
Die Ziele der neuen Eignerfirma waren groß gesteckt. Das Schiff sollte ein Hotel mit eintausend Räumen, sieben Restaurants, elf Bars, einem Dinner-Theater für Broadway-Shows, einem internationalen Markt, Kinos, Shops und einer Disco im Frachtraum werden. Auf dem Gelände war eine Pier für Kreuzfahrtschiffe, ein großer Komplex Eigentumsferienwohnungen, ein Segelhafen mit 500 Liegeplätzen und sogar eine Schokoladenfabrik geplant.
Das Kapital für diese großen Pläne sollte aus der Öffentlichkeit kommen. Vorbild für diesen Plan war die Muttergesellschaft Utilities Leasing, die im Februar 1969 zu einer Aktiengesellschaft geworden war und so acht Millionen Dollar an Kapital gewonnen hatte.
Da The Queen Ltd. im Vergleich zu ihrer Muttergesellschaft (die Kraftwerke baute und verleaste) einen Betriebszweck hatte, der für die breite Öffentlichkeit sicher anziehend und erfolgversprechend wirkte, setzte man sich das Ziel, 13,75 Millionen Dollar Aktienkapital bis Januar 1970 akkumuliert zu haben.
Damit konnten die Schulden von sechs Millionen bei der Cunard Line und fünf Millionen Dollar bei der Utilities Leasing beglichen werden.
Weitere Pläne sahen vor, aus eigentlich wertlosen Gegenständen an Bord, wie alten Tauen oder abgekratzter Farbe der Schornsteine, Souvenirs herzustellen und alle überflüssigen Gegenstände des Schiffes zu versteigern, um so weitere 3,5 Millionen Dollar in die Kasse zu bringen.

The Queen Ltd. musste im Mai 1970 Bankrott anmelden. Die Gründe bedürfen wohl keiner weiteren Erläuterung. Die einzigen Vermögenswerte, die der Gesellschaft verblieben, waren das Schiff und das Grundstück im Hafen.

Somit war die QUEEN ELIZABETH also wieder vollständig in den Händen der Cunard Line, und es begann des Dramas letzter Akt.

Die QUEEN ELIZABETH stand ein letztes Mal in ihrer langen Karriere zum Verkauf, und dieses Mal war es ein Mann, der wirklich die finanziellen Möglichkeiten besaß, das Unternehmen zu einem Erfolg werden zu lassen, der den Zuschlag erhielt: C. Y. Tung aus Hong Kong, seiner Zeit der wahrscheinlich weltgrößte Schiffseigner.

Tung reichte mit 3,2 Millionen Dollar das höchste Gebot ein, und Liebhaber der ELIZABETH freuten sich, zu hören, dass er nicht plante, das Schiff als bloßen Schrott zu kaufen oder an einer Pier vor sich hin rotten zu lassen, sondern sie wieder in ihrem natürlichen Element einsetzen wollte: Sie sollte in eine Kombination aus schwimmender Universität und Kreuzfahrtschiff verwandelt werden.

Gegen The Queen Ltd. kam es letztlich zum Vergleich, und die Cunard Line erhielt nur noch einen schmalen Profit aus dem Verkauf des Liners.

Für den geplanten Umbau sollte das Schiff nach Hong Kong verbracht werden, und Tung gelang es, Commodore Marr und den früheren Chefingenieur der QUEEN ELIZABETH, Mr R.E. Philip, sowie einige frühere Mitglieder des Maschinenpersonals als technische Berater für die Überführung zu gewinnen.

Commodore William Hsuan würde das Schiff auf seiner langen Reise kommandieren, aber da die chinesische Crew durchweg noch nie mit einem so komplexen Schiff wie der QUEEN ELIZABETH gearbeitet hatte, war es beruhigend, sich auf die Erfahrung der Cunard-Veteranen verlassen zu können.

Am 12. Oktober 1970 veröffentlichte C.Y. Tungs Reederei, die Orient Overseas Line, eine Pressemitteilung: »Der weltberühmte Liner QUEEN ELIZABETH ist nunmehr in SEAWISE UNIVERSITY umbenannt worden. In Port Everglades, Florida, wird sie zurzeit einer Inspektion unterzogen, und die notwendigen Reparaturen werden durchgeführt, um sie wieder fit für die See zu machen. Wenn sie Port Everglades verlässt, wird sie ihrem alten Kriegspfad rund um das Kap der guten Hoffnung nach Singapore und Hong Kong folgen, wo sie umfassend überholt werden wird. Während ihre ursprüngliche Schönheit und Eleganz bewahrt wird, dienen die wesentlichen Arbeiten ihres Umbaus dazu, sie zu dem schwimmenden Campus zu machen, als der sie jetzt vorgesehen ist, und wenn sie wieder auf See geht, werden Studenten, Fakultätsmitglieder und Kreuzfahrtpassagiere an Bord sein.

Die Besitzer des Schiffes sind sich bewusst, was es bedeutet, ein nach heutigen Standards so unwirtschaftliches Schiff in einem so wenig gewinnversprechenden Bereich einzusetzen. Um dieser Herausforderung zu begegnen und die ›Alte QUEEN‹ auf See zu behalten, werden keine Mühen gescheut. Die QUEEN ELIZABETH ist der größte je gebaute Passagierliner und es ist sehr unwahrscheinlich (...) dass noch einmal ein Schiff von ihrer Größe und Kapazität gebaut wird. Es besteht das Gefühl, dass aus historischen und sentimentalen Gründen – ihr Profil, das Know-how der Schiffbauer von Clydebank (das ihren Rumpf mit fast zehn Millionen Nieten ausgestattet hat), ihre zahlreichen Verfeinerungen und ihre glorreiche Vergangenheit – ihre Gegenwart in den östlichen Gewässern viel Interesse und Zuneigung hervorrufen wird.

Es besteht die Hoffung, dass sie bei der Vermittlung der gegenseitigen Verständigung und des kulturellen Austauschs zwischen Ost und West hilft.

Mit diesem Ziel ist die SEAWISE UNIVERSITY benannt und entstandt worden, trotz der voraussehbaren technischen und finanziellen Schwierigkeiten«

Der Name SEAWISE UNIVERSITY kam übrigens nicht von Ungefähr. Er war vielmehr ein Wortspiel mit den Initialen ihres neuen Eigners: »CY's University«.

R. E. Philip kehrte mit einem früheren Reparatur-Manager von Thornycrofts, der Werft, die lange Jahre die jährlichen Überholungen der QUEEN ELIZABETH durchgeführt hatte, nach Port Everglades zurück, um bei den ersten Arbeiten behilflich zu sein. Geoffrey Marr folgte am 17. November.

In seinem Buch beschreibt er das Chaos, das er an Bord vorfand. Da das Schiff vollkommen stillgelegt war, produzierte nur ein Notfallgenerator auf dem Achterdeck Strom, um die nötigen Bereiche des Schiffes zu erleuchten und den Maschinenraum mit Energie zu versorgen, während die Crew sich bemühte, Kessel und Maschinen wieder in einen Zustand zu bringen, der eine sichere Seereise garantierte.

Der Auftritt C.Y. Tungs warf ein neues Licht der Hoffnung auf das weitere Schicksal der QUEEN ELIZABETH.

Überall lag Schmutz und Schrott herum, und die Kessel befanden sich in einem bedauernswerten Zustand.
Die SEAWISE UNIVERSITY sollte laut Planung Anfang Dezember ablegen. Aber es dauerte noch zwei Monate, bis sie wieder seeklar war.
Ein großes Problem stellten etwa 4.000 Tonnen öliges Wasser dar, denen man sich zu entledigen hatte. Im Frühjahr 1970 hatte sich das Schiff während eines Sturmes von seinen Leinen losgerissen, und die Verantwortlichen von The Queen Ltd. hatten sich nicht anders zu helfen gewusst, als die Öltanks und die Böden der beiden vorderen Laderäume mit Seewasser zu fluten, so dass das Schiff auf Grund lag und somit stabiler gegen äußere Einflüsse war.

Am 3. Februar 1971 waren sechs ihrer zwölf Kessel einsatzbereit, und die Maschinenprobe verlief befriedigend, so dass der Liner bereit war, sich aus eigener Kraft fortzubewegen.
Eine Woche später sollte es so weit sein.
In der Nacht vor der Abfahrt hatte einer der operativen Kessel undichte Röhren aufgewiesen und musste abgestellt werden, aber fünf Kessel schienen ausreichend, um trotzdem auf See zu gehen.
An einem bitterkalten Morgen zogen sechs Schlepper das Schiff von der Pier und drehten es im Hafenbecken herum, so dass der Bug in Richtung der schmalen Hafenausfahrt wies. Es war ein Moment voller Anspannung für die Männer auf der Brücke, denn wenn jetzt irgendetwas schief ging und das Schiff in der Hafenausfahrt auf Grund ging, dann wäre die SEAWISE UNIVERSITY zum größten und teuersten Korken der Welt geworden.
Zum ersten Mal seit fast zweieinhalb Jahren erhielt der Maschinenraum das Signal *Volle Kraft voraus*, und die Turbinen brachten die Schrauben auf dreißig Umdrehungen pro Minute – bis in einem weiteren Kessel eine der Röhren platzte!
Aber bis zu diesem Zeitpunkt hatte die SEAWISE UNIVERSITY bereits ausreichend Bewegungsmoment, dass sie mit Hilfe der Schlepper sicher aus dem Hafen gelangte.
Draußen wurde der Lotse auf einen der Schlepper abgesetzt. Und noch ein Gast verließ das Schiff: W. Phil McConaghey. Er war mit einer Sondergenehmigung an Bord gekommen, um mit Genugtuung zu sehen, wie der »Störenfried« seinen Hafen verließ.
Nun ging er mit dem Lotsen von Bord. Der Liner hatte nicht ausreichend Dampfdruck, um die abfahrenden Schlepper mit seinen mächtigen Typhonen zu grüßen, geschweige denn, zu manövrieren und dem letzten Schlepper ein Lee zu geben.
So war es nun Commodore Marr, der mit einiger Genugtuung dabei zusah, wie W. Phil McConaghey das Schiff verließ: »Seine letzten Minuten an Bord mussten ziemlich angespannt gewesen sein, denn er stand in der Tür der Außenhaut und blickte auf das Gewirbel des wild umher tanzenden Schleppers, auf dessen Deck er springen musste; und viele Leute dachten, es wäre poetische Gerechtigkeit, wenn er daneben getreten wäre, und die alte Lady hätte ihn als Abschiedsgeste ins Meer getunkt. Allerdings schaffte er es problemlos.«

Mit der Dampfkraft der verbleibenden vier Kessel brachte es die SEAWISE UNIVERSITY, die für diese Reise als Frachter in Panama registriert war, es auf sieben bis acht, schließlich zehn Knoten, mit denen sie in Richtung Karibik fuhr.
Unter Deck allerdings rissen die Probleme nicht ab: Der Wasserverbrauch der Kessel war zeitweise höher als neues Wasser produziert werden konnte, und ein weiterer Kessel entwickelte Probleme und musste abgestellt werden.
Das Wasser-Problem bekamen die früheren Cunard-Ingenieure nach Absprache mit Commodore Hsuan und seinem Chefingenieur Cheng in den Griff, und auch mit nur drei Kesseln machte die SEAWISE UNIVERSITY noch gut sieben Knoten – bis am Morgen des 12. Februar ein Feuer gemeldet wurde, das im Kesselraum um sich griff.
Nach einer Stunde konnte es gelöscht werden, aber die Schäden wurden von den chinesischen Ingenieuren als zu schwer wiegend angesehen, als dass es möglich gewesen wäre, sie auf See in den Griff zu kriegen.
Trotz der Proteste von Mr Philip und seinen Ingenieuren, wurde der Maschinenraum stillgelegt und ein Hochseeschlepper gerufen. Die Verständigungsschwierigkeiten zwischen Briten und Chinesen trugen nicht eben zur Vereinfachung der Lage bei, und für die ehemalige Mannschaft war es eine ziemlich frustrierende Erkenntnis, dass ihr Schiff, in dem sie immer noch die QUEEN ELIZABETH sahen, nun ein chinesisches Schiff war, auf dem sie nichts mehr zu befehlen hatten.
Es dauerte drei Tage, bis der Schlepper eintraf. Während dieser Zeit konnte die Besatzung an Bord nichts tun als warten. Der Notfallgenerator auf dem Achterdeck wurde nachts abgestellt, um seine knappen Dieselreserven zu schonen, und so trieb die SEAWISE UNIVERSITY nur mit vier matten Laternen über das dunkle Meer: je eine weiße vorn und achtern und zwei rote am Hauptmast, die signalisierten, dass das Schiff havariert war.
In der zweiten Nacht sichtete das norwegische Kreuzfahrtschiff STARWARD die SEAWISE UNIVERSITY, kam hell erleuchtet näher, und fragte an, ob sie Unterstützung benötigte. Die Männer an Bord bedankten sich und verneinten, weil ein Schlepper bereits unterwegs sei – und fühlten sich um so einsamer als die STARWARD abdrehte und ihren Kurs nach Port-au-Prince wieder aufnahm.
Am Morgen des 16. Februar schließlich tauchte zu jedermanns Erleichterung der Hochseeschlepper RESCUE auf und nahm die SEAWISE UNIVERSITY an den Haken, um sie nach Kingston, Jamaica, zu schleppen.
Der nächste Tag brachte eine drastische Wetterverschlechterung, und selbst mit dem zweiten Schlepper, JACOB VAN HEEMSKERK, der gegen Mittag eintraf, dauerte es noch eine Woche, bis die SEAWISE UNIVERSITY nahe der Insel Aruba vor der Küste Venezuelas vor Anker gehen konnte. Dorthin hatte C.Y. Tungs Organisation sie beordert.
Der Lotse hatte den Liner etwa drei Meilen von der Einfahrt zum Hafen von Oranjestad vor Anker gehen lassen – am Rande eines Unterwasserriffs.
Vier Tage lang untersuchten Experten die Schäden, um festzustellen, welche Maßnahmen nötig waren, um sicherzustellen, dass der Liner ohne weitere Schwierigkeiten die vielen tausend Seemeilen nach Hong Kong zurücklegen konnte.
Vorerst aber, am 28. Februar, drückte auffrischender Wind gegen die Bordwand der SEAWISE UNIVERSITY, so dass ihre Anker den Halt verloren und über den Rand des Riffs ins tiefe Wasser fielen – das Schiff trieb wieder einmal antriebslos und entfernte sich während der folgenden drei Tage 16 Meilen weit von seinem uspründlichen Standort.
Die Besatzung verhandelte mit dem widerstrebenden holländischen Kapitän des Hochsee-Schleppers SCHELDE, der immer wieder Ausreden fand, den Liner doch nicht zu schleppen, bis schließlich ein führender Angestellter C.Y. Tungs, der mit einem technischen Kommissar der SCHELDE einen Besuch abstattete, dafür sorgte, dass sie den Liner ins Schlepp nahm.
Ein weiterer Schlepper wurde aus Venezuela angefordert, um die SCHELDE zu unterstützen, und als die LOS COCOS in Sicht kam, entfuhr es Commodore Hsuan: »Sie haben uns nur einen Mini-Schlepper geschickt!«
Etwas farbenreicher war Commodore Marrs Beschreibung: »Wenn Sie sich einen Elefanten vorstellen können, der von einem großen Bernhardiner auf der einen Seite und einem kleinen Yorkshire-Terrier auf der anderen Seite geführt wird, wissen Sie, wie es aussah. (...) Aber ich bezweifle trotzdem, ob Sie sich das Sprachproblem vorstellen können, das wir hatten, als Chinesen, Holländer und Spanier versuchten, alle in ihrer eigenen Art Englisch miteinander zu kommunizieren.«
Schließlich aber wurde die SEAWISE UNIVERSITY sicher vor Aruba verankert, und es konnte damit begonnen wer-

Die SEAWISE UNIVERSITY sorgte in Kapstadt für Aufsehen. Zuletzt hatte das Schiff dreißig Jahre zuvor den südafrikanischen Hafen angelaufen.

den, die desolaten Maschinen in Stand zu setzen. Zwei Monate verbrachte das Schiff in seinem unfreiwilligen Zwischenhafen. Für die Reparatur wurden 600 neue Kesselröhren aus New York und weitere Ersatzteile aus England eingeflogen.
Commodore Marr nutzte die Zeit für einen Urlaub in seiner Heimat. Bei seiner Rückkehr fand er erfreuliche Resultate vor: »Nach einem persönlichen Besuch von C.Y. Tung auf dem Schiff, während wir zu Hause waren, schien ein ganz neuer Geist an Bord eingezogen zu sein. Nicht nur hatte man sich all des Öls aus dem Maschinenraum und den Kesselräumen entledigt, sondern mit einer ordentlichen Reinigung waren auch die Bilgen und die Seiten der Kessel selbst von Ölrückständen befreit und frisch gestrichen worden. Alle verwendeten Maschinen- und Kesselräume waren gesäubert und gestrichen, so dass sie unten nicht nur sehr anders aussah als das Schiff, dass in so einem schrecklichen Zustand aus Port Everglades herausgestolpert war, sondern wirklich anders war. Sie sah tatsächlich so viel mehr wie in ihren alten Cunard-Tagen aus, dass man zum ersten Mal wirklich fühlen konnte, dass sie einen neuen Lebenshauch erhalten hatte.«
Am 10. Mai 1971, ein Vierteljahr nach dem Beginn ihrer Reise in Florida, machte sich die SEAWISE UNIVERSITY auf, um endlich den Weg in ihre neue Heimat anzutreten.
In Curaçao machte sie Halt, um ihre Treibstoff- und Wassertanks aufzufüllen, und dann noch einmal in Port of Spain, Trinidad, bevor sie das erste wirklich lange Stück ihrer Reise, die 3.306 Meilen nach Rio de Janeiro, antrat.
Mit sechs funktionierenden Kesseln erreichten die Turbinen schließlich 97 Umdrehungen, und »zum ersten Mal seit mehr als zwei Jahren hatten sie wieder einen definitven Puls, dessen Takt man im ganzen Schiff spüren konnte«, schreibt Marr, »unser gemeinsamer Elan schien mit der Geschwindigkeit oder dem Vorankommen des Schiffes zu steigen oder zu fallen: wir waren ihr Barometer.«
Mr Cheng, der chinesische Chefingenieur, verfolgte nun eine Art Sicherheitspolitik, indem er die reparierten Kessel nie mit voller Auslastung betrieb. Der Dampfdruck reichte immerhin für eine Geschwindigkeit von elf Knoten, und die Maschinen gaben bis Hong Kong keinen Anlass mehr zur Klage.
In Rio de Janeiro bereiteten die Einwohner und die Presse dem Liner einen freundlichen Empfang, und am 1. Juli trat die SEAWISE UNIVERSITY mit frisch gefüllten Öltanks zu ihrer wahren Bewährungsprobe an: der Überquerung des Südatlantiks nach Kapstadt.
Bei herrlichem Wetter machte das Schiff durchschnittlich 11,26 Knoten und verbrauchte täglich weniger als 300 Tonnen Treibstoff.
Auch in Kapstadt wurde sie mit viel Begeisterung in Empfang genommen. Während das Schiff für die nächste Etappe, die 5.750 Meilen nach Singapore, versorgt wurde, hielt die Niederlassung der Orient Overseas Line eine Pressekonferenz ab, um ein wenig Publicity für die neue Rolle der SEAWISE UNIVERSITY zu machen, in der sie im folgenden Jahr in die Stadt zurückkehren sollte.
Das nächste Wegstück um das Kap der guten Hoffnung brachte ungemütliches Winterwetter, das sich allerdings milderte, je weiter die SEAWISE UNIVERSITY nach Norden fuhr – vorbei an Madagaskar, den französischen Réunion-Inseln, Mauritius, durch die Malakkastraße und schließlich nach Singapore.

Die SEAWISE UNIVERSITY bei ihrem Einlaufen in Hong Kong – für das Schiff scheinbar der Beginn einer zweiten Karriere.

Der dortige Tankstopp verlief eher still und in einem entlegenen Gebiet, wenn auch viele der chinesischen Besatzungsmitglieder die Gelegenheit nutzten, in die Stadt zu fahren, die für sie ein erster Vorbote ihrer vertrauten asiatischen Kultur war, nachdem sie viele Monate in der fremden westlichen Welt verbracht hatten.
Auch wenn es in dieser Stadt keine Pressekonferenz und öffentliche Empfänge gab, so zierte die SEAWISE UNIVERSITY doch die Titelseiten der Zeitungen, und bei ihrer Einfahrt wurde sie von sechs Kampfjets der Royal Airforce und sechs Helikoptern der Royal Navy begrüßt.
Inzwischen war die SEAWISE UNIVERSITY ihrem neuen Zeitplan sogar voraus, und um nicht vor dem offiziellen Begrüßungskommando in Hong Kong einzutreffen, fuhr sie auf dem letzten Wegstück nur sehr langsam und kreuzte noch fast einen Tag lang vor der Hafeneinfahrt auf und ab, bevor sie in den Morgenstunden des 15. Juli 1971 langsam und majestätisch einlief, um von Bevölkerung, Presse und Würdenträgern begeistert in Empfang genommen zu werden und nördlich der Insel Kau Yi Chau an einem sicheren Platz vor Anker zu gehen.
Und hier war der Platz, an dem das Schicksal die SEAWISE UNIVERSITY, ex QUEEN ELIZABETH erwartete ...
Über die kommenden Monate sah das Schiff so viele Arbeiter wie zuletzt am Clyde, als es vom Truppentransporter zum Transatlantikliner umgebaut wurde.
Nun wurde es vom Transatlantikliner zur Kreuzfahrt-Universität.
Ein knappes halbes Jahr später erstrahlte die SEAWISE UNIVERSITY in einem strahlend weißen Kleid frischer Farbe und konnte in ihrem Inneren Räume wie die »Große Chinesische Halle der Weisen«, die »Pfauen-Lounge« oder »Kaiser Tangs Mondpalast« vorweisen.
Das Schiff wurde während des Umbaus an die Brandschutzbestimmungen von 1966 angepasst und sollte am 24. April 1972 von Long Beach aus (in Sichtweite der QUEEN MARY) seine Jungfernreise antreten, eine 75-tägige Rundreise durch den Pazifik.

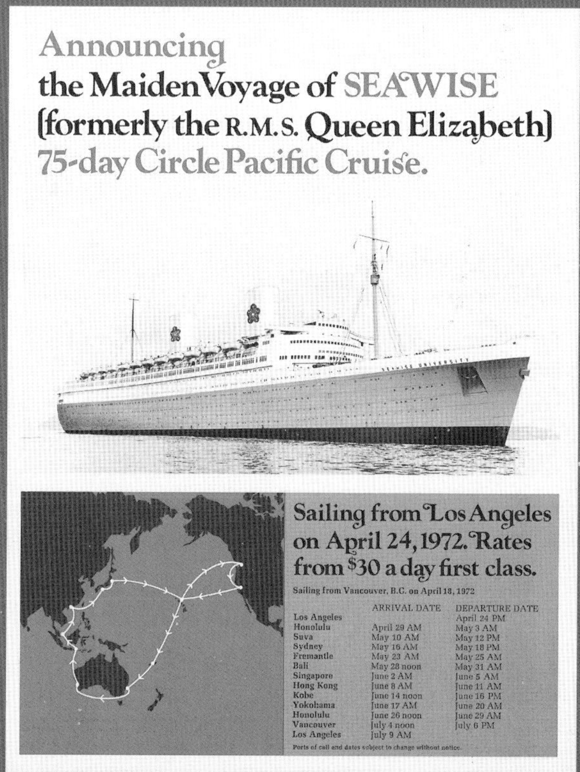

Eine Anzeige für die Jungfernreise der SEAWISE UNIVERSITY. Nicht zuletzt ihr vorheriger Name war ein schlagkräftiges Verkaufsargument.

9. Januar 1972: Kurz vor ihrer Fertigstellung stirbt die SEAWISE UNIVERSITY *einen grausamen Tod.*

Eine Reise, zu der es niemals kam: Gegen 11:28 Uhr am Morgen des 9. Januar 1972 entdeckten drei Crewmitglieder ein kleines Feuer, das sich in einem Haufen Abfall auf dem A-Deck entzündet hatte. Statt es sofort zu bekämpfen, rannten sie laut rufend durch das Schiff, um die Feuerwachen an Bord aufmerksam zu machen.

Da es ein freundlicher Tag in Hong Kong war, stand ein Großteil der Luken in den Bordwänden offen, und im Schiff war ein leichter Luftzug zu spüren. Davon angefacht, breitete sich das kleine Feuer in Minutenschnelle aus, während Männer verzweifelt damit beschäftigt waren, es zu bekämpfen.

Mit Lautsprecherdurchsagen wurde das Feuerpersonal zum Brandherd beordert. Kurz darauf fiel das Lautsprechersystem aus, und so wurde es zunehmend schwieriger, die Männer zu koordinieren, denn während das Feuer auf dem A-Deck nach über einer Stunde endlich gelöscht war, brannte es bereits 25 Meter weiter achtern und 60 Meter weiter vorn um so heftiger.

Spätere Untersuchungen ergaben, dass vermutlich neun Feuer etwa zur gleichen Zeit an Bord ausbrachen. Je mehr Brandherde entdeckt wurden und je mehr dichter schwarzer Qualm durch die Decks der SEAWISE UNIVERSITY strömte, desto unkoordinierter wurden die Löschversuche seitens der Besatzung. Kein Wunder: neun Feuer zur gleichen Zeit auf einem derart großen Schiff, dessen Lautsprechersystem nicht funktionierte – das wäre selbst heutzutage eine Ausnahmesituation.

Eine Stunde nach dem Ausbruch des Feuers trafen zwei Löschboote an der SEAWISE UNIVERSITY ein, die jedoch vorerst nichts weiter taten, als Wasser auf die oberen Decks des Liners zu versprühen.

Von einem über dem Drama fliegenden Helikopter konnte man sehen, dass mittlerweile Rauch aus der halben Länge der Aufbauten quoll. Die Feuerwehr Hong Kongs gab Katastrophenalarm.

Das brachte Schiffe aller Art, insbesondere Polizeiboote und Ausflugsschiffe, auf den Plan, die zur brennenden SEAWISE UNIVERSITY eilten und Menschen retteten, die inzwischen von Bord sprangen oder sich auf der Plattform aufhielten, die an der Steuerbordseite des Schiffes befestigt war.

Um 12:55 Uhr gingen die ersten Feuerwehrleute an Bord, um das Feuer direkt zu bekämpfen, aber bis zu diesem Zeitpunkt wüteten die Flammen bereits mit einer solchen Gewalt im Inneren der SEAWISE UNIVERSITY, dass sie durch nichts mehr gerettet werden konnte.

Als die Feuerwehrleute um 15:30 Uhr das noch immer brennende Schiff verließen, mussten sie es für verloren erklären. Das Wasser, das sie bei ihren Löschversuchen hineingepumpt hatten, verursachte bereits jetzt eine Schlagseite von 17° nach Steuerbord, und je weiter der sterbende Liner sich überlegte, desto mehr Wasser floss durch seine offenen Bullaugen und Luken.

Innen fraß sich das Feuer weiter durch edle Holzverkleidungen, Teppiche, Vorhänge, Möbel, Arbeitsmaterial, was immer seinen gierigen Zungen zum Opfer fiel. Unter der Hitze fielen die stählernen Decks der SEAWISE UNIVERSITY in sich zusammen. Das Schiff, das so lange den Unbillen der Natur getrotzt hatte, starb einen grausamen Tod. Am folgenden Tag, immer noch lichterloh in Flammen und in dicken Rauch gehüllt, legte sie sich langsam nach Steuerbord über und kam im Schlamm des Hafens zum Liegen. Das Feuer brannte noch die ganze Nacht hindurch und bis in den folgenden Tag hinein.

Dann lag die frühere Queen Elizabeth, ehemals der Stolz der britischen Handelsmarine, tot im Hafen von Hong Kong, eine ausgeglühte, rußgeschwärzte, in sich zusammengefallene Ruine.
»Das kann nur Sabotage gewesen sein«, erklärte Commodore Marr gegenüber der Presse.
Und die offizielle Untersuchung, die nach dem Unglück stattfand (es konnte übrigens nicht mehr festgestellt werden, wer oder was den Brand verursacht hatte), schloss: »Bei der Größe des Schiffes, der katastrophal schnellen Ausbreitung der Flammen, dem allgemeinen Mangel an Koordination, dem Mangel an Licht auf allen Decks und dem ständigen Durchdringen von Rauch, ist es eine erstaunliche Tatsache, dass nicht ein einziges Leben verloren ging.« ... mit Ausnahme dessen der Seawise University.

Für die Queen Mary begann mit der Ankunft in Long Beach ein neuer Lebensabschnitt, an dessen Anfang zunächst eine der größten maritimen Umbau-Aufgaben stand: Die Firma Rados & Sons Engineering aus San Pedro, Los Angeles, hatte den Auftrag erhalten, die Queen Mary entsprechend ihrer neuen Rolle umzugestalten.
Hierbei kam zunächst die Frage nach der zuständigen Gewerkschaft auf: Der Oceanliner würde zukünftig fest mit dem Land verbunden sein und sich aus eigener Kraft nicht mehr auf dem Wasser fortbewegen können. Per Definition wurde die Queen Mary damit zu einem Gebäude, für das andere Bestimmungen galten als für ein Schiff.
Um aus der Queen Mary das größte schwimmende Museum der Welt zu machen, war es nötig, in ihrem Innenraum Platz für die vorgesehenen Attraktionen zu schaffen. Die ursprünglichen Pläne sahen vor, neben einem Hotel ein Konferenzcenter für 1.100 Personen, sechs Restaurants, ein Museum über Geschichte und Ausstattung des Schiffes und einen Rundgang durch die Maschinen- und Kesselräume bis zur Schraubenwelle einzurichten. Als Mittelpunkt plante man die Einrichtung des »Oceanarium«, eines gigantischen Museums über das Meer, das über zahlreiche Themen informieren sollte, die mit dem Ozean verbunden sind.
Am 6. April 1968 lief die Queen Mary ins Trockendock der Long Beach Naval Shipyard ein, welches als einziges in Süd-Kalifornien groß genug für ein Schiff ihres Kalibers war.
Die Arbeiten an der Unterwasserhülle des Schiffes umfassten neben der Befreiung des Rumpfes von Algen- und Muschelbewuchs auch die Entfernung zahlreicher Schichten Farbe, die sich im Laufe von gut drei Jahrzehnten auf der Beplat-

Der Traum und sein Ende: Die Seawise University als ausgeglühtes Wrack in Hong Kong.

Die QUEEN MARY in Long Beach wurde bald zu einem Wahrzeichen.

tung angesammelt hatte. Niemand hatte jemals darüber nachgedacht, was für eine Farbschicht wohl im Laufe der Jahre entstanden sei, und so kann man sich die Verwunderung manches Arbeiters vorstellen, wenn er feststellte, dass die Farbe stellenweise eine Stärke von mehr als einem halben Zentimeter besaß, durchgehend schwarz bzw. weiß, mit einer deutlich erkennbaren Schicht grau dazwischen.
Insgesamt wurden 320 Tonnen Farbe vom Rumpf des Schiffes entfernt, so dass es anschließend vier Zentimeter höher im Wasser lag.
Schließlich demontierte man drei der vier Propeller. Lediglich die vordere Schraube an Backbord blieb an Ort und Stelle. Um sie herum konstruierte man eine über 100 Tonnen schwere Stahlbox, in die Besucher heute durch eine Öffnung in der Bordwand gelangen können, um die Schraube zu betrachten.
Nach dem Dockaufenthalt verholte die QUEEN MARY an eine Ausrüstungspier, wo der weitaus größere Teil der Arbeit begann. Um die geplanten Attraktionen in den unteren Decks unterbringen zu können, mussten unter anderem die Kesselräume, der vordere Maschinenraum und die Turbo-Generatoren-Räume weichen.
Zunächst wurden die drei mächtigen Schornsteine entfernt, um einen ungehinderten Zugang zu den unteren Decks zu erhalten und die nicht mehr benötigte Maschinerie mit einem Kran aus dem Schiff zu heben. Die Struktur der Schlote war vom ständigen rauhen Klima des Atlantiks so geschwächt, dass sie zerfielen, als sie auf der Pier abgestellt wurden. Ihre Farbschicht war so dick wie das Metall selbst. Nun konnte der Prozess des Ausschlachtens beginnen. Rund 8.000 Tonnen nicht mehr benötigter Maschinen wurden demontiert, und was 1936 die neuesten Errungenschaften im Schiffbau dargestellt hatte, türmte sich nun als großer Haufen Schrott längsseits der QUEEN MARY: Turbinen, Kessel, Schraubenwellen, Untersetzungsgetriebe, elektrische Systeme und auch die gerade zehn Jahre alten Stabilisatoren.
Shiplover rund um die Welt haben seitdem immer wieder gefragt, warum man Platz für ein Museum schaffen musste, obwohl die Maschinenräume an sich schon ein Museum dargestellt hatten. Beantwortet werden konnte diese Frage nur damit, dass für den Maschinenraum wegen der Verletzungsgefahr nur Führungen in Frage gekommen wären, keine Besucherrundgänge, und dass damit die Personalkosten für den zukünftigen Betrieb des Schiffes gestiegen wären.
Außerdem erhoffte man sich durch die Einrichtung von maritimen Attraktionen, die nicht in unmittelbarem Zusammenhang mit dem Schiff standen, zusätzliche Besucher. Aus heutiger Sicht betrachtet, hätten nicht sämtliche Kabinen Dritter Klasse und die Crew-Unterkünfte geopfert werden müssen. Auch die Maschinen- und Laderäume hätten nicht auf der Liste stehen müssen. Die Kosten für den Umbau schnellten in die Höhe, und als man das Schiff seiner neuen Bestimmung übergeben hatte, fielen die Gewinne schmaler als erwartet aus. Deshalb wurden große Teile der geplanten Attraktionen im Bauch der QUEEN MARY gar nicht entwickelt, und diese Bereiche stehen noch heute leer und geben in ihrem ausgeschlachteten Zustand ein trauriges Bild ab – mittlerweile seit über dreißig Jahren.
Bei den Arbeiten kam es immer wieder zu Verzögerungen und Änderungen der Pläne, und die geplante Eröffnung des Schiffes verschob sich mehrfach.
Star-Attraktion an Bord sollte »Jacques Cousteau's Living Sea« werden, ein Museum der Meeresforschung, an dem Cousteau selbst großes Interesse hatte. Besucher betraten es durch einen Tunnel, der so gestaltet war, als käme man aus dem Weltraum und lande in einer Landschaft von Ne-

bel, Eis und Teichen. Nicht nur Laien konnten sich hier darüber informieren, was für eine gewaltige Bedeutung das Meer für unser aller Leben hat, sondern auch Experten sollte die Gelegenheit zu eigenen Recherchen eingeräumt werden.

Die Präsentation wurde mit allem Aufwand gestaltet, der Anfang der siebziger Jahre möglich war. Die einzelnen Ausstellungsteile zeigten Themen wie Nahrung aus dem Ozean, die Veränderung der kalifornischen Küste, moderne Ozeanographie, Antriebssysteme, Meeresverschmutzung und Meeresforschung in der Zukunft. Der letztere Teil der Ausstellung wurde präsentiert von Dr. Dranuc, dem Modell des Meeresforschers der Zukunft (dessen Name rückwärts »Cunard« lautete).

Das »Phenomena of the Sea Theatre« wurde nicht gebaut. Es war als Kino mit 300 Sitzen vorgesehen, die sich auf einer Höhe von 3,6 Metern über dem Boden befunden hätten. Wände und Fußboden des Raumes waren als Leinwände für eine Filmpräsentation des Meeres vorgesehen, die ohne Kommentare und nur mit Ton unterlegt gewesen wäre. Das Leinwandpanorama hätte durch Nebel- und Windmaschinen zusätzlich an Realität gewonnen.

In den Kesselräumen Nr. 3 und 4, die ebenfalls bis heute leer stehen, sollte das »Heritage of the Sea« entstehen. Herzstück dieses Museums der Seefahrt wäre ein Nachbau des 110 Tonnen großen Seglers TRINIDAD gewesen. Die damit verbundene Ausstellung hätte Displays zu Themen wie Schiffbau, Mythologie der Seefahrt, Ozeanforschung, Kriegführung auf See, und Sicherheit umfasst.

Im achteren Bereich entstand die »QUEEN MARY Story«, eine Ausstellung, die dem Besucher die Geschichte des Schiffes von seinem Bau bis zu seiner Außerdienststellung anhand von Bildern, Texten, Exponaten und Filmen zeigte und dann überging in den Rundgang durch den verbliebenen Maschinenraum bis hinab zur Schraube.

Der museale Teil der QUEEN MARY wurde am 8. Mai 1971 eröffnet, »Jacques Cousteau's Living Sea« im Dezember. Bis zur Eröffnung des Hotels verging noch einmal gut ein Jahr, bis im Januar 1973 – über fünf Jahre nach der Ankunft der QUEEN MARY in Long Beach – die ersten Gäste in die früheren Kabinen Erster Klasse einziehen konnten.

Während die QUEEN MARY zum schwimmenden Denkmal umgebaut worden war, hatte sich hinter den Kulissen erster Ärger um die Frage zusammengebraut, wer für den Betrieb des Schiffes verantwortlich sei. Gekauft hatte es die Stadt Long Beach, doch sie war nicht bereit, für Unterhaltung und Betrieb der QUEEN MARY zu sorgen.

Im Mai 1968 konnte verkündet werden, dass Diners Club den Betrieb übernehmen werde. Noch bevor allerdings der erste Besucher seinen Fuß an Bord setze, musste ein neuer Betreiber gefunden werden: Diners Club war von der Continental Insurance Company aufgekauft worden, die nun dafür sorgte, dass sich ihre neue Tochtergesellschaft von allen Unternehmungen mit Ausnahme der Diners Club Kreditkarte trennte.

Dazu beigetragen hat mit Sicherheit auch, dass die geschätzten Kosten des Projekts von 14 Millionen Dollar Anfang 1968 innerhalb von zwei Jahren auf 50 Millionen Dollar gestiegen waren.

Im März 1971 übernahm die Restaurantkette Specialty Restaurant Corporation den Betrieb des Schiffes mit Ausnahme des Hotels. Zu diesem Zweck wurde eine Tochtergesellschaft gegründet, die nannte sich Specialty Queen Mary Corporation.

Der Betrieb des Hotels dagegen wurde von PSA Hotels, Inc. übernommen, einer Tochter der Pacific Southwest Airlines, die es bereits 1974 an Hyatt Corporation übertrug.

Zahlreiche der Gesellschaftsräume an Bord wurden im Laufe des Umbaus umgestaltet und zum Teil neu benannt. Aber keine dieser Einrichtungen wurde so entweiht wie der Verandah Grill, jenes makellose A-la-Carte-Restaurant, das von Kennern zusammen mit seinem Gegenstück an Bord der QUEEN ELIZABETH stets in den höchsten Tönen gelobt worden war.

Zwar behielt der Verandah Grill seinen Namen, doch seine geschmackvolle Einrichtung und die Wandmalerei der Künstlerin Doris Zinkeisen, die sie eigens für diesen Raum gestaltet hatte, mussten Plastiktischen und -stühlen weichen, und aus dem ehemals vornehmsten Restaurant zur See wurde ein Fast-Food-Lokal.

Die Besucherzahl von »Jacques Cousteau's Living Sea« hatte am Eröffnungstag über 4.000 betragen. Aber im Laufe des Jahres 1973 sank die Zahl der Besucher stark ab, und während das gesamte Unternehmen QUEEN MARY durchaus ein Erfolg war (abgesehen vom Kompetenzgerangel der Kontraktoren an Bord), schrieb das Museum bald nur noch rote Zahlen und wurde 1981 geschlossen.

1980 löste die Stadt Long Beach die einzelnen Pachtver-

Nach langen verlustreichen Jahren fuhr die QUEEN MARY mit der Übernahme durch RMS Foundation wieder in die schwarzen Zahlen.

träge mit den Betreibern der QUEEN MARY auf, um das Schiff unter ein einheitliches Management zu bringen. Dieses wurde von der Wrather Corporation übernommen, deren Geschäftsführer Jack Wrather bekannt für seine Involvierung in der Unterhaltungsindustrie war. Sein Unternehmen besaß Unterhaltungskomplexe, Hotels, die Rechte an den Fernsehserien »Lassie« und »Der einsame Ranger«, aber auch Beteiligungen an Gas- und Öl-Unternehmungen.

Zusätzlich zu dem Betrieb des Schiffes und des angrenzenden »englischen Dorfes« Londontowne, sah die Wrather Corporation den Bau weiterer 1.500 Hotelzimmer und einer Marina mit 1.200 Liegeplätzen sowie Geschäften und Restaurants auf dem Gelände vor, das dann den Namen »PortAdventure« tragen sollte.

Eine weitere Attraktion gesellte sich etwa zur gleichen Zeit dazu: das berühmte Riesenflugboot SPRUCE GOOSE des Konstrukteurs Howard Hughes. Die SPRUCE GOOSE war im Zweiten Weltkrieg als Versuch gebaut worden, mit einem großen Flugzeug Vorräte und Materialnachschub über das U-Boot-verseuchte Meer zu transportieren.

Niemand hatte daran geglaubt, dass ein so großes Flugzeug wirklich flugfähig sei, und tatsächlich flog die SPRUCE GOOSE auch nur ein einziges Mal – mit Howard Hughes persönlich am Steuer, der damit eindrucksvoll bewies, dass seine Konstruktion kein Fehlschlag war.

Die SPRUCE GOOSE fand ihren Platz unter einer riesenhaften Kuppelhalle mit einem Durchmesser von 130 Metern und einer Höhe von 40 Metern.

Die folgenden Jahre zählten zu den erfolgreichsten, die die QUEEN MARY bis dahin in Long Beach gesehen hatte. Unter anderem hing dies damit zusammen, dass man den Besuch an Bord nun als Teil eines Urlaubspakets für $ 371 kaufen konnte, das auch den Eintritt in zahlreiche andere Attraktionen in Kalifornien gestattete.

Jack Wrather starb Mitte der achtziger Jahre, und für den alten Oceanliner begann damit wieder einmal eine Zeit der Ungewissheit, denn die Wrather Corporation hatte alsbald Schwierigkeiten, die finanziellen Mittel aufzubringen, die zu seiner makellosen Instandhaltung erforderlich waren.

So kam das wirtschaftliche Imperium eines Walt Disney gerade recht: Wrathers Unternehmen war der Erbauer und Betreiber eines Hotels bei Disneyland, das die Disney Corporation erwerben wollte. Die Wrather Corporation war zum Verkauf bereit, allerdings nur in einem Paket zusammen mit der QUEEN MARY und der SPRUCE GOOSE.

Die Disney Corporation unterzeichnete 1988 einen Vier-Jahres-Vertrag, und intern gab es viele Diskussionen, ob man Disneyland noch weiter ausbauen oder statt dessen zuerst in das Gelände mit der QUEEN MARY investieren solle. Einigen der kreativen Köpfe des Unternehmens schwebte ein großes Projekt mit dem Namen »Port Disney« oder »Disney Sea« vor.

Vorerst wurden jedoch nur vorsichtige Verbesserungen vorgenommen, von denen die bedeutendste die »Ghosts, Myths and Legends Tour« war, ein Programm, das von angeblichen Erscheinungen von Geistern an Bord handelte. Professionelle Schauspieler in einem kleinen dramatischen Stück sollten glauben machen, die QUEEN MARY sei verhext.

Allerdings brachte der Liner nicht die gewünschten Umsätze, so dass die Disney Corporation ihren Vertrag nicht verlängerte und sich im Dezember 1992 aus dem Management zurückzog.

Für viele schien es, als wolle niemand mehr die QUEEN MARY haben, und selbst Verschrottungspläne tauchten aus der Gerüchteküche auf.

Eine Verschrottung wäre die Stadt Long Beach allerdings teuer zu stehen gekommen, und zahlreiche Bürgerinitiativen traten für die Erhaltung des Schiffes ein.

Dies führte einerseits dazu, dass die QUEEN MARY 1993 mit dem Eintrag ins National Register of Historic Places offiziell den Rang eines Denkmals erhielt, andererseits, dass die Stadtverwaltung von Long Beach das Management des Schiffes neu ausschrieb.

Unter den eingehenden Bewerbungen waren zahlreiche aus dem Ausland. Unternehmen aus Hong Kong (von wo 20 Millionen Dollar geboten wurden), Japan, Korea gaben Gebote ab. Selbst die frühere Heimatstadt des Liners, Southampton, gab ein Gebot über £ 15 Millionen ab, um das Schiff als Hotel für Passagiere der QE2 zu verwenden. Aber es war schließlich ein Mann, für den die QUEEN MARY keine Fremde mehr war, der den Zuschlag erhielt: Joseph F. Prevratil war von 1982 bis 1988 unter der Wrather Corporation verantwortlich für die QUEEN MARY gewesen.

Nun stellte er den Vorsitzenden der RMS Foundation, Inc., eines Zusammenschlusses von Shiplovern und Angestellten der QUEEN MARY. RMS Foundation erhielt letztlich den Zuschlag für den Betrieb des Schiffes.

Als gemeinnützige Non-Profit-Organisation ist RMS Foundation steuerbefreit. Sämtliche erwirtschafteten Gewinne müssen dem Wohl des Schiffes zu Gute kommen. Seit Prevratil das Management übernahm, wurde die Außenhaut des Schiffes frisch gestrichen, das Teakholz der Decks renoviert, das abgenutzte Linoleum zahlreicher Bereiche an Bord erneuert (zum Teil stammte es noch von 1947), und als wohl aufwendigste Maßnahme wurde der Verandah Grill wieder in den Zustand von 1936 versetzt. Zu diesem Zweck mussten die Balustraden, die diesen Raum einst geziert hatten, neu konstruiert werden.

Obwohl die QUEEN MARY 1993 ihre Kameradin SPRUCE GOOSE verlor, gelang es durch geschicktes Marketing, den Liner wieder auf die Spur der Wirtschaftlichkeit zu bringen, und ab 1995 wurden wieder schwarze Zahlen geschrieben. Die leere Kuppelhalle, in der die SPRUCE GOOSE vor ihrem Verkauf an einen Privatmann aus Oregon gelegen hatte, wird heute als so genannte Sound Stage für Filmproduktionen an Firmen aus Hollywood vermietet und brachte als Kulisse in dem Film »Batman & Robin« $ 700.000 ein.

Natürlich ist RMS Foundation nicht frei von Kritikern, aber letztlich gibt es die wohl überall, und ein Blick auf die Arbeiten, die in den letzten Jahren zur Erhaltung des stattlichsten Schiffes getan wurden, lässt vermuten, dass die Stadt Long Beach den ursprünglichen Fünf-Jahres-Vertrag mit RMS Foundation nicht zu Unrecht erst auf zwanzig und schließlich auf 66 Jahre verlängerte.

So dürfte die QUEEN MARY Shiplovern und Touristen noch auf viele Jahre hinaus erhalten bleiben. Eine Königin des Atlantiks hat an der Küste des Pazifiks ihr Zuhause gefunden.

Die QUEEN MARY auf See – wie ihre Liebhaber sie in Erinnerung behalten.

INTERLUDIUM III

AUFRÄUMARBEITEN

SEAWISE UNIVERSITY 1972–1975

Die Geschichte des größten Passagierschiffes der Welt war also zu Ende. Oder zumindest schien es so, denn tatsächlich bot sie immer noch eine Aufgabe, die in ihrem Umfang mit dem ursprünglichen Bau des Schiffes vergleichbar war. Das ausgeglühte Wrack stellte ein großes Problem für die Schifffahrt in Hong Kong dar und musste folglich zwingend entfernt werden.

Francis Frost (links) in Tokyo während des Falles SEAWISE UNIVERSITY mit dem dortigen Korrespondenten des UK P&I Club.

Francis Frost, von der Londoner Versicherungsfirma Thos. R. Miller & Son, Agenten der Manager der United Kingdom Mutual Steam Ship Assurance Association (Bermuda) Ltd., die die Haftung des Schiffseigners versicherten und eng in das Abwracken der SEAWISE UNIVERSITY eingebunden waren, erinnert sich:
»Am 9. Januar 1972 traf ich aus Colchester in Londons Liverpool Street Station ein. Die Schlagzeilen der Morgenzeitungen wurden von den Feuern dominiert, die am Vortag an Bord der SEAWISE UNIVERSITY ausgebrochen waren. Angesichts der Zeitverschiebung waren das ziemlich aktuelle und dramatische Nachrichten.
Nur wenige Minuten nach meiner Ankunft im Büro erhielt ich den Auftrag, einem unserer Partner, Terence Coghlin, bei der Lösung des Problems helfen, denn wir hatten die P&I-Club-Versicherung von C.Y. Tungs Flotte.
So fand ich mich in diesem Fall wieder, der der größte war, den ich je bearbeitet habe. Ich war damals 27. Der Fall hatte ein paar interessante Punkte in sich. Natürlich überwog die maritime Seite, aber es gab auch einige sehr schwierige versicherungstechnische Probleme. Politisch und angesichts der Lage des Wracks gab es bedeutende Problem für den hochrespektierten Hafenverwalter, Malcolm Alexander, and somit für seine Eigner und Versicherer.
C. Y. Tung war ein bemerkenswerter Mann. Er war ein edler und pflichtbewusster Schiffsbesitzer. Seine Firma Island Navigation Corporation Limited, kümmerte sich um die Abschlussphase des Umbaus, um seinen Traum zu realisieren, das Schiff als eine internationale schwimmende Universität einzusetzen. Die Firma besaß bereits eine Flotte von vielen unterschiedlichen Schiffen, und die SEAWISE UNIVERSITY sollte das Vorzeigestück seines Strebens werden. Er besaß eine nostalgische Begeisterung, wie das Schiff als QUEEN ELIZABETH gebaut und eingesetzt worden war und wie sie als Truppentransporter im Krieg gekämpft hatte (und die Alleinfahrten über den Atlantik allein durch Verlass auf ihre Geschwindigkeit überstanden hatte). Er erkannte das elegante und prächtige Schiff in ihr – nicht zuletzt, weil sie zu einer Zeit großer Schwierigkeiten am Clyde auf Kiel gelegt worden war. Sie war ein Schiff, auf das er enorm stolz war. Er hatte sie mit Begeisterung erworben.

Jock Anderson spielte eine Schlüsselrolle in der Wrackbeseitigung der SEAWISE UNIVERSITY.

Sie hatte eine relativ ereignisreiche Reise zum Umbau nach Hong Kong hinter sich, und dieser würde in wenigen Tagen abgeschlossen sein. Mr. Tung erfreute sich an der Aussicht auf ihre Wiederauferstehung als schwimmende Universität. Er glaubte sehr fest an die Gemeinschaft der Nationen und die Unterstützung der Jugend dieser Welt. Es war ein schwerer Schlag für ihn, als das Schiff vor seinen Augen niederbrannte.«

Forst fährt fort, wie in den anfänglichen Stadien der Auswertung zur Wrackbeseitigung Angebote von weltweit allen größeren Bergungsunternehmen erbeten wurden. Neun ausgereifte Vorschläge zur Wrackbeseitigung wurden in Empfang genommen: aus Kanada, den USA, Singapore, Japan, Holland und Deutschland. Sie umfassten einige der besten und ideenreichsten Berger der Welt. Einige Vorschläge sahen eine feste Summe vor, einige einen Zielpreis, einige basierten auf Kosten-plus und einige auf »keine Erfüllung – keine Zahlung«. Mehr als 60.000 Tonnen Metallschrott, darunter viel hochwertiges Nichteisenmetall und die hochelastischen Bodenplatten, die noch immer so gut wie bei ihrer Fertigung waren, mussten bei der Rechnung berücksichtigt werden.
»Wir engagierten uns die Marineberater J. P. Williams und Partner aus Australien. Sir John Williams war ein erfolgreicher und recht individueller Marine-Ingenieur, der bereits mit vielen Wracks zu tun gehabt hatte. Längsseits hatte er einen ausgesprochen erfahrenen und praktisch veranlagten Ingenieur, Captain Murdoch John (»Jock«) Anderson. Jock war Schotte, hatte aber lange Zeit in Australien gelebt. Er war von Sir John einige Jahre zuvor beauftragt worden, uns behilflich zu sein, als die WAHINE der Union Steamship Company, eine sehr große, moderne Ro-Ro-Fähre, während eines schweren Sturmes im Wellington-Sund auf Grund gegangen und im Sinken gekentert war.
Wir wussten, dass wir einer schweren technischen Herausforderung gegenüber standen, um die SEAWISE UNIVERSITY gefahrlos von dort zu entfernen, wo sie lag – östlich von Tsing Yi Island, Hong Kong – weil

a) eine sehr schwere Zerstörung des Schiffes vorlag.
b) es direkt neben dem Kanal zum neuen Containerhafen Kwai Chung gesunken war.

Das Wrack lag nur 250 Meter von dem Kraftwerk auf Tsing Yi Island entfernt. Wie wir bald feststellten, konnten wir keine Sprengsätze bei seinem Abbruch verwenden, da wir damit Gefahr liefen, die Wasser-Einlassrohre des Kraftwerks zu beschädigen.
Wir hatten mehrfach die Möglichkeit, das Wrack zu besichtigen. Es ist ironisch, dass die Bordwand des Schiffes, über die Terence Coghlin, Bob Crawford von der Londoner Anwaltskanzlei Ince & Co. und ich liefen, als es dort auf der Seite lag, in einem der James-Bond-Filme, »The Man

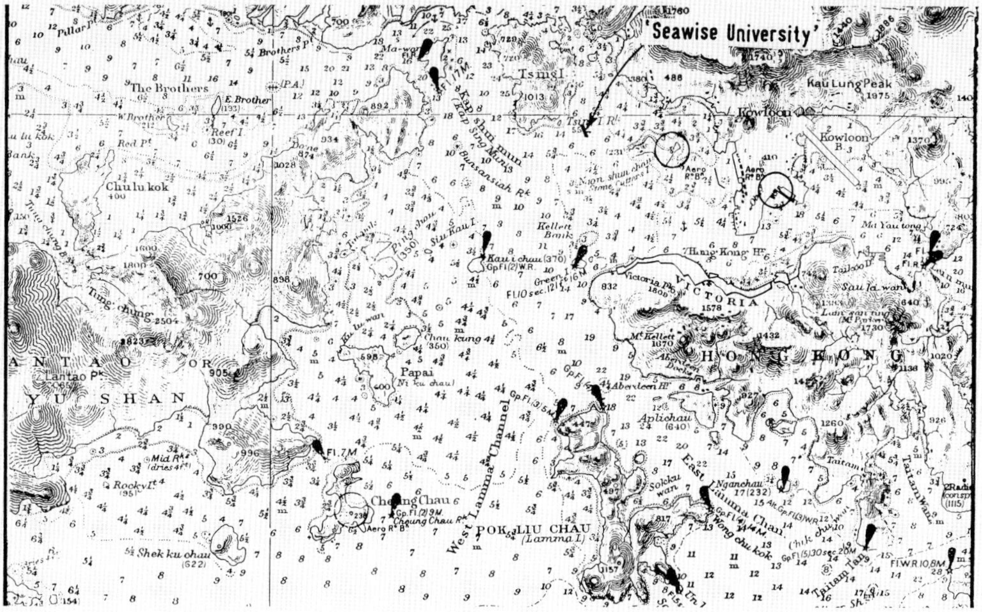

Eine Karte des Hafengebietes von Hong Kong, in der das Wrack der SEAWISE UNIVERSITY eingezeichnet ist.

With the Golden Gun« (dt. »Der Mann mit dem goldenen Colt«), als geheimes Hauptquartier des britischen Geheimdienstes vorkam.

Die Zerstörung des Schiffes war einfach schrecklich. Das Feuer hatte offensichtlich mit einer massiven Intensität gebrannt. Wir sahen uns um und kraxelten auf mindestens 60.000 Tonnen verbogenen Metalls herum. Diese massive technische Errungenschaft und Schönheit war zu einem verhedderten, rostigen Haufen zusammengefallen.

Das Schiff hatte 11.500 Tonnen Schlamm in sich. Es lag 12 bis 14 Meter tief im Wasser, steckte mehr als 15 Meter tief in den Schichten am Meeresboden, und lag mit einem Winkel von 54° auf seiner Steuerbord-Bilge. Das Schiff war zerstört und entstellt, und die Schottwände gab es nicht mehr. Es besaß eine freie Fläche von fast seiner gesamten Länge, etwa 300 Meter, und 53 Meter quer über die Bordwand.

Wir mussten schon frühzeitig entscheiden, ob dies eine Wrackbergung im klassischen Sinne oder das Schiff vor Ort abgewrackt werden sollte. Sollten wir eine statische oder eine dynamische Lösung wählen? Irgendetwas mussten wir ja machen. Wir konnten sie auf keinen Fall dort liegen lassen und ein Monument aus ihr machen. Wir mussten sie bewegen.

Die Behörden in Hong Kong waren sehr geduldig, aber sie mussten Entschlossenheit zeigen. Jeder hatte das Schiff vor Augen. Es war ja ganz nett, dass Touristen laufend in kleinen Booten darum fuhren, aber für die Schifffahrt stellte es eine Bedrohung dar, also musste etwas geschehen.

Ich hatte das Gefühl, wir hatten hier eine ganz neue Art von Problem – und für mich sah es ebenso sehr nach einem Bauingnieurswesen- wie nach einem Seeingenieursproblem aus. Also engagierte ich mit Genehmigung von Terence Coghlin die Seefahrts- und Hydrodynamik-Spezialisten Binnie & Partners aus London und Hong Kong. Diese brachten zwei sehr fähige Seniorpartner ein, Stanley Ford und Paul Molyneux. Sie waren die richtigen Leute für die Bauingenieursarbeiten, sollten diese nötig werden.

Man kann durchaus sagen, dass wir bis dahin nie ein Element von Bauingnieurswesen in einem Fall wie diesem gehabt hatten, und es gab eine Menge unterschiedlicher Ansichten zwischen der Seefahrtsseite und der Bauingenieursseite, wie man das Unternehmen angehen solle.

Mr. L. G. Nisbet, Seniorpartner von T. R. Little & Co., Liverpool, wurde eingebracht, um uns bei besonderen Fragen zur Marinearchitektur und der noch vorhandenen Stabilität des Schiffes zu beraten.

Anfang 1973 begannen Binnie & Partners allerdings schließlich einen recht guten Blick dafür zu bekommen, wie man diesem Problem beikommen konnte. Sie hatten dafür gesorgt, dass von Malayan Drillers (H.K.) Ltd. sechs Bohrlöcher gegraben wurden (drei auf jeder Seite des Schiffes) und im März 1973 von Wimpey Laboratories Ltd. eine vollständige geophysikalische Untersuchung durchgeführt und analysiert wurde. Diese Untersuchung wurde mit einem Schallverfahren und einem Decca-Trisponder durchgeführt

und deckte einen großen Teil des Hafens von Hong Kong westlich von Stonecutters Island ab und zeichnete die Erdschichten bis 35 Meter unterhalb der Seekarten auf.
Das zeigte genau, wie das Schiff lag und hob die Gefahren hervor, falls man das Schiff während der Bergung wieder absetzen müsse.
Wir alle erkannten, dass es schwierig werden würde, den Schlamm zu entfernen. Jock Anderson hatte besondere Bedenken um den Kamm harter Aufschwemmungen (einer Mischung aus Lehm, Schlick, Sand und Steinbrocken), den man mittschiffs entlang des Rumpfes entdeckt hatte. Er konnte wie der Pfosten einer gigantischen Wippe wirken. Er machte sich auch Sorgen um einen Haufen verschobener Aufschwemmungen von mehr als fünf Metern, die das Schiff an seiner Backbordbilge aufgeworfen hatte, als es den Grund getroffen hatte.
Falls die SEAWISE UNIVERSITY aufgeschwommen wurde, um dann fortgeschleppt zu werden, und man musste sie wieder absetzen, oder wenn sie bei einer so heiklen Operation außer Kontrolle geriet, konnte das schwerwiegende Konsequenzen haben. Besonders für den Fall, dass sie mit dem Bug voran unterging (denn er bot den geringeren Widerstand in dem Schlamm), errechneten Binnies, dass die Beschaffenheit des Schlamms dieser Masse schweren Stahls und Schlamms im Schiff nicht standhalten konnten. Sie wäre weiter untergegangen, und wir hätten einen recht verrückten Wolkenkratzer in einem unmöglichen Winkel gehabt.«

Die Diskussionen mit den fünf Bergungsunternehmen, die man in die engere Auswahl gezogen hatte, stellten sich als nicht ganz einfach heraus:
»Einige der Bewerber«, erinnert sich Frost, »favorisierten recht gewagte und spannende Lösungen (beispielsweise das Schiff mit Druckluft oder Auftriebskörpern aus Schaumstoff zu füllen). Am anderen Ende des Spektrums waren andere Kontraktoren der Meinung, man solle das Wrack auf ganz undramatische Weise in größe Stücke schneiden. Es lag die allgemeine Ansicht vor, dass nur die etwa 150 bis 180 Meter lange Mittschiffssektion unterhalb des C-Decks überhaupt als schwimmfähig erachtet werden könne. Vorsicht war angebracht, denn wir wollten die Sache auf keinen Fall schlimmer machen und das Schiff in sich war sehr instabil.
Einer der Vorschläge sah vor, das Schiff rundum bis etwa zehn Meter über das Hauptdeck hinaus mit Stahlplatten abzudichten. Einige Vorschläge bevorzugten das »Aufdrehen« (fachmännisch für Aufrichten) des Schiffes. Dieses Verfahren hätte es mit sich gebracht, Ketten um den Rumpf zu legen. Aber es wäre schwierig geworden, diese unter dem Boden des Schiffes zu positionieren.
Zahlreiche Vorschläge umfassten die Beladung mit Ballast vor dem Wiederaufschwimmen. Dies hätten die Befestigung von Stahltanks (auch als »Kamele« bekannt) an den Seiten beinhaltet, und/oder die Verwendung spezieller Behälter auf der Backbordseite, die man mit bis zu 24.000 Tonnen aus dem Boden gebaggerten Schlamms gefüllt hätte.
Wir mussten auch die Gefahr für Taucher in Erwägung ziehen, denn es handelte sich hierbei um schwerste Arbeiten, und viele der Bewerber befürworteten das Aufschneiden von mindestens sechzig Metern des Wracks am Bug und Heck. Es handelte sich um einen Kaninchenbau von verdrehten Kabinen und Waschräumen und Einrichtungen, alles von dem Feuer zerschmettert. Taucher hätten stets in der Gefahr geschwebt, mit ihren Luftschläuchen irgendwo hängen zu bleiben. Auch die regelmäßigen und unerwarteten Taifune und tropischen Stürme, die während der zweijährigen Arbeitszeit ganz bestimmt immer wieder auftreten würden, zählten zu den ernsten Gefahren aller Vorschläge. Eins der ersten Bergungsunternehmen, das befragt wurde, ließ seinen Bericht durch Jock Anderson untersuchen, und er sagte einfach: ›Wenn Sie das Schiff erstmal aufdrehen wollen, bevor Sie es mit verschiedenen Aufschwimm-Me-

Die Entsorgung der SEAWISE UNIVERSITY war vermutlich schwieriger als ihr Bau. Das Wrack lag am Rand eines Unterwasser-Kliffs. Die Bergung musste sehr behutsam geschehen.

Terence Coghlin (oben) vom UK P&I Club und Bob Crawford von der Anwaltskanzlei Ince & Co. auf dem Wrack der Seawise University.

thoden heben – glauben Sie, dass sich der Drehpunkt verändern wird, wenn Sie es aufrichten?‹

Sie sagten, das würde nicht passieren. Er war anderer Meinung.

›Was passiert denn dann mit den harten Anschwemmungen unter dem Schiff auf der Backbordseite?‹, fragte er.

›Ach‹, sagten sie, ›die werden sich zusammenpressen, wenn wir es aufrichten.‹

Er antwortete: ›Das glaube ich nicht.‹

Und dann sagten sie: ›Wenn sie sich nicht zusammenpressen, spülen wir sie mit Hochdruckstrahlern raus.‹

Und er sagte: ›Ich glaube nicht, dass das möglich ist. Es ist sehr hartes Material. Wie wollen Sie das machen?‹

Und sie sagten: ›Wir schicken Taucher unter den Schiffsboden.‹

Und er sagte: ›Ich glaube nicht, dass ich das zulassen würde. Sie ist sehr instabil. Ich bin viel selbst getaucht, und ich würde keine Taucher unter solchen Umständen dort einsetzen.‹

Jock wusste dies aus eigener Erfahrung, denn einige Jahre zuvor hatte er 35 Meter weit waagerecht durch Schlamm unter einem Schiff im Hooghly River, Indien, tauchen müssen – eine der fürchterlichsten Aufgaben, die er je unternehmen musste.

Und er hatte tatsächlich Recht, denn nicht viel später richtete sich das Schiff während eines schweren Sturms von selbst um fast 20° auf.

Ich glaube, eine meiner deutlichsten Erinnerungen ist eine Zeit im Juni 1973, als unser Seniorpartner Sidney Fowler in Schweden war. Er rief mich an und ich bestätigte ihm, dass es eine große Meinungsverschiedenheit zwischen den Seetechnikern und den Bauingenieuren hinichtlich der Frage gab, was man tun solle. Der Druck, endlich eine Lösung herbeizuführen, stieg zusehends. Er sagte: ›Kümmern Sie sich darum, dass eine technische Lösung zu Stande kommt, mit der alle einverstanden sind. Holen Sie alle nach London, und verlassen Sie die Konferenz nicht eher, als bis Sie eine Lösung haben.‹

Mein guter Freund M. H. Liang von Island Navigation and die Fachanwälte von Ince & Co. (Bob Crawford, Richard Sayer und Mike Pollen) hatten unermüdlich gearbeitet. So hatte ich zwischen dem 3. und 5. Juli 1973 die Aufgabe, als eine Art Vermittler zu handeln und eine Lösung für die technischen Herausforderungen herbeizuführen. Nach fast einwöchiger Arbeit in London schafften wir es, die ganze Sache auf 24 Punkte, in denen wir uns einig waren, zu reduzieren, und wir gingen zusammen auf einen wohlverdienten Drink im Pub an dem Freitag Abend (oder Samstag Morgen – wir hatten unser Zeitgefühl verloren). Wir waren immer noch gute Freunde, aber es waren wirklich harte Verhandlungen gewesen.«

Der Versicherungsanspruch wurde auf recht ungewöhnlicht Art und Weise beigelegt, sagt Frost:

»Wir erfuhren von Island Navigation, dass sie der Meinung waren, die Verhandlungen mit den Hafenbehörden (Malcolm Alexander und sein Team) selbst aufnehmen zu können. Das beruhte darauf, dass sie in Hong Kong bekannt und beliebt und geachtet waren, und letzten Endes spielte sich dies alles sozusagen auf ihrem eigenen Hinterhof ab.

Also kamen sie durch ihren Agenten, Bob Bell von C. E. Heath, auf uns zu und fragten, ob wir bereit wären, für den UK-P&I-Club eine Vorab-Einigung mit ihnen zu treffen, so dass wir danach kein weiteres Interesse an dem Fall mehr hätten. Es gab ein Element von Kriegsrisiko in der Sache, denn vorsätzlich verursachtes Feuer (will sagen Brandstiftung) fiel unter die Kriegsrisiko-Police des Schiffes. Also führten wir auch sensible Diskussionen mit den Trägern der Kriegsrisiko-Versicherung. Aber die Aussicht auf eine frühzeitige Beilegung des Anspruches war insgesamt genial und nahm uns die Last des Falles ab.

Die Behörden in Hong Kong waren äußerst geduldig. Sie

Francis Frost, Bob Crawford, Mr Kooij von der Bergungsfirma Smit-Fukada, Terence Coghlin, Mr Fukada (von links) und Jock Anderson auf dem Wrack der Seawise University während der Evaluierung der Vorschläge zur Bergung.

waren beispielhaft in ihrer professionellen Herangehensweise, und wir führten einen freundlichen, aber zweckgerichteten Dialog. Schließlich stimmten auch sie zu, dass die Island Navigation Corporation die Sache übernahm.«

Nach dieser Einigung wurde Jock Anderson von Island Navigation engagiert, um die Sache in ihrem Namen zu regeln. Frost erinnert sich, wie das Problem am Ende gelöst wurde:

»Er engagierte Taisei Kaihatsu, eine der Firmen, die ihre Vorschläge zur Wrackbeseitigung eingereicht hatten. Sie wurden von Island Navigation als Kontraktor ausgewählt, und Jock stellte eine große Truppe koreanischer Taucher für sie zusammen. Er wusste, dass koreanische Taucher sehr gut waren. Ihre Raten waren kosteneffektiv. Sie arbeiteten hart. Sie waren sehr zäh. Der Plan lief am Ende auf unspektakuläre, aber risikoarme Schneidarbeiten hinaus, bei denen das Schiff hauptsächlich in großen Stücken beseitigt wurde. Jock wies den größten Teil der dynamischen Aufschwimm-Lösungen zu Gunsten einer ruhigen, professionellen, stetigen Zerteilung des Schiffes zurück. Aber es war immer noch ein ungeheures Unternehmen. Es ist dem guten Management des Projektes unmittelbar zuzuordnen, dass nur ein Taucher sein Leben verlor.

Am Ende musste das Schiff bis auf ein oder zwei Meter unter dem Meeresboden abgebrochen werden, weil die Behörden das Wagnis nicht eingehen konnten, dass ein anderes Schiff auflief. Und im Nachhinein betrachtet, war das vielleicht vorausschauend, denn als der große Containerhafen-Komplex expandierte und immer größere Containerschiffe aufnahm, wurde die größtmögliche Tiefe des Seeweges benötigt.

Ich verbrachte einen sehr interessanten Morgen, als ich mit Jock auf einem Schlepper stand, direkt am Bug der LIVERPOOL BAY, die damals eines der weltgrößten Container-Schiffe war. Sie lief in Hong Kong ein und fuhr an der Kellett Bank vorbei in die Fahrrinne Richtung Kwai Chung. Wir kamen mit dem Schlepper bis auf etwa sechs Meter an ihren Bug heran, und Jock versuchte, herauszufinden, ob sie den Kurs ändern müsste oder von der SEAWISE UNIVERSITY behindert wurde. Das zeigte mir, wie knapp es alles war.«

Dreißig Jahre später fasst Francis Forst zusammen:

»Ich glaube, wenn man auf den Fall zurückblickt, war es ein Wendepunkt, weil er so viele ungewöhnliche und interessante Merkmale hatte. Bergung auf See ist ein außergewöhnlich komplexes und interessantes Thema in sich. Aber so wenige Bücher – ob es nun Bildbände oder ernsthafte Bücher sind – haben jemals wirklich erkannt, dass der

Tod der QUEEN ELIZABETH auf viele Weisen ebenso interessant war wie viele Abschnitte ihres Lebens.
Wenn man auch von außen in das Goldfischglas von Politik, Gesetz und Versicherung blickt und die Aussicht von den Menschen in Hong Kong – dann war da dieser Klumpen verwüsteten Metalls mitten in ihrem Blickfeld, und das war schon dramatisch.
Und Monate lang war es immer noch dort und immer noch dort und immer noch dort, und die Monate vergingen, und es war immer noch dort – und die Leute fragten sich zweifellos ›mein Gott, wird denn jemals irgendwer etwas gegen dieses Ding tun?‹
Die Antwort ist natürlich, dass die ganze Zeit über eine Menge getan wurde. Wir haben wirklich zwei Jahr sehr hart, und so schnell es uns möglich war, gearbeitet, um das Problem zu lösen.«

Die Aufräumarbeiten gingen sicher vonstatten, und es gab so gut wie keine Ölverseuchung. Es ist ein kleiner Trost, dass ein großer Teil des geborgenen Materials dieses großartigen Schiffes ohne Zweifel in anderen Schiffes wieder verwertet wurde. Die Island Navigation Corporation überreichten verchromte Nieten des Schiffes als Andenken an alle, die mit der Wrackbeseitigung zu tun hatten. Diejenigen, die das Glück haben, eine zu besitzen, halten sie in Ehren.

Noch immer deutlich erkennbar: der Namensschriftzug.

DIE QUEENS DES NORDATLANTIKS

Kapitel 10

KÖNIGLICHE NACHFOLGE

KAPITEL 10

KÖNIGLICHE NACHFOLGE

Q3
QUEEN ELIZABETH 2
1959–1969

Während Sir John Brocklebank und nach ihm Sir Basil Smallpeice um das Überleben der Cunard Line kämpften, waren die Verluste, die insbesondere der Nordatlantikdienst einbrachte, nicht das einzige Problem, das sie zu bewältigen hatten. Auch das Schiff, das die QUEEN MARY ersetzen sollte, musste sorgfältig geplant werden. Sorgfältiger denn je, denn nie zuvor war die Zukunft der Passagierschifffahrt so unsicher gewesen wie in den sechziger Jahren, und bei der traditionsreichen Cunard Line sollte es bei der Planung des neuen Schiffes viele Dispute darüber geben, welcher Weg der richtige sei.

Die Planung für die Nachfolgerin der QUEEN MARY hatte bereits in den fünfziger Jahren begonnen, noch unter der Führung von Colonel Denis Bates. Zu diesem Zeitpunkt warfen die Reisen der MARY und der ELIZABETH glänzende Gewinne ab, und es konnte keinen Zweifel geben, dass nur ein Schiff von vergleichbarer Prächtigkeit die QUEEN MARY ersetzen konnte. Das Projekt erhielt den Arbeitsnamen Q3, und das Schiff sollte 1965 in Fahrt kommen.

Zunächst galt es, die Finanzierung zu klären, denn seit dem Bau der alten QUEENS waren Werft- und Personalkosten in Großbritannien derart in die Höhe geschossen, dass die Rückstellungen allein nicht ausreichten, um den Neubau zu finanzieren.

So trat die Cunard Line wie schon bei den beiden vorangegangenen Generationen von Großschiffen an die Regierung. Colonel Bates selbst war es, der die konservative Regierung um ein Darlehen bat. Schon aus Prestigegründen sei es bedeutend, dass Großbritannien auch weiterhin einen Expressservice mit Großschiffen anbieten könne, und es sei überlebenswichtig für die Cunard Line in ihrer traditionellen Form. Letzthin habe die Reederei im Laufe der Jahre so viel Steuern gezahlt, dass sie das Darlehen einfach verdient habe.

Die Regierung setzte 1959 ein Komitee unter der Führung von Lord Chandos ein, um die Anfrage der Cunard Line zu untersuchen.

Das Chandos-Komitee empfahl 1960 der britischen Regierung, der Cunard Line ein Darlehen von 18 Millionen Pfund mit einem Zinssatz von 4 1/2 Prozent zur Verfügung zu stellen (bei geschätzten Baukosten des neuen Schiffes von 30 Millionen Pfund).

Die Regierung akzeptierte diesen Vorschlag im Oktober 1960. Die Q3 wurde als Luxusliner von 75.000 BRT konzipiert. Bei einer Länge von 300 Metern und einer Geschwindigkeit von 29 1/2 Knoten konnte sie 2.270 Passagiere tragen.

Als Bauwerft war ein Konsortium von Firmen am River Tyne vorgesehen: Vickers Armstrong zusammen mit Swan Hunter and Wigham Richardson.

Colonel Denis Bates war mittlerweile verstorben. Sein Nachfolger Sir John Brocklebank stand einer veränderten Situation gegenüber, in der die Fluggesellschaften den Schiffen mehr und mehr Passagiere abnahmen. Brocklebank musste erkennen, dass Bates zu kurzsichtig geplant hatte.

Brocklebank untersuchte die Passagierzahlen und die Aussichten im Transatlantikgeschäft: Mit der UNITED STATES und der neuen FRANCE hatte die Cunard Line zwei stark von ihren Regierungen subventionierte Konkurrenten. Und die FRANCE wurde schon Anfang der sechziger Jahre auf Kreuzfahrten entsandt, weil das Passagieraufkommen auf dem Atlantik ihren Einsatz nicht mehr lohnenswert machte.

Der Ausweg konnte in einem kleineren Schiff liegen, das

schnell genug war, zusammen mit der QUEEN ELIZABETH in den Sommermonaten den wöchentlichen Transatlantikdienst zu unterhalten und gleichzeitig klein genug, um nicht nur den Panama-Kanal zu befahren, sondern auch Häfen anzulaufen, die die alten QUEENS nicht aufnehmen konnten.

Die Cunard-Ingenieure bekamen den Auftrag, zu untersuchen, ob es möglich sei, mit einem Zwei-Schrauben-Dampfer einen Fahrplan einzuhalten, der eine Reisegeschwindigkeit von 28 1/2 Knoten erforderte. Das nämlich bedeutete, dass nur ein Maschinenraum nötig war, nicht zwei, so dass der Rumpf des Schiffes bei gleicher Passagierkapazität kleiner gestaltet werden konnte und gleichzeitig der Treibstoffverbrauch beträchtlich sank.

Die Regierung lehnte Brocklebanks Vorschlag zum Bau eines kleineren Schiffes rundweg ab. Das sei nicht das Schiff, über das mit dem Chandos-Komitee verhandelt worden sei. Aber man teilte der Cunard Line mit, dass es dieser selbstverständlich freistehe, im Rahmen des Schiffbau-Kredit-Programmes, mit dem Reedereien ermutigt werden sollten, Aufträge an britische Werften zu vergeben, ein neues Darlehen zu beantragen.

Die Entscheidung, die Pläne für die Q3 einzustampfen, war keine einfache für die Cunard Line, aber es war zweifellos die richtige. Sir John Brocklebank hatte erkannt, dass die Q3 in der geplanten Form von vornherein ein Abschreibungsobjekt geworden wäre, und auf die Frage, was passiert wäre, wenn man dieses Schiff jemals gebaut hätte, antwortete er in späteren Jahren nur noch mit einem einzigen Wort: »Desaster!«

Die Planung für das neue Schiff wurde noch einmal von vorn begonnen. Während die Bevölkerung in diesem Zusammenhang von Q4 sprach, zog Sir John es vor, »der neue Cunarder« zu sagen, denn »sie ist alles andere als eine verkleinerte Version der Q3 oder eine aufgefrischte Version der gegenwärtigen QUEENS. Sie ist ein vollkommen neues Konzept.«

Nachdem die Pläne im Juli 1963 der Aktionärsversammlung der Cunard Line vorgestellt wurden, bat Brocklebank die Regierung um ein Darlehen von 18 Millionen Pfund bei vier Prozent Zinsen über 25 Jahre gegen die insgesamt 22 Millionen Pfund, die Q4 kosten sollte.

Die Regierung lehnte ab und verwies Brocklebank auf das Schiffbau-Kredit-Programm, das 4 7/8 Prozent vorsah. Brocklebank argumentierte, der neue Cunarder sei nicht irgendein kleines Frachtschiff, und es müsse doch möglich sein, der Reederei dafür bessere Bedingungen anzubieten.

Die Verhandlungen zogen sich noch eine Weile hin, bis Sir John am 21. Oktober 1963 erste Zahlen bekannt geben konnte: Die Regierung gewährte der Cunard Line ein Darlehen von £ 17.600.000 zu einem Zinssatz von 4 1/2 Prozent. Der neue Cunarder wurde als turbinengetriebenes Schiff von 58.000 BRT bei einer Länge von 293 Metern geplant und sollte Ende 1967 in Fahrt kommen. Die geplante Dienstgeschwindigkeit lag bei 28 1/2 Knoten und die Kapazität bei etwa 2.000 Passagieren und 1.000 Mann Besatzung.

B. A. Young kommentierte diese erste Bekanntgabe in der Satirezeitschrift *Punch* folgendermaßen:

»Es bringt nichts, mir zu erzählen, der neue Cunarder werde eine Brutto-Tonnage von 58.000 Tonnen (...) und sowas haben. Ich bin mit diesen tollen graphischen Darstellungen auf den Seiten der Illustrierten groß geworden, und ich brauche visuelle Hilfe, bevor mir all diese Zahlen etwas sagen. Wie viele Schaf- und Rinderherden und Hühnerbatterien benötigt man, um die Passagiere zu füttern? Wie weit würden sich die Laibe Brot, die pro Reise konsumiert werden, erstrecken, legte man sie in eine lange Reihe? (...) Und falls wir je wieder einen Krieg haben, wie viele Divisionen kann man dann in die Passagiereinrichtungen stopfen? Und wird man Torpedos aus den Bullaugen feuern können? Ich möchte das alles in visuellen Diagrammen sehen. Irgendwie ist alles, das ich mir bisher vorstellen kann, dass die Pfundnoten, die die Regierung für den Bau zur Verfügung stellt, aneinandergelegt 134 Meilen, 270 Yards und drei Zoll lang wären – oder ungefähr von der Admiralität bis nach Stoke-on-Trent.«

Nach der ersten Bekanntgabe, was für eine Art Schiff Q4 werden würde, lag es bei einem Stab von Technikern, Experten für Schiffbau und Planern, aus den Vorgaben wirklich das multiflexible und revolutionäre Schiff zu machen, das Sir John Brocklebank vorschwebte. Der Vorsitzende hatte die Abteilungsleiter angewiesen, ihm Vorschläge und Ideen direkt zu unterbreiten – eine absolute Neuheit bei der Cunard Line, wo der Vorsitzende bisher immer mehr oder weniger unerreichbar für seine Untergebenen gewesen war.

Aber auch alle weiteren Abteilungen der Reederei, ob auf See oder an Land, waren aufgerufen, auf ihre bisherigen Erfahrungen zurückzugreifen und Vorschläge für das neue Schiff einzureichen – insbesondere, wenn es dadurch möglich war, Kosten zu senken und Effizienz zu erhöhen.
Die Erfahrungen mit der CARMANIA und der FRANCONIA, die erst 1962 von der Liverpool-Kanada-Route abgezogen und zu Kreuzfahrtschiffen umgebaut worden waren, stellten eine ebensolche Hilfe dar, wie die mit dem Schwes-terschiff SYLVANIA von 1955, bei dessen Bau und Einrichtung man zum ersten Mal Plastik und andere leichte Materialien verwendet hatte.
Für den neuen Cunarder galt es tausende Fragen zu klären. Sehr viele Debatten gingen mit der Frage ins Land, ob der Liner zwei oder drei Klassen haben sollte. Zwei Klassen schienen sich mehr und mehr durchzusetzen und brachten den Vorteil, dass weniger Gesellschaftsräume an Bord benötigt wurden, dass man einige Bereiche für beide Klassen nutzen konnte, dass eine zentrale Küche die Restaurants beider Klassen versorgen konnte, dass die gesamte Organisation für eine Klasse wegfiel und somit Personal eingespart werden konnte, dass mehr Passagiere untergebracht werden konnten und dass die Unterbringung an Bord für Kreuzfahrten flexibler war.
Dagegen stand der ziemlich gewichtige Grund, dass große Schiffe wie Q4 traditionell noch immer drei Klassen hatten und das amerikanische Publikum angeblich nichts anderes akzeptierte. Da Passagiere aus den USA etwa 75% der Cunard-Reisenden ausmachten, wurde Q4 zunächst als Drei-Klassen-Schiff geplant.
Eine Neuerung war es, die Restaurants in den oberen Decks des Schiffes anzusiedeln. Dem heutigen Kreuzfahrt-Passagier scheint dies vollkommen normal, aber zur Zeit der Transatlantikliner ohne Stabilisatoren befanden sich die Speisesäle stets in den unteren Decks, wo die Schlingerbewegungen des Schiffes bei Seegang weniger spürbar waren. Inzwischen jedoch war die Entwicklung der Stabilisatoren weit genug fortgeschritten, dass man das Risiko wagen konnte, die Restaurants in die oberen Decks zu verlegen, was den Designern eine ganz neue Freiheit hinsichtlich der Größenverhältnisse gab, den Passagieren Tageslicht beim Essen bot und durch geschickte Anordnung der Restaurants eine Kombination ihrer Küchen möglich machte.
Von den Cunard-Angestellten gingen zahlreiche Vorschläge ein, von denen viele in den neuen Cunarder Einzug fanden, während andere verworfen werden mussten: Fernseher in den Kabinen, ein Nebelhorn am Hauptmast statt am Schornstein (wegen der geringeren Lärmbelästigung für die Passagiere), Decksspiele außerhalb der Hörweite der Offiziersquartiere, Müllbeutel für die Kabinenstewards (statt der Praxis, Abfall durch die offenen Bullaugen zu werfen), ein eigener Speisesaal für Kinder, Kühlschränke in den Suiten ... die Liste schien kein Ende zu nehmen.
Es war am 19. August 1964, als die Cunard Line die Spezifikationen für ihr neues Schiff per Einschreiben an fünf Werften schickte, die für den ausgeschriebenen Bauauftrag in Frage kamen.
Allein die Spezifikationen für den Rumpf bestanden aus 233 eng beschriebenen Seiten im Großformat, während die Vorgaben für die Maschinen und Elektrik an Bord über 300 Seiten ausmachten.
Im Oktober und November gaben die Werften Cammell-Laird und Fairfield bekannt, dass sie sich nicht an der Ausschreibung beteiligen würden.
Das Abgabedatum für Angebote war der 30. November. Bis zu diesem Tag waren die Vorschläge des ursprünglich vorgesehenen Konsortiums vom Tyne, von Harland & Wolff in Belfast und von John Brown & Co., der Werft, die schon die QUEEN MARY und QUEEN ELIZABETH gebaut hatte, eingegangen.
Für die Cunard Line dauerte es nicht lange, um zu evaluieren, dass John Brown & Co. mit £ 25.427.000 den günstigsten Preis und mit dem Lieferdatum Mai 1968 die kürzeste Bauzeit bot. Damit waren die Baukosten zwar höher als ursprünglich geplant, und die Werft behielt sich vor, inflationsbedingte Erhöhungen ihrer eigenen Ausgaben an die Cunard Line weiterzugeben, aber John Brown & Co. erhielt den Auftrag.
Am 30. Dezember 1964 kam es zur Vertragsunterzeichnung zwischen Sir John Brocklebank und dem Vorsitzenden der Werft, Lord Aberconway, der es bewunderte, wie die Reederei es in weniger als einem Monat geschafft hatte, die Angebote auszuwerten.
Man darf annehmen, das viele Clydesider dieses Ereignis bei ihren Silvesterfeiern gehörig begossen haben, bedeutete es doch, dass der Auftrag vielen hundert Arbeitern drei Jahre lang einen Arbeitsplatz garantierte.
Der 2. Juli 1965 war der große Tag, an dem der Kiel des Schiffes mit der Baunummer 736 gelegt werden sollte. Sir John Brocklebank sagte in seiner Ansprache:

»Dies ist ein sehr stolzer Tag für die Cunard Line und für die britische Seefahrts- und Schiffbauindustrie. Es ist besonders passend, dass wir den Kiel des 172. Cunarders, der das größte in Großbritannien gebaute Passagierschiff seit der QUEEN ELIZABETH sein wird, nur zwei Tage vor unserem 125-jährigen Jubiläum legen. Und es ist ebenso angemessen, dass es hier auf John Browns Schiffswerft geschieht, dem Geburtsort der bemerkenswert erfolgreichen QUEENS.«

Der neue Cunarder sollte fast ausschließlich aus vorgefertigten Bauteilen zusammengeschweißt werden. Ein solches Element, 35 Meter lang und 180 Tonnen schwer, lag bereit, um mit Hilfe zweier Kräne und einer Winsch auf die Baublöcke gehoben und gezogen zu werden.

Nach Tagen besonders trockenen Wetters allerdings bewegte sich das Element nur wenige Zentimeter weit, dann löste sich der Betonsockel der Winsch aus dem ausgetrockneten Boden, und der ganze Vorgang musste hastig abgebrochen werden.

Die anwesenden Reporter wurden sofort in die Modellwerkstatt komplimentiert, und die Kiellegung fand erst drei Tage später ohne weitere Zeremonie statt.

Nummer 736 muss das am sorgfältigsten durchgeplante Schiff gewesen sein, dass je in Clydeside gebaut wurde: Mit Hilfe eines IBM-Computers, den die Werft 1964 angeschafft hatte, konnte genau koordiniert werden, welche der vielen tausend Materialien (allein 100.000 verschiedene Rohrstücke) wann an welcher Stelle benötigt wurden. Es konnte genau vorausbestimmt werden, wann bestimmte Arbeiten zu geschehen hatten und wo man vor oder hinter dem Zeitplan lag. Mit Hilfe des Computers gelang es außerdem zu jeder Zeit, die Kosten im Überblick zu behalten, um zu sehen, ob man von den Vorausberechnungen abwich.

Auch die Bestellung von Materialien und die Vorproduktion von Elementen konnte so im Voraus arrangiert werden. In diesem Punkt arbeitete die Werft eng mit den Stahlfabriken zusammen, die den Baustahl für die Q4 lieferten. Sie teilten der Werft wöchentlich den Produktionsstatus bestimmter Elemente mit, so dass mit Hilfe des Computers wiederum errechnet werden konnte, wann welche Bauteile von welcher Stahlfabrik angefordert werden mussten.

Die Verwendung von 1.100 Tonnen Aluminium für die Aufbauten des neuen Cunarders bedeutete zahlreiche Besonderheiten bei seinem Bau. Es war die größte Menge des Leichtmetalls, dass je in einem britischen Liner verbaut worden war. Das geringere Gewicht der Aufbauten machte es möglich, bei dem neuen Schiff 13 Decks einzuplanen statt der 12 im Falle der alten QUEENS. Gleichzeitig musste dafür gesorgt werden, dass der durch die höheren Aufbauten verursachte Schwerpunkt ausgeglichen wurde. Dies erreichte man dadurch, dass die Bettungen unter den Maschinen stabiler konstruiert wurden, der Doppelboden eine feinere Einteilung erhielt und der vordere Teil des Rumpfes gegen Eis verstärkt wurde. All das brachte Gewicht in den unteren Teil des Schiffes, das trotzdem zwei Meter weniger Tiefgang haben würde, als seine beiden Vorgängerinnen.

Da Aluminium ein in mancher Hinsicht recht empfindliches Material ist, wurden alle Schweißer, die damit arbeiteten, speziell geschult.

1

Bau-Auftrag NR. 736, der neue Cunarder, im Bau bei John Brown & Co.

Unter Einwirkung von Feuchtigkeit und in Verbindung mit Stahl bildet sich an Aluminium umgehend Korrosion. Eine Werkstatt auf dem Werftgelände wurde also ausschließlich zur Alubearbeitung verwendet. Der Boden des Gebäudes wurde versiegelt und zwei Industriestaubsauger waren pausenlos im Einsatz, um eventuell von der Werft eingedrungene Stahlpartikel zu beseitigen. Nach der Bearbeitung wurden die Aluelemente mit einem speziellen Korrosionsschutz bearbeitet, und während des gesamten Baus von Q4 gab es keine Probleme mit dem Leichtmetall.

Besondere Aufmerksamkeit hatte man der Problematik geschenkt, dass die oberen vier Aluminiumdecks mit den darunter liegenden Stahldecks verbunden werden mussten. Die Firma John S. Craig & Co. aus Glasgow lieferte dafür die Lösung: Sie entwickelte ein flüssiges Epoxid-Harz, das auf eines der zu befestigenden Elemente aufgetragen wurde. Dann wurden die Stahl- und Aluminiumplatten vernietet, wobei die Hitze dafür sorgte, dass das Harz ein stabiles Siegel bildete, dass nicht nur beide Metalle trennte, sondern auch das Eindringen von Wasser wirkungsvoll verhinderte.

Die Turbinen für Cunards neuen Oceanliner wurden von Parsons Marine Engineering Research and Development Association (in Kurzform Pametrada Ltd. genannt) entwickelt und von der Werft hergestellt. Sie konnten bis zu 110.000 PS bei 174 Schrauben-Umdrehungen leisten

Die Kessel wurden ebenfalls auf der Werft als Lizenz der Firma Foster-Wheeler gefertigt. Sie produzierten Hochdruckdampf bei 500°C und 58 bar.

1965 war auch das Jahr, das der Cunard Line einen Wechsel in der Führungsebene brachte: Der 50-jährige Sir John Brocklebank war von den ersten neun Monaten des Jahres sechs wegen Krankheit nicht anwesend. Im November gab er seinen Rücktritt als Vorsitzender der Reederei bekannt. Sein Nachfolger wurde der zehn Jahre ältere Sir Basil Smallpeice. Es war bekannt, dass Sir John, der ein Experte im Bereich der Frachtverschiffung war, ursprünglich gar nicht am Vorsitz der Cunard Line interessiert gewesen war. Aber mit seiner Politik des »neuen Denkens« hatte er die Gesellschaft in vielen Punkten modernisiert und auf den Weg in die Zukunft gebracht.

Sir Basil war 1964 der Londoner Niederlassung der Cunard Line als Direktor beigetreten. Der Finanzexperte hatte zuvor 13 Jahre lang bei der Fluggesellschaft BOAC gearbeitet und kannte Sir John aus der Zeit der Zusammenarbeit beider Firmen.

Es war Smallpeice zu verdanken, dass die strauchelnde BOAC wieder auf den Weg zum Profit gebracht werden konnte, und so hatte Sir John ihm den Posten bei Cunard angeboten.

Als Sir Basil 1965 die Stelle als Vorsitzender antrat, machte er sich keine Illusionen, dass Cunard immer noch einen langen Weg vor sich hatte, um wieder eine florierende Reederei zu werden. Es gab wohl keinen Bereich der Firma, der nicht neu organisiert wurde, da die alten Strukturen vielfach überkommen waren und ein ökonomisches Arbeiten schlichtweg nicht ermöglichten.

Das Jahr 1966 brachte weitere schlechte Nachrichten: Nicht nur wurde Sir Basils Handlungsspielraum durch die vier Millionen Pfund, die der Streik der Seeleute die Cunard Line kostete, extrem eingeengt. Auch die bisher guten Pro-

Rechts: Die CARONIA war das letzte Cunard-Schiff, das aus der Flotte ausschied, bevor die QUEEN ELIZABETH 2 in Dienst ging.

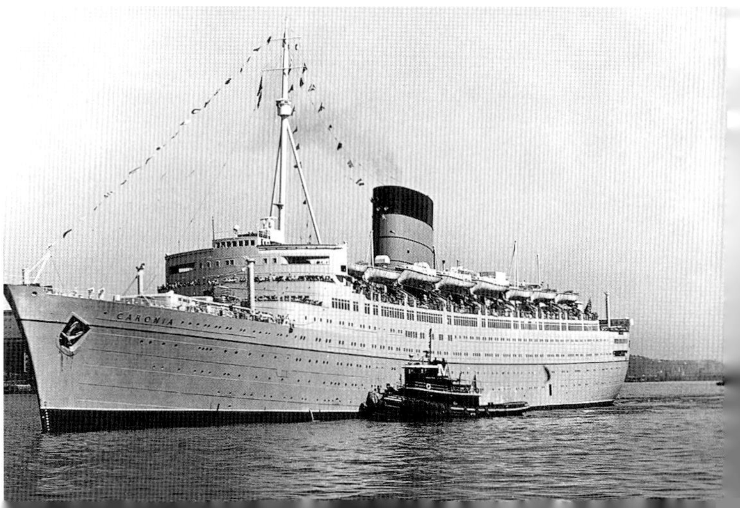

fite von Cunards Frachtreedereien Port Line und Brocklebank fielen in diesem Jahr weg. Hatten sie im Vorjahr noch 1,6 Millionen Pfund Gewinne eingebracht, so verloren sie in diesem Jahr £ 300.000 – von den 7,5 Millionen Pfund Verlust im Bereich der Passagierbeförderung nicht zu sprechen.

Dies führte letztlich dazu, dass Sir Basil zu noch drastischeren Sparmaßnahmen greifen musste. Es war jetzt nicht der Zeitpunkt für Experimente und Glücksspiele, und die Ereignisse führten direkt dazu, dass im Mai 1967 die Außerdienststellung der QUEENS bekannt gegeben wurde. Zusätzlich mussten 1968 die SYLVANIA, die CARONIA und die CARINTHIA ausscheiden.

Von der mit zwölf Schiffen in den fünfziger Jahren größten Passagierschiffsflotte auf dem Atlantik hielten nur noch zwei mittlere Einheiten aus dem Liverpool-Kanada-Dienst die Fahne, als Q4 in Fahrt kam: CARMANIA und FRANCONIA.

Schließlich musste John Brown & Co. der Cunard Line 1966 mitteilen, dass es wegen des Mangels an qualifizierten Arbeitskräften nicht möglich sei, den neuen Cunarder zum vereinbarten Zeitpunkt zu liefern. Ein revidierter Zeitplan sah nun den Herbst 1968 als Liefertermin vor – so dass der Cunard Line das Sommergeschäft verloren ging.

Einen weiteren Nackenschlag musste Sir Basil im Juli 1967 einstecken, als Lord Aberconway ihn darüber informierte, dass die Arbeitskosten derart in die Höhe geschnellt seien, dass die vertraglich abgemachte Summe nicht reichen werde. Er schätzte die Kosten für den Bau des Schiffes nun auf 28 1/2 Millionen Pfund – drei Millionen mehr als urspünglich angenommen.

Diese Erhöhung lag vollkommen außerhalb der Möglichkeiten der Cunard Line und hätte bedeutet, dass die Reederei hätte verkaufen müssen, was immer sie noch besaß, um den Bau des Schiffes zu finanzieren.

Besonders prekär wurde die Situation dadurch, dass bereits mit Buckingham Palace ein Termin ausgemacht worden war, an dem die Queen den Liner taufen sollte.

Sir Basil wandte sich an die Regierung und bat um eine Erhöhung des Darlehens. Es vergingen einige sehr angespannte Wochen für den Vorstand der Reederei, bis sie vom Schatzamt darüber informiert wurden, dass das Darlehen auf 24 Millionen Pfund erhöht worden war.

Mit dem 20. September 1967 war schließlich der Tag des Stapellaufes herangerückt – und der Tag, an dem die gespannte Öffentlichkeit endlich erfuhr, welchen Namen der neue Cunarder tragen würde. Queen Elizabeth II. hatte die Einladung akzeptiert, das Schiff zu taufen.

Princess Margaret traf bereits am Vorabend des Stapellaufes in der Stadt ein und besichtigte die Werft – was vielen Anlass zu der Vermutung gab, das Schiff werde nach der Prinzessin benannt.

Queen Elizabeth II. und Prince Philip wurden am Tag des Stapellaufes vom Betriebsdirektor der Werft, John Rannie, begrüßt. Rannie stellte ihnen die führenden Köpfe des Q4-Projektes vor, dann begann die königliche Gruppe eine Tour rund um das Schiff, um den Mechanismus zu begutachten, der Q4 in Position hielt und gelöst werden würde, sobald die Queen einen Knopf auf der speziell aufgebauten Aussichtsplattforn drückte.

Unterdessen sorgten Angestellte dafür, dass der Clyde in Höhe der Werft frei von allem Schiffsverkehr war.

Der Stapellauf sollte um 14:30 Uhr stattfinden. Eine schottische Whisky-Destillerie hatte im Vorwege Sir Basil Smallpeice angeschrieben und sich erkundigt, ob es nicht eine hübsche Geste wäre, das Schiff mit einer Flasche Whisky statt des üblichen Champagner zu taufen, da es den Schotten so viel bedeute.

Sir Basil hatte geantwortet, dass die Arrangements für die Taufe ganz in den Händen der Werft lägen, und diese wiederum antwortete der Destillerie, man sähe keinen Grund, die Tradition zu ändern.

Nur vier Menschen wussten zu diesem Zeitpunkt den Namen des neuen Schiffes: Die Queen, ihr persönlicher Sekretär Sir Michael Adeane, Sir Basil Smallpeice und sein Stellvertreter als Vorsitzender der Cunard Line, Ronald Senior.

Lord Aberconway, der Vorsitzende von John Brown & Co., wusste den Namen nicht. Er hatte erklärt, er wolle sich lieber überraschen lassen.

Zwei Minuten vor dem Stapellauf wandte sich John Rannie an die Queen und übergab ihr einen Umschlag, begleitet von den Worten: »Wahrscheinlich werdet Ihr es nicht benötigen, Eure Majestät, aber es ist nun mal Tradition.«

Der Umschlag enthielt eine Karte, auf der der Name des Schiffes stand. Diese Tradition rührte angeblich daher, dass einmal ein Prominenter, der ein Schiff taufen sollte, dessen Namen vergessen hatte.

Mit dem Stapellauf der
QUEEN ELIZABETH 2
war das Geheimnis um
ihren Namen gelüftet.

Der Name von NR. 736 wurde von der Cunard Line bis zum Schluss gehütet wie ein Staatsgeheimnis. Im Volksmund und der Presse wurden jedoch zahlreiche Namen hoch gehandelt. Hier einige der Namen, die der neue Cunarder hätte tragen können:

British Queen
Queen of Britain
Queen of the United States
Mary Quant
The Crown and Anchor
The Wilsonian
Rose of England
The New Elizabethan
Ocean Queen
Windsor Wave
Gloriana
Queen Victoria
Princess Anne
Princess Alexandra
Princes Margaret
Donald Campbell
Queen Salute
Francis Chichester
Sir Winston Churchill
Britannia

In den britischen Wettbüros wurde der Name QUEEN ELIZABETH 2 übrigens nur mit 14:1 als wahrscheinlich angesehen.

Die Queen warf einen Blick auf die Karte, die die Aufschrift »Ich taufe dieses Schiff QUEEN ELIZABETH« trug, lachte kurz und sagte: »Ich glaube auch nicht, dass ich das brauche, aber man weiß ja nie.«
Wahrscheinlich wäre es nicht der Stapellauf eines QUEEN-Liners geworden, wenn alles hundert Prozent nach Plan verlaufen wäre, denn die Queen trat ans Mikrofon und sagte: »Ich taufe dieses Schiff QUEEN ELIZABETH THE SECOND. Möge Gott sie segnen und alle, die mit ihr fahren.«
Während sie mit der gleichen goldenen Schere, die bereits für die Stapelläufe der alten QUEENS gedient hatte, das Band durchschnitt, das die Flasche Champagner am Bug der QUEEN ELIZABETH THE SECOND zerschellen ließ und dann den Knopf drückte, der das Schiff vom Stapel laufen ließ, erhob sich ein Jubel aus vielen tausend Kehlen. Allein 30.000 Menschen drängten sich auf dem Werftgelände, unzählige weitere am anderen Ufer des Clyde. Und dann passierte ... nichts.
Jedenfalls schien es so, als bewege sich der riesenhafte Schiffsrumpf keinen Millimeter. Eine Stimme aus der Menge rief: »Gebt ihr einen Schubs!«
Der Werftdirektor George Parker trat vor und gab dem Schiff spaßeshalber einen Stoß.
Dann geriet die große Masse Metall in Bewegung. Erst langsam, dann immer schneller werdend, fuhr das Schiff, eine rauchende Bahn hinter sich lassend seinem Element entgegen, und unter dem Jubel der Anwesenden tauchte die QUEEN ELIZABETH THE SECOND in den Clyde ein.
Die Entscheidung der Queen, dem Schiff ihren Namen zu geben, statt es einfach QUEEN ELIZABETH zu nennen, überraschte nicht nur Sir Basil, sondern stellte regelrecht ein nationales Problem dar. Um das zu verdeutlichen, ist es

Eine große Menschenmenge wohnte dem Ereignis bei.

nötig, einen kurzen Streifzug in die Geschichte der britischen Monarchen zu unternehmen:
Die Frau, die wir heute als regierende »Queen Elizabeth II. of England« kennen, ist zugleich »Queen Elizabeth of Scotland«, ohne die römische Zwei hinter dem Namen.
Das hängt damit zusammen, dass Queen Elizabeth I. of England (1558–1603) aus dem Hause Tudor niemals in Schottland regiert hat. Somit ist Englands heutige Monarchin nicht die zweite Königin dieses Namens in Schottland.
Der erste Liner mit dem Namen QUEEN ELIZABETH dagegen war nach der Ehefrau von King George VI. benannt – und diese trug zwar den Titel Queen, aber war keine herrschende Monarchin, sondern nur Ehefrau des Königs und trug deshalb keine Zahl hinter dem Namen.
Die schottischen Nationalisten sahen in der vermeintlichen Namenswahl des neuen Schiffes eine schwere Beleidigung des schottischen Volkes, und nach Beratungen und in Absprache mit dem Königshaus, erklärte die Cunard Line schließlich, der neue Liner sei nicht nach der regierenden Monarchin benannt, sondern lediglich das zweite Schiff, das den Namen QUEEN ELIZABETH trage – und deshalb steht der Name des Liners mit einer arabischen Zwei geschrieben: QUEEN ELIZABETH 2.
Daraus resultiert die Art, den Namen des Schiffes nicht QUEEN ELIZABETH THE SECOND auszusprechen, sondern QUEEN ELIZABETH TWO.

Nachdem die am Rumpf befestigten Ketten die QUEEN ELIZABETH 2 zum Stehen gebracht hatten, wurde sie von sechs Schleppern ins Ausrüstungsbecken manövriert.
Zeitgleich flog eine Ankerformation von Flugzeugen des 736. Geschwaders der Royal Air Force über das Geschehen.
Nach dem Stapellauf wurde den königlichen Gästen der Nachmittagstee gereicht, und mit Champagner wurde auf das geglückte Ereignis angestoßen.
Die Queen sagte in ihrer Rede:
»Ich freue mich besonders, dass Sie mir die Gelegenheit gegeben haben, diese herrliche Nachfolgerin der berühmten Cunarder QUEEN MARY und QUEEN ELIZABETH zu Wasser zu lassen. Ich glaube, diese beiden Schiffe waren bei jedem auf unseren Inseln bekannter und beliebter, im Frieden wie im Krieg, als irgendein anderes Handelsschiff. Ich empfand immer eine besondere Zuneigung zu ihnen, und es scheint noch gar nicht so lange her, dass ich anwesend war, als meine Mutter die QUEEN ELIZABETH zu Wasser ließ.
Jedes große Vorhaben hat ein Element von Risiko und Unsicherheit, und ich bin sicher, dass niemand die zukünftige Karriere des neuen Cunarders vorhersehen kann. Aber ich bin ebenso sicher, dass sie in den erfahrenen und fähigen Händen der Firma Cunard die besten Chancen für ein langes und profitables Leben hat.«
Gleichzeitig bedeutete dieser Tag den Abschied von der Firma John Brown & Co., wie man sie bisher gekannt hatte, und Lord Aberconway erklärte, der neue Cunarder sei das letzte wahre John-Brown-Schiff.
Der Niedergang der schottischen Schiffbau-Industrie hatte dazu geführt, dass die Werft ebenso um ihr Überleben kämpfte wie die Cunard Line. Das letzte große Passagierschiff, dass vor der neuen QUEEN in Clydeside gebaut wor-

den war, war das schwedische Kreuzfahrtschiff KUNGSHOLM, an dem John Brown & Co. drei Millionen Pfund Verlust gemacht hatte – das hatte der Werft das Genick gebrochen.
Zusammen mit vier anderen Werften hatte sie sich zu einem Konsortium mit dem Namen Upper Clyde Shipbuilders zusammengeschlossen.
Die Queen sagte darüber in ihrer Ansprache:
»Mit einem Hauch Nostalgie haben wir alle gelesen, dass der Name John Brown von der Liste der großen Schiffbauer verschwinden wird. Das bedeutet allerdings nicht, dass eine ganz besondere Fähigkeit und der Geist dieser Werft der Stadt Clydeside oder dem britischen Schiffbau verloren gehen wird. Ich wünsche dem neuen Schiff ein langes Leben und viel Glück. Ich füge dem meine besten Wünsche für Erfolg und Wohlstand für das neue Konsortium Clydesider Schiffbauer hinzu.«

James Gardner entwarf den weltberühmten Schornstein der QE2.

Die Queen erhielt im Anschluss an den Stapellauf als Präsent eine neue Barkasse für die königliche Jacht BRITANNIA. Erfreut sagte sie: »Vielleicht sollten wir es in Cunard-Farben anstreichen und John Brown nennen!«
Angeblich war es Prince Philip (andere sprechen es Sir Basil Smallpeice zu), der darauf antwortete: »Warum streichen wir es nicht braun und nennen es Cunard?«

»Schiffe waren lange genug langweilig« – so lautete Cunards erster Werbeslogan für die QUEEN ELIZABETH 2 (die schon bald im allgemeinen Sprachgebrauch zur QE2 wurde).
Das Schiff sollte nicht nur in Technik und Flexibilität revolutionär werden, sondern auch im Design – innen wie außen.
Dem Design-Team von Cunard unter der Führung von Dan Wallace wurden dementsprechend zwei Designer zur Seite gestellt, die dafür sorgen sollten, dass zwar die Form der Funktion folgte, aber dies auf geschmackvollste Weise: James Gardner und Dennis Lennon.
Es war letztlich Gardner, der vor allem das Äußere gestaltete und Lennon, der für das Gesamtbild im Inneren der QE2 verantwortlich zeichnete.
Die Vorgabe war es, den Liner modern und im Geschmack der Zeit zu gestalteten – und gleichzeitig so vorausschauend, dass er zeitlos elegant alle Modeerscheinungen der kommenden Jahre überstehen würde.
James Gardner hatte die schwere Aufgabe, der QE2 ein ansprechendes Äußeres zu geben. Das Schiff sah seiner Meinung nach aus wie ein Hochhaus, das man ins Wasser geworfen hatte, wie eine schwimmende Immobilie.
Er gab dem Liner die geschwungenen Kurven eines Schiffes, indem er dafür sorgte, dass die dunkle Farbe des unteren Bereiches des Schiffsrumpfes zum Bug hin in einer ansteigenden Kurve aufgetragen wurde.
Auch das Aussehen des markanten Schornsteins (wahrscheinlich das berühmteste einzelne Objekt des Schiffes) wurde von Gardner gestaltet. Er stand vor dem gleichen Problem, das Dampferschornsteine ihren Designern und Konstrukteuren immer wieder bereitet hatten: Im Modellversuch fiel der Rauch in das Lee hinter dem Schornstein und verschmutzte die Decks (und imaginäre Passagiere).
Gardner und die Konstrukteure entwickelten zahllose Schornsteinmodelle in den verschiedensten Formen und

Funktionen, und immer wieder entsprachen die Resultate nicht ihren Vorstellungen. Die Berechnungen und Versuche führten zu dem charakteristischen schmalen Schornstein, den die QUEEN ELIZABETH 2 schließlich erhielt:
Der eigentliche Schornstein ist die schwarze Verkleidung in der Mitte. Das schaufelförmige Element an seinem Fuß ist so gestaltet, dass es den Wind nach oben ableitet und damit die Rauchgase vom Schiff wegträgt.
Allerdings war Gardner der Ansicht, sein Schornstein könne unmöglich im traditionellen Cunard-Rot lackiert werden. So trug die QE2 während ihrer ersten Jahre einen schlichten schwarz-weißen Schornstein, und das traditionelle Rot fand sich nur an der Windschaufel an seinem Sockel und dem roten Cunard-Schriftzug an den Bordwänden wieder.
Die Verzögerung beim Bau der QE2, die Sir Basil Smallpeice 1966 hinnehmen musste, gab Gelegenheit, noch eine sehr bedeutende Veränderung in den Plänen für den neuen Liner vorzunehmen: Sozusagen im letzten Moment entschloss sich die Cunard Line, das Schiff doch nur mit zwei Klassen auszustatten – aus den genannten Vorteilen, und weil sich abzeichnete, dass sich auch in den Vereinigten Staaten das Zwei-Klassen-Schiff durchzusetzen begann.
Das bedeutete nicht nur eine vollkommen neue Raumaufteilung des Schiffes, sondern dass es quasi zum klassenlosen Schiff wurde: Die Unterschiede in den Fahrtpreisen schlugen sich fortan nur noch darin nieder, in welcher Kabinenkategorie der betreffende Fahrgast untergebracht war und welches Restaurant er nutzte. Alle Gesellschaftsräume und sonstige Passagierbereiche des Schiffes waren ab sofort allen Reisenden gleichermaßen zugänglich. Nur der Treppenaufgang A auf der QE2 ist heute noch stummer Zeuge ihrer ursprünglich geplanten Klassentrennung: Zu einigen Decks gibt es von diesem Treppenhaus keinen Zugang.
Damit konnten die Lounges der Tourist und Cabin Classes zu einem einzigen Raum kombiniert werden: dem Double Room, dessen Design Jon Bannenberg ausarbeitete.
Der Double Room war eine der bemerkenswertesten Einrichtungen seiner Zeit auf See: Der 1.800 qm große Raum erstreckte sich über zwei Decks und war eingeteilt in Double Up und Double Down. Der obere Teil des Raumes war eine Art Balkon mit gläserner Balustrade und einer gewölbten Glaswand an einem Ende, die sich über beide Etagen erstreckte und hinter der sich eine Bar befand. Auf der unteren Etage begrenzte sie eine kleine Bühne. Am anderen Ende führte eine geschwungene Treppe aus Glas und Edelstahl in den unteren Teil des Raumes, wo ein Arrangement von Sesseln rund um eine große Tanzfläche aufgebaut war.
Der von Michael Inchbald gestaltete Queens Room war ursprünglich als Lounge für die Erste Klasse vorgesehen. Der Raum war in weiß und silber gehalten mit einer Büste von QUEEN ELIZABETH II. in einer Nische an einem Ende und mit Teppichen und Vorhängen in rot, honig und gelb.
Besonderes Merkmal des Queens Room waren die trompetenförmigen weißen Säulen, die am Boden schmal begannen, um dann am oberen Ende in einer ausladenden Form mit der Decke zu »verschmelzen«.
Diese Säulen waren aus einem Kunststoff hergestellt, von dem bei der Ausstattung der QE2 viel Gebrauch gemacht wurde: Formica. Auch wenn sich das Innere des Liners seit seinen ersten Tagen beträchtlich verändert hat, so haben die Formica-Säulen im Queens Room doch die vielen Wandel der Zeit überstanden.
Die Tische und Stühle, die rund um die zentrale Tanzfläche aufgebaut waren, bestanden ebenfalls auf weißem Formica und bildeten mit ihren nach unten hin ausladenden Standfüßen umgedrehte Versionen der Säulen.
Formica kam unter anderem auch in einem Raum zum Einsatz, der wie kaum ein anderer die Modernität des Innendesigns der QE2 widerspiegelte: Die Midships Lobby. Dieser Raum hat sich in den vergangenen dreißig Jahren sehr stark verändert.
Vorgesehen war er als Empfangshalle Erster Klasse im Hafen und als Lobby während der Reise. In der ursprünglichen Form waren Boden und Wände des runden Raumes in dunkelblau gehalten. Die Mitte hat einen abgesenkten Fußboden, am dessen Rand sich vier Sofas aus grünem Leder befanden. Abgrenzt wurde der mittlere Teil des Raumes von dem rundum höheren Fußboden durch verchromte Geländer.
Das wohl auffallendste Merkmal der Midships Lobby war eine trompetenförmige Säule aus silbernem Fiberglas, die sich in der Mitte des Raumes erhob und am oberen Ende zu einer Anordnung konzentrischer Kreise auslief, die die Decke des Raumes zierten.
Dan Wallace, der den Raum gestaltet hatte, sagte, er habe damit versucht, einen Effekt zu erlangen als werfe man ei-

nen Stein ins Wasser und könne dann kleine konzentrische Wellen sehen (siehe Bild S. 179).
Ursprünglich gab es zwei Nachtclubs an Bord der QUEEN ELIZABETH 2: Den Q4 Room und den 736 Club.
Der Q4 Room befand sich am achteren Ende der Aufbauten, den terrassenartig gestalteten Achterdecks zugewandt. Er hatte Wände, die mit grauem Flanell in Aluminiumrahmen verkleidet waren und einen schwarz-rot-grau karierten Teppichboden. Am Abend wurden schwarze Tischtücher aufgelegt.
Zur anderweitigen Nutzung tagsüber konnten rote oder rosa Tischtücher verwendet werden, um dem Raum eine hellere Atmosphäre zu geben.
Im 736 Club machte man von unterschiedlichen Beleuchtungsvarianten Gebrauch, um den Raum für seine verschiedenen Funktionen ins rechte Licht zurücken: als Bar, Nachtclub oder Disco.
Ein weiterer Gesellschaftsraum, den es heute nicht mehr gibt, war die Look Out Bar am vorderen Ende der Aufbauten. Sie hatte große Fenster, von denen aus man einen beeindruckenden Blick auf das Vorschiff der QE2 hatte. Leider wurde sie bereits nach vier Jahren in eine Küche umgewandelt – sehr zum Bedauern der Passagiere und vieler Bsatzungsmitglieder, denn seither gibt es an Bord keinen Raum mehr mit einem ähnlichen Panorama.
Insgesamt war es die Intention des Design-Teams, dem Reisenden stets das Gefühl zu vermitteln, dass er sich auf See befindet. Auf den alten Transatlantiklinern war eher das Gegenteil der Fall gewesen. Die Seereise wurde aus purer Notwendigkeit unternommen, um von A nach B zu kommen, und diese Tatsache sollte dadurch kaschiert werden, dass es an Bord früherer Schiffe stets wie in Palästen, Hotels oder Landhäusern aussah.
Die QUEEN ELIZABETH 2 war für eine andere Rolle vorgesehen. Denn um von A nach B zu kommen, war kein Schiff mehr nötig. Diese Aufgabe wurde nun von Flugzeugen übernommen. Das Publikum der QE2 würde sich bewusst für eine Seereise entscheiden. Also sollten sie die See auch zu sehen bekommen.
Die hoch im Schiff gelegenen Verandah Grills der alten QUEENS hatten sich bei den Reisenden nicht nur wegen ihrer Exklusivität und der hervorragenden Qualität der Speisen so großer Beliebtheit erfreut, sondern auch wegen des beeindruckenden Blickes auf die See. Dies war ein weiterer Beweggrund für die Konstrukteure des Schiffes, die Restaurants nicht wie gehabt in den unteren Decks einzuplanen, sondern sie in den Aufbauten zu lokalisieren.
Auch der Wegfall der klassischen Promenadendecks an Bord der QE2 war eine ungekannte Neuheit: Bislang hatte es ein teils durch Glas verkleidetes, aber dennoch offenes Promenadendeck gegeben, dass es den Passagieren ermöglichte, auch bei schlechtem Wetter trocknen Fußes (und vom Wind geschützt) an der frischen Luft spazieren zu gehen.
Andererseits stellten die langen Promenadendecks eine gewisse Platzverschwendung dar, denn im Inneren des Schiffes mussten noch einmal Fluchten von Korridoren angelegt werden, um einzelne Bereiche miteinander zu verbinden.
Auf der QE2 löste man dieses Problem, indem man die Promenade ins Innere des Schiffes verlegte, hinter großen Fenstern zwar, aber als geschlossenen Raum, der zu den Gesellschaftsräumen hin offen ist.
Dadurch war kein zentraler Korridor mehr nötig, sondern die Promenade diente als Zugang zu verschiedenen Räumen. Diese wiederum können bei Bedarf durch Vorhänge oder verschiebbare Wände von der Promenade abgeteilt werden.
Das von Gaby Schreiber entworfene Theater war seinerzeit mit 500 Plätzen das größte, das je auf einem Schiff errichtet wurde. Durch unterschiedliche Beleuchtung konnte es zusätzlich als Kino, Konferenzsaal oder Kirche eingesetzt werden.
Bei der Konzeption des Brandschutzes an Bord gab es zwei Varianten: die amerikanische, die feuersichere Materialien einsetzte oder die britische, die für ausreichend Sprinkleranlagen sorgte. Die Cunard Line entschied sich für beide Optionen.
Beim Bau der QE2 verwendete man 1,5 Millimeter starke Furniere, die auf Platten eines asbesthaltigen Materials namens Marinite aufgetragen wurden. Zu dieser Zeit erkannte man erstmals die gesundheitliche Gefahr, die mit der Verarbeitung von Asbest verbunden war.
Die Werkzeuge derjenigen Arbeiter, die Marinite-Platten bearbeiteten, waren dementsprechend mit Absaugsystemen ausgerüstet, und aller Marinitestaub wurde in Säcken gesammelt und in einem stillgelegten Steinbruch bei Glasgow entsorgt. Insgesamt wurden etwa 186.000 qm des Materials bei der Ausrüstung der QUEEN ELIZABETH 2 verarbeitet.

1968 näherte sich der Bau der QUEEN ELIZABETH 2 nach zahlreichen Verzögerungen der Fertigstellung.

Der Innenausbau der QE2 kostete etwa drei Millionen Pfund – und einen nicht unbeträchtlichen Anteil daran machten kleinere Diebstähle aus (am Clyde »squirreling« genannt, von dem englischen Wort *squirrel* für Eichhörnchen). Von Glühbirnen über ganze Lampen, Vorhänge und Ausstattung der Rettungsboote bis hin zu großen Teppichstücken und natürlich Kupferrohren schien es nichts zu geben, das sich nicht zu Geld machen ließ. Es hieß, der Messingverschluss eines Bullauges sei in Pubs in Clydeside oder Glasgow genug wert für ein Glas Bier.

1968 durchsuchte die Polizei das Haus eines Elektrikers, der verdächtigt wurde, es ein bisschen zu gut mit sich selbst gemeint zu haben, als er sich an Bord des Schiffes bediente. Die Beamten fanden unter anderem: 27 Meter Teppich, einen Wandschrank, drei Bücherschränke, drei Lounge-Stühle, vier Klappbettlehnen, einen Toilettensitz, fünf Lampenschirme, ein Duschventil, eine elektrische Heizung, acht Glühbirnen, vier Holzgitter, vier Gardinenstangen, fünf Formica-Platten, zwei Eimer, 36 Liter Farbe, eine Rolle Drahtnetz, sechs Tassen mit Untertassen, sechs Teller, sechs Frühstücksteller, drei Kissen, fünf Vorhänge, zwei Bettlaken, eine Wolldecke, fünf Leuchtstoffröhren, hundert Meter Kabel und zweihundert Meter Tesafilm! Wie der Mann es geschafft hatte, all diese Dinge von Bord zu schmuggeln, ist rätselhaft.

Trotz solcher Ärgernisse konnte Sir Basil Smallpeice angesichts der Zahlen, die ihm für das erste Halbjahr 1968 vorgelegt wurden, erstmals wieder lächeln: Der Verkauf der Cunard-Schiffe (mit Ausnahme der CARMANIA und FRANCONIA) und die Tatsache, dass sowohl Passagier- als auch Frachtdienste in dieser Periode endlich wieder einen Gewinn abgeworfen hatten, ließen die Zukunft in einem rosigeren Licht erscheinen und schienen ein erstes Anzeichen dafür zu sein, dass die Cunard Line sich auf dem richtigen Weg befand.

Zur Erleichterung aller Beteiligten konnte die QUEEN ELIZABETH 2 am 19. November 1968 das Ausrüstungsbecken der Werft verlassen, um sich das erste Mal in ihrer Karriere aus eigener Kraft fortzubewegen – ins 13 Meilen entfernte Greenock, wo zunächst im Trockendock Schrauben und Ruder einer letzten Inspektion unterzogen wurden und der Rumpf des Schiffes seinen Unterwasseranstrich erhielt.

Auf der Brücke standen neben dem Lotsen, Reederei- und Werftpersonal Captain William Warwick und der zwanzigjährige Prince Charles, der an dieser ersten Reise teilnahm.

In West-Schottland war ein freier Tag ausgerufen worden, so dass jeder an die Ufer des Clyde fahren konnte, um zu sehen, wie die QUEEN ELIZABETH 2 langsam und majestätisch ihre erste Reise antrat.

Um acht Uhr fragte Captain Warwick den jungen Prinzen, ob er mit den mächtigen Dampfpfeifen des Liners das Signal zur Abfahrt geben würde. Prince Charles zeigte sich hocherfreut.

Mit Hilfe einiger Schlepper legte der neue Oceanliner die Strecke bei einer Geschwindigkeit von etwa sechs Knoten zurück und konnte eingedockt werden, ohne dass es irgendwelche nennenswerten Vorkommnisse gegeben hätte.

Während die QE2 ihren Unterwasseranstrich und eine letzte Rumpfinspektion erhielt, statteten hunderte Arbeiter die vielen noch unfertigen Kabinen aus.

Damit waren sie nach wie vor beschäftigt, als das Schiff wenige Tage später seine ersten Testfahrten begann. Die Turbinen brachten den Liner auf eine Geschwindigkeit von 29 1/2 Knoten – und das mit nur zwei Schrauben und 50.000 PS weniger als ihre Vorgängerinnen.

Die Tests nahmen am 30. November ein plötzliches Ende, als durch ein defektes Ventil in der Treibstoffversorgung Öl in das Dampfdrucksystem eintrat und es kontaminierte.

Der von Jon Bannenberg erworfene Double Room unterteilte sich in Double Down ...

... und Double Up. Er konnte gleichermaßen für Kabarett und Tanzveranstaltungen wie für Vorlesungen und als Lounge eingesetzt werden.

Das bedeutete, dass die QE2 noch einmal eingedockt werden musste, um ihr komplettes Haupt- und Hilfsdampfsystem zu reinigen.
Ursprünglich waren vier Kurz-Kreuzfahrten vor der eigentlichen Jungfernreise nach New York vorgesehen, die als ausgedehnte Testfahrten ausgelegt waren. Damit sollte sichergestellt werden, dass nicht nur die Klimaanlage des Schiffes unter angemessenen Belastungen justiert werden konnte, sondern auch die personelle Seite sich auf das neue Schiff einspielte.
Die erste dieser Kreuzfahrten, die für den 4. Dezember zu den kanarischen Inseln geplant war, musste abgesagt werden. Eigentlich hatte es eine Wohlfahrtsreise zu Gunsten der Nationalen Gesellschaft für Krebsforschung werden sollen. Später erhielt diese von der Cunard Line zum Ausgleich eine großzügige Spende.
Erst am 17. Dezember konnten die technischen Tests wieder aufgenommen werden, und drei Tage lang absolvierte die QUEEN ELIZABETH 2 ihre Probefahrten. Die Maschinen wurden nun unter Volllast getestet, und der Liner begeisterte mit einer Geschwindigkeit von 32,46 Knoten ohne die geringste Vibration.
Damit schien die QE2 bereit für eine ausgedehnte Testreise nach den kanarischen Inseln. Da die ursprüngliche Wohlfahrtsreise abgesagt worden war, kamen 500 Mitarbeiter der Cunard Line zusammen mit ihren Familien in den Genuss, als »Versuchskaninchen« für den neuen Liner zu dienen.
An Bord gab es noch viel zu tun: Die Passagiereinrichtungen waren noch immer nicht fertig gestellt, und die bereits bewohnbaren Bereiche, mussten noch gereinigt werden.
Am 23. Dezember legte der Liner ab und schlug seinen Kurs nach Süden ein. Alles verlief bestens, und die Passagiere zeigten sich sehr zufrieden mit den Annehmlichkeiten des Schiffes.
Die Probleme begannen am Morgen des 24. Dezember, Heiligabend: Im Maschinenraum riss ein Öl führendes Rohr und versprühte seinen Inhalt auf die Steuerbord-Turbine. Dass diese etwa zeitgleich zu vibrieren anfing, führte man darauf zurück, dass kaltes Öl auf heißes Metall gestoßen war. Die Geschwindigkeit der Turbine wurde für die Reinigungsarbeiten gedrosselt, aber am Nachmittag wurde die Vibration so intensiv, dass die Turbine ganz gestoppt wurde. Die Backbord-Maschine lief mit 60 Umdrehungen langsam weiter.

Der Queens Room ist in seiner ursprünglichen Form noch immer an Bord der QE2 vorhanden. Lediglich die Möbel und die Farbauswahl von Teppichen und ähnlichen Textilien wurde wiederholt dem Geschmack der Zeit angepasst.

Die Probefahrten der QUEEN ELIZABETH 2 *fanden durch Probleme mit den Turbinen ein jähes Ende.*

Eine Untersuchung der Steuerbord-Turbine, soweit auf See möglich, ergab keine Zeichen von Defekten, und die Maschine wurde wieder gestartet. Bis zum nächsten Tag machte sie keine weiteren Schwierigkeiten, aber in den frühen Morgenstunden des zweiten Weihnachtstages fing die Turbine abermals an zu vibrieren.

Erneutes Drosseln und schließlich die Abschaltung, um die Turbine abkühlen zu lassen, brachte nur insofern Abhilfe, dass die Vibration nachließ.

In der Nacht zum 28. Dezember begann die Backbord-Turbine ebenfalls Probleme aufzuweisen, aber mittlerweile hatte die QE2 die kanarischen Inseln erreicht und ankerte zunächst vor der Küste.

Am Nachmittag des gleichen Tages lichtete der Liner wieder Anker, um nach Las Palmas zu laufen. Just als die Maschinen anfingen, Geschwindigkeit aufzubauen, hörte man ein Poltern aus der Steuerbord-Turbine, gefolgt von einem mahlenden Geräusch, und bis zur Ankunft in Las Palmas drei Stunden später lief die Turbine einwandfrei.

In Las Palmas ging Sir Basil Smallpeice an Bord, der die Reise nicht mitgemacht hatte, weil seine Frau krank war. Über die Probleme informiert, hatte er sich ins Flugzeug gesetzt und war nach Las Palmas geflogen. Mit ihm traf Anthony Hepper auf dem Schiff ein, der jetzt Vorsitzender des Konsortiums Upper Clyde Shipbuilders (UCS) war.

John Rannie, als früherer Betriebsdirektor von John Brown & Co., war von UCS die Betreuung des Bauauftrages 736 bis zur Übergabe an die Cunard Line übertragen worden. Er war mit dem Schiff zu der spanischen Atlantikinsel gereist.

Die Ingenieure von UCS und Cunard hatten noch nicht herausgefunden, was die Probleme verursachte. Es zeichnete sich ab, dass nur eine umfassende Untersuchung der Turbinen die Probleme lösen konnte.

Während Sir Basil ankündigte, die Cunard Line werde das Schiff nicht übernehmen, bis alle Probleme gelöst seien, traf Rannie Vorbereitungen, um rasch mit den Arbeiten beginnen zu können, sobald die QE2 wieder in einem britischen Hafen lag.

Sie zurück an den Clyde zu bringen, schien nicht sinnvoll. Rannie und Hepper kamen überein, dass die Reparaturen in Southampton durchgeführt werden sollten. So wurde bei der Werft Cammell Laird in Birkenhead angefragt, die eine ehemalige Fähre als Wohnschiff für Techniker auf U-Boot-Testfahrten besaß, die CAMMELL LAIRD.

Die Midships Lobby in ihrem ursprünglichen Erscheinungsbild.

Die Ursache des Übels: die neunte Stufe der beiden Pametrada-Turbinen war zu schwach dimensioniert.

Die CAMMELL LAIRD stand zur Verfügung, allerdings herrschte an Bord eine kollossale Unordnung, und die Unterbringungen waren so eng, dass ein nicht unbeträchtlicher Teil der UCS-Arbeiter in Hotels in Southampton untergebracht wurde.
Langsam fuhr die QUEEN ELIZABETH 2 zurück nach Southampton, wo sie am 3. Januar 1969 eintraf. An Bord befanden sich knapp 200 Journalisten, die dem Liner die öffentliche Blamage ersparten: Im Wesentlichen äußerten sie sich begeistert über die Größe und Ausstattung dieses beeindruckenden Schiffes, über die Modernität und das gute Essen. Für die Probleme im Maschinenraum wurde überwiegend Verständnis gezeigt – schließlich hatte es kaum einen großen Oceanliner ohne Kinderkrankheiten gegeben.
Die Cunard Line hatte für die QE2 einen triumphalen Einzug in Southampton geplant. Eine Barkasse für offizielle Gäste, hunderte von Luftballons, die Hampshire Polizeikapelle – all dies wurde abgesagt.
Die Sotonians (wie man die Einwohner Southamptons landläufig nennt) waren allerdings anderer Meinung: Die QE2 war die Thronfolgerin ihrer geliebten QUEENS, und die erste Ankunft der jungen Lady – unter welchen Umständen auch immer – musste gebührend gewürdigt werden. Eine feierliche Stimmung lag über der Stadt, als der Liner einlief, und der Bürgermeister hieß die QUEEN ELIZABETH 2 offiziell willkommen.
Über dem Verhältnis der Cunard Line zu Upper Clyde Shipbuilders begannen sich nach der Ankunft der QE2 zunehmend dunkle Wolken zusammenzubrauen, und es gab etliche hitzige Diskussionen zwischen Sir Basil Smallpeice, Anthony Hepper und John Browns technischem Direktor John Stark.
Das führte so weit, dass Sir Basil in Erwägung zog, die QE2 zu verkaufen. Es dauerte drei Monate, bis alle Beteiligten wieder etwas entspannter miteinander sprechen konnten und die QE2 klar Schiff war – oder »klar Cunard«, wie Sir Basil sagte.
Die Untersuchung der Steuerbord-Turbine ergab, dass sämtliche Schaufeln der 9. Stufe fehlten und auch die Stufen 8 und 10 in Mitleidenschaft gezogen waren. In der Backbord-Turbine war es ebenfalls die 9. Stufe, von der die Probleme ausgegangen waren, doch hier war der Schaden geringer.
Die Rotoren wurden ausgebaut und per Luftfracht zurück zu John Brown Engineering transportiert, wo man sie eingehend untersuchte: Die Sockel der Schaufeln dehnten sich unter Wärmeeinwirkung nicht genügend aus, und zusammen mit einer ungünstigen Vibrationsfrequenz führte dies dazu, dass sich irgendwann eine Schaufel der neunten Stufe löste und in einem Dominoeffekt ihre Nachbarn mitriss, was dazu führte, dass die Stufen 8 und 10 beschädigt wurden.
Die 9. Stufe beider Turbinen wurde mit neuen Schaufeln ausgestattet, die verstärkte Verankerungen besaßen und zusätzlich durch ein Metallband versteift wurden.
Anfang März trafen die Rotoren wieder in Southampton ein und konnten installiert werden.
Die Turbinen wurden zunächst ohne Verbindung zu den Schrauben im Hafen getestet. Alles funktionierte problemlos, und selbst ein Überdrehungstest zeigte keine weiteren Störungen, so dass die QE2 in der zweiten März-Hälfte im Ärmelkanal ausgedehnte Testläufe absolvieren konnte.
Diese verliefen zu allgemeiner Zufriedenheit, und auch die Passagierunterkünfte waren inzwischen fertig gestellt, so dass Sir Basil schließlich ankündigte, die Jungfernreise der QUEEN ELIZABETH 2 werde am 2. Mai 1969 beginnen.
Am 27. März lief die QE2 ins King George V. Trockendock ein, und hier gingen drei Tage später 700 Passagiere an Bord, um an der zweiten ausführlichen Probereise des Schiffes teilzunehmen.
Diese führte das Schiff bis vor die Küste des Senegal, und während das Thermometer außen auf über 30 °C stieg, genossen die Passagiere an Bord angenehme Temperaturen in den klimatisierten Räumen.

Mit einer Durchschnittsgeschwindigkeit von 30 Knoten raste der Liner zurück nach Southampton, wo Sir Basil Smallpeice auf einer Pressekonferenz sagte, er sei »hochzufrieden« mit der QUEEN ELIZABETH 2: »Sie wird uns in einem besseren Zustand übergeben als ich es zeitweise für möglich gehalten hatte.«
Ein letztes Mal noch wurden die Turbinen geöffnet, und die Inspektion zeigte, dass die Nachbesserungen zu dem gewüschten Erfolg geführt hatten. Die Baukosten betrugen letztlich £ 29.091.000.
Die offizielle Übergabezeremonie fand am 18. April 1969 statt – ungewöhnlicherweise in einem Büro in London, nicht an Bord des Schiffes.
Um 13:15 wurde die Flagge der Bauwerft eingeholt, und die rote Flagge der Cunard Line am Mast des Schiffes gehisst, während die Dampfpfeifen drei Stöße abgaben: Die QUEEN ELIZABETH 2 gehörte der Cunard Line.

I

Der Bau der QE2 kostete £ 29.091.000. Das käme heutzutage einem Betrag von etwa 455 Millionen Euro gleich.

Bis zur Übernahme durch Cunard führte die QUEEN *ELIZABETH 2 die Hausflagge ihrer Bauwerft.*

FRENCH LIN

Interludium IV

Konkurrentin und Weggefährtin

Normandie
1931–1946
France / Norway
1953–2003

Für den Norddeutschen Lloyd befanden sich mit der Bremen und der Europa Ende der zwanziger Jahre zwei Schiffe im Bau, von denen absehbar war, dass sie einen neuen Standard setzen würden. Und das neue Schiff, das die Cunard Line in Planung hatte – die spätere Queen Mary – versprach noch imposanter zu werden.

Mit dem Bau der Normandie lieferte die Compagnie Générale Transatlantique ihren eigenen Beitrag zu dieser neuesten Generation von Großschiffen. Das Projekt wurde von Beginn an stark von der französischen Regierung subventioniert. In Zeiten wirtschaftlicher Depression stellte die Normandie ein monumentales Symbol dafür dar, dass die Krise bewältigt werden konnte – ähnlich wie die Queen Mary in Großbritannien.

Die Normandie war ein bemerkenswertes Schiff, das von den jüngsten schiffbaulichen Innovationen profitierte. Der von dem russischen Konstrukteur Wladimir Yourkewitsch entworfene Liner überschritt erstmals die Länge von 300 Metern. Sein Rumpf zeichnete sich durch einen strömungsgünstigen Wulstbug aus, und der Antrieb der Normandie war geradezu gewagt: Eine turbo-elektrische Anlage trieb ihre vier Schrauben an. Der Vorteil dieser Ausstattung lag auf der Hand: Mit vier Turbinen verbundene Generatoren lieferten Energie für vier Fahrmotoren. Fiel eine Turbine aus, so konnte die Normandie mit verminderter Leistung noch immer alle vier Propeller nutzen.

Die Kiellegung des Liners fand am 26. Januar 1931 auf der Werft Chantiers et Ateliers de Saint Nazaire (Penhoët) statt, und am 29. Oktober 1932 konnte die Normandie zu Wasser gelassen werden.

Die Jungfernreise von Le Havre über Southampton nach New York begann am 29. Mai 1935. Die Normandie legte die Strecke über den Atlantik in vier Tagen, drei Stunden und zwei Minuten zurück. Mit einer durchschnittlichen Geschwindigkeit von 29,98 Knoten errang sie das Blaue Band, und bei der Einfahrt in den Hudson führte der Liner einen langen blauen Wimpel am Mast.

Die Ausstattung der Normandie bestach durch atemberaubende Eleganz, ohne jedoch ins Protzige zu verfallen, und manch ein Shiplover hält sie noch heute für unübertroffen. Insbesondere der Speisesaal erster Klasse, der »Grande Salle à Manger«, erstreckte sich über eine Länge von 93 Metern und eine Höhe von drei Decks.

Durch geschickte Umbauten blieb die Normandie bis zur Indienststellung der Queen Elizabeth das größte Schiff der Welt, während die Queen Mary sich damit rühmen konnte, das schnellste zu sein.

Queen Mary und Normandie waren zwei in technischer Sicht absolut ebenbürtige Rivalinnen, und so lange der wöchentliche Transatlantikdienst mit nur zwei Schiffen, wie die Cunard Line ihn mit den Queens projektiert hatte, noch nicht begonnen hatte, taten der britische und der französische Liner in einem koordinierten Fahrplan ihren Dienst.

Dass ein wöchentlicher Transatlantikdienst mit nur zwei Schiffen möglich war, wurde der Welt damit eindrucksvoll bewiesen.

Die Normandie erfreute sich bis zum Ausbruch des Zweiten Weltkriegs hoher Beliebtheit bei den Reisenden. Am 28. August 1939 legte sie zum letzten Mal an ihrer Pier in New York an.

Während in Europa der Krieg tobte und die Queens als Truppentransporter einberufen wurden, fristete die Normandie am Hudson ein ruhiges Dasein – bis zum Kriegs-

Die FRANCE war einer der letzten Vertreter einer aussterbenden Rasse.

eintritt der USA. Noch im Dezember 1941 wurde sie beschlagnahmt und als LAFAYETTE unter das Kommando der US-Navy gestellt.
Während der Umbauarbeiten zum Truppentransporter brach am 10. Februar 1942 durch unachtsamen Umgang mit Schweißgeräten in der Nähe brennbarer Materialien ein Feuer an Bord aus, das die Aufbauten verwüstete. Mit Tonnen von Löschwasser vollgepumpt, bekam die NORMANDIE Schlagseite und endete als ausgeglühtes Wrack in den Wassern des Hudson.
Ihre Aufbauten wurden im folgenden Jahr an Ort und Stelle verschrottet, und am 27. Oktober 1943 gelang es, den Rumpf wieder aufzuschwimmen. Zunächst sah die Navy vor, ihn als Grundlage für einen Flugzeugträger zu verwenden, aber mangelnde Wirtschaftlichkeit sorgte dafür, dass dieses Vorhaben nicht realisiert wurde.
Was vom einstigen Stolz der französischen Handelsmarine noch übrig war, kam 1946 unter die Schneidbrenner in Port Newark.

Der Verlust der NORMANDIE im Zweiten Weltkrieg hinterließ in der französischen Handelsschifffahrt eine Lücke, die schwer zu schließen war. Der große Liner war mehr als nur ein Schiff für viele Franzosen.
Aber auch rein technische Erwägungen machten es für die Compagnie Générale Transatlantique nötig, einen Ersatz zu planen: Die 1927 in Dienst gestellte ILE DE FRANCE und die LIBERTÉ (ex EUROPA) von 1930 wurden nicht jünger. So begannen bei der Reederei 1953 die Planungen für einen neuen Oceanliner der Spitzenklasse.
Da die CGT nach wie vor hohe Subventionen von der Regierung erhielt, musste der Bau des neuen Schiffes zunächst beantragt und vom Parlament abgesegnet werden, und die gesamte Planung dauerte mehrere Jahre.
Am 11. Mai 1960 konnte der neue Liner auf der Werft Chantiers et Ateliers de Saint Nazaire (Penhoët) vom Stapel laufen. Als Taufpate war Staatspräsident Charles de Gaulle anwesend. Aus technischen Gründen konnte seine Rede erst nach dem Stapellauf stattfinden, und er begann

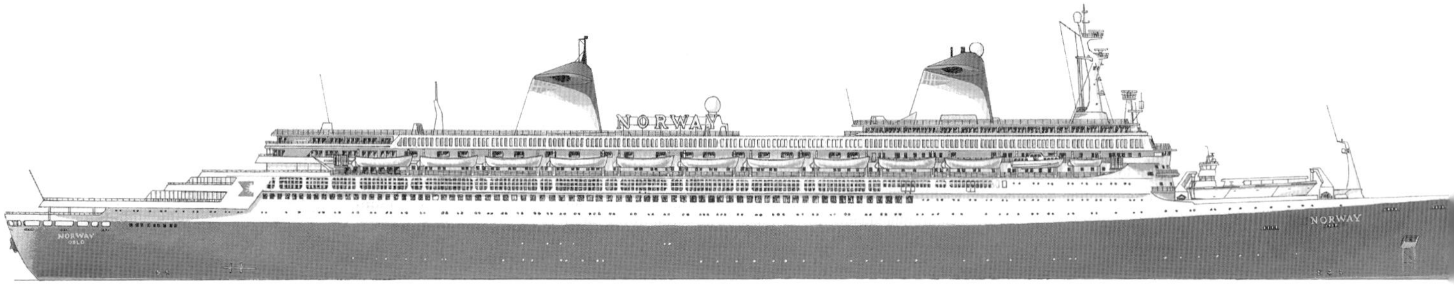

Die NORWAY nach ihrem Umbau 1990 mit zwei zusätzlichen Decks. Die terrassenartigen Achterdecks verraten dennoch den ehemaligen Transatlantikliner in ihr.

sie mit den berühmten Worten: »Die FRANCE hat soeben das Meer geheiratet.«

Zieht man in Betracht, dass die NORMANDIE eine ähnliche Lebenserwartung gehabt hätte wie die QUEEN MARY, so lässt sich an der FRANCE gut erkennen, wie das von der Cunard Line aufgegebene Projekt Q3 hätte aussehen können.

Die FRANCE trat ihre Jungfernreise 1961 an und erhielt in New York einen triumphalen Empfang. Während ihrer ersten fünf Jahre besaß sie eine erfreuliche Beliebtheit bei den Reisenden und arbeitete trotz des Rückgangs im Transatlantikverkehr in der Gewinnzone.

Die CGT einigte sich mit den United States Lines auf einen gemeinsamen wöchentlichen Fahrplan der FRANCE und der UNITED STATES. Mit der Außerdienststellung des amerikanischen Schiffes 1969 war es die QUEEN ELIZABETH 2, die als Gegenstück zur FRANCE fungierte.

Ab 1968 geriet die FRANCE in die roten Zahlen. Lohndruck der Gewerkschaften ließ die Gewinne absinken, während mit Beginn der siebziger Jahre die allgemeinen Probleme der Weltseefahrt (Abwertung des US-Dollar und rapide ansteigende Betriebskosten) auch der CGT zu schaffen machten.

Ab 1970 ging die FRANCE neben regelmäßigen Atlantiküberquerungen auch auf Kreuzfahrten, auf denen sie zwar weiterhin eine gute Figur machte, aber nicht ihre Verluste auf dem Atlantik aufwiegen konnte.

Die Ölkrise 1973 brach der FRANCE das Genick: Die französische Regierung strich die Subventionen für die CGT, und diese gab bekannt, dass die FRANCE Ende 1974 außer Dienst gestellt werde.

Auf der vorletzten Reise des Schiffes im September 1974 kam es zur Eskalation: etwa 50 Mann aus der Besatzung stürmten die Brücke und blockierten mit der FRANCE die Hafeneinfahrt von Le Havre. 989 Crewmitglieder bestreikten das Schiff. Die Anteilnahme des Volkes war groß, denn kaum ein Franzose wollte Frankreichs Ikone auf einer Abwrackwerft sehen.

Vier Wochen lang wurde die FRANCE bestreikt, ohne dass es zu einer Lösung gekommen wäre. Zermürbt gaben die Aufständischen schließlich auf, und der Liner wurde an einer ablegenen Pier vertäut.

Hier verblieb die FRANCE, und nur einige Techniker hielten ihre Maschinen in Stand. Der Liner war während dieser Zeit Schauplatz von Arbeiterprotesten und kam sogar in die Musik-Charts: Der Schlager »Le FRANCE« von Michel Sardou wurde in Frankreich 1975 zum Verkaufsschlager und zeigte die immer noch große Anteilnahme am Schicksal des Dampfers. In Sardous Lied bat der Liner, ihn nie wieder FRANCE zu nennen, weil Frankreich ihn fallen gelassen habe.

Wie durch eine Ironie des Schicksals ging die FRANCE auch nie wieder unter diesem Namen auf Reisen: 1977 kaufte der saudi-arabische Millionär Akkram Ojjeh das Schiff, um es als schwimmendes Casino herzurichten. Da er mit seiner Idee jedoch in aller Welt auf taube Ohren stieß, veräußerte er die FRANCE 1979 an den norwegischen Reeder Knut Kloster, der das Schiff als wertvolle Ergänzung seiner Kreuzfahrtflotte sah.

Unter dem neuen Namen NORWAY lief der Liner im August 1979 mit Kurs auf Bremerhaven aus, wo er ein halbes Jahr lang zum Kreuzfahrtschiff umgebaut wurde. Die Maschinenanlage wurde durch den Ausbau von zwei Turbinen auf die Hälfte reduziert, so dass die NORWAY fortan statt 31 nur noch 25 Knoten laufen konnte. Ihre Dienstgeschwindigkeit betrug 17 kn. Das war eine wirtschaftliche und für Kreuzfahrten angemessene Geschwindigkeit. Darüber hinaus erhielt die NORWAY Bug- und Heckstrahlruder sowie zusätzliche Luxuskabinen, die auf ihren oberen Decks installiert wurden. Besonders auffallend war die Installation von Davits für zwei große Barkassen auf dem Vordeck. Jeder dieser Tender konnte 400 Passagiere aufnehmen.

So ausgestattet konnte der ehemalige Transatlantikliner im April 1980 seine zweite Karriere beginnen, und bis heute ist die NORWAY erfolgreich in der Karibik unterwegs.

Im Laufe ihrer Karriere durchlief die NORWAY noch zahlreiche Umbauten. Die augenfälligste fand 1990 auf der Lloyd Werft in Bremerhaven statt, als zwei komplette Decks auf die bestehenden aufgesetzt wurden. Zwar trug dieser Umbau nicht eben zur Verschönerung ihres Profils bei, aber es spricht für eine solide Konstruktion, dass die alte FRANCE bereits seit über 40 Jahren den Unbillen des Meeres trotzt.

DIE QUEENS DES NORDATLANTIKS

KAPITEL 11

EIN LEERER OZEAN

Kapitel 11

EIN LEERER OZEAN

Queen Elizabeth 2
1969–1982

Trotz ihrer anfänglichen Probleme kann die QUEEN ELIZABETH 2 eine weitgehend ereignislose Karriere aufweisen. Dass sie regelmäßig in die Schlagzeilen gerät, hängt eher damit zusammen, dass sie heute im Bereich der Seefahrt eine Sonderrolle spielt – als letztes Schiff einer vergangenen Epoche. Und in den meisten Fällen macht sie nur positive Schlagzeilen.

Ihre Besuche in den Häfen dieser Welt sorgen für Aufsehen und Begeisterung vor Ort. Die QUEEN ELIZABETH 2 ist für die Liebhaber großer Passagierschiffe etwas Besonderes.

Den Beginn ihrer kommerziellen Karriere markierte der 22. April 1969, als sie zu ihrer ersten Reise mit zahlenden Passagieren, einer kurzen Kreuzfahrt nach Las Palmas, aufbrach. Die achttägige Reise brachte Ereignisse wie die Entdeckung eines blinden Passagiers, den Tod eines fünfzigjährigen Passagiers und die Taufe des kleinen James Clifton mit sich, bevor der Liner am 30. April wieder in Southampton einlief.

Dort wurde sie auf einen Besuch der königlichen Familie am Vorabend ihrer ersten Transatlantikreise vorbereitet, womit eine weitere Tradition in der Geschichte der QUEENS gewahrt wurde.

Am 1. Mai betraten Queen Elizabeth II. und Prince Philip, der Duke of Edinburgh, den Liner, um sich von Captain William Warwick und Staff Captain George Smith das Schiff zeigen zu lassen. Die Queen berichtete im Queens Room von den sieben Sitzungen für die dort aufgestellte Büste von ihr: Oscar Nemon, der die Skulptur erschaffen hatte, war mit dem Ergebnis immer wieder unzufrieden: »›Das taugt nichts!‹, sagt er und haut mir den Kopf ab«, zitierte die Queen den Künstler und untermalte den Satz zum allgemeinen Amüsement dadurch, dass sie ihre flache Hand an ihre geballte Faust schlug.

Im Anschluss an die Schiffsführung wurde im Grill Room für die Beteiligten Lunch serviert: kalter Avon-Lachs mit Mayonnaise, neuen Kartoffeln und grünem Salat.

Die Queen lobte abschließend den Koch und bemerkte, das Schiff sei in einem exzellenten Zustand. Sie wünschte Captain Warwick alles Gute für die Jungfernreise und die zukünftige Laufbahn des Schiffes.

Der Abreisetag, der 2. Mai 1969, war ein großes Ereignis in Southampton: Das miserable Wetter an diesem Tag hinderte tausende von Sotonians nicht daran, dem Liner von den Piers oder den zahlreichen kleinen Schiffen und Booten zuzujubeln, während hunderte bunter Luftballons in den Himmel stiegen, die Hampshire Polizeikapelle aufspielte und Kampfjets über das Schiff hinwegdonnerten.

Die Tanker, die an der nahen Ölraffinerie vertäut waren, ließen ihre mächti-

Die QE2 vor dem Start zu einer der erfolgreichsten Karrieren auf dem Ozean.

gen Pfeifen ertönen, und Löschboote schossen ihre Fontänen in die Luft, während die QUEEN ELIZABETH 2 majestätisch die Hafengewässer hinabglitt.

Mit 1.400 Passagieren und 906 Mann Besatzung überquerte sie den Ärmelkanal nach LeHavre und setzte von dort zu ihrer ersten Atlantiküberquerung an.

Mit einer durchschnittlichen Geschwindigkeit von 28,02 Knoten benötigte sie für die Überfahrt vier Tage, sechzehn Stunden und 35 Minuten.

Der Empfang in New York stand der Schiffsparade in Southampton in nichts nach: Das Küstenwachschiff MORGENTHAU brachte New Yorks Bürgermeister John V. Lindsay, zahlreiche Würdenträger und ein Rudel Journalisten an Bord, während der U.S.-Navy-Zerstörer CONWAY seine Position achtern einnahm, um die QE2 in den Hafen zu eskortieren.

Während der folgenden Tage fanden zahlreiche Feierlichkeiten und Empfänge in New York und an Bord des Schiffes statt. Zu den Gästen der QE2 zählten unter anderem die Botschafter von Großbritannien, Schweden, Frankreich, der Sowjetunion, Marokko und Ghana, Abgeordnete der Vereinten Nationen und der Autor Walter Lord, dessen Standardwerk »A Night to Remember« (dt. »Die letzte Nacht der TITANIC«) bis heute zu den besten Büchern über die TITANIC-Katastrophe zählt.

Nach der Rückkehr von ihrer ersten Rundreise stattete Prince Philip dem Schiff noch einmal einen Besuch ab, bevor es mit Berühmtheiten wie Peter Sellers und Ringo Starr zu seiner zweiten Rundreise nach New York aufbrach.

Bei ihrer Ausfahrt aus Southampton passierte die QE2 die NATO-Flottenparade im Solent. Queen Elizabeth II. war anwesend und beobachtete das Geschehen an Bord der königlichen Jacht BRITANNIA.

Captain Warwick lies die Dampfpfeifen der QE2 dröhnen und setzte ein Telegramm an die BRITANNIA ab: »Captain Warwick und die Gesellschaft an Bord der QUEEN ELIZABETH 2 senden in ergebener Pflichterfüllung ihre besten Wünsche und hoffen, dass Ihre Majestät einen angenehmen Tag bei der Abnahme der NATO-Flotte haben werden.«

Die Queen antwortete: »Ich danke für Ihre Nachricht. Ich sende Ihnen und allen an Bord meine besten Wünsche. Gute Reise. Elizabeth R.«

Die QUEEN ELIZABETH 2 zeigte bald, dass sie das Vertrauen, das man in sie gesetzt hatte, nicht enttäuschen würde. Mit durchschnittlich 1.550 Passagieren pro Überfahrt erwirtschaftete sie während der ersten sechs Monate ihres Dienstes einen Gewinn von £ 1.674.000.

Links: Commodore William »Bil« Warwick war der erste Kommandant der QE2.
Rechts: Die QUEEN ELIZABETH 2 am Ende ihrer Jungfernreise in New York.

Hingegen fuhren die CARMANIA und FRANCONIA weiterhin Verluste ein, und ihre baldige Außerdienststellung war vorauszusehen. Bereits im November 1969 aber kündigte die Cunard Line an, der Bauauftrag für ein neues Schiff für den Kreuzfahrtmarkt sei an Werften in Europa ausgeschrieben worden. Dem Schiff mit einer Kapazität von etwa 1.000 Passagieren werde möglicherweise noch ein Schwesterschiff an die Seite gestellt.

Diese Ankündigung zeigte, dass Cunard sich mehr und mehr von seinen atlantischen Wurzeln hin zum profitableren Kreuzfahrtmarkt löste. Und mit der Außerdienststellung der UNITED STATES 1969 und der BREMEN des Norddeutschen Lloyd 1971, waren bald die QE2 und die FRANCE der Compagnie Générale Transatlantique die letzten großen Transatlantikliner.

Bis zu ihrer Außerdienststellung 1974 fuhr die FRANCE in einem koordinierten Fahrplan mit der QUEEN ELIZABETH 2, da es angesichts der geringen Passagierzahlen nicht lohnte, zwei große Liner auf der gleichen Seite des Atlantiks zu haben. Bereits im November 1970 konnte Sir Basil Smallpeice bekanntgeben, dass die Cunard Line zwei mittelgroße Kreuzfahrtschiffe, die sich für die Overseas National Airlines im Bau befanden, übernommen habe. Sie würden 1971 und 1972 als CUNARD ADVENTURER und CUNARD AMBASSADOR in Fahrt kommen.

Positive Schlagzeilen machte die QE2 im Laufe der Jahre immer wieder dadurch, dass sie anderen Schiffen half; meistens, um erkrankte oder verletzte Crewmitglieder in die Obhut ihres Bordhospitals zu übernehmen.

Am 8. Januar 1971 kam sie dem Kreuzfahrer ANTILLES der Compagnie Générale Transatlantique zu Hilfe: Die ANTILLES war vor der karibischen Insel Mustique auf ein nicht verzeichnetes Riff gelaufen, das ihre Öltanks aufgerissen hatte. Öl floss nicht nur ins Meer, sondern auch in den Maschinenraum, wo es sich entzündete. Auf dem Wasser, das nach der Kollision im Schiff stand, breitete sich das brennende Öl rasch aus.

Den 635 Menschen an Bord blieb kein anderer Ausweg als in die Boote zu gehen und das brennende Schiff seinem Schicksal zu überlassen.

Die QUEEN ELIZABETH 2 befand sich zu diesem Zeitpunkt ebenfalls auf einer Kreuzfahrt durch die Karibik, und lag vor St. Lucia vor Anker – bereit zur Abreise.

Der Notruf der ANTILLES ging um 19:05 Uhr ein, und Captain Warwick ließ sofort den Anker lichten, um dem brennenden Schiff zu Hilfe zu kommen.

Als die QE2 nach dreieinhalb Stunden eintraf, brannte die ANTILLES lichterloh und tauchte den Nachthimmel in ein rotes Glühen. Flammen schlugen bis zu 30 Meter hoch.

Die Passagiere hatten sich mit den Rettungsbooten größ-

Links: Mit der CUNARD ADVENTURER *und* CUNARD AMBASSADOR *brach die Cunard Line endgültig mit alten Traditionen – auch was die Wahl der Schiffsnamen anging.*

Oben: Die ANTILLES *der French Line geriet in der Karibik in Brand.*

tenteils auf die Insel Mustique gerettet, aber einige waren auch von lokalen Schiffen aufgenommen worden, und die Gruppe war weit versprengt.

Zuerst schien es, als seien zahlreiche Menschen bei dem Unglück ums Leben gekommen, aber schließlich tauchten doch alle 635 Passagiere und Besatzungsmitglieder gesund wieder auf, und die QE2 konnte um 5:30 Uhr Kurs auf Barbados setzen, um die Geretteten dort an die Agenten der französischen Reederei zu übergeben, die sich um Unterkünfte und Rückfahrt kümmerten. 85 Passagiere der ANTILLES blieben kurz entschlossen an Bord der QE2, um ihre so abrupt beendete Kreuzfahrt mit dem britischen Liner fortzusetzen.

Sir Basil Smallpeice telegraphierte von London aus den Wortlaut einer Nachricht, die er vom Vorsitzenden der Compagnie Générale Transatlantique erhalten hatte: »Ich möchte mich für die Hilfe bedanken, die Cunard in dem Unglück geleistet hat, das unserem Liner ANTILLES zugestoßen ist. Bitte teilen Sie dem Captain der QE2 unsere tiefe Dankbarkeit mit, dass er die Passagiere, die unsere Crew nach Mustique gerettet hat, an Bord nahm.«

Hatte die Zukunft für die Cunard Line noch Ende 1969 äußerst vielversprechend ausgesehen, so war es der Beginn der siebziger Jahre, der die Reederei abermals vor Schwierigkeiten in finanzieller Hinsicht stellte – wie auch viele andere Reedereien: Die Rezession in den USA und die damit verbundene Abwertung des Dollars machte vielen Reedereien wegen der dadurch zu verzeichnenden Gewinneinbußen zu schaffen.

Zusätzlich stiegen die Treibstoffpreise um über achtzig Prozent innerhalb von nur einem Jahr. Die Kosten für Gehälter, Hafengebühren, Gepäck- und Frachtverladung stiegen in der gleichen Periode zwischen 17 und 41 Prozent an – und ließen die Cunard Line am Ende des Jahres vor 1,9 Millionen Pfund Verlust stehen.

Zwar gelang es 1971, eine höhere Zahl Kreuzfahrtpassagiere zu gewinnen, so dass die QE2 immer noch innerhalb der Gewinnzone fuhr, aber die Situation im Großen und Ganzen musste als trostlos bezeichnet werden. Zehn Jahre lang hatte die Reederei gegen wirtschaftliche Unbillen gekämpft und war damit endgültig ausgeblutet, als die Trafalgar House Investments Ltd. auf der Bildfläche erschien. Der Großkonzerns vereinigte bereits etwa 260 Unternehmen unterschiedlicher Gewerbe in sich. Dazu zählten Immobilien, Industrie, Hotels, Kapitalanlagen und Firmen des Baugewerbes.

Trafalgar House besaß bereits einen zehnprozentigen Kapitalanteil an Cunard und bot 24 Millionen Pfund für die Übernahme der Reederei und der ihr zugehörigen Unter-

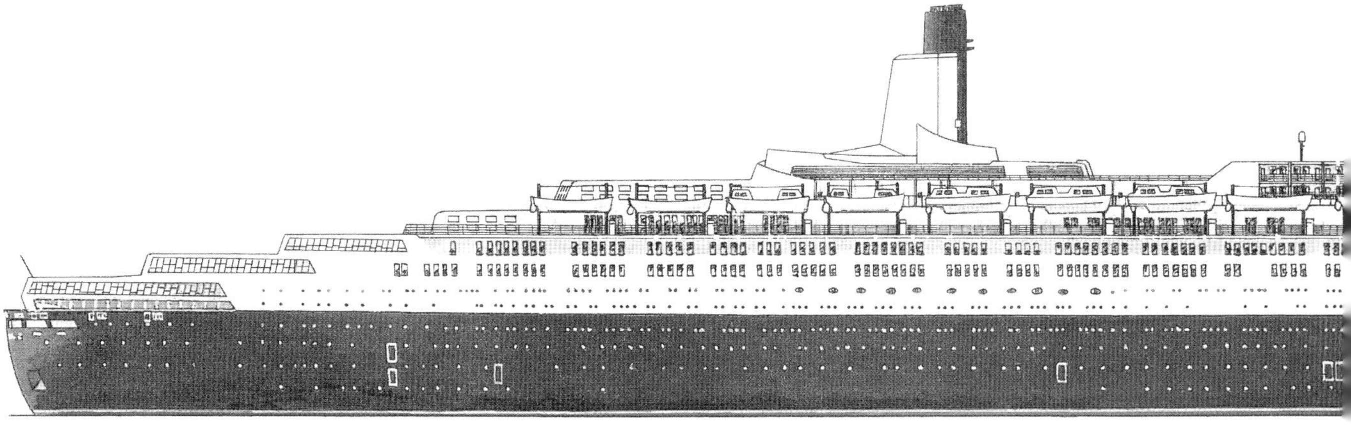

nehmen. Das Angebot wurde zunächst von Cunard und zahlreichen Aktionären ausgeschlagen, weil man die 43 Millionen Pfund Aktiva der Cunard Line damit unter Wert verkauft sah.
In einem neuen Angebot erhöhte Trafalgar House die Summe auf 27,3 Millionen Pfund – und wurde neuer Eigentümer der Cunard Line und ihrer Zweiggesellschaften. Zunächst gab es viele Zweifel bezüglich der Motive der neuen Muttergesellschaft. Was konnte eine Investmentgesellschaft mit einer Reederei wollen? Die Sorge war groß, dass sich einige Herren nur an der Cunard Line bereichern wollten.
Noch im Zuge der Übernahme allerdings sagte Sir Basil Smallpeice: »Die Cunard Line hat von Trafalgar House die verlangte Zusicherung bezüglich ihrer Rolle in der britischen Seefahrtsindustrie erhalten. (...) Cunard wird als Reederei innerhalb von Trafalgar House bestehen bleiben, wird weiterhin eine führende Kraft der britischen Seefahrt sein, und auch die QE2 wird unter britischer Flagge bleiben.«
Sicher war es nicht zuletzt ein Zeichen guten Willens, dass Trafalgar House als eine der ersten Handlungen bekannt gab, dass die CARMANIA und FRANCONIA durch zwei neue Kreuzfahrtschiffe zu Baukosten in Höhe von 24 Millionen Pfund ersetzt werden würden. Zusätzlich erhielt die QUEEN ELIZABETH 2, als Zugpferd der Cunard Line, einen großen Umbau für eine Million Pfund, der sie attraktiver machen sollte, um sie in Zukunft aggressiv zu vermarkten: Die Restaurants an Bord wurden umkonstruiert, und zwischen Hauptmast und Schornstein erhielt das Schiff zehn neue Luxussuiten mit Balkons, die als vorgefertigtes Element in Southampton von einem Kran an Bord gehoben wurden.
Durch weitere Umbauten wie diesen und immer wieder neue Häfen, die der Liner ansteuerte, wurde sichergestellt, dass die QE2 in den folgenden Jahren, bis in die Gegenwart, stets ein attraktives Schiff blieb, das den Zeichen der Zeit folgte.
Sir Basil Smallpeice trat nach der Übernahme der Cunard Line von seinem Posten als Vorsitzender der Reederei zurück. Sein Nachfolger wurde Victor Matthews.

Auf einer Transatlantikpassage im April 1972 geriet die QUEEN ELIZABETH 2 in einen der schlimmsten Stürme ihrer Laufbahn. Windgeschwindigkeiten von bis zu 160 km/h und 15 Meter hohe Wellen waren der Anlass, dass Captain Mortimer Hehir das Schiff fast einen ganzen Tag lang beidrehte und der Liner letzten Endes mit 36-stündiger Verspätung in Southampton eintraf.
Bei der Ankunft wurde Champagner an alle Passagiere ausgeschenkt, die Damen erhielten Blumen, und jedem Passagier wurde ein Sturmzertifikat verliehen.

I

Etwa 367 Millionen Euro müsste man heute aufbringen, um den 27,3 Millionen Pfund zu entsprechen, für die Trafalgar House 1971 die Cunard Line kaufte.

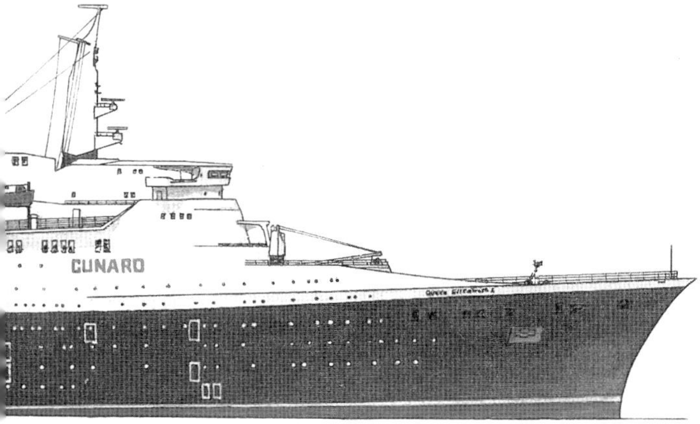

Die QUEEN ELIZABETH 2 im Bauzustand von 1980 mit blauem Unterwasseranstrich. Diese Variante war weder populär noch gegen Rost erfolgreich.

Bereits einen Monat später machte die QUEEN ELIZABETH 2 durch eine bizarre Geschichte Schlagzeilen, die ihren Anfang am Abend des 17. Mai in New York nahm: In einer Abendschule der Großstadt hatte eine Schülerin namens Barbara Shelvey eine Kurzgeschichte geschrieben, die auf zwei Ereignissen basierte: ihrer eigenen, ereignislosen Reise mit der QE2 und einer Bombendrohung auf einem anderen Passagierschiff einige Jahre zuvor.

Ihre Geschichte handelte von zwei Männern – einer tödlich an Krebs erkrankt, der andere ein ehemaliger Sträfling, dem alle Lebenslust vergangen war – die den Captain der QE2 mit einer Waffe bedrohen, einen Juwelenraub begehen und dann mit einer der Rettungsbarkassen flüchten.

An jenem Abend waren nur der Lehrer und fünf Schüler in dem Abendkurs anwesend, und Miss Shelveys Geschichte fand allgemeine Zustimmung.

Noch am gleichen Abend musste die New Yorker Cunard-Niederlassung einen merkwürdigen Anruf entgegennehmen: Der Anrufer behauptete, an Bord befänden sich zwei Komplizen, einer tödlich an Krebs erkrankt, die bereit seien, sechs auf dem Schiff versteckte Sprengsätze zu zünden, wenn nicht ein Schutzgeld von einer Million Dollar gezahlt werde.

Sofort wurden das FBI, Scotland Yard und das britische Verteidigungsministerium alarmiert und Vorbereitungen getroffen, die geforderte Summe aufzubringen.

Währenddessen ließ Captain William Law das Schiff durch seine Crew nach Bomben oder sonstigen Spengsätzen durchsuchen und machte eine Durchsage an die Passagiere des Liners:

»Ladies and Gentlemen, wir haben die Drohung einer Bombenexplosion auf diesem Schiff während dieser Reise erhalten. Wir haben solche Drohungen bereits in der Vergangenheit erhalten, und sie haben sich stets als Falschmeldungen herausgestellt. Wir nehmen sie jedoch immer ernst und treffen jede Vorsichtsmaßnahme.

In diesem Fall hat uns die britische Regierung zugesagt, dass sie ein Team von Bombenexperten entsenden, die per Fallschirm ins Meer springen und von einem Boot an Bord gebracht werden.

Ich werde Sie natürlich weiter über die Situation informieren. Cunard unternimmt jede Vorsichtsmaßnahme an Land wie auf See und wird alles Nötige unternehmen, um das Risiko so gering wie möglich zu halten. Sollte es nötig werden, Geld zu zahlen, so wird dies in New York geschehen.

Ich möchte Sie bitten, Ruhe zu bewahren. In solchen Fällen machen leicht Gerüchte die Runde. Bitte nehmen Sie nur Notiz von Informationen, die Sie direkt von mir oder meinen Offizieren erhalten. Das ist vorerst alles.«

Die Bombenexperten näherten sich zu diesem Zeitpunkt bereits der QE2. Die Royal Airforce hatte zwei Flugzeuge entsandt, von denen eines als Kommunikationszentrum diente, während sich an Bord des anderen vier Männer eines Spezialkommandos befanden.

Um kurz nach 18 Uhr am Abend des 18. Mai – weniger als 24 Stunden nach Eingang der Bombendrohung – wurde das Flugzeug mit den Experten gesichtet. Zwei Boote der QE2 waren bereit gemacht worden, von denen jetzt eines

Die QE2 nach ihrem Umbau von 1972 bereits mit einer Partie aufgesetzer Suiten.

mit dem Ersten Offizier Robin Woodall und dem Zweiten Offizier Ronald Warwick (dem Sohn der ersten Captains der QE2) zu Wasser gelassen wurde.

Wegen der niedrigen Wolkendecke war es zu unsicher, die Fallschirmspringer aus Sichthöhe springen zu lassen. Das Flugzeug musste einen Peilanflug machen und dann in größere Höhe steigen, um die Männer durch die Wolken springen zu lassen. Zwei dieser Manöver waren nötig, bei denen jeweils zwei Mann absprangen.

Mit beeindruckender Akkuratesse landeten die Fallschirmspringer nahe des Bootes in den Wassern des Atlantiks, und es dauerte nur wenige Minuten, sie an Bord zu bringen.

Um 19:24 Uhr konnte die QUEEN ELIZABETH 2 ihren Kurs wieder aufnehmen, während der Erste Offizier dem Captain die vier jungen Männer im Alter von 26 bis 32 Jahren unter Leitung von Captain Robert Williams vorstellte. Dieser griff nach der Begrüßung in seinen wasserdichten Anzug und überreichte dem überraschten Captain Law als kleines Mitbringsel die aktuelle Ausgabe einer Londoner Tageszeitung.

Der geheimnisvolle Anrufer hatte mittlerweile seine Geldforderung auf $ 350.000 revidiert, die in einem Aktenkoffer bereitgestellt werden sollten.

Die Experten fanden an Bord keine Bomben, aber mittlerweile füllte die Geschichte die Zeitungen, und so erfuhr auch Professor Philip Freund, der den Kurs in besagter Abendschule leitete, von den Ereignissen. Die Ähnlichkeit mit der Geschichte seiner Schülerin konnte kein Zufall sein, und er meldete seine Vermutungen der Polizei.

Schon einen Tag später nahm diese einen Teilnehmer des Kurses fest, Joseph Lindisi, der zu zwanzig Jahren Haftstrafe mit psychatrischer Behandlung verurteilt wurde.

Eine nicht minder ungewöhnliche Reise unternahm die QUEEN ELIZABETH 2 vom 14. April bis 13. Mai 1973. Während dieser Zeit charterte die Firma Assured Travel Services Inc. aus Massachussetts den Liner für je eine Reise nach und von Israel anlässlich der Feiern zum 25-jährigen Bestehen dieses Staates.

Nicht die Tatsache, dass die QE2 verchartert war, machte diese Reise so anders, sondern die außerordentlichen Sicherheitsmaßnahmen, die dafür unternommen wurden.

Als der Liner am 12. April von einer Karibik-Kreuzfahrt nach Southampton zurückkehrte und alle Passagiere von Bord gegangen waren, wurde das gesamte Ocean Terminal abgeriegelt, und bewaffnete Wachen begannen, auf dem Schiff zu patrouillieren. Im Hafenbecken wurde das Schiff zusätzlich durch Taucher gesichert.

Alle Lastwagen, die Vorräte heranbrachten, wurden auf verdächtige Objekte hin untersucht, und die Crew verlangte eine Gefahrenzulage von £ 50 sowie die Zusicherung von vier Jahresgehältern für ihre Familien, falls das Schiff arabischen Terroristen zum Opfer fiele.

Im Parlament wurden unterdessen Fragen gestellt: »Wer kommt eigentlich für den Aufwand an ziviler und militärischer Sicherheit auf?« – »Cunard.«

Die 600 Passagiere waren vorwiegend amerikanische Juden, die von Polizeieskorten begleitet in Bussen zum Schiff gebracht wurden. Besondere Vorkehrungen waren getroffen worden, um die Auswahl an koscherer Küche, die die Restaurants der QE2 stets anbieten, auszuweiten.

An Bord befand sich außerdem ein Team von Sicherheitsbeamten aus der gleichen Einheit, die im Vorjahr nach der vermeintlichen Bombe an Bord gesucht hatte, und die nun an strategischen Punkten wie der Brücke oder dem Maschinenraum postiert wurden. Zehn irischen Besatzungsmitgliedern wurde sicherheitshalber die Teilnahme an der Reise untersagt.

Der erste Anlaufhafen war Lissabon, wo die Behörden die Sperrung der Salazar-Hängebrücke, die über den Fluss Tagus führt, angeordnet hatten, während die QE2 unter der Brücke hindurchfuhr. Auch die sonstigen Sicherheitsmaß-

nahmen standen den in Southampton ausgeübten in nichts nach.
Captain Hehir hatte Order, das Mittelmeer mit maximaler Geschwindigkeit zu durchfahren und das Schiff nachts zu verdunkeln. Außerdem nahm die QUEEN ELIZABETH 2 eine Route, die sie nördlich von Malta und Kreta entlangführte, um nicht den arabischen Ländern in Nordafrika »das Gefühl zu geben, wir würden mit erhobener Nase an ihnen vorbeilaufen.«
Als die QE2 die Straße von Gibraltar passierte, meldeten Radioreporter, aus der britischen Kolonie seien Kriegsschiffe ausgelaufen, die den Liner unter strahlendem Sonnenschein eskortierten.
Der Funker des Schiffes trat auf Deck und sah sich um – aber er konnte weder strahlenden Sonnenschein noch Kriegsschiffe sehen.
Am 21. April traf die QE2 in Ashdod, Isreal, ein, wo sie vier Tage vor Anker blieb, um dann für weitere vier Tage nach Haifa zu fahren.
In Ashdod waren die Sicherheitsbedingungen noch strenger als in den bisherigen Häfen. Es gab Passkontrollstellen am Eingang zum Dock und zum Schiff, und jeder, der an Bord ging, musste sich beiden Kontrollen unterziehen.
Patrouillen marschierten die Pier auf und ab, während Motorboote das Wasser absicherten. Nachts lag die QE2 im hellen Schein von Flutlichtern, während in regelmäßigen Abständen Unterwasser-Sprengsätze zur Taucherabwehr gezündet wurden.
Am 8. Mai legte die QE2 wieder ab und fuhr unter den gleichen Sicherheitsbedingungen wie auf dem Hinweg zurück nach Southampton. Die ganze Reise war ohne Zwischenfall abgelaufen.
Scheinbar jedenfalls: Ein Jahr später kamen in einem BBC-Fernseh-Interview erstaunliche Tatsachen ans Licht, die die Forderung der Crew-Mitglieder nach einer Gefahrenzulage wie eine finstere Prophezeihung aussehen ließen. Zur Zeit der bewussten Kreuzfahrt hatte eine Allianz auf politischer und militärischer Ebene zwischen Libyen und Ägypten bestanden, und der damalige ägyptische Präsident Sadat berichtete, dass er eines Nachts von einem Anruf geweckt worden sei.
Der Anrufer habe ihn gebeten, die Befehle zu bestätigen, die Präsident Gaddafi von Lybien einem ägyptischen U-Boot-Kommandanten gegeben habe. Sadat erkundigte sich, wie denn diese Befehle lauteten und gab sofort einen Gegenbefehl, als er die Antwort hörte: Gaddafi hatte angeordnet, die QE2 zu torpedieren und zu versenken!
Experten diskutierten nach dieser Enthüllung viel darüber, ob das U-Boot russischer Bauart vom Typ Romeo mit seiner Geschwindigkeit von 19 Knoten über Wasser überhaupt in der Lage gewesen wäre, die QE2 bei voller Fahrt aufzuhalten.

1974 waren es zwei Ereignisse, die der QUEEN ELIZABETH 2 widerfuhren:
Am 1. April gaben die Messinstrumente im Maschinenraum des Schiffes Warnungen ab, dass Öl das Wasser in den Kesseln kontaminiere. Das Antriebssystem wurde sofort abgestellt, bevor weiterer Schaden entstehen konnte.
Die Techniker begannen umgehend, an der Schadensbehebung zu arbeiten, aber es zeichnete sich ab, dass es eine Weile dauern würde, die Schwierigkeiten in den Griff zu bekommen.
Unter diesen Umständen stellte die Cunard Line Kontakt mit der Reederei Flagship Cruises in Oslo her, deren Schiff SEA VENTURE sich auf einer Kreuzfahrt zu den Bermudas befand und 200 Meilen von der QE2 entfernt war.
Captain Torbjorn Hauge von der SEA VENTURE traf die nötigen Vorbereitungen, um rasch ablegen zu können. Die Behörden der Bermudas trugen ihren Teil zum glatten Ablauf der Ereignisse bei, indem sie 400 Passagieren der SEA VENTURE Hotelplätze zur Verfügung stellten.
202 Passagiere entschieden sich, an Bord zu bleiben, um das Geschehen zu erleben und gegebenenfalls Unterstützung zu leisten.
An Bord der QE2 hielt Captain Peter Jackson seine Passagiere mit Lautsprecherdurchsagen auf dem Laufenden über die Vorgänge, und die Stimmung blieb gut. Viele Passagiere tanzten bis spät in die Nacht an Deck.
Um 3:30 Uhr am 3. April traf die SEA VENTURE ein und manövrierte so nah wie möglich an die QUEEN ELIZABETH 2 heran, um eine ruhige See zwischen beiden Schiffen zu bilden. Die Übernahme von 1.654 Passagieren sowie Rettungswesten und Gepäck mittels der Rettungsboote der SEA VENTURE dauerte von 8:05 Uhr bis 17:45 Uhr und lief ohne Zwischenfälle ab.
700 Passagiere der QE2 konnten in Kabinen untergebracht werden, die anderen mussten mit Liegestühlen und Klappbetten in den Gesellschaftsräumen Vorlieb nehmen.
Von Bermuda reisten die Passagiere mit dem Flugzeug

heimwärts. Die meisten von ihnen sprachen später anerkennend von den guten Leistungen der Crew in dieser Krise, und da die Cunard Line sämtliche Fahrgelder zurückerstattete, gab es um den Zwischenfall wenig böses Blut.
Am 25. September des gleichen Jahres war es die QE2, die als Retterin auftrat: Das Schiff befand sich auf einer stürmischen Mittelmeer-Kreuzfahrt auf dem Weg von Neapel nach Barcelona, als die Brückenoffiziere um 2:15 Uhr eine rote Notrakete sichteten.
Der Kurs wurde geändert, und nach einer Viertelstunde kam eine Jacht aus Toulon in Sicht. Sechs Männer bangten an Bord der STÉPHANIE um ihr Leben. Die von der QE2 gesichtete Notrakete war ihre vorletzte gewesen.
Captain Jackson ließ den großen Liner vorsichtig an die Jacht herantreiben, um ihr ein Lee zu bieten, bis die sechs Segler gerettet werden konnten.

Am 4. Januar 1975 legte die QE2 mit 342 Passagieren in Southampton zu ihrer ersten Weltreise ab. In New York gingen noch einmal 570 Reisende an Bord, und weitere in Port Everglades.
Die Reise führte den Oceanliner in 24 Häfen in 19 Ländern – unter anderem Kapstadt, Singapore, Hong Kong, Kobe, Honolulu und Acapulco.
Höhepunkt der Reise stellte die Fahrt durch den Panama-Kanal im März 1975 dar.
Die QE2 übertraf damit die BREMEN, die seit 1936 mit 51.731 BRT als größtes Schiff galt, das je den Panama-Kanal durchfahren hatte. Mit nur 75 Zentimetern Platz auf beiden Seiten wurde der Liner durch die Schleusen der Wasserstraße geschleppt. Heute kostet es über $ 100.000 Gebühren für die QE2, wenn sie durch den Kanal fährt.
Am 6. April 1975 lief der Liner wieder in Southampton ein. In 92 Tagen hatte die QE2 eine Strecke von 39.470 Meilen zurückgelegt, und insgesamt hatten sich im Laufe der Reise 3.965 Menschen an Bord befunden, von denen die meisten nur für Teilstrecken gebucht hatten. Die Weltreise war ein Riesenerfolg und ist seither in jedem Jahr wiederholt worden.

Bei einem Brand im Maschinenraum wurde 1976 ein Crew-Mitglied verletzt. Das Feuer beschädigte einen Kessel, und die QE2 musste für die Reparatur eingedockt werden. Um Zugang zum Kesselraum zu schaffen, wurde eine Öffnung in die Bordwand geschnitten. Äußerlich zeugte ein rußgeschwärzter Schornstein von dem Brand.
Die Renovierung am Ende des Jahres fand aus wirtschaftlichen Erwägungen erstmals in den USA statt, im Dock der Bethlehem Steel Corporation in Bayonne, New Jersey. Verbunden damit war der klare Vorteil, dass der Liner seine Weltreise direkt ab New York beginnen konnte, ohne vorher eine unrentable Atlantikpassage hinter sich bringen zu müssen.
Das Auffrischungsprogramm beinhaltete als wichtigste Punkte die Erneuerung einer 17 Tonnen schweren Turbine, die mit einer Frachtmaschine des Typs Lockhead Hercules aus Schottland eingeflogen wurde.
Außerdem wurden die zusätzlichen Luxus-Räume auf dem Signal-Deck durch zwei weitere Suiten ergänzt: Die Queen Mary und Queen Elizabeth Suites.

Unter dem Kommando von Captain T. D. Ridley erlebte sie im September 1978 einen der schwersten Stürme ihrer Karriere mit Wellen von 15 Meter Höhe. Eine regelrechte

Während ihrer ersten Jahre zeichnete sich die QE2 durch die langen terrassenartigen Achterdecks eines Transatlantikliners aus. In diesem Bereich erlebte das Schiff im Laufe der Jahre die dramatischsten Umbauten – ohne allerdings das klassische Profil zu verlieren.

Wasserwand brach über das Schiff hinein und verbog die eiserne Reling am Bug.
Eine besorgte Passagierin fragte Captain Ridley während des Sturms, ob er schon die Küstenwache zu Hilfe gerufen habe, und Ridley antwortete ruhig: »Madam, erstens gibt es keinen Grund, Hilfe anzufordern. Und zweitens, wenn ein Schiff der Küstenwache in der Nähe wäre, dann wäre es eher die QUEEN, die zu Hilfe kommen müsste.«

1979 konnte die QUEEN ELIZABETH 2 ihr zehnjähriges Jubiläum feiern, das mit zahlreichen Veranstaltungen gewürdigt wurde. Besondere Aufmerksamkeit verursachte die QE2 dadurch, dass sie seit langer Zeit als erstes Passagierschiff einer westlichen Nation einen Hafen der Volksrepublik China anlief: Am 10. März 1979 konnte die QE2 in Darien begrüßt werden.
Auf der gleichen Reise lief sie die Insel Tristan de Cunha im Südatlantik an, die anlässlich dieser Gelegenheit die längste Briefmarke herausgab, die das britische Commonwealth je gesehen hat.
Im gleichen Jahr spielte die QE2 eine der Hauptrollen in einem Film: Unter dem Titel »The End of an Era« produzierte die National Geographic Society in Amerika eine Dokumentation über das Ende der transatlantischen Passagierschifffahrt, die im amerikanischen Fernsehen wegen ihres großen Erfolges zahlreiche Male wiederholt wurde.
Tatsächlich war die QUEEN ELIZABETH 2 innerhalb von nur einem Jahrzehnt zur letzten ihrer Art geworden, zum letzten noch regelmäßig verkehrenden Transatlantikliner.
Während ihrer Weltreise 1980 kam der Besuch des Schiffes im russischen Schwarzmeer-Hafen Yalta zu einem schnellen Ende: Die russischen Behörden verkündeten überraschend, jeder Besucher, der von Bord gehen wolle, müsse sowjetische Visa haben.
Captain R. H. Arnott wusste, dass die hierfür nötigen Prozeduren so viel Zeit in Anspruch nehmen würden, dass die meisten seiner Passagiere während des Aufenthalts das Schiff nicht verlassen konnten, und er bekundete sein Missfallen damit, dass er sofort alle offiziellen Vertreter von Bord bat und zu den Klängen von »Rule Britannia« wieder ablegte.
Am 29. Mai desselben Jahres startete ein Passagier, Ola Kalvatn, während einer Kreuzfahrt zu den norwegischen Fjorden vom Achterdeck des Liners zu einer Fahrt mit seinem Heißluftballon. Chief Officer Ronald Warwick begleitete ihn, und beide landeten knapp eine halbe Stunde später sicher auf einem Feld an Land.

Im Mai 1981 startete die QUEEN ELIZABETH 2 von Cherbourg zu ihrer Transatlantik-Saison – aus dem einfachen Grund, dass in Southampton das Hafenpersonal streikte. Später in demselben Monat weigerten sich Arbeiter im Heimathafen der QE2, die Gangway einzuholen. Captain Ridley machte kurzen Prozess: Er gab den Technikern an Bord des Oceanliners den Befehl, die Gangway mit Schneidbrennern abzutrennen.
Auf der Atlantikpassage vom 25. bis 30. Juli 1981 fand ein Sonderprogramm zu Ehren des jüngsten Paares des britischen Königshauses statt. Am letzten Tag auf See wurde per Helikopter ein Film auf das Schiff gebracht, der die Hochzeit von Prince Charles und Lady Diana zeigte. Die Passagiere waren begeistert, und viele dankten der Cunard Line, dass sie auf diese Weise »die Hochzeit des Jahrhunderts« nicht verpasst hatten.
Im Frühjahr 1982 erhielt die QUEEN ELIZABETH 2 eine Einladung der Stadt Philadelphia, an der 300-Jahr-Feier der Stadt – »Century Four« – teilzunehmen. Der Oceanliner kam der Einladung nach und wurde am Delaware ebenso herzlich begrüßt wie in fast allen Häfen, die sie bis dahin besucht hatte.
Nach seiner Rückkehr ins heimatliche Southampton wurde der 13 Jahre alte Liner mit einer Aufgabe konfrontiert, die fernab seiner urspünglichen Konzeption lag und doch die Fortführung einer stolzen Tradition bedeutete.

SOUTHERN EVENING ECHO

Southampton — 95th year — No. 28831

Wednesday, May 12, 1982

FALKLAND

DUTY THE

PREPARING TO JOIN THE TASK FORCE

The QE2 in Southampton, preparing to s

ON HER MAJEST

LUXURY-CLASS T

GREAT LINERS have a habit of making history

The Queen Mary's maiden voyage ... the Queen Elizabeth's last — these were truly historic moments both for the world and Southampton, which has for so long been Britain's premier liner port.

Now we have Britain's largest and most prestigious passenger ship, a vessel that has always had the closest links with our city, preparing like so many of her predecessors to ferry 3,000 troops to a war zone.

Over the past week, the 67,000-ton cream of Britain's merchant marine has been transformed with breathtaking speed into a clinical instrument of war.

The change has proved to a new generation the amazing versatility of these elegant vessels. Bu would not have been poss without the skill and dedicatio local shipyard workers.

No one who has stood on quayside at the Cunarder's b in the Eastern Docks over the few days can have failed to n hundreds of people working ex ordinarily hard in the face common call.

OLOUR SPECIAL

CALLS QE2

lands.

SERVICE

SHIP

of Vosper Shiprepair-
per Thornycroft have
lly night and day to fit
ter pads and make the
or war.
e luxury fittings have
d out and boards have
her plush carpet to
om heavy army boots.
tion has gone ahead
nd efficiency and one
ship electrician said: "The spirit of goodwill is amazing, with everyone throwing their weight behind the work that has to be done."

The phlegmatic Cunard managers, on hearing of the QE2's requisitioning while enjoying their Bank Holiday, threw themselves into a truly awe-inspiring planning operation, as they contacted passengers whose bookings had to be cancelled.

As the QE2 sails for the Falklands, the people of Hampshire can truly say a little piece of them is sailing with her.

KAPITEL 12

FALKLAND

KAPITEL 12

FALKLAND

QUEEN ELIZABETH 2
1982

Für die 1.813 Bewohner der Falkland-Inselgruppe war es ein böses Erwachen, als am Morgen des 2. April 1982 argentinische Truppen über ihre Heimat marschierten. Fast mühelos nahmen die Einheiten des südamerikanischen Landes die Falklands und ihre Dependanz South Georgia ein.

Die Falklands liegen etwa 400 Meilen von Argentinien entfernt und sind einer der letzten (und mit 8.000 Meilen am weitesten entfernten) Außenposten des ehemals gigantischen britischen Empire. Die meisten solcher Kleinstaaten befinden sich nur deshalb noch unter britischer Verwaltung, weil die Mehrheit ihrer Einwohner so abgestimmt hat – sei es aus wirtschaftlichen, politischen oder militärischen Erwägungen.

Im Falle der Falklands diskutierten Politiker in Großbritannien bereits in den sechziger Jahren, wie man die kleine Inselgruppe, die vor allem Steuern verschlang, möglichst elegant in die Selbständigkeit oder die Obhut Argentiniens entlassen könne – ohne zu einer politisch korrekten Lösung zu kommen.

Die Falkland-Inseln sind von Argentinien für die Versorgung der Einwohner wesentlich abhängiger als vom britischen Mutterland, und doch ziehen es die Inselbewohner vor, von London aus verwaltet zu werden. Aus verständlichen Gründen: wer würde schon die demokratische und finanzielle Sicherheit eines europäischen Industriestaates eintauschen wollen mit einem wirtschaftlich labilen südamerikanischen Land, in dem das Militär regiert?

Die argentinischen Militär-Junta gingen bei ihrer Invasion davon aus, dass Großbritannien eventuelle Maßnahmen auf die diplomatische und wirtschaftliche Ebene beschränken würde. Ein Blick auf die politische Karriere von Premierministerin Margaret Thatcher hätte sie vielleicht eines Besseren belehrt.

Eine außerordentliche Sitzung des Parlaments ergab die fast einstimmige Meinung, dass ein solcher Bruch internationaler Gesetze nicht einfach ignoriert werden konnte und militärische Maßnahmen zu treffen waren.

Im Jahr zuvor hatte Großbritannien Einsparungen beim Verteidigungsetat angekündigt, die unter anderem die Verkleinerung der großen Flotte beinhalteten. Fortan würde nur noch eine Seemacht unterhalten werden, die dazu reichte, die Seewege des Ostatlantiks zu schützen, der wichtigsten Versorgungsverbindung im Falle eines Ost–West-Konflikts.

Als etwa 4.000 argentinische Soldaten über die Falklands herfielen, waren diese Sparmaßnahmen allerdings noch nicht in Kraft getreten, so dass eine eindrucksvolle Flotte immer noch zur Verfügung stand.

Eine erste Gruppe von Kampfeinheiten verließ Großbritannien am 5. April. Vier Tage später folgten drei Bataillone Soldaten mit der CANBERRA der P&O Lines, die als Truppentransporter eingezogen worden war. Mit der Nordseefähre NORLAND folgte wenige Tage später ein weiterer Truppentransporter.

Angesichts der Tatsache, dass die britische Streitmacht da-

Drei Tage nach dem argentinischen Einmarsch auf den Falklands legte die CANBERRA der P&O Lines als erster Truppentransporter ab.

mit gut ausgerüstet schien, bestand landläufig die Meinung, der Konflikt werde wahrscheinlich doch auf dem politischen Wege beendet, bevor überhaupt alle Truppenteile im Südatlantik einträfen.

Davon abgesehen herrschte allgemein die Ansicht, Großbritannien werde in dieser politischen Seifenoper kaum die QUEEN ELIZABETH 2 einsetzen, die als Vorzeigestück der Nation zu groß und wertvoll war, als dass man sie in eine kleine militärische Querele mit einer zweitklassigen Bananenrepublik schicken würde, nur um ein paar 8.000 Meilen entfernte Felsen zu verteidigen.

Während eine 3.400 Mann starke Truppe damit begann, die Inseln zurückzuerobern, lichtete die QE2 am 29. April in Philadelphia den Anker, um nach England zurückzukehren.

Auf der Brücke machten sich der Erste Offizier Philip Rentell und der Zweite Offizier Paul Jowett einen Spaß daraus, Berechnungen für eine Reise der QE2 zu den Falklands anzustellen, was Captain Alexander Hutcheson zu einer scherzhaften Bemerkung veranlasste, als er die Brücke betrat.

Einige Tage später würde er froh sein, zu wissen, dass die QE2 bei 27 1/2 Knoten für die Strecke 10 1/2 Tage benötigte und dabei 6.000 Tonnen Treibstoff verbrauchte.

Am 3. Mai dampfte die QE2 bereits durch südenglische Gewässer, als eine Meldung der BBC Passagiere und Besatzung des Oceanliners gleichermaßen aufrüttelte: Der Radiosender behauptete, das Schiff sei von der Regierung angefordert worden, um eine 3.500 Mann starke Truppe zu den Falklands zu bringen.

Einem Reporter der BBC, der wenig später anrief, konnte Captain Hutcheson nur sagen, dass ihm davon nichts bekannt sei. Als er schließlich die offizielle Bestätigung der Cunard Line erhielt, machte er eine Durchsage über die Lautsprecher des Schiffes. Viele Passagiere begrüßten die Entscheidung, hatten doch die alten QUEENS ihrem Vaterland einen solch guten Dienst erwiesen.

Die QUEEN ELIZABETH 2 machte um 0:02 Uhr am 4. Mai an ihrer Pier fest. Am nächsten Morgen, nach dem Frühstück, begannen die Passagiere von Bord zu gehen, während Arbeiter erste Vorbereitungen für den Umbau des Luxusliners zum Truppentransporter trafen.

Mittlerweile war auch der Captain der QE2, Peter Jackson aus dem Urlaub zurückgekehrt und übernahm das Schiff von seinem Stellvertreter. Jackson musste mit Entsetzen anhören, dass die Ingenieure der Navy planten, die hinteren Lidofenster mitsamt der Aluminium-Rahmen vom Schiff loszuschneiden, um eine Hubschrauber-Plattform zu installieren, die das Upper Deck über das Quarter Deck hinaus verlängern würde. Zu diesem Zweck sollten anfänglich die beiden Pools auf den Achterdecks mit Zement gefüllt werden, um das Gewicht der Plattform zu tragen. Später wurde entschieden, nur Stahlplatten auf den Boden der Pools zu legen und darauf ein Netzwerk von Stahlträgern zu errichten. Eine weitere Landeplattform wurde auf dem Bug über den Ankerspills konstruiert.

Diese Bilder geben einen Eindruck von dem Aufwand, den man im Bereich des Achterdecks betreiben musste, um das Helikopterdeck zu installieren.

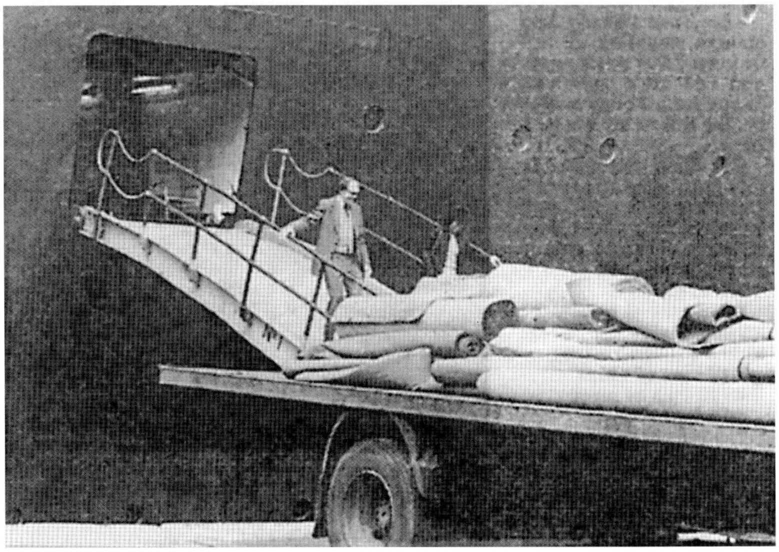

Eine Ladung Teppiche, die nicht groben Soldatenstiefeln ausgesetzt werden sollen, verlässt das Schiff ...

Die Landeplattformen waren bereits bei Vosper Thornycroft vorgefertigt worden, und der Schiffsinstandsetzungsbetrieb war es auch, der die technische Seite des Umbaus betreute. Acht Tage lang wimmelte es rund um die Uhr von Thornycroft-Arbeitern an Bord.

Der erste Schritt der Verwandlung der QE2 in einen Truppentransporter bestand daraus, die Einrichtung ihrer normalen Luxusreisen von Bord zu bringen: Bilder, Pflanzen, Porzellan, Kaviar, Möbel – alles wurde in Lagerhäusern an Land untergebracht.

Um die Teppiche an Bord der QE2 vor der Belastung durch Armeestiefel zu schützen, wurden sie mit Sperrholzplatten abgedeckt, die durch stabiles Klebeband aneinander gehalten wurden. Diese Maßnahme erwies sich als gut in allen weniger frequentierten Bereichen, aber dort, wo viel verkehrt wurde, gaben die Platten bald unter der Dauerbelastung nach und mussten entfernt werden. Wo es möglich war, wurden die Teppiche eingerollt, während in anderen Bereichen des Schiffes nach dem Krieg neue verlegt werden mussten.

Für den Kriegseinsatz wurde die kommerzielle Funkanlage der QE2 erweitert. Dies geschah durch die Einrichtung eines zusätzlichen Funkraumes, der direkt mit der Brücke verbunden war.

Im Inneren erhielt die QE2 ein System zur Aufhebung des Magnetfeldes des Schiffes als Schutz vor magnetischen Minen – eine Weiterentwicklung des Systems, das im Zweiten Weltkrieg die alten QUEENS geschützt hatte.

Die militärisch weniger Erfahrenen unter den 640 freiwilligen Crew-Mitgliedern (insgesamt hatten sich etwa 1.000 Freiwillige gemeldet) machten sich Sorgen über die spärliche Bewaffnung des Liners, die nur aus Sockeln für Maschinengewehre aus dem Zweiten Weltkrieg bestand.

Auch die Versicherung, die an Bord kommenden Truppen seien mit schwereren Waffen ausgestattet, konnte die Betreffenden nicht recht beruhigen. Die Frage nach der verhältnismäßig leichten Bewaffnung der QE2 erklärte sich in den Fortschritten, die die Waffentechnologie seit der Zeit ihrer Vorgängerinnen gemacht hatte.

Der Kampf auf See war seit der Einführung der Radar-Technologie längst kein Auge-zu-Auge-Konflikt mehr. Aber da nicht vorgesehen war, die QE2 ins unmittelbare Kampfgebiet fahren zu lassen, konnte man die vorhandenen High-Tech-Waffen auf anderen Schiffen sinnvoller einsetzen.

1.000 Feldbetten, die an Bord gebracht wurden, stockten die Truppen-Kapazität der QE2 auf 3.150 Mann auf. Der Double Room wurde durch die Aufstellung von Klapptischen und -stühlen zur Messe für die Truppen.

Im blauen Treppenhaus, außerhalb des BRITANNIA-Restaurants, wo zu Friedenszeiten Wandteppiche mit Motiven vom Stapellauf des Schiffes den Aufgang zierten, wurden Karten des Südatlantiks und der Falklandinseln aufgehängt, und während der Reise blieben viele Vorbeigehende stehen und frischten ihre Geographie-Kenntnisse auf.

Als Captain Jackson den Vorsitzenden der Cunard Line, Ralph Bahna, auf dem Schiff herumführte, herrschte an Bord ein Bild der Verwüstung. Alle nötigen Arbeiten schienen gleichzeitig zu geschehen, um die QE2 so schnell wie möglich wieder auf See zu bringen, und Jackson sagte später, nachdem Bahna die QE2 in diesem Zustand gesehen habe, habe er sich »erstmal eine Weile in einem Schockzustand befunden.«

Captain Jacksons Verantwortlichkeit während der militärischen Reise beinhaltete vor allem die Sicherheit und Navigation des Schiffes. Alle Befehle gab ein Captain der Navy, Noel James. Captain James formulierte es gegenüber Captain Jackson: »Wir sagen Ihnen, was wir wollen, und Sie können es dann tun.«

Zwanzig Jahre später erinnerte sich Captain Jackson an seine Gefühle, als er erfuhr, dass die QE2 unter seinem Kommando in den Krieg ziehen solle: »Ich war sehr erfreut. Ich habe unseren ganzen Krieg zur See [den Zweiten Weltkrieg] mitgemacht, und als wir noch das hatten, was ich einen wahren Feind nenne – die deutschen Truppen und Hitler – hatten wir eine wunderbare See- und Luftstreitmacht. Und als der Krieg vorbei war, dachte ich ›naja, einen Seekrieg werde ich nie mehr sehen. Das wars.‹ Und ich konnte es kaum glauben, als ich erfuhr, dass wir uns im Krieg mit Argentinien befanden und ich die QE2 hinbringen sollte. Ich erkannte, dass Argentinien kein besonders effizienter Gegner war, und so beunruhigte es mich nicht im Geringsten.«

Als Verbindungsoffizier zwischen der Cunard-Crew und den Navy-Offizieren fungierte der Erste Offizier der QE2, Philip Rentell. Im Gegensatz zu seinem Captain war er Mitglied der Reserve der Royal Navy und schien für diesen Posten geeignet.

Die Berechnungen, die Rentell zusammen mit dem Zweiten Offizier auf der letzten Friedensreise des Schiffes angestellt hatte, ergaben, dass der Liner nur die Strecke bis zu den Falklands zurücklegen konnte, ohne zwischendurch mit Treibstoff versorgt zu werden, nicht aber den Rückweg. Um den Operationsradius der QE2 zu vergrößern, wurde entschieden, sie mit einem militärischen System auszustatten, das die Übernahme von Treibstoff auf See gestattete. Dieser Vorgang, der in der englischen Militärsprache *rassing* (abgeleitet von der Abkürzung R.A.S. – *replenishment at sea*) genannt wird, machte es erforderlich, dass eine Pipeline von den Tanks des Schiffes bis zur sechs Decks höher gelegenen Gepäckladeluke auf Deck 2 führte.

Kolonnen von Lastwagen brachten alles heran, das an Material an Deck verstaut werden sollte. Größere Gegenstände wie Geländewagen, Ersatzteile für Helikopter und Fässer mit Kraftstoff wurden auf dem Boat Deck und den Überresten des Upper Deck gelagert.

Insbesondere angesichts der Tatsache, dass ein Angriff auf die QE2 durchaus denkbar war, war es freilich eine pikante Angelegenheit, hochbrennbares Kerosin zusammen mit Munitionscontainern zu lagern. Aber das beschränkte Platzangebot machte manches Provisorium unumgänglich. Schließlich lag dieser Einsatz weit entfernt von den eigentlichen Funktionen des Liners.

Der Untergang der SHEFFIELD am 10. Mai und zwei Tage später der argentinischen GENERAL BELGRANO ließ deutlich werden, dass die »politische Seifenoper« doch nicht so harmlos war, wie zuerst alle gedacht hatten. Der Krieg war damit zu einer wesentlich realeren Tatsache geworden.

... während sich auf dem gleichen Wege die ersten Soldaten an Bord begeben.

Die Truppen begannen um 5:45 Uhr am Morgen des 12. Mai an Bord zu gehen. Die 5. Infanterie-Brigade bestand aus dem ersten Bataillon der Welsh Guards, dem zweiten Bataillon der Scots Guards und dem ersten Bataillon der 7th Duke of Edinburgh's Own Gurkha Rifles, die dafür bekannt waren, schlechte Seeleute zu sein und dementsprechend in den unteren Decks des Schiffes untergebracht wurden, wo die Seebewegungen weniger spürbar sind.
Captain Jackson beschrieb dem Autor zwanzig Jahre nach dem Feldzug die Besonderheit dieser Einheit: »Die Ghurkas kommen aus Nepal. Es ist ihr Bestreben, Mitglieder der britischen Armee zu sein. Sie sind sehr entschlossene Kämpfer, und die Bezahlung in der Armee ist – nach ihren Standards – sehr hoch. Die Ghurka-Regimenter sind sehr angesehen. Es geschah also, dass die Argentinier erfuhren, dass die Ghurkas auf dem Weg nach den Falkland-Inseln waren – und sie waren entsetzt! Eine Gruppe Argentinier wurde von den Scots Guards zurückgedrängt«, erinnerte Jackson sich schmunzelnd, »und begegneten einem Regiment Ghurkas. Sie machten kehrt und ergaben sich den Scots Guards.«
Während sich an Land bald eine Menge Schaulustiger angesammelt hatte – viele von Ihnen, um Ehemänner oder Freunde zu verabschieden – statteten Lord Matthews und Ralph Bahna, die Vorsitzenden von Trafalgar House und der Cunard Line, der QE2 einen Besuch ab. Auch der britische Verteidigungsminister John Nott kam für eine Tour über die Brücke und einer kurzen Ansprache zu den Truppen an Bord.
Vom Fleet Air Arm Museum und dem Imperial War Museum wurde Linda Kitson als offizielle Kriegskünstlerin mit auf die Reise geschickt, um die Ereignisse für die Nachwelt festzuhalten.
Um 16:03 Uhr legte der Liner, der nun ein Truppentransporter war, vom Queen Elizabeth II Terminal ab. Während fünf Schlepper das Schiff in den Strom brachten, Schiffe im Hafen ihre Nebelhörner erklingen ließen und Menschen an Land winkten, hatte Captain Jackson ganz andere Sorgen: Während des achttägigen Aufenthaltes in Southampton waren zwei der drei Kessel der QE2 einer Überholung unterzogen worden, und an einem von ihnen wurde bei Abfahrt noch gearbeitet. Der andere hatte ein Leck in seinem Rohrsystem, das die Ingenieure nicht aufspüren konnten. Mit nur einem funktionierenden Kessel jedoch konnte sich die QE2 kaum fortbewegen und erst recht keine Ozeanpassage antreten.
Andererseits bedeutete ein pünktliches Ablegen des Liners einen gewissen Propaganda-Wert, so dass die QUEEN ELIZABETH 2 den Hafen verlassen *musste*. Als sie langsam den Solent hinabfuhr, blieb der Schlepper ALEXANDER bei ihr, um ihr bei der Navigation bis zur Isle of Wight zu assistieren, wo das Schiff außerhalb von Küstensichtweite vor Anker ging.
Unterdessen waren zwei Helikopter vom Typ »Sea King« auf Deck gelandet und mit zusammengeklappten Rotorblättern gesichert worden.
Während die Ingenieure im Maschinenraum die Nacht durcharbeiteten, um die Arbeiten am zweiten Kessel zu beenden und den Fehler am dritten zu finden, brachte der Navy-Schlepper BUSTLER von Portsmouth weitere Ausrüstung zum Schiff.
Das Problem des leckenden Kessels wurde schließlich gefunden: ein Ventil war schlicht und einfach vergessen worden zu schließen!
Mit zwei Kesseln konnte die QE2 am nächsten Morgen Anker lichten und eine Geschwindigkeit von 21 Knoten aufnehmen, bis auch der dritte Kessel wieder in Betrieb und das Schiff somit voll funktionsfähig war.
Der erste Tag auf See begann mit einem Bootsmanöver für die Truppen, das auf dem bald völlig überfüllten Bootsdeck für viel Chaos sorgte. Hilfreich war es auf jeden Fall, weil nach dem ersten Manöver ein Plan ausgearbeitet wurde, der für wesentlich mehr Ordnung bei späteren Übungen sorgte.
Die Ghurkas wurden darauf trainiert, ihren Weg zu den Bootsstationen auch blind zu finden, da sie in den unteren Decks des Schiffes untergebracht waren und somit bei einem Stromausfall den längsten Weg hatten.
Am Nachmittag startete einer der Helikopter mit einem Soldaten und zwei Mitgliedern des medizinischen Personals. Der Mann wurde in ein Krankenhaus in Cornwall mit dem Verdacht auf Blinddarmentzündung eingeliefert, starb dann aber an einer Hirnhautentzündung.
Das vermutlich bedeutendste Ereignis des Tages war ein Rendez-vous mit dem Versorgungsschiff GREY ROVER der Royal Navy, um das Auftanken der QE2 auf See zu testen. Üblicherweise ist das bunkernde Schiff dazu verpflichtet, darauf zu achten, dass der Abstand zum Versorgungsschiff

Die Helikopter des Typs Sea King erhielten bald den Beinamen »Paraffintauben«.

konstant bleibt. In diesem besonderen Fall war es die GREY ROVER, die einen konstanten Abstand von etwa 50 Metern zu dem Liner hielt.

Etwa hundert Mann standen auf der QUEEN ELIZABETH 2 bereit, als von der GREY ROVER eine Leine herübergeschossen wurde, an der sich die zwanzig Zentimeter starke Pipeline befand. Nachdem diese an die Leitung an Bord angekoppelt worden war, wurden einige Tonnen Öl hindurchgepumpt, um das System zu testen, dann blies die GREY ROVER die Pipeline frei und holte sie wieder ein.

Mit drei Stößen der Dampfpfeifen verabschiedeten sich die beiden Schiffe voneinander. Das Manöver hatte gezeigt, dass die QUEEN ELIZABETH 2 nun praktisch unbegrenzt auf See bleiben konnte.

An Bord spielte sich bald eine gewisse Routine ein. Fast das ganze Schiff wurde für Übungszwecke eingesetzt. Pausenlos joggten Soldaten rund um das Bootsdeck. Jeder Einheit an Bord wurden bestimmte Zeiten zugeteilt, zu denen sie das Deck nutzen konnte, und so hörte man beinahe ununterbrochen das Getrampel schwerer Stiefel auf dem Deck – das einen solchen permanenten und penetranten Lärm erzeugte, dass einige Crewmitglieder es bald leidenschaftlich zu hassen begannen.

Ein Teil der an Bord genommenen Munition war für Übungszwecke vorgesehen, und schwarze, mit Abfall gefüllte Plastiksäcke, die ins Meer geworfen wurden, schienen sich nur zu gut als Ziele zu eignen. Allerdings kam es auch hier bald zu verständlichen Beschwerden seitens der Besatzung. Allzu unvorsichtiger Umgang mit den Waffen führte dazu, dass die hölzerne Reling stellenweise arg in Mitleidenschaft gezogen wurde.

Da nicht abzuschätzen war, wo und unter welchen Umständen die Truppen ausgeschifft werden würden, übten die Piloten der Sea Kings immer wieder Starts und Landungen an Bord, um sich insbesondere mit Luftlöchern und -strömungen rund um das fahrende Schiff vertraut zu machen. Eine spezielle Herausforderung war selbst für erfahrene Piloten die Landung auf der Plattform des Vordecks. Nicht nur bewegte sich dieser Landeplatz mit 27 Knoten vorwärts sondern auch mit dem Seegang auf und ab.

Die Sea Kings wurden bald von der Besatzung nur noch »Parafintauben« genannt.

Vor Aufbruch zu der Reise hatte bei einigen Crewmitgliedern die Befürchtung bestanden, die schiffseigene Wasserproduktion werde nicht ausreichen, um Wasser für 3.800 Menschen zu produzieren.

Doch das Osmose-Umkehrungssystem und die vier Destillationsanlagen des Liners deckten den Bedarf problemlos ab. Den Ghurkas, die eifrig darauf bedacht waren, Wasser zu sparen, musste der Befehl gegeben werden, ihre Toiletten zu spülen, nachdem man ihnen erklärt hatte, dass hierzu ohnehin Salzwasser verwendet wurde.

Am Sonntag, 16. Mai, hielt Captain Jackson einen Gottes-

dienst im Theater ab. Danach bekleidete er sich mit einem Fliegeranzug der Sea-King-Piloten und übergab das Kommando der QE2 an seinen Stellvertreter Alexander Hutcheson, um einen Rundflug um sein Schiff zu unternehmen.
Während amerikanische und sowjetische Spionagesatelliten die Route der QUEEN ELIZABETH 2 verfolgten, hatte Captain Jackson Order so unauffällig wie möglich Freetown in Sierra Leone anzulaufen, das heißt: abseits der normalen Seerouten.
In der afrikanischen Stadt traf die QE2 am Morgen des 18. Mai ein – sehr zur Überraschung der dortigen Behörden, die man erst kurz vor der Ankunft davon unterrichtet hatte.
Während des elfstündigen Aufenthalts wurde der Treibstoffvorrat des Liners um 1.867 Tonnen ergänzt, so das sichergestellt war, dass die QUEEN ELIZABETH 2 die Kampfzone mit einer Reserve erreichen konnte.
Während des Stopps war es Truppen und Besatzung nicht gestattet, von Bord zu gehen. Einem Soldaten gelang es trotzdem, und er verpasste prompt die Abfahrt des Schiffes.
Nachdem er sich mit dem lokalen Cunard-Vertreter in Verbindung gesetzt hatte, behauptete er, er sei über Bord gefallen und von Fischern gerettet worden. Wahrscheinlicher jedoch ist es, dass er von Bord ging, um Drogen zu kaufen. Der Mann wurde per Flugzeug nach England gebracht und dort aus dem Dienst entlassen.
An der Bordwand der QE2 machten einige Boote von Einheimischen fest, die ihr Geld damit verdienten, allerlei Waren an Touristen an Bord von Kreuzfahrtschiffen zu verkaufen. Offenbar ließen sich auch mit den militärischen Besuchern Geschäfte machen, bis die militärische Führung an Bord die Händler fortbefehligte, da die Befürchtung bestand, die feilgebotenen Tierfelle seien mit Milzbrand-Bakterien verseucht.
Als die QUEEN ELIZABETH 2 am Abend wieder auslief, knüpfte der Erste Offizier Rentell an eine Tradition tropischer Truppenreisen an: An Deck wurde ein Film gezeigt.
Eine weitere Tradition nahm in der Nacht vom 19. auf den 20. Mai ihren Lauf: Die Äquatortaufe. In einem improvisierten Swimming Pool, der auf dem Vordeck zwischen den Ladekränen errichtet worden war, feierten die Soldaten eine feucht-fröhliche Party, und »Neptun« taufte all jene, die den Äquator zum ersten Mal überquerten.
Auch ansonsten blieben die Truppen während ihrer Reise beschäftigt. Neben den allgegenwärtigen Kartenspielen, gaben einige von ihnen eine Bordzeitung heraus oder organisierten Konzerte.
Die Truppen wurden in den Restaurants des Liners verpflegt, und abends standen stets Vorräte bereit, damit sich Soldaten einen Tee oder Kakao kochen konnten. Zugang zu den Küchen und Vorratslagern hatten sie jedoch nicht, und Militärpolizisten hielten vor den Türen Wache.
Die nächste Station der QE2 hieß Ascension Island, eine Insel im Südatlantik, die zu Großbritannien gehört und auf welcher sich eine amerikanische Militärbasis befindet.
Auf dem Weg dorthin sichtete die Besatzung ein russisches Aufklärungsschiff, das aller Wahrscheinlichkeit nach die Position des Liners nach Moskau meldete. Da allerdings die Beziehungen der Sowjetunion zu Argentinien als wenig warmherzig galten, war nicht davon auszugehen, dass das Spionageschiff eine Bedrohung darstellte.
Die Truppen wurden nun verstärkt darauf trainiert, mit ihrer Ausstattung an Bord der Helikopter zu gehen, da es nicht auszuschließen war, dass sie auf diesem Wege das Schiff verlassen mussten.
Außerdem erhielt die Besatzung der QE2 nun die Anordnung, das Schiff zu verdunkeln. Verständlicherweise lag ihr wenig daran, die Fenster und Bullaugen mit schwarzer Farbe zu übermalen, so dass schwarze Plastiksäcke sich als Lösung anboten.
Und es zeigte sich, dass die Säcke sich ebenso gut wie schwarze Farbe eigneten – mit einem Abstrich: in den tropischen Klimazonen, durch die die QE2 fuhr, sorgten sie für einen Treibhauseffekt und ließen die Temperaturen im Schiff beträchtlich ansteigen.
Über die Verdunklung sagte Captain James, die QE2 sei damit vom hellsten Stern auf dem Ozean zum dunkelsten geworden.
Aus Sicherheitsgründen war es der QE2 nicht gestattet, Ascension direkt anzulaufen. Im Abstand von fünfzig Meilen fand am 21. Mai ein Rendez-vous mit dem Nordsee-Fischerei-Schutzschiff HMS DUMBARTON CASTLE statt, das eine Landeplattform für Helikopter besaß.
Mehrere Stunden lang flogen Sea Kings zwischen den beiden Schiffen hin und her und transportierten tonnenweise Vorräte auf die Insel. Gleichzeitig brachten sie zehn Tonnen Post zurück zur QE2 und darüber hinaus Major General

Jeremy Moore, unter dessen Leitung die *Operation Corporate* stattfand, mit der Großbritannien die Falklands zurückeroberte. Moore war mit einem Stab von 200 Mann vom Königreich nach Ascension geflogen, um dort an Bord der QE2 zu gehen.

Am 23. Mai brach die QUEEN ELIZABETH 2 zur letzten Etappe ihrer Reise auf. Sie näherte sich nun mehr und mehr der Kriegszone, so dass zusätzliche Sicherheitsmaßnahmen getroffen wurden: Auf den Decks 6, 7 und 8 schloss man die wasserdichten Türen. Um die Ortung des Schiffes von durch Funkwellen gesteuerte Raketen zu verhindern, wurde Funkstille angeordnet. Das Radar, das es besonders leicht macht, ein Schiff zu finden, wurde ebenfalls abgestellt, und an seiner Stelle nahmen Ausgucke auf den Flügeln der Brücke und am Schornstein Stellung.

Der QE2 etwa eine Tagesreise voraus fuhren die Schwesterfähren BALTIC FERRY und NORDIC FERRY, während die ATLANTIC CAUSEWAY, ein Frachter der zu Cunard gehörenden Atlantic Container Line, dem Oceanliner mit wenigen Stunden Abstand folgte.

Rund um den Schornstein der QE2 stellte man Luftabwehrraketen des Typs Blowpipe auf.

Hatten wenige Tage zuvor noch tropische Temperaturen geherrscht, so machte sich nun der Winter auf der Südhalbkugel mit Temperaturen von unter 5°C, einer feuchten Kälte, bewölktem Himmel, Regenschauern und stärkerem Seegang bemerkbar.

Am 25. Mai wurden die Männer unsanft daran erinnert, auf was für einer Art Reise sie sich befanden: Exocet-Raketen der argentinischen Streitmächte hatten die HMS COVENTRY und die ATLANTIC CONVEYOR (das Schwesterschiff der ATLANTIC CAUSEWAY) versenkt.

Am folgenden Tag gab Captain Jackson den Befehl, Zickzackkurs zu steuern, da nun die Wahrscheinlichkeit einer Begegnung mit argentinischen U-Booten immer größer wurde. In der Nacht kam zusätzlich zu der täglich stärker werdenden Bedrohung durch feindliche U-Boote oder Luftangriffe eine weitere Gefahrenquelle hinzu: das Wetter. Nacht und Nebel ließen die Sicht auf unter eine Meile fallen, während sich gleichzeitig mehr und mehr Eisberge auf dem Kurs der QE2 befanden.

In Absprache mit Captain James ließ Captain Jackson alle 30 Minuten das Radar kurz einschalten, weil man dies trotz der Möglichkeit eines Raketenangriffs immer noch für ein geringeres Risiko hielt als die Kollision mit einem Eisberg. Unter größter Wachsamkeit der Männer auf der Brücke tastete sich die QE2 die ganze Nacht hindurch langsam durch das Eisfeld. Bei einem der Radarscans waren über 100 Objekte auf den Schirm zu erkennen, und ein Eisberg, den die QE2 passierte, war über eine Meile lang und etwa hundert Meter hoch.

In seinem Tagebuch schrieb Captain Jackson über diese Nacht: »Geschwindigkeit reduziert von 140 U/min auf 80 U/min. Ich will nicht die TITANIC des Südatlantiks werden. Diese Drosselung ließ das Schiff verspätet zum Rendez-vous mit HMS ANTRIM erscheinen, aber besser, wie kommen in einem Stück an. Wir schlängelten uns zwischen den vielen Bergen hindurch. Ich habe nie zuvor so eine quälende Erfahrung gemacht.«

Am folgenden Morgen verließ die QE2 das Eisfeld. Im Laufe des Tages musste sie immer wieder einzelnen Eisbergen ausweichen.

Die QE2 fuhr zu einem Treffpunkt, an dem Major General Moore, Brigadier Tony Wilson und ihr Stab auf den Zerstörer HMS ANTRIM wechselten, damit der Major General auf dem Weg zu den Falklands auf Admiral Woodward treffen und mit ihm die weiteren Pläne besprechen konnte.

Brigadier Wilson schrieb den an Bord verbleibenden Truppen in der Bordzeitung:

»Sehr bald werden wir alle vor South Georgia auf andere Schiffe transferiert werden, um von dort aus die letzte Phase unseres Zuges zu den Falkland-Inseln zu beginnen. Es sieht so aus, als werde die Brigade am 1. Juni eintreffen, das ist Anfang nächster Woche.

Dort sollen wir uns der 3. Kommando-Brigade anschließen. Wenn das geschehen ist, werden wir eine gemeinsame Operation starten, um die Inseln zurück zu erobern.

Befehle werden Sie bei der Ausschiffung erhalten; es ist noch zu früh für einen detaillierten Plan, denn er würde sich wahrscheinlich im Laufe der nächsten fünf Tage ändern.

Dies ist die letzte Ausgabe dieser Zeitung, und ich möchte dem Master und der Schiffsbesatzung der QE2 ›Danke‹ sagen, für die Art und Weise, wie sie uns auf dieser Reise betreut haben. Wir haben Sie gut kennen gelernt, wir bewundern Sie, und wir werden immer stolz sein, dass wir mit Ihnen auf Ihrem prächtigen Schiff gefahren sind.

Zur Brigade möchte ich nur sagen: ›Wir werden uns unse-

Die QUEEN ELIZABETH 2 *am Ziel ihrer Reise: South Georgia.*

ren Lohn als Team bald verdienen – und wir werden in diesem Spiel gewinnen!‹ «
Das Treffen mit der ANTRIM kam um 11:45 Uhr zu Stande, und die Offiziere drückten ihre Bewunderung für die Akkuratesse aus, mit der das Kriegsschiff zu dem Treffpunkt gekommen war – worauf dessen Besatzung erwiderte, dies sei ziemlich einfach gewesen, da der Liner bereits geortet worden sei, als dieser während der Nacht immer wieder sein Radar eingeschaltet habe!
Major General Moore und seine Führungsoffiziere wurden per Helikopter von der QE2 auf das Kriegsschiff gebracht, während der restliche Stab in Booten transportiert wurde. Ein jüngerer Offizier brach sich das Bein, als es zwischen dem Boot und der Bordwand der ANTRIM eingeklemmt wurde. Mit dem Helikopter wurde er wieder auf den Liner transferiert. Für ihn war der Krieg vorüber.
Nach zwei Stunden trennten sich die beiden Schiffe, und für die Besatzung der QE2 begann die nicht ganz einfache Aufgabe, die Boote wieder an Bord zu holen, ohne dabei die Davits zu beschädigen, denn bei dem vorherrschenden Seegang konnte es leicht passieren, dass ein eben noch schwimmendes Rettungsboot ruckartig sein gesamtes Gewicht dem Davit aufbürdete.
Um 18:05 Uhr war die QE2 in Sichtweite ihres endgültigen Ziels, der ehemaligen Walfangstation in Grytviken, South Georgia – theoretisch zumindest: Der Nebel war mittlerweile so dicht, dass Rentell, der am Bug stand und das Ankermanöver überwachte, trotz eingeschalteter Lichter die Brücke nicht sehen konnte. In dem Nebel und angesichts der Tatsache, dass in der Cumberland Bay noch zahlreiche andere Schiffe lagen, dauerte es anderthalb Stunden, bis das Manöver beendet war.
Erstmals seit ihrem Stopp in Sierra Leone lag die QE2 wieder vor Anker. Auf der gut 5.000 Meilen langen Strecke hatten ihre Maschinen 3.570 Tonnen Öl konsumiert.
Schon bald nach der Ankunft kamen die Navy-Komman-

Die QE2 in der Falkland-Konfiguration.

danten von HMS ENDURANCE, Captain Barker, und der CANBERRA, Captain Burr, an Bord der QE2, um in der Queen Mary Suite mit Captain James die Vorgehensweisen bei Vonbordgehen der Truppen und der Übernahme der Ladung zu besprechen.

Der ganze Vorgang sollte so schnell wie möglich geschehen, und trotz Nebel und Dunkelheit wurde noch in der gleichen Nacht begonnen. Die Fisch-Trawler CORDELLA, JUNELLA, NORTHELLA und FARNELLA (zusammen bekannt als die ELLAS) der Firma J. Marr & Son Ltd. sowie die PICT der British United Trawlers wurden zusammen mit dem Admiralitätsschlepper TYPHOON als Shuttles eingesetzt, um Truppen und Vorräte zu den entsprechenden Schiffen zu bringen.

Dieses Unternehmen war nicht ganz ungefährlich, denn aus Sicherheitsgründen durften keine Lichter verwendet werden. Die Sichtweite war sehr begrenzt, aber zum Glück trugen alle an der Umladung beteiligten Schiffe nur Kratzer davon. Wegen des großen Risikos wurde der Vorgang dennoch bis zum nächsten Morgen unterbrochen. Captain Jackson schrieb in sein Tagebuch: »Ins Bett gegangen kurz nach Mitternacht, nach fast 24 Stunden auf den Beinen. Fühle mich ein wenig müde.«

Mit dem Morgengrauen lichtete sich auch der Nebel, und das einsetzende Tageslicht bot den Männern an Bord einen phantastischen Anblick der Cumberland Bay und South Georgia: Stücke blauen Himmels waren zwischen den tief hängenden Wolken zu sehen, die über eisbedeckten Bergspitzen der Insel hingen. Gletscher auf ihrem Weg zum Meer bedeckten die Insel.

Die Ausschiffung von Truppen und Material ging den ganzen Tag weiter. Die Scots Guards und Welsh Guards wurden auf die CANBERRA transferiert, die am vorigen Nachmittag aus der Kampfzone zurückgekehrt war. Das Schiff war Bombenangriffen entgangen, und mit den Rostspuren, die seine weiße Außenhaut zierten, sah es etwas mitgenommen aus.

Die Ghurkas benutzten die Boote der QE2, um auf die NORLAND zu transferieren.

Diese hatte bereits einiges hinter sich. Auch sie kam aus der Kampfzone, und Einschusslöcher in ihrer Bordwand sowie Überreste von Flugzeugtrümmern auf ihrem Deck sprachen eine deutliche Sprache.

Im Gegensatz zu der Fähre und dem Kreuzfahrtschiff sollte die QUEEN ELIZABETH 2 nicht in die Kampfzone fahren. Bereits in den Gewässern des Südatlantiks war sie ein lohnendes Ziel für argentinische U-Boot-Kommandanten. Der südamerikanische Staat besaß drei Boeing 707, die als Aufklärungsflugzeuge dienten und die Position des Liners leicht an ein U-Boot weitergeben konnten, falls sie ihn sichteten. »Man war der Meinung, die Argentinier würden keine Mühe scheuen, die QE2 zu versenken«, sagte Captain Jackson, »schon allein wegen ihres Namens QUEEN ELIZABETH THE SECOND.«

Am frühen Morgen des 29. Mai fiel Schnee und bedeckte die Decks der QE2 bald einige Zentimeter hoch. Die letzten Truppen gingen von Bord, und die Helikopter wurden auf das Flugdeck der CANBERRA transferiert, die sich mit ihrer neuen Ladung wieder auf den Weg in die Kampfzone machte.

Weitere Vorräte und 400 Soldaten wurden auf HMS STORMNESS gebracht, die ihrerseits Überlebende von HMS COVENTRY zur QE2 brachte.

An diesem Tag gingen einige Besatzungsmitglieder an Land, um sich die frühere Walfangstation anzusehen. Diese war seit zwanzig Jahren verlassen, und nur noch eine britische Antarktis-Forschungsbasis war bemannt.

Die alten Blockhütten der Walfänger waren in dem rauhen Klima inzwischen sehr verfallen, aber auf South Georgia war es Tradition, dass jeder, der eine Weile auf der Insel lebte, die 1813 erbaute Kirche reparieren und erhalten musste. Die kleine Gruppe ging hinein. »Zwanzig Jahre zuvor hatte der Priester seine Robe an einem Haken zurückgelassen«, erzählte Captain Jackson. »Sie hing noch immer dort. Und

wir probierten die Orgel aus, und sie funktionierte noch.« So konnte man aus der alten Kirche Johann Sebastian Bachs »Tokkata und Fugue in D« hören.
Im flachen Hafenwasser lag ein halb versunkenes argentinisches U-Boot, auf dessen schräg aus dem Wasser ragenden Turm : »Betreten streng verboten« stand.
In den Nachmittagsstunden nahm die QUEEN ELIZABETH 2 insgesamt 640 Überlebende der Kriegsschiffe COVENTRY, ARDENT und ANTELOPE auf. Einige der Männer waren schwer verletzt und wurden auf der Krankenstation der QE2 behandelt. Alle waren von den Anstrengungen der letzten Wochen gezeichnet und hatten zum Teil nicht mehr als die Kleidung bei sich, die sie am Körper trugen.
Im Verlaufe des Tages war das Barometer zusehends gefallen. Aufkommender Seegang ließ die QUEEN ELIZABETH 2 an ihrem Ankerplatz stark arbeiten, und die Gangways, die normalerweise zur Ausschiffung von Kreuzfahrtpassagieren verwendet wurden, bekamen etlich Schläge ab und waren am Ende des Tages so stark beschädigt, dass eine Reparatur nicht mehr möglich war.
Zum Ernst der Lage trug bei, dass ein argentinisches Flugzeug in 400 Meilen Entfernung den BP-Tanker BRITISH WYE mit Bomben attackierte (allerdings ohne ihm Schäden zuzufügen). Mit den zahlreichen vor Anker liegenden Schiffen – vor allem der QE2 – war auch Cumberland Bay ein lohnendes Angriffsziel für argentinische Flieger.
Die QE2 hatte noch 60 Tonnen Material an Bord, aber jetzt überwog die Sicherheit des Schiffes. Um 17:20 Uhr verließ die JUNELLA mit den letzten 60 Mann den Liner, und bereits sieben Minuten später war die QE2 wieder unterwegs. Ihr Aufenthalt in South Georgia hatte nur knapp 48 Stunden gedauert.
Mit 18 Knoten erreichte der Liner nach zwei Stunden das Eisfeld, das er bereits auf dem Hinweg durchquert hatte. Langsam manövrierte Captain Jackson sein kostbares Schiff hindurch. Diesmal herrscht an Bord weniger ein Gefühl von Bedrohung durch das Eis vor, sondern eher das Gefühl, ein sicheres Versteck vor den Argentiniern zu haben.
Mit ihrer Verdunklung war die QE2 zwischen den großen Eisbergen in der Nacht wirklich kaum auszumachen.
Bereits um 23 Uhr hatte sie das Eisfeld durchquert, und Jackson nahm mit 25 Knoten Kurs auf Ascension. Der Sturm hatte inzwischen zugenommen, und mit ausgefahrenen Stabilisatoren pflügte der Liner durch die Wellen.
Am 31. Mai traf die QE2 wie vereinbart auf das Versorgungsschiff BAYLEAF, das die geringer werdenden Treibstoffreserven ergänzen sollte. Das schwere Wetter verhinderte allerdings ein sicheres Ankoppeln des Versorgungsschlauches, und zwei Tage lang schien die Situation zu gefährlich, um einen Versuch zu unternehmen.
Am 2. Juni waren weniger als 1.000 Tonnen Öl in den Bunkern der QE2 übrig, die allenfalls für 1 1/2 Tage reichten. Unter diesen Umständen reduzierten beide Schiffe ihre Geschwindigkeit auf 10 Knoten und gingen fast auf Gegenkurs, um im günstigsten Winkel zum Seegang zu fahren.
Die Bayleaf ging auf Parallelkurs zur QE2, und um 9:05 Uhr wurde das Versorgungsrohr mit seinem Gegenstück an Bord des Liners verbunden. Es dauerte 9 1/2 Stunden, um 3.834 Tonnen Treibstoff in die Tanks der QUEEN ELIZABETH 2 zu pumpen. Die See kochte zwischen den beiden Schiffen, und zeitweise wurde der schwere Schlauch so sehr gedehnt, dass er sich fast horizontal zwischen den Bordwänden erstreckte. Am Ende der Operation waren die Anschlüsse der Pipeline an Bord des Oceanliners durch die Überlastung ausgeleiert, und die Ingenieure stellten fest, dass sie in Kürze aufgesprungen wären.
Anfangs hatte die Vermutung bestanden, die QUEEN ELIZABETH 2 werde Ascension anlaufen, um die Überlebenden dort abzusetzen und dann selbst in die Krisenregion zurückkehren, aber am 3. Juni erhielt Captain Jackson vom Verteidigungsministerium den Befehl, nach Southampton zurückzukehren. Die Dienste seines Schiffes wurden nicht länger benötigt.
Diese Nachricht stieß unter der Besatzung auf gemischte Gefühle: Während einige sich freuten, in friedlichere Gewässer und den englischen Frühling zurückzukehren, waren viele der Ansicht, die QE2 hätte einen stärkeren Beitrag leisten können.
Die Überlebenden waren froh, in die Heimat zurückzukehren, wenn auch die meisten von ihnen sagten, sie wären lieber an Bord ihrer eigenen Schiffe zurückgefahren. Immerhin bedeutete die Reise für sie die Möglichkeit, sich von den erlebten Greueln zu erholen – psychisch wie physisch.
Während der Reise gab es sportliche Aktivitäten, und die Soldaten organisierten Shows für ihre Mitreisenden und

Im Dezember 1982 konnte Captain Peter Jackson Ihre Majestät Queen Elizabeth, die Queen Mother, an Bord der QUEEN ELIZABETH 2 begrüßen.

die Crew. Die beste Medizin verabreichten sie sich damit selbst – viel Gelächter. Am 8. Juni gewann ein bärtiger Soldat die Wahl zur »Miss QE2«.

Am 4. Juni fand noch einmal ein Treffen der QUEEN ELIZABETH 2 mit HMS DUMBARTON CASTLE in fünfzig Meilen Abstand zu Ascension Island statt. Auf der Insel stationierte Helikopter wurden eingesetzt, um 25 Tonnen Munition von Schiff zu Schiff zu transportieren. Außerdem verließ die Besatzung eines abgeschossenen Hubschraubers den Liner, um mit dem Flugzeug nach Großbritannien zu fliegen.

Mit Kurs auf die Nordhalbkugel verließ die QUEEN ELIZABETH 2 Ascension, und am folgenden Abend wurde das Radar wieder in Betrieb genommen, als sie sich weiter und weiter vom Krisengebiet entfernte.

Auf dem Weg nach Hause erfuhr Captain Jackson, dass die QE2 unmittelbar nach der Rückkehr wieder der Cunard Line übergeben werde und bis zum 14. August ihren normalen Dienst wieder aufnehmen solle. Ihm wurde auch berichtet, dass die Queen Mother angekündigt habe, sie wolle den Oceanliner an Bord der BRITANNIA bei seiner Einfahrt in Southampton willkommen heißen.

Das bedeutete, die Truppen an Bord mussten ordentlich gekleidet sein. Während der Reise waren die bunt zusammengewürfelten Kleidungsstücke durch viel Patriotismus wettgemacht worden. Am 10. Juni aber landete ein Hubschrauber an Bord, der aus Cornwall nicht nur erste Löhne für die Soldaten brachte, sondern auch neue Uniformen.

Um acht Uhr am nächsten Morgen traf ein weiterer Helikopter ein, der den Oberbefehlshaber der Royal Navy, Admiral Sir John Fieldhouse, sowie Lord Matthews an Bord brachte. Beide sprachen mit den Truppen und der Crew und gaben dann eine Pressekonferenz, für die 40 Journalisten, die ebenfalls mit Helikoptern an Bord gelandet waren.

Nachdem Admiral Fieldhouse das Schiff verlassen hatte, postierten sich die Reporter an allen Stellen an Deck, die eine gute Aussicht versprachen, während die Überlebenden der ARDENT auf dem vorderen Flugdeck und diejenigen der COVENTRY und ANTELOPE achtern militärische Aufstellung nahmen.

Captain Jackson erhielt eine Nachricht der Queen Mother: »Ich bin froh, Sie willkommen zu heißen, während die QE2 nach ihrer Dienstreise in den Südatlantik in heimatliche Gewässer zurückkehrt. Die Opfer ihrer eigenen Schiffsbesatzung und die tapferen Taten derjenigen, die auf ANTELOPE, COVENTRY und ARDENT dienten, sind im ganzen Land gewürdigt worden, und ich freue mich, meinen ganz persönlichen Tribut hinzuzufügen. Elizabeth Regina, Queen Mother.«

Jackson antwortete: »Bitte richten Sie Ihrer Majestät Queen Elizabeth unseren Dank für ihre freundliche Nachricht aus. Cunards QUEEN ELIZABETH 2 ist stolz, den Streitmächten Ihrer Majestät gedient zu haben.«

In Höhe von Cowes kam die BRITANNIA in Sicht, deren Kapelle »Rule Britannia« spielte. Die Queen Mother stand auf dem Achterdeck der königlichen Jacht und winkte den Männern an Bord der QE2 zu. Diese gaben ihr drei Hochrufe und stimmten dann *Land of Hope and Glory* an.

An Land standen viele Sehleute, um den Einzug der QUEEN ELIZABETH 2 in den Hafen zu sehen. Die Überlebenden der COVENTRY entrollten ein Banner: »HMS COVENTRY – Rule Britannia«.

Die Überlebenden der ARDENT machten der Welt eine Ankündigung anderer Art: »Erst die Falklands, dann die WM!«

Fünf Schlepper manövrierten die QUEEN ELIZABETH 2 den Strom hinauf, und die Schiffe an der Ölraffinerie ließen wieder ihre tiefen Typhone erklingen. Viele kleinere Schiffe gaben ein wildes Konzert von Huptönen ab, und immer wieder antwortete die QE2 mit den traditionellen drei Stößen ihrer Dampfpfeifen.

Um 11:56 Uhr hatte der Liner am Queen Elizabeth II Terminal festgemacht, und die Soldaten gingen über einen roten Teppich von Bord. Jubelnde Menschen standen an diesem emotionalen Tag auf der Pier und schwangen Union Jacks aller Größen. Die Truppen wurden innerhalb des Terminals von ihren Familien begrüßt.

Die Besatzung der QE2 verließ das Schiff über die vordere Gangway und wurde in einem wilden Getümmel von ihren Lieben begrüßt.

Nach 14.967 Meilen war die QUEEN ELIZABETH 2 sicher am Ziel angekommen.

Ein Zertifikat, das die Teilnehmer einer Gedenkveranstaltung zum 20. Jahrestag der Falklandkampagne am 14. Juni 2002 erhielten.

CUNARD

The Most Famous Ocean Liners in the World

QUEEN ELIZABETH 2, 11 JUNE 1982

Message received from the Royal Yacht Britannia

"Captain P Jackson, I am particularly pleased to welcome you back as QE2 returns to home waters after your tour of duty in the South Atlantic. The exploits of your own ship's company and the deeds of valour of those who served in Antelope, Coventry and Ardent have been acclaimed throughout the land and I am pleased to add my personal tribute".

Elizabeth Regina
Queen Mother

Immediate reply from Queen Elizabeth 2

"Please convey to Her Majesty Queen Elizabeth The Queen Mother our thanks for her kind message. Cunard's Queen Elizabeth 2 is proud to have been of service to Her Majesty's forces".

Signed: Captain Peter Jackson,
Master, QE2

VOYAGE FROM SOUTH GEORGIA TO SOUTHAMPTON:

DURATION:	12 days, 12 hours and 18 minutes
DISTANCE:	6,976 miles
AVERAGE SPEED:	23.23 knots
FUEL:	1,076 tons (remaining)
	4,788 tons (consumed)
ARRIVAL DRAUGHT:	26 feet, 4 inches (forward)
	31 feet, 10 inches (aft)
TOTAL DISTANCE STEAMED:	Southampton – Southampton
	14,967 miles

Peter Jackson
Master
1982.

20TH ANNIVERSARY of the FALKLANDS CAMPAIGN

DIE QUEENS DES NORDATLANTIKS

KAPITEL 13

TRADITION UND MODERNE

KAPITEL 13

TRADITION UND MODERNE

Queen Elizabeth 2
1982–2002

Die Verwandlung der Queen Elizabeth 2 vom Luxusliner zum Truppentransporter hatte nur acht Tage gedauert. Die Rekonditionierung zum hellsten Stern auf dem Ozean nahm fast neun Wochen in Anspruch, von denen der Liner einen Großteil im King George V. Dock verbrachte.

Als die Queen Elizabeth 2 am 15. August auf ihre erste Nachkriegsreise ging, war sie nicht mehr dieselbe: Ihr Rumpf trug eine helle steingraue Farbe, der dem Schiff ein völlig anderes Aussehen verlieh. Viel bedeutender war allerdings der neue Anstrich des Schornsteins in den klassischen Cunard-Farben: rot mit zwei schwarzen Streifen. Diese bestanden anfangs noch aus Klebeband, das allerdings nach kurzer Zeit dazu neigte, im Atlantikwind zu flattern, so dass die Streifen schließlich mit Farbe aufgetragen wurden.

Auch an Bord hatte es zahlreiche Veränderungen gegeben. Im August 1981 hatte die Zeitschrift *GEO* einen Artikel des 67-jährigen Kulturkritikers Gregor von Rezzori veröffentlicht, der über eine Transatlantikpassage mit der Queen Elizabeth 2 berichtete. Mit dem gleichen Thema befasste sich auch das Buch »Der Luxusliner« von Lothar-Günther Buchheim, das ebenfalls noch vor der Falklandzeit entstanden war.

Dass beide Werke wenig schmeichelhafte Worte für das britische Schiff finden, mag darauf hindeuten, dass ihre Autoren notorische Nörgler sind. Aber insbesondere die fortwährende Erwähnung der vielen Kunststoffe lassen eine andere Vermutung zu: Was 1969 als letzter Schrei durchging, war bis Anfang der achtziger Jahre von seiner Zeit überholt worden.

Denkt man heute an die Modefarben und Farbkombinationen der späten sechziger und frühen siebziger Jahre zurück, so läuft manch einem ein Schaudern den Rücken hinab. Natürlich waren diese Farben an Bord der QE2 dezenter gehalten, aber dunkelblaue Teppiche und meergrüne Ledersofas wie in der Midships Lobby entsprachen eindeutig nicht mehr dem Geschmack der Zeit.

Dementsprechend kam die QE2 nicht nur mit einem hellgrauen Rumpf und rotem Schornstein aus der jüngsten Überholung, sondern auch an Bord hatte sich einiges verändert: Der Swimming Pool auf Deck 6 war nun Teil des Golden Door Spa at Sea, einem Fitness- und Gesundheitszentrum, das von den Passagieren begeistert angenommen wurde.

Der Q4 Room am Ende des Quarter Decks existierte nicht mehr. An seiner Statt war der Club Lido eingerichtet worden, der am Ende Glastüren besaß, die sich zum Lido-Deck mit seinem Swimming Pool öffneten.

Die Queen Elizabeth 2 im Bauzustand von 1983. Der Schornstein in Cunard-Rot kam gut an – der hellgraue Rumpfanstrich nicht.

Dieses Bild zeigt, dass die QE2 auch in grau durchaus elegant aussah, aber dass dieser Anstrich dem rauen Klima des Nordatlantiks nicht gewachsen war.

Nach dem Falkland-Konflikt wich der Q4 Room (Bild) dem Club Lido.

Ein vergößerter Queens Grill und das neu gestaltete Casino rundeten die wesentlichen Veränderungen an Bord ab. Voll ausgebucht verließ die QUEEN ELIZABETH 2 am 15. August 1982 Southampton zu ihrer ersten Transatlantikreise seit dem Krieg.

Am 2. Dezember des gleichen Jahres stattete die Queen Mother dem Liner einen Besuch ab. Auf ihrer Bordführung sprach sie mit zahlreichen Besatzungsmitgliedern über deren Erfahrungen während des Falkland-Einsatzes. Captain Jackson und Lord Matthews überreichte sie eine silberne Plakette, auf der die Telegramme festgehalten waren, die am Tage der Rückkehr von South Georgia zwischen der QE2 und der BRITANNIA ausgetauscht wurden.

Die Silberplakette bekam ihren Platz an Bord zwischen den Standarten der Queen Mother und Queen Elizabeth II.

Ihren hellgrauen Rumpfanstrich trug die QE2 letztlich nur zehn Monate lang: Weder bei der Besatzung noch bei der Öffentlichkeit stellte er sich als besonders beliebt heraus. Und Spuren der Hafenschlepper und rostiges Wasser der Ankerklüsen machten es sehr aufwendig, die helle Farbe stets makellos zu halten.

Im Juni 1983 erhielt die QUEEN ELIZABETH 2 wieder ihren klassischen dunkelgrauen, fast schwarzen Rumpfanstrich. Nur der Schornstein behielt das nach Falkland eingeführte Design, und Shiplover rund um die Welt waren sich einig, dass die QE2 nun endlich wie ein echter Cunarder aussah.

Am 28. November 1983 lief der Liner in die Lloyd-Werft in Bremerhaven ein, um dort seiner jährlichen Überholung unterzogen zu werden. Dass diese nicht in Großbritannien stattfand, sorgte bei der britischen Öffentlichkeit für einen Aufschrei, obwohl die Cunard Line seit dem Falkland-

Der Magrodome über einem der Swimming-Pools war eine clevere Idee, die allerdings zusammen mit dem Pool einem späteren Umbau wich. An dieser Stelle entstand das Lido Restaurant.

Krieg bereits elf Millionen Pfund auf britischen Werften gelassen hatte und keiner der in Frage kommenden Betriebe im Königreich sich in der Lage sah, die nötigen Arbeiten rechtzeitig auszuführen.

Neben einer weiteren Modernisierung der Innenräume war die bedeutendste Veränderung während des Umbaus die Installation des Magrodome, eines Glasdachs über dem Swimming Pool auf dem Quarter Deck, so dass dieser auch bei schlechter Witterung nutzbar wurde. Das Besondere an dem Magrodome war, dass die Glassegmente als Schiebedach konzipiert waren, die so den nach achtern erweiterten Club Lido an warmen Tagen zum Himmel hin öffnen konnten.

Ebenfalls 1983, im Mai, kaufte Trafalgar House für 73 Millionen Dollar die Norwegian Cruise Line, deren Kreuzfahrtschiffe VISTAFJORD und SAGAFJORD fortan zur Cunard-Flotte gehörten.

Die beiden mittelgroßen Kreuzfahrer gehörten zur Oberklasse der Kreuzfahrtschiffe und waren in der Kategorie Fünf-Sterne-plus eingestuft. Die VISTAFJORD und SAGAFJORD boten eine gute Abrundung des Reiseprogrammes der QUEEN ELIZABETH 2.

Es war ein Zusammenbruch der Maschinenanlage nur drei Wochen nach der ersten kommerziellen Reise nach dem Falkland-Konflikt, der eine neue Phase im Leben der QUEEN ELIZABETH 2 einläutete – und gleichzeitig das Ende einer Ära für die Cunard Line.

Seit den anfänglichen Schwierigkeiten mit den Turbinen während der Testfahrten, hatte sich die Antriebsanlage der QE2 immer wieder als anfällig erwiesen. Ersatzteile mussten als Sonderanfertigungen teuer bezahlt werden, und der Anstieg der Ölpreise bis in die frühen achtziger Jahre ließ die Betriebskosten des Liners unaufhaltsam klettern.

Als Ausweg kamen nur zwei Lösungen in Frage: Entweder musste die QE2 durch ein anderes Schiff ersetzt werden, oder sie musste mit neuen, sparsameren Maschinen ausgestattet werden.

Die Cunard Line entschied sich für die zweite Methode, da selbst ein solches Großprojekt kostengünstiger war als der Bau eines neuen Schiffes. Darüberhinaus war die QE2 ein bekanntes und beliebtes Schiff, dessen guter Ruf der Reederei bei der Vermarktung zu Gute kam.

Im Juli 1983 lud die Reederei Schiff- und Maschinenbauer aus verschiedenen Ländern ein, ihnen Vorschläge und Angebote für den bevorstehenden Umbau zu unterbreiten.

Die Cunard-Flotte 1983 nach der Übernahme der VISTAFJORD *und* SAGAFJORD*.*

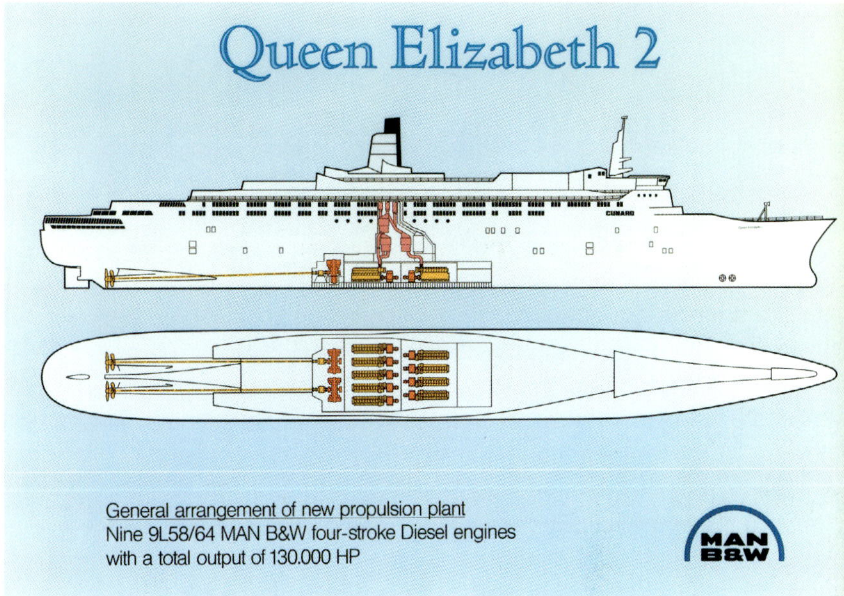

Die Lloydwerft erhielt den Zuschlag, die QUEEN ELIZABETH 2 *rundum zu überholen. Die neue Maschinenanlage kam von MAN B&W.*

Vorgabe für die Hersteller der Maschinen war es, dass der Tagesverbrauch an Treibstoff um 200 Tonnen geringer ausfallen sollte als bisher – immerhin ein Drittel, denn die QE2 verbrauchte mit ihrer Turbinenanlage etwa 600 Tonnen pro Tag.
Die Werft musste in der Lage sein, neben dem Einbau der neuen Maschinen auch die Innenräume des Schiffes zu renovieren – und das ganze in weniger als sechs Monaten mit strengen Strafklauseln für Verspätungen.
Keine britische Werft gab ein Angebot ab. Die deutschen Werften Blohm & Voss in Hamburg, Howaldtswerke in Kiel und die Lloyd Werft in Bremerhaven kamen in die engere Auswahl. Die Howaldtswerke zogen sich vorzeitig von dem Projekt zurück, und die Evaluierung der Vorschläge der beiden verbliebenen Kontrahenten führte im Spätsommer 1985 bei der Cunard Line zu dem Entschluss, der Lloyd Werft den Auftrag zu erteilen.

I

Die QE2 wurde für 180 Millionen Pfund renoviert und auf diesel-elektrischen Antrieb umgestellt. Dieses Auftragsvolumen entspräche heute 485 Millionen Euro.

Der Vertrag über ein Volumen von 180 Millionen Pfund wurde am 24. Oktober 1985 unterzeichnet. Die Lloyd Werft sollte die QUEEN ELIZABETH 2 mit einem diesel-elektrischen Antrieb versehen.
Der Werft blieben danach zwölf Monate Zeit, die Pläne auszufeilen und Vorbereitungen zu treffen. Dazu zählte unter anderem, anhand eines Modells des Maschinenraumes im Maßstab 1:20 die Anordnung der Aggregate auszuarbeiten. Viele Probleme konnten so bereits im Vorwege gelöst werden.
Auch die Absprache mit den fünfzig wesentlichen Zulieferern fand während dieser Periode statt. Obwohl sich keine britischen Unternehmen an der Ausschreibung beteiligt hatten, flossen etwa 30 Prozent des Vertragswertes an britische Zulieferer. Die Dieselaggregate der QE2 wurden von MAN B&W in Augsburg geliefert, ihre elektrischen Fahrmotoren aber kamen von einer britischen Firma: Associated Electrical Industries (AEI).
Am 25. Oktober 1986 legte die QUEEN ELIZABETH 2 zum letzten Mal mit Dampfantrieb in Southampton ab, um die Überführungsfahrt nach Bremerhaven anzutreten. Für die Cunard Line endete damit eine Ära, die 1840 mit dem Dampfer BRITANNIA begonnen hatte.

Arbeiter der Lloydwerft verschrotten zwanzig Jahre alte Maschinerie der QE2.

Am 27. Oktober machte die QE2 bei der Lloyd Werft fest, und die Arbeiten begannen am nächsten Tag. Der Zeitplan war sehr eng und die Werft konnte sich keine großen Verzögerungen erlauben.

Der erste Schritt war es, alle alte Maschinerie auszubauen. Zu diesem Zweck musste der Schornstein abgenommen werden. Darunter befand sich (nach der Entfernung der Abzugsrohre) der einzige Zugang zum Maschinenraum, der groß genug war, um die alten Maschinen mittels eines Schwimmkrans herauszuheben und die neuen einzubauen.

Die Entfernung der alten Aggregate musste vorsichtig geschehen, da die Anwesenheit von Asbest die Arbeiten erschwerte. Dies verursachte Verzögerungen, so dass die Werft nach fünf Wochen sieben Tage hinter ihrem Zeitplan lag. Bis zu diesem Zeitpunkt war der Maschinenraum weitgehend leer, und am Kai türmten sich über 4.700 Tonnen Schrott – allen voran die Turbinen, die seit den Probefahrten 2.622.858 Seemeilen zurückgelegt hatten, die drei ausgedienten Kessel, die 76 Meter langen Schraubenwellen (nun in »handliche« Stücke zertrennt) und die sechsflügligen Schiffsschrauben der QE2. Über allem thronte der mächtige Schornstein des Schiffes.

Die ersten größeren Komponenten, die installiert wurden, waren die neuen Fahrmotoren. Diese 44 MW (59.860 PS) starken Elektromotoren wiegen je 350 Tonnen und haben einen Durchmesser von 8,5 Metern.

Mit dem Einbau der neun MAN B&W Dieselmotoren folgte das eigentliche Herzstück der neuen Anlage. Jeder dieser mittelschnell laufenden 9-Zylinder-Viertakt-Dieselmotoren mit einem Zylinderdurchmesser von 580 Millimetern und einem Hub von 640 Millimetern hat ein Gewicht von 217 Tonnen. Alle neun Maschinen zusammen leisten 95.580 kW (ca. 130.000 PS).

Da ein wesentlicher Teil des Vertrages besagte, die Vibrationen der Dieselmotoren dürften die der Turbinen nicht übersteigen, wurden die neuen Maschinen auf Gummisockeln montiert, die einen Großteil der Schwingungen absorbieren.

Zur besseren Unterscheidung bekamen die Dieselaggregate die Bezeichnungen Alpha, Bravo, Charlie, Delta, Echo, Foxtrot, Golf, Hotel und India.

Vier Dieselmotoren wurden im vorderen Maschinenraum (dem ehemaligen Kesselraum) untergebracht, die anderen fünf im achteren Maschinenraum, wo sich einst die Turbinen der QE2 befunden hatten.

Jeder der Motoren ist über eine flexible Kupplung mit einem Generator verbunden, der Strom in ein allgemeines 10-kV-System liefert, das wiederum in zwei Schalttafeln unterteilt ist. Auf 3.300 Volt heruntertransformierter Strom versorgt den Passagierbereich des Schiffes mit Energie, die an lokalen Punkten auf die benötigten 110, 220 oder 415 Volt transformiert wird.

Für die beiden Fahrmotoren, die ihren Strom aus dem 10-kV-System beziehen, gibt es nur zwei Stufen: Die normale Fahrstufe mit 144 Umdrehungen pro Minute und eine langsamere mit 72 Umdrehungen, um auch bei geringen Geschwindigkeiten noch effizient zu arbeiten.

Alle weiteren Änderungen der Schiffsgeschwindigkeit und Fahrtrichtung werden durch die verstellbaren Flügel der Schiffsschrauben erreicht. Dies ermöglicht es der QE2 innerhalb von weniger als 3 ½ Minuten ein Notbremsmanöver aus voller Fahrt zu unternehmen, während die Elektromotoren in die gleiche Richtung laufen wie zuvor. Der Liner legt dabei 1,1 Meilen zurück. Zum Vergleich: Mit den Turbinen, die erst gestoppt und dann auf Rückschub gestellt werden mussten, brauchte das Schiff für ein vergleichbares Manöver 6 ½ Minuten. Das war ein vergleichsweise guter Wert für damalige Verhältnisse, aber die drei Minuten weniger, die sie seit dem Umbau benötigt, können unter Umständen einen sehr entscheidenden Unterschied ausmachen.

Die neuen fünfflügligen Schrauben der QUEEN ELIZABETH 2 ersetzten die bisherigen sechsflügligen, von denen eine ein Museumsstück werden sollte, während die andere zu 2.500 Golfschlägern verarbeitet wurde.

Die neuen Schrauben kamen von der niederländischen Firma Lips B.V. Sie hatten einen Durchmesser von 5,8 Metern und waren anfangs mit so genannten Grimschen

Die Grimschen Leiträder an den Schrauben dienten der Energieersparnis. Doch sie überlebten bereits die Probefahrten nicht.

Eine der neun Dieselmaschinen »geht an Bord«.

Leiträdern ausgestattet (benannt nach ihrem Erfinder: dem Hamburger Professor Otto Grim).

Die Grimschen Leiträder bestanden aus sieben schmalen Flügeln und waren hinter den Schiffsschrauben befestigt. Durch den Rückstoß der Propeller sollten sie in Bewegung versetzt werden und einen Teil der ins Wasser abgegebenen Energie zurückgewinnen. Damit sollte eine Ersparnis von bis zu vier Prozent Treibstoff möglich sein.

Allerdings gingen schon während der Probefahrten der QE2 nach dem Umbau zahlreiche Flügel der Grimschen Leiträder verloren, so dass die verbliebenen Flügel im Dock in Southampton eilig abgetrennt wurden. Sie wurden danach nicht mehr ersetzt.

Trotz des neuen diesel-elektrischen Antriebs wird auf der QUEEN ELIZABETH 2 auch weiterhin Dampf eingesetzt: zur Beheizung des Schiffes und Erwärmung von Wasser und Treibstoff. Das Dieselöl, mit dem Schiffsmaschinen angetrieben werden, ist eine verhältnismäßig zähe Masse, die angewärmt werden muss, um gepumpt werden zu können. Der Treibstoff der QE2 hat eine Temperatur von etwa 150 °C, wenn er in die Maschinen eingespritzt wird.

Die Dampfproduktion für solche Zwecke geschieht auf der QE2 durch neun Kessel des schwedischen Herstellers Sunrod International AB, die einen Teil der Abgasanlage ausmachen: Die Hitze der Abgase wird zur Erwärmung der Kessel verwendet, so dass eine 74-prozentige Rückgewinnung abgegebener Hitze möglich ist.

Zwei ölgefeuerte Hilfskessel liefern bei Bedarf zusätzlich 25 Tonnen Dampf pro Stunde, wenn beispielsweise das Schiff im Hafen liegt und nur einer der Schiffsdiesel läuft, um Energie zu produzieren.

Zahlreiche Neuerungen in der Einrichtung des Schiffes rundeten das große Modernisierungprogramm ab. In den Gesellschaftsräumen wurde nun endgültig mit der Gestaltung der sechziger Jahre aufgeräumt.

Die neuen Innenräume des Schiffes zeigten sich einerseits in dezenter Eleganz moderner Gestaltung und andererseits der Rückbesinnung auf zeitlose Traditionen der großen Transatlantikliner.

Die wohl deutlichste Veränderung war der Umbau des einst so gepriesenen Double Rooms zur Grand Lounge. Die große geschwungene Treppe aus Glas und Edelstahl wich einer Doppeltreppe, die tagsüber Passagieren dazu diente, vom oberen in den unteren Teil des Raumes zu gelangen, während sie abends als Teil der Kabarettshows genutzt werden konnte. Zwischen den beiden Treppenflügeln wurde eine kleine Bühne für eine Band eingerichtet.

Das Sitzmobiliar wurde auf drei Ebenen arrangiert, so dass

auch von den entfernteren Plätzen noch ein guter Blick auf die Bühne möglich war. Das Publikum nahm auf blauen und roten Ledersesseln Platz, die durch kleine Glastische für Getränke ergänzt wurden.

Die Einkaufspromenade wurde nach vorn in den oberen Teil der Grand Lounge verlängert, und kleine versenkte Glühbirnen gaben der Decke des Raumes das Aussehen funkelnder Sterne.

Auch die bislang blau-grüne Midships Lobby erhielt eine elegantere Gestaltung: Zwar blieb der Raum seiner Form nach bestehen, aber Plastikverkleidungen und knallige Farben wurden durch Holz und weiße Polster ersetzt. Zusätzlich versah man den Raum mit einem Piano, auf dem leise Musik gespielt wurde, wenn Passagiere an Bord gingen.

Weitere Penthouse-Suiten, die zwischen den schon vorhandenen und dem Schornstein montiert wurden, machten die Vergrößerung des Queens Grill nötig, dessen helle, elegante Gestaltung beibehalten wurde.

Auch der Queens Room wurde weitgehend in seiner ursprünglichen Form belassen. Die Flexibilität des Raumes für unterschiedliche Funktionen wurde allerdings dadurch erhöht, dass der zentrale Bereich rund um die Tanzfläche durch verschiebbare Wände von der Promenade abgetrennt werden konnte. Die Formica-Sessel, die nicht mehr dem Geschmack der Zeit entsprachen, wurden ersetzt. An ihre Stelle traten würfelförmige Sessel aus weinrotem Leder.

Die Restaurants erhielten ebenfalls eine Modernisierung, und aus dem Tables of the World wurde das Mauretania Restaurant im Art-Deco-Stil, das mit einem großen Gemälde an den verdienten Vierschornsteiner der Cunard Line erinnerte, und in dessen Zentrum sich eine Vitrine mit einem Bauwerft-Modell der MAURETANIA befand.

Eine besondere Neuerung war die Einrichtung des IBM Computer Learning Center, in dem nicht nur Passagiere an Computerkursen auf See teilnehmen, sondern auch unabhängig davon an den vorhandenen Computern arbeiten können.

Schließlich sorgte die Auswahl neuer Teppiche dafür, dass die QE2 ein moderneres Ambiente erhielt. Nicht weniger als 27.000 Quadratmeter wurden in den Gesellschaftsräumen und vielen Kabinen neu verlegt.

Am 8. April 1987 verließ die QUEEN ELIZABETH 2 zum ersten Mal seit vielen Wochen ihren bisherigen Liegeplatz, um in der Nordsee auf ausgedehnte Testfahrten zu gehen, während Arbeiter an Bord fieberhaft damit beschäftigt waren, die noch unfertigen Kabinen und Gesellschaftsräume in einen übergabefähigen Zustand zu bringen. Ganz wurden sie damit nicht fertig, und auf der ersten Transatlantikreise begleitete eine Mannschaft der Lloyd Werft die QE2, um die letzten noch fehlenden Arbeiten zu beenden.

Die zweiwöchigen Probefahrten fielen zur vollen Zufriedenheit für Werft und Reederei aus: Nicht nur waren Verbrauch und Schiffsvibrationen deutlich geringer als mit der bisherigen Konfiguration, auch erreichte der Liner spielend die geforderte Geschwindigkeit. Und eine ermittelte Höchstgeschwindigkeit von 33,8 Knoten ließ nicht nur bei Shiplovern sondern sogar im Hause Cunard die Frage aufkommen, ob die QUEEN ELIZABETH 2 den Versuch unternehmen solle, den 35 Jahre alten Geschwindigkeitsrekord

Mit dem neuen Schornstein und zusätzlichen Penthouse-Suiten präsentierte sich die QE2 im April 1987 stattlicher und doch elegant wie immer.

Zur Wiederindienststellung der QE2 heißt Captain Portet Prinzessin Diana willkommen.

Das Lederpaneel von der KAISER WILHELM DER GROSSE erhielt die Cunard Line von der Werft als Präsent.

der UNITED STATES zu sprengen und so neue Inhaberin des Blauen Bandes zu werden.
Wie bekannt ist, hat die QE2 diesen Versuch nie unternommen, und so bleibt die UNITED STATES auch weiterhin der schnellste Transatlantikliner aller Zeiten.
In einer Feierstunde an Bord wurde die QUEEN ELIZABETH 2 am 25. April 1987 offiziell wieder der Cunard Line übergeben. Der Umbau hatte 179 Tage gedauert, und die Freude bei Cunard über die Rückkehr des Flaggschiffes war groß.
Die Vorsitzenden der Lloyd Werft, der Cunard Line und Trafalger House waren anwesend, und 500 Ehrengäste feierten die QUEEN ELIZABETH 2. Durch die Neuerungen war sichergestellt, dass der Liner bis in das 21. Jahrhundert hinein in der ersten Rige der internationalen Passagierschifffahrt spielen würde.
Die Werft übergab der Reederei als Präsent ein in Leder gepresstes Bild, das einst im Rauchsalon Erster Klasse der 1897 gebauten KAISER WILHELM DER GROSSE hing. Das prächtige Kunstwerk ziert heute einen der Treppenaufgänge an Bord der QE2.
Nach der Rückkehr in ihren Heimathafen ging die QUEEN ELIZABETH 2 auf die kürzeste Kreuzfahrt in ihrer Laufbahn: Als Besonderheit zur Wiederindienststellung des Liners hatte die Cunard Line 400 Kinder aus Southampton zu einem Tagestrip den Solent hinab bis zur Isle of Wight eingeladen.
Hier kam Prinzessin Diana an Bord, um zusammen mit den Kindern nach Southampton zurückzufahren. Die Princess of Wales nahm an einer Schiffsführung teil und ließ die Typhone der QE2 dröhnen, so wie es Prince Charles 19 Jahre vor ihr getan hatte.
Auf seiner Rückfahrt wurde der Liner von zwei Harrier-Jets der Air Force gegrüßt und eine Concorde flog über die Szene hinweg, so dass drei Musterbeispiele britischer Ingenieurskunst für Momente vereint waren.
Die erste Ausreise nach New York hatte den Anstrich einer zweiten Jungfernreise, und ganz abwegig war dieser Gedanke nicht: Vor allem unterhalb der Wasserlinie war die QUEEN ELIZABETH 2 in weiten Teilen ein neues Schiff, und auch von den anfänglichen Kinderkrankheiten fast aller neuen Schiffe blieb sie nicht verschont. Im Großen und Ganzen aber erfüllte sie alle Erwartungen, die man an sie stellte.
Bereits auf der Rückreise musste sie beweisen, dass sie ganz die Alte war, nur besser: Ein Sturm mit Windgeschwindigkeiten bis zu 80 km/h und zwölf Meter hohen Wellen bescherte der QE2 eine der schwierigsten Passagen ihrer Laufbahn, und auch wenn sie sich einige Stunden verspätete und zahlreiche Möbelstücke und noch mehr Porzellan das Ende der Reise nicht mehr in intaktem Zustand erlebten, wetterte der Liner diesen Sturm souverän ab.
Die folgenden Jahre sollten zeigen, dass der Aufwand, mit dem man die QUEEN ELIZABETH 2 umgebaut hatte, nicht umsonst war: Sie blieb ein höchst beliebtes und erfolgreiches Schiff, das mehr gute als schlechte Schlagzeilen machte, im Rampenlicht öffentlicher Aufmerksamkeit blieb und stets mehr Beachtung erhielt als neuere, größere und modernere Wettstreiter. Die QUEEN ELIZABETH 2 war nicht nur die letzte ihrer Art als Transatlantikliner, sondern auch

Eine beeindruckende Aufnahme der QUEEN ELIZABETH 2 *im Trockendock von Blohm & Voss in Hamburg 1990.*

ein Unikum als Kreuzfahrtschiff. Ein weißer Elefant (mit schwarz gestrichenem Rumpf), und ein Schiff mit Charakter.

Kein Wunder, dass der Liner auch die neunziger Jahre hindurch Geschichte und Geschichtchen schrieb. Nicht zuletzt waren es zahlreiche Sonderfunktionen und Jubiläen, an denen die QUEEN ELIZABETH 2 als Ehrengast oder Gastgeber teilnahm:

Am 14. Dezember 1988 durfte Captain Alan Bennell die Queen Mother zum Lunch an Bord willkommen heißen. Sie kam damit einer Einladung als Erinnerung an den Stapellauf der QUEEN ELIZABETH fünfzig Jahre zuvor nach.

Ende März 1989 wurde die QE2 für 72 Tage von einem Konsortium japanischer Firmen gechartert, um als schwimmendes Hotel und Touristenattraktion im Rahmen des 150-jährigen Jubiläums der Stadt Yokohama zu dienen.

Zwar lag der Liner die ganze Zeit im Hafen, aber an Bord gingen alle Veranstaltungen ihren normalen Gang, und täglich kamen etwa 1.200 Besucher an Bord, um zu dinieren, Shows zu sehen oder einfach das Schiff zu besichtigen.

Bereits im Dezember 1989 steuert die QUEEN ELIZABETH 2 wieder Japan an, um für sechs Monate als gechartertes Hotelschiff im Rahmen der Weltaustellung in Osaka zu dienen.

Danach kehrte die QE2 nach England zurück, um die »Hauptperson« eines ganz besonderen Jubiläums zu sein: Die 150-Jahr-Feiern der Cunard Line. Eineinhalb Jahrhunderte waren vergangen, seit Samuel Cunards BRITANNIA am 4. Juli 1840 in Liverpool ihre Reise nach Halifax angetreten hatte.

Im Juli 1990 fuhr die QE2 unter dem Kommando von Captain Robin Woodall ihre bis dahin schnellste Transatlantikpassage: Bei einer Durchschnittsgeschwindigkeit von 30,16 Knoten benötigte sie vier Tage, sechs Stunden und 57 Minuten.

Die Feierlichkeiten der Cunard Line führten die QUEEN ELIZABETH 2 auf eine besondere Reise in die europäischen Häfen, die in der Vergangenheit mit der Cunard Line verbunden waren: Am 22. Juli setzte sie von Southampton aus Kurs ins irische Cobh, wo etwa 60.000 Menschen sie am

nächsten Tag willkommen hießen. Es war der erste Besuch der QE2 in dem früheren Auswandererhafen, der einmal Queenstown geheißen hatte, und der Liner weihte das neue Containerterminal ein.
Eine Menschenmenge, die die Ufer des Mersey vom Schiff aus gesehen schwarz erscheinen ließ, empfing die QE2 einen Tag später in Liverpool. Es war das erste Mal, dass ein QUEEN-Liner Liverpool anlief, obwohl die beiden ersten QUEENS dort registriert waren.
An Deck wurde eine Willkommensparty gefeiert, und 10.000 Luftballons stiegen aus dem Swimming Pool des Achterdecks auf.
Es folgte ein Aufenthalt in Greenock, nahe des »Kriegshafens« der Cunard Line, Gourock. Damit kehrte die QUEEN ELIZABETH 2 erstmals seit ihren Testfahrten wieder an den Clyde zurück, und Pensionäre von John Brown wurden an Bord eingeladen.
Nach einem weiteren Stopp in Cherbourg löste Captain Ronald Warwick den Master der QE2, Captain Woodall, für den Rest der Reise ab. Es war das erste Mal in der Geschichte der Cunard Line, dass ein Captain ein Schiff befehligte, auf dessen Brücke schon sein Vater das Kommando gehabt hatte.
Mit Captain Warwick auf der Brücke kehrte die QUEEN ELIZABETH 2 wieder nach Southamtpon zurück, um dort am 27. Juli an der Flottenparade teilzunehmen, die von der königlichen Jacht BRITANNIA mit Queen Elizabeth II. an Bord geführt wurde.
Gegen Mittag verließen die Queen und Prince Phillip in einer Barkasse die königliche Jacht und legten die kurze Strecke zur QE2 zurück, wo Captain Woodall und Trafalger-House-Präsident Nigel Broakes sie zum Lunch empfingen. Auf der Brücke beobachtete die Queen sodann, wie das Schiff, das sie getauft hatte, in Southampton anlegte.
Im August beendete die QUEEN ELIZABETH 2 die 500. Transatlantikreise seit ihrer Indienststellung.
Abgerundet wurde Cunards Jubiläumsjahr mit Besuchen der QE2 in Halifax und Boston – den ersten Häfen, die die BRITANNIA einst angelaufen hatte.
Am Ende des Jahres steuerte die QE2 erstmals seit 18 Jahren Hamburg an. Die Werft Blohm & Voss hatte den Auftrag für sich gewinnen können, die regelmäßige Überholung und Renovierung des Schiffes durchzuführen. Es sollte in den neunziger Jahren nicht der letzte Aufenthalt der QE2 in der Hansestadt sein.
Am Abend des 7. August 1992 befand sich die QUEEN ELIZABETH 2 auf See entlang des Vineyard-Sunds mit Kurs auf New York, als die Brückenbesatzung unter Captain Woodall eine heftige Erschütterung spürte.
Sofort wurde der Liner gestoppt, und der Captain beorderte die Mannschaft auf die Notfallstationen. Die Passagiere ließen sich dagegen nicht stören, und da sich das Schiff offenbar nicht in unmittelbarer Gefahr befand, wurde mit dem normalen Programm fortgefahren
Die ersten Meldungen ließen Captain Woodall wissen, dass Maschinen und Ruderanlage unbeschädigt waren. Allerdings waren zwei im Doppelboden gelegene Frischwassertanks, ein Ballasttank und ein Treibstofftank geflutet. Offenbar war die QE2 auf einen unverzeichneten Felsen aufgelaufen.
Im weiteren Verlauf des Abends traf ein Schiff der US-Küstenwache ein, und mit Hilfe eines Tenders der QE2 wurde untersucht, ob der Liner Öl verlor. Eine Ölsperre umgab das Schiff, aber wie sich herausstellte, waren vorwiegend Wassertanks des Doppelbodens betroffen, und nur ein leerer Treibstofftank verlor Spuren von Öl.
Die Passagiere wurden am nächsten Morgen mit Hilfe der Boote der QE2 sowie dreier kleinerer Passagierschiffe nach Newport ausgeschifft, bevor der Liner mit langsamer Geschwindigkeit aus eigener Kraft Kurs auf Boston nahm und ins Trockendock einlief.
Die Untersuchung des Schiffsbodens zeigte beträchtliche Schäden in den vorderen Bereichen. Die QE2 war zum Zeitpunkt des Aufpralls mit einer Geschwindigkeit von 25 Knoten gefahren. Die größeren Risse waren bis zu 22 Meter lang und sieben Zentimeter breit.
Während Werftarbeiter die kleineren Risse verschweißten und Stahlplatten als provisorische Reparatur auf die größeren schweißten, holte die Cunard Line Angebote für eine dauerhafte Reparatur von Werften in den USA und Europa ein.
Es war wiederum die Werft Blohm & Voss, die den Zuschlag erhielt. Dies bot sich insofern an, weil die QE2 dort bereits einen Termin zur winterlichen Überholung hatte, bei der eine ihrer Maschinen ausgetauscht werden sollte.
Unglücklicherweise war die Austauschmaschine noch nicht verfügbar, so dass die QUEEN am 4. Oktober aus Hamburg auslief, um bereits Ende November an die Elbe zurückzukehren.

Organisiertes Chaos im Lido Restaurant während einer Überholung der QE2.

Im Juni 1994 nahm die QUEEN ELIZABETH 2 an der Gedenkveranstaltung zu einem Ereignis teil, zu dem ihre illustren Vorgängerinnen nicht unwesentlich beigetragen hatten – den 50-Jahr-Feiern zum D-Day. In Gedenken an die große Flotte von Schiffen, die sich im Juni 1944 aufgemacht hatte, um Europa zu befreien, versammelte sich eine Flotte Schiffe aller Art vor Fort Gilkicker nahe Portsmouth. Neben der QE2 zählten dazu die königliche Jacht BRITANNIA, der P&O-Kreuzfahrer CANBERRA, Southamptons Museumsschiff SHIELDALL, Cunards VISTAFJORD, die Kreuzfahrtschiffe SILVER CLOUD und SEABOURN PRIDE, das Victory-Schiff JEREMIAH O'BRIEN und der US-Flugzeugträger GEORGE WASHINGTON.

Am nächsten Morgen, dem 5. Juni, machte sich die Flotte auf zur französischen Küste, um dem Siegeszug der Alliierten zu gedenken. Neben zahlreichen Prominenten und führenden Politikern (unter anderem Premierminister John Mayor und US-Präsident Bill Clinton) waren auch Mitglieder des Königshauses zugegen: Die Queen und Prince Philip, die Queen Mother und Prinzessin Diana.

Ein Feuerwerk an der Küste von LeHavre rundete das spektakuläre Ereignis letztlich ab.

Die zuverlässige Arbeit der hanseatischen Werft veranlasste die Cunard Line, auch Ende 1994 den Renovierungsauftrag für die QE2 an Blohm & Voss zu vergeben, und der Liner traf am 20. November 1994 an der Elbe ein.

22 Tage lang verwandelten Arbeiter der Werft und von Subunternehmen den Liner im wahrsten Sinne des Wortes in eine Großbaustelle: innerhalb dieser Zeit veränderte die QE2 einmal mehr in ihrer langen Karriere drastisch ihr Gesicht – um trotzdem ganz die Alte zu bleiben.

Äußerlich wich der klassische schwarze Rumpfanstrich der Farbe »Cunard Steel Blue«, einem sehr dunklen Blauton, der aus der Entfernung dem bisherigen Schwarz zum Verwechseln ähnlich sah. Nicht weniger als 16 Tonnen Farbe wurden für den Neuanstrich benötigt.

Entlang ihrer Oberdecks erhielt die QE2 zusätzlich einen eleganten rot-gold-blauen Streifen, der allerdings nicht die ungeteilte Zustimmung ihrer Fans fand und von bösen Zungen als »Rallyestreifen« verunglimpft wurde. Der dezente Cunard-Löwe oberhalb des roten Schriftzuges an der Bordwand kam insgesamt besser an – fiel aber zusammen mit dem »Rallyestreifen« einer weiteren Renovierung fünf Jahre später zum Opfer.

In den sechziger Jahren war die Oceanliner-Nostalgie der einzige Anziehungspunkt der QUEENS auf ihren Kreuzfahrten gewesen. Die Tatsache, dass diese damals nicht mehr gefragt war, hatte zu dem radikalen Neuanfang geführt, mit der die Gesellschaftsräume der QE2 sich 1969 präsentiert hatten. Inzwischen war das Interesse an der Transatlantik-Historie wieder aufgeblüht und wurde von der Cunard Line in der Werbung reichlich hervorgehoben. Die QE2 präsentierte inzwischen eine Vielzahl stilistischer Facetten, die seit dem Falkland-Krieg in zahlreichen Renovierungen Einzug gehalten hatten. Angesichts des neuen Interesses am »Oceanliner-Stil« war beschlossen worden, der QE2 im Innern ein einheitliches, klassisches Aussehen zu geben.

Dies führte zu einer kompletten Neugestaltung der Gesellschaftsräume einerseits und einigen radikalen Umbaumaßnahmen am Heck andererseits: Der Magrodome wurde entfernt und durch ein Sonnendeck ersetzt. In dem dadurch darunter entstehenden Raum wurde das zwanglose Lido-Restaurant eingerichtet, indem man den bisherigen Pool entfernte.

Auch die runde Midships Lobby erhielt ein neues Gesicht, auch wenn der Raum in seinem Grundriss erhalten blieb. Vier Wandgemälde des Künstlers Peter Sutton, die die Geschichte der Cunard Line von der BRITANNIA bis zur QE2 zeigen, zieren seitdem den Raum.

Klassisch-stilvoll von innen und wie gewohnt makellos von außen sollte sich die QE2 auf ihrer folgenden Weltreise 1995 zeigen.

Die Werft beendete zuverlässig und rechtzeitig alle Arbeiten, und die QUEEN ELIZABETH 2 konnte in der Nacht des 13. Dezember 1994 das Dock 11 von Blohm & Voss verlassen.
Es waren die von der Cunard Line engagierten Subunternehmen, die der QE2 die negativsten Schlagzeilen seit langem einbrockten. Sie hatten zahlreiche Aufträge (unter anderem die Renovierung der Badezimmer in allen 963 Kabinen) nicht fristgerecht vor der Abfahrt des Liners aus Southampton am 17. Dezember fertigstellen können, so dass die Cunard Line für 490 Passagiere die Reise absagen musste. 190 von ihnen erreichte man nicht mehr rechtzeitig telefonisch, so dass sie bereits mit gepackten Koffen in Southampton angereist waren.
Den verbliebenen Passagieren und der Besatzung stand eine der strapaziösesten Atlantikpassagen in den Geschichte der QE2 bevor: Das Schiff fuhr in einen Sturm mit bis zu Windstärke 9, der es vielen der Handwerker unmöglich machte, ihre Arbeiten fortzusetzen, während die Besatzung alle Hände voll zu tun hatte, den normalen Betrieb des Liners zu gewährleisten.
In den Zeitungen erschienen Horrormeldungen über die schlimmen Zustände an Bord, über überflutete Kabinen, seekranke Handwerker, stinkendes Wasser im Pool und einen Sitzstreik der Passagiere in New York.
So oder so – die Reise wurde für die Finanzen und das Image der Cunard Line zu einem Verlustgeschäft. In New York gab es lange Diskussionen mit der US-Küstenwache angesichts der Sicherheit an Bord, Klagen der Passagiere gingen insgesamt in die Millionen, und der Ruf der QE2 hatte einen beträchtlichen Kratzer erlitten.
Sie konnte sich allerdings beweisen und gewann im Laufe der kommenden Monate mehr und mehr ihre alte Popularität zurück.
Der Vorsitzende der Cunard Line, John Olsen, allerdings musste aus dem Vorfall letztendlich seine Konsequenzen ziehen – auch angesichts der 6,9 Millionen Pfund Verlust, die das Unternehmen in der zweiten Hälfte 1994 gemacht hatte. Er trat ab und übergab seinen Platz einem ehemaligen Direktor von Rolls-Royce, Peter Ward.

Ein Ereignis im September 1995, bescherte der QE2 wieder bewundernde Schlagzeilen. Auf einer Transatlantikreise kreuzte sie den Kurs des Hurrikans »Luis«. Angesichts der schweren See mit bis zu 15 Meter hohen Wellen, die durchgehend über ihren Bug brachen, und einer Windgeschwindigkeit von 50 bis 100 Knoten reduzierte Captain Ronald Warwick am Abend des 10. September zunächst die Geschwindigkeit und drehte in den frühen Morgenstunden schließlich bei.
Um 2:10 Uhr erwachten zahlreiche Passagiere durch eine schwere Erschütterung. »Es sah aus, als würden wir mitten in die Kreidefelsen von Dover fahren«, beschrieb Captain Warwick den Moment, als eine fast 30 Meter hohe Welle die QE2 traf.

Im Officers Ward Room der QE2 – für Passagiere normalerweise nicht zugänglich – befinden sich Gastgeschenke aus den Häfen, die das Schiff im Laufe der Jahre angelaufen hat.

In den neunziger Jahren konnte die QE2 zahlreiche Jubiläen verzeichnen: Ihre 500. Atlantiküberquerung (1990), ihre Dreimillionste Meile – mehr als die QUEEN MARY und die QUEEN ELIZABETH zusammen (1994), ihr 25. Dienstjahr (ebenfalls 1994), ihre 1.000 Reise (1995), ihre Viermillionste Meile (1996), ihr 30. Dienstjahr, ihre 4,5-Millionste Meile (das entspricht 208 Weltumrundungen oder elf Mal der Strecke Erde – Mond und zurück) sowie 20 Jahre insgesamte Reisezeit (alles 1999).

Eine beeindruckende Skulptur im Mauretania Restaurant.

Die zerstörerische Kraft zeigte sich bei Tageslicht. Die Reling am Vordeck war verbogen und die Decksbeplattung eingedrückt. Ansonsten aber kam die QE2 unbeschädigt davon, und alle Passagiere erhielten Champagner und Sturmzertifikate.

Zum ersten Mal seit vielen Jahren fand die regelmäßige Renovierung der QE2 1996 wieder in Southampton statt. Im Jahr darauf wurden ihre Transatlantikreisen von fünf Tagen auf sechs Tage verlängert – was der Überfahrt nicht nur ein insgesamt ruhigeres Ambiente gab, sondern die Cunard Line auch deutlich an den Treibstoffkosten sparen ließ.

Mit einer Galaverstanstaltung, zu der zahlreiche Ex-Kapitäne des Liners geladen waren, wurde 1999 das 30. Dienstjahr der QUEEN ELIZABETH 2 gefeiert. Im Rahmen dieser Feierlichkeiten stellte der Cunard-Vorsitzende Larry Pimentel erste Details des »Project Queen Mary« vor.
Im gleichen Jahr war es wiederum eine deutsche Werft, die das Make-up der QE2 auffrischen durfte: Die Lloyd Werft in Bremerhaven.
Durch eine Aktion der Umweltschutzorganisation Greenpeace, geriet die QUEEN ELIZABETH 2 mehr als nur in die lokalen Schlagzeilen: Als der Liner sich am 13. November 1999 Bremerhaven näherte, fingen 30 Aktivisten ihn mit sieben Schlauchbooten in der Wesermündung ab.

Bei ihrem Werftbesuch in Bremerhaven 1999 geriet die QE2 durch eine Greenpeace-Aktion gegen schädliche Schiffslacke in die Schlagzeilen.

Das Caronia-Restaurant wurde im englischen Landhaus-Stil in Mahagoni gestaltet, und ein alter Klassiker hielt wieder Einzug auf dem Liner: Die einzige schwimmende Filiale von Londons Nobelkaufhaus Harrods.

So ausgestattet ging die QUEEN ELIZABETH 2 in die erste Saison eines neuen Millenniums.

Der Zwischenfall war eine Greenpeace-Aktion gegen die Verwendung giftiger Anti-Fouling-Schiffsfarben, die den Wirkstoff TBT (Tributylzinn) enthielten.

Laut Greenpeace handelte es sich dabei um eines der stärksten Dauer-Umweltgifte, das mittlerweile in allen Weltmeeren nachweisbar wäre. Insbesondere der Hafenschlamm der Lloyd Werft sei zum Zeitpunkt des Einlaufens der QE2 bereits hochgradig mit TBT vergiftet gewesen.

Den Umweltschützern gelang es, an die Bordwand des fahrenden Schiffes die Parole »God save the Queen from TBT« zu sprühen. Die Aktivisten protestierten mit Spruchbändern und Flaggen und schafften es mit Hilfe von Schwimminseln, Kanus und Schwimmern, die QUEEN ELIZABETH 2 am Einlaufen zu hindern.

Die Situation war angespannt. Nicht nur bedeutete diese Aktion schlechte Werbung, auch war jede Minute, die sich das Einlaufen des Schiffes verzögerte, kostbare Zeit für die Lloyd Werft, weil der Zeitplan für die Renovierung eng gesteckt war.

Mit dem Versprechen der Cunard Line, ab sofort TBT-freie Schiffslacke zu verwenden, entspannte sich die Lage aber noch am gleichen Tag, und auch der Ruf des Unternehmens war gerettet. Die Auffrischung der QE2 konnte wie geplant vonstatten gehen. Unter anderem zählte dazu ein neuer Look im QUEENS Room mit einem eleganten blauen Teppich mit goldenen Rosen sowie blauen und goldenen Sesseln, die die bisherigen Lederwürfel ersetzten.

Knapp zwei Jahre später hielt die Welt entsetzt den Atem an:

Am 11. September 2001 entführten Terroristen, mutmaßlich angestiftet von dem arabischen Terroristenführer Osama Bin Laden, in den USA vier Flugzeuge und erzeugten ein Inferno, das niemand vergessen wird, der einmal die Bilder gesehen hat.

Eine der Maschinen wurde gezielt zum Absturz im Pentagon, dem amerikanischen Verteidigungsministerium, gelenkt. Eine zweite stürzte auf freiem Feld in Pennsylvania ab.

Zwei Flugzeuge wurden von den Terroristen in die Zwillingstürme des World Trade Center in New York gesteuert. Millionen Menschen mussten weltweit an den Fernsehgeräten entsetzt mit ansehen, wie das Wahrzeichen Amerikas brennend in sich zusammensackte, als sei es ein Kartenhaus, und Manhattan in eine Wolke aus Staub, Ruß und Angst hüllte.

Weltweit fragte man sich, ob das den Ausbruch des dritten Weltkriegs bedeuten würde.

Angst und Erschütterung prägten vor allem in den folgenden Tagen die Stimmung, aber die Cunard Line stand vor einem eigenen Problem, das eilends gelöst werden musste: Sowohl die QUEEN ELIZABETH 2 als auch die CARONIA befanden sich zum Zeitpunkt der Anschläge auf Kurs nach

Eine Ansicht, die es seit dem 11. September 2001 nie mehr geben wird: Die QE2 vor dem World Trade Center.

New York, wo sie als kleine Besonderheit gleichzeitig am 16. September eintreffen sollten, die QE2 von einer Atlantikreise, die CARONIA von einer Kreuzfahrt zu den Bermudas.
Natürlich war ein solches Treffen nach den Ereignissen vollkommen ausgeschlossen. New York war eine Stadt im Ausnahmezustand, und Hotelbetten waren ein knappes Gut, das benötigt wurde, um Rettungskräfte unterbringen zu können.
In den Zentralen der Cunard Line liefen die Telefone heiß, um die Umleitung beider Schiffe nach Boston zu arrangieren. Damit verbunden waren tausende von Telefonaten, um Hotelunterkünfte für Passagiere in der Stadt zu buchen, wenn nötig den Transport von New York zu organisieren und schließlich die Passagiere selbst davon zu unterrichten, dass für die nächsten fünf Wochen nicht New York, sondern Boston als amerikanischer Gastgeber der Cunard-Flotte agieren würde.
Die folgenden drei Reisen der QE2 in die USA endeten also am Black Falcon Cruise Terminal in Boston.

Im November 2001 lief der Liner einmal mehr die Lloyd Werft in Bremerhaven an, um sich einer Auffrischungskur zu unterziehen.
Am 7. Januar 2002 lief die QE2 erstmals seit den Terroranschlägen wieder in ihre zweite Heimat New York ein. Sie war das erste größere Passagierschiff, das an den Hudson zurückkehrte, und so stoppte sie zu einer kurzen Gedenkveranstaltung vor Ground Zero, und ein Kranz wurde zu Wasser gelassen.

Ihr vorletztes Jahr im Atlantikdienst brachte der QE2 Ereignisse wie die Reise der deutschen Rockgröße Udo Lindenberg im Rahmen seines Projekts »Atlantic Affairs« im April und die Premiere des neuen von DaimlerChrysler gebauten Maybach.

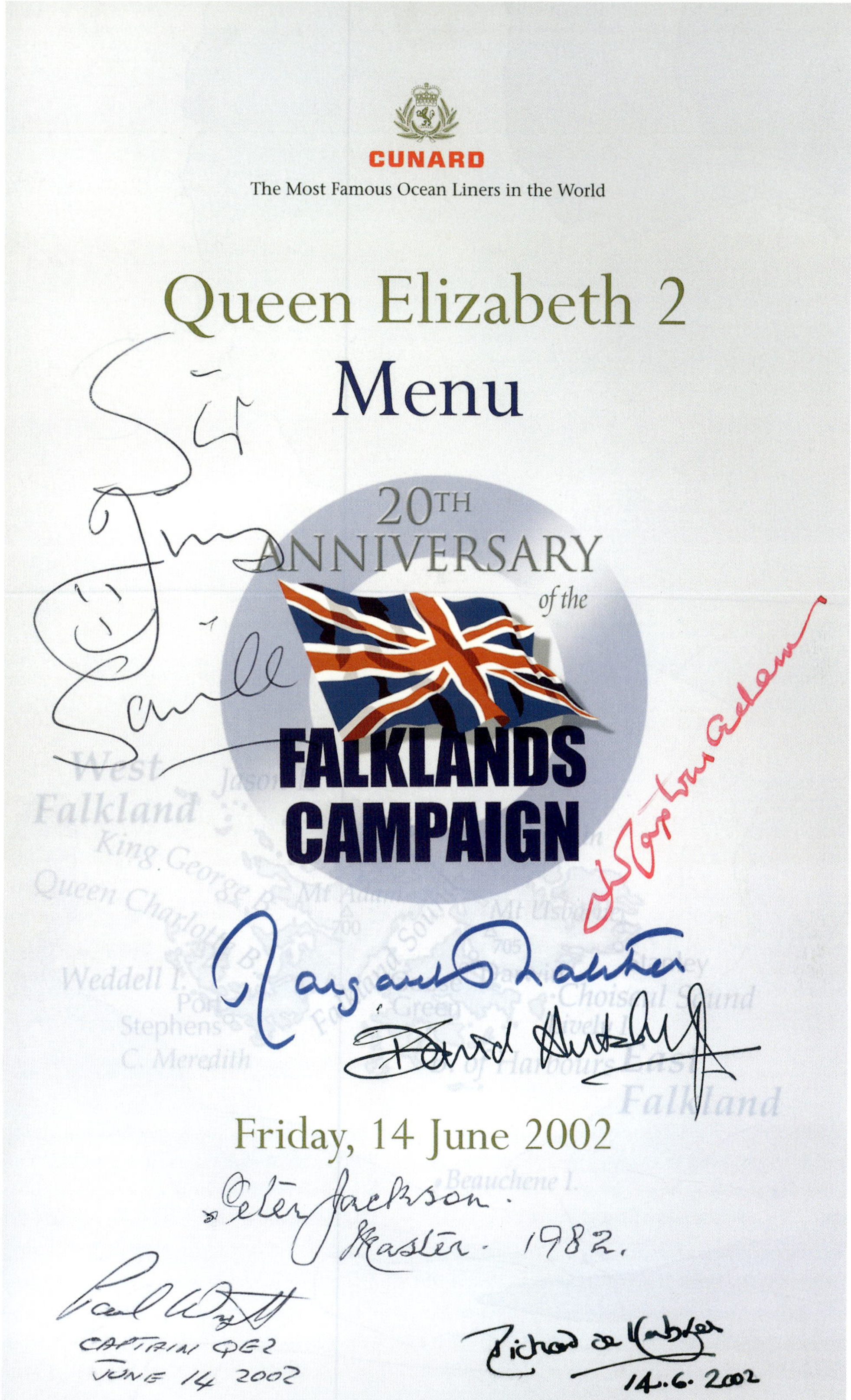

Anlässlich des Gedenklunch zum 20. Jahrestag der Falkland-Kampagne befand sich zahlreiche Prominenz an Bord der QE2. Unter anderem Ex-Premierministerin Margaret Thatcher, die Schriftsteller John Maxtone-Graham, David Hutchings und Richard deKerbrech sowie Entertainer Sir Jimmy Saville.

Das Falkland-Gedenklunch im Juni 2002. Am Top-Table am hinteren Ende des Caronia-Restaurants unter anderem Margaret Thatcher und Captain Paul Wright (4. und 5. von links) sowie Cunard-Präsidentin Pamela Conover und Captain Peter Jackson (ganz rechts).

Die Luxuskarosse wurde auf dem Sonnendeck des Oceanliners erstmals unverhüllt gezeigt und nach Reiseende in New York der Presse präsentiert.
Während des Turn-around am 14. Juni in Southampton fand an Bord eine Gedenkveranstaltung zum 20. Jahrestag der Falklandkampagne statt. Im Caronia-Restaurant wurde 400 Ehrengästen Lunch serviert. Neben der ehemaligen Premierministerin Margaret Thatcher, dem Gouverneur der Falkland-Inseln zum Zeitpunkt des Konflikts, Sir Rex Hunt, sowie dem damaligen Captain des Liners, Peter Jackson, zählten Englands Showgröße Sir James Saville, Cunard-Präsidentin Pamela Conover und der maritime Autor David Hutchings, dessen Buch »QE2 – A Ship For All Seasons« als Geschenk an die Anwesenden verteilt wurde, zur eingeladenen Prominenz.
Lady Thatcher hielt eine Ansprache, in der sie auf die Bedeutung einer starken Streitmacht zu Wasser, an Land und in der Luft hinwies. Im Anschluss daran wurde der »Eisernen Lady« ein Gemälde der QUEEN ELIZABETH 2 überreicht.
Captain Ronald Warwick sprach das Gedenkgebet, und sein Stellvertreter Captain Paul Wright sprach einen Toast zu Ehren Ihrer Majestät Queen Elizabeth II. aus.
Nur wenige Stunden später lief die QUEEN ELIZABETH 2 zu einer weiteren Transatlantikpassage aus.

In über dreißig Jahren hat die QUEEN ELIZABETH 2 dutzende Häfen in aller Welt gesehen, Generationen von Passagieren getragen und hat sich in einer Vielzahl von Facetten gezeigt. Als sie im November 1968 ihre Bauwerft verließ, auf den ersten Schritten in ihre Karriere, konnten weder ihre Erbauer noch ihre Besitzer voraussehen, dass sie einst zu den erfolgreichsten und berühmtesten Schiffen des 20. Jahrhunderts (und darüber hinaus!) zählen würde. Seit diesen Tagen hat die QUEEN ELIZABETH 2 zahlreiche optische Veränderungen durchgemacht. Aber während andere Schiffe durch solche Umbauten eher verschandelt wurden, hat die QUEEN ELIZABETH 2 ihren einmaligen Stil bewahrt und ist bis in unsere Tage eines der schönsten Schiffe auf den Meeren dieser Welt.

Am Ende der Reise: die QE2 legt an Pier 90 in Manhattan an.

INTERLUDIUM V

EIN LEBEN AN BORD

Auf den ersten Blick unterscheidet sich Beatrice Muller, von Crew und Mitreisenden Bea genannt, nicht von anderen Passagieren der QE2. Die 83-jährige Amerikanerin genießt die Reisen des berühmten Schiffes, spielt gerne Bridge und geht an Deck spazieren. Doch in einem weicht sie sehr deutlich von der gewöhnlichen Kundschaft der QUEEN ELIZABETH 2 ab: Als einzige Passagierin hat sie das Schiff zu ihrem Wohnsitz gemacht.

»Mein Ehemann Robert Muller und ich kamen erstmals 1995 auf dieses Schiff, um die Weltreise unseres Lebens zu unternehmen«, erinnert sich die freundliche Lady, »und wir wurden so süchtig nach dem Schiff, dass wir nicht mehr aufhörten. So haben wir bis 1999 in jedem Jahr eine Weltreise gemacht. Wir haben es geliebt!

Mein Mann war an einem Emphysem erkrankt, und als wir in jenem Januar 1999 an Bord kamen, sagte er: ›Warum planen wir nicht, das ganze Jahr 2000 auf diesem Schiff zu verbringen? Sie haben wunderbare Ärzte.‹

Er war Pensionär. Er saß zu diesem Zeitpunkt im Rollstuhl, und der Doktor in der Krankenstation an Bord ist hervorragend. Es gibt stets zwei Doktoren, drei oder vier Schwestern, einen Physiotherapeuten, wie in einem kleinen Krankenhaus. Auf Weltreisen sind wir gute hundert Tage unterwegs, die Crew allein ist tausend Mann stark, und die Doktoren müssen sich um alle kümmern – als ginge eine Kleinstadt um die Welt.

Aber bereits im März zog er sich ein sehr ernstes Virus zu, und es war offensichtlich, dass er das nicht überleben würde. Er starb auf diesem Schiff, als wir Bombay verließen. Aber hier wollte er sein, wegen der guten Betreuung und seiner Freunde hier.

Als ich dann nach Hause kam, sagte mein Sohn: ›Mutter, du bist schon so lange dort gewesen, und du hast dort so viele Freunde – mach es trotzdem! Bleib auf dem Schiff!‹

Ich dachte also, was für eine wundervolle Idee! – und von April bis Januar verkaufte ich alles: Häuser, Autos, Familienschätze, die keiner mehr wollte. Der ganze Kram vom Dachboden und aus dem Keller war fort, und ich fühlte mich irgendwie befreit.

Und so kam ich im Januar 2000 zum Beginn der Weltreise in New York an Bord. Und dann blieb ich. Ich wurde ein Passagier, und hier bin ich nun seit 2 1/2 Jahren. Die Zeit ist verschwunden. Ich weiß nicht, was mit der Zeit geschieht. Aber das gefällt mir gut, denn ich habe keine Enkelkinder, und ich kann nicht mehr Auto fahren, und mein Auto aufzugeben war das Schlimmste!

Meine Söhne sind begeistert, dass ich hier bin. Ich habe zwei Söhne, beides Ingenieure, und sie kommen ab und an und reisen mit mir.

Ich fahre hin und wieder nach Hause und kümmere mich um meine Einkommenssteuer – im Haus meines Sohnes. Ich habe ein paar Sachen in die obere Etage gestellt.

Aber ich bin vier Tage zu Hause, und ich bekomme solches Heimweh nach diesem Schiff, obwohl ich meine Freunde und meinen Sohn sehe, weil das Leben hier einfach so unglaublich ist. Seit sieben Jahren bin ich immer wieder auf diesem Schiff gewesen, und sie [die Crewmitglieder] sind wie meine Familie. Die Youngsters, die hier arbeiten, sind meine Enkelkinder, weil ich keine eigenen habe, und sie sind so lieb. Man geht den Korridor entlang, und sie sagen Hallo und lächeln einen an. Das hilft wirklich sehr, die Lücke zu schließen, die mein Ehemann hinterlassen hat.«

Kann Bea sich vorstellen, je auf einem anderen Schiff als der QE2 zu reisen?

»Ich bin mit einigen anderen Schiffen gefahren, bevor ich herkam, aber dies ist mein Zuhause. Wenn die QUEEN MARY vorgestellt wird, werde ich mich bestimmt mal dort umsehen. Irgendwer hat vorgeschlagen, ich solle meinen Urlaub auf der QUEEN MARY machen. Aber das hängt alles davon ab, was es kostet. Wenn ich den Rest meines Lebens hier verbringen will, muss ich weise und vorsichtig mit meinen Ausgaben sein.«

Ist es nicht etwas traurig, sich am Ende einer Reise von Passagieren verabschieden zu müssen, mit denen man sich gut verstanden hat?
»Das ist mein einziges großes Problem. Auf Transatlantikreisen sitze ich an einem Tisch für acht, und wir haben für gewöhnlich einen Offizier als Gast. Man sagt Hallo, man beginnt sich zu mögen, man dreht sich um, und in sechs Tagen geht es wieder nach Alaska! Aber auf den Weltreisen gibt es ein paar Leute, vielleicht 300 oder 400, die in jedem Jahr zurückkehren, zumindest für Teile der Reise. Dann ist es als reise eine Kleinstadt um die Welt. Aber das ist gut, denn die Leute, die man trifft, lernen das Schiff lieben, und sie kommen wieder. Egal, auf welcher Kreuzfahrt wir sind, man trifft stets jemanden, den man schon kennt. Wenn man sich auf diesem Schiff einsam fühlt, ist man selbst Schuld. Aber manchmal möchte man all dem mal entkommen. Dann habe ich meine kleine Kabine mittschiffs unten, wo ich mich in einer Ecke zusammenrollen, mir ein Buch nehmen und ein wenig allein sein kann.«

Wird Bea jemals seekrank?
»Nein, da klopfe ich auf Holz. Ganz selten wird mir mal ein wenig unwohl, aber dann nehme ich eine halbe von diesen Finnegan-Tabletten, die man beim Zahlmeister bekommt. Das einzige Mal in meinem Leben, dass ich mich erinnere, seekrank gewesen zu sein, war in Maine auf einem Segelboot.«

Und über ihr Alter? »Ich bin 83. Der Captain sagte an meinem Geburtstag: ›Ich weiß, dass Beatrice Muller heute Geburtstag hat. Sie ist unsere einzige dauerhafte Passagierin. Hier steht, sie ist 38. Vielleicht lese ich es rückwärts, aber das glaube ich eigentlich nicht‹.«

Die freundliche und charmante Beatrice Muller ist die einzige dauerhafte »Einwohnerin« der Stadt auf See.

DIE QUEENS DES NORDATLANTIKS

Kapitel 14

QUEEN MARY 2

KAPITEL 14

QUEEN MARY 2

QUEEN MARY 2
1997–2003

In der Einleitung zu seinem Buch »Cunard: 150 Glorious Years« schrieb John Maxtone-Graham 1988: »Wie wird die Schiffsliste der Gesellschaft sich wohl im Juli 2040 lesen? Es würde mich nicht überraschen, wenn bis dahin ein viertes Schiff der QUEEN-Klasse in Dienst wäre, vielleicht die QUEEN DIANA.«

Wie sich herausstellte, sollten keine fünfzig Jahre mehr bis zur Indienststellung eines neuen QUEEN-Liners vergehen. Ironischerweise starb Diana, Princess of Wales, just im gleichen Jahr als derartige Pläne erstmals öffentlich diskutiert wurden.

Bis dahin floss allerdings noch ein wenig Wasser den Solent hinab.

Zunächst wehrte Trafalgar House Ende 1992 ein Übernahmeangebot von Hong Kong Land ab. Die Tochtergesellschaft des asiatischen Großkonzerns Jardine Matheson hatte Interesse an Cunards Muttergesellschaft gezeigt, und im Jahr 1993 gelang es, den britischen Großkonzern zu übernehmen.

Trafalgar House hatte sich in Englands wirtschaftsstarken achtziger Jahren auf einem konjukturellen Höhenflug befunden, aber der Kursverfall des britischen Pfundes Anfang der neunziger Jahre hatte dem Großunternehmen zu schaffen gemacht.

Als auch die neuen Besitzer den angeschlagenen Konzern nicht wieder in die Gewinnzone zu bringen vermochten, wurde ein Angebot des norwegischen Kvaener-Imperiums dankbar angenommen.

Der Großkonzern aus der Bau- und Werftindustrie übernahm Trafalgar House und deren Tochtergesellschaften im März 1996 für 904 Millionen Pfund.

Damit stellte sich den Angestellten der Cunard Line nach langer Zeit einmal wieder die Frage, was aus ihrer Reederei werden würde: Zwar war Kvaerner im Schiffbau tätig, nicht aber im Betrieb von Reedereien, und bereits kurz nach der Übernahme kursierten Gerüchte durch die Presse, dass P&O und Amerikas Kreuzfahrtreise Carnival Interesse an der Cunard Line angemeldet hätten.

Doch obwohl Kvaener keinen Hehl daraus machte, dass Kreuzfahrten nicht zum Kerngeschäft des Konzerns gehörten, verblieb die englische Reederei zunächst in norwegischer Hand. Und im März 1997 sprach Kvaerners Vize-Vorsitzender Antti Pankakowski von der Möglichkeit, der QE2 ein ähnliches Schiff zur Seite zu stellen.

Hinter den Kulissen aber liefen die Diskussionen um eine Veräußerung der Cunard Line weiter, und am 3. April 1998 schließlich kündigte die Carnival Corporation an, dass sie die Geschäftsmehrheit an Cunard übernehmen werde.

Carnival war zu diesem Zeitpunkt bereits der weltweit größte Anbieter von Kreuzfahrten und vereinte unter einem Dach neben der Carnival Cruise Line die Holland America Line, Italiens Costa Cruises, Windstar Cruises sowie einen 50%-Anteil an der norwegischen Seabourn Cruise Line.

In einem Joint Venture mit norwegischen Investoren übernahm die Carnival Corporation einen 68-prozentigen Anteil der Cunard Line und fusionierte diese mit der Seabourn Cruise Line zur Cunard Line Limited, um so die eigene Produktpalette mit dem Luxussegment abzurunden.

Von den fünf Cunard-Schiffen wurden drei unter die norwegische Flagge von Seabourn gestellt, die SEA GODDESS I & II (fortan SEABOURN GODDESS I & II) und die ROYAL VIKING SUN (die von nun an SEABOURN SUN hieß). Die »neue« Cunard-Flotte bestand also lediglich noch aus der QUEEN ELIZABETH 2 und der VISTAFJORD.

> Für 904 Millionen Pfund übernahm Kvaerner im März 1996 den Trafalgar-House-Konzern. Um dieser Summe zu entsprechen, müsste man heute 1,6 Milliarden Euro aufbringen.

Damit war die Cunard Line im 158. Jahr ihres Bestehens in amerikanische Hand gefallen. Knapp ein Jahrhundert zuvor hatte die britische Regierung die Übernahme durch den Morgan-Trust verhindert; nun war es doch amerikanisches Geld, das Registrierungsgebühren und Steuern der QE2 in ihrem Heimathafen Southampton abdeckte.
Dies spiegelte sich auch in den Worten des neuen Cunard-Präsidenten Larry Pimentel wider: »Das Einzigartige an der Cunard Line ist, dass sie vielleicht die einzige wirklich internationale Kreuzfahrt-Reederei ist. 58% von Cunards Geschäft befindet sich außerhalb der USA.«
Einer seiner illustren Vorgänger hätte vermutlich gesagt: »42% unseres Geschäfts kommt aus den USA.«
Viele Shiplover, besonders in Großbritannien, sahen in der Übernahme das Ende der Cunard Line. Ihnen war die Carnival Corporation vor allem wegen ihrer aggresiven Marketing-Politik und der schonungslosen Kosteneffizienz bekannt.
Andererseits war das nach den Verlusten, die Cunard 1994 und 1995 machte, vielleicht genau das, was die Reederei brauchte, um unter den heutigen Bedingungen der Weltwirtschaft zu überleben. Wie überall ist auch in der Handelsschifffahrt der Wind kälter geworden. Und die Einschnitte, die Sir John Brocklebank und Sir Basil Smallpeice in den sechziger Jahren machen mussten, um den Fortbestand von Großbritanniens berühmtester Reederei zu sichern, waren mit Sicherheit schmerzhafter als das, was nach der Übernahme durch die Carnival Corporation folgte.
Bereits am 8. Juni 1998 kündigte Larry Pimentel an, die Cunard Line werde einen neuen Oceanliner bauen. Vor einer Versammlung der norwegischen Anteilseigner in Oslo stellte er der Öffentlichkeit erstmals das »Project Queen Mary« vor.
In seiner Ansprache sagte er: »Das Projekt wird zur Entwicklung des prächtigsten und größten je gebauten Liners führen – der Inbegriff von Eleganz, Stil und Anmut. Es ist unsere Zielsetzung, eine neue Generation von Oceanliner zu bauen, die den Höhepunkt der Schiffbaukunst darstellen wird; die Verwirklichung eines Traumes aus einer anderen Zeit. Unser Ziel ist nichts Geringeres als die Erschaffung eines neuen goldenen Zeitalters der Reisen zur See für diejenigen, die das erste verpasst haben.«
Unmittelbar nach dieser Ankündigung fand das erste Treffen des Planungsstabes statt. Sehr groß und sehr beeindruckend sollte das PROJECT QUEEN MARY werden – mehr war selbst ihnen zu diesem Zeitpunkt nicht bekannt. Es vergingen fast anderthalb Jahre, in denen Pimentels Worte begannen, Form anzunehmen. Der neue Liner sollte kein Nachbau oder eine vergrößerte Version der QE2 werden, sondern eine vollständige Neuentwicklung – seit dreißig Jahren das erste Schiff, das speziell für den Einsatz auf dem rauhen Nordatlantik entworfen wurde.
Erste Details deuteten auf ein Schiff hin, das mit 85.000 BRZ geringfügig größer als die QUEEN ELIZABETH war. Geht man davon aus, dass Kreuzfahrtschiffe für den dauerhaften Einsatz im Transatlantikverkehr weder vorgesehen noch geeignet sind, dann war die QUEEN ELIZABETH mit ihren 83.000 BRT nach wie vor der größte je gebaute Transatlantikliner.
Angesichts der ständig wachsenden Größe der Kreuzfahrtschiffe weltweit wurde aber sehr schnell deutlich, dass das PROJECT QUEEN MARY auch diese übertreffen musste, um einer Doppelrolle als Transatlantikliner und Kreuzfahrer (ähnlich der QE2) gerecht zu werden.

Am 5. November 1999 schließlich präsentierte Larry Pimentel in Miami weitere Einzelheiten des Neubaus: »Seit wir bekannt gegeben haben, dass wir einen gigantischen klassischen Liner bauen werden, sind wir mit Anfragen nach Informationen überflutet worden, und wo immer ich hingehe, werde ich mit Fragen darüber belagert. Gäste haben Anzahlungen geschickt, ohne überhaupt etwas über das Produkt oder sein Einsatzgebiet zu wissen. Sie wollen einfach nur die ersten Gäste auf dem ersten Oceanliner seit dreißig Jahren sein. Auch wenn uns klar ist, dass Details dieses wundervollen Projekts begierig erwartet werden, gehen wir besonnen und überlegt vor. Der große Maßstab und die Kosten dieses Projekts diktieren dieses Vorgehen. Wir können und werden uns nicht drängen lassen.«
Die ersten technischen Daten, die Pimentel im Verlauf der Präsentation preisgab, waren wahrhaft Ehrfurcht einflößend: 335 Meter lang solle der neue Liner werden, mit einem Schornstein in den klassischen Cunard-Farben, der sich mehr als zwanzig Stockwerke hoch über der Wasseroberfläche befinden würde. Die Silhouette würde insgesamt der QE2 ähneln und damit dem traditionellen Oceanliner: Ein vorspringender Bug mit einem langen Vordeck sowie terassenförmig angeordnete Achterdecks.

Die QM2 wird einen ebenso klassischen wie pompösen Oceanliner-Look erhalten.

BRITANNIA RESTAURANT
DECK 2&3
QUEEN MARY 2

Angesichts dieser Beschreibung und einer ersten Entwurfszeichnung atmeten Shiplover rund um die Welt auf: Viele von ihnen hatten befürchtet, das PROJECT QUEEN MARY werde, wie alle modernen Kreuzfahrer, mehr einem umgefallenen Wolkenkratzer ähneln als einem Schiff.
Pimentel fuhr fort, das Schiff werde genügend Energie für eine Stadt wie Southampton produzieren können, und die 140.000 PS der Hauptmaschinen werden für eine Geschwindigkeit von etwa 30 Knoten gut sein.
Schließlich stellte er einige Highlights der Ausstattung in Aussicht: Drei Viertel der Kabinen werden Balkons haben, und es werde an Bord nicht nur die altbekannten Cunard-Merkmale wie prächtige Treppenhäuser, elegante Restaurants, ausgedehnte Promenaden und imposante Gesellschaftsräume geben, sondern unter anderem auch ein maritimes Museum, ein extravagantes Fitness-Center und einen Pub mit eigener Brauerei.
Mittlerweile hatten sich mehrere europäische Werften um den Bauauftrag beworben: Howaldtswerke/Deutsche Werft sowie die Meyer-Werft in Deutschland, Kvaerner/Masa in Norwegen Fincantieri in Italien, Alstom – Chantiers de l'Atlantique in Frankreich und Harland & Wolff in Nordirland.
Die Auswertung der Angebote ließ Harland & Wolff und Chantiers de l'Atlantique in die engere Auswahl kommen. Zwischen den beiden Werften entspann sich ein heftiges Tauziehen um den Bauauftrag.
Für die Harland & Wolff hing viel davon ab, denn für die Zeit ab Juni 2000 waren die Auftragsbücher leer. Andererseits hatte Chantiers de l'Atlantique das günstigere Angebot abgegeben. Die Belfaster Werft verhandelte wochenland mit Vertretern der Carnival Corporation, Cunard und der britischen Regierung. Selbst die Frage, ob die französische Werft höhere Subventionen erhielt als die EU zuließ, wurde aufgeworfen, konnte aber nicht bestätigt werden.
Noch inmitten der Verhandlungen unterzeichnete die Cunard Line am 9. März 2000 eine Absichtserklärung mit Chantiers de l'Atlantique in St. Nazaire. Das vorläufige Volumen des Auftrags wurde mit 700 Millionen US-Dollar beziffert – 118 Millionen weniger als Harland & Wolff geboten hatte.
Larry Pimentel als Präsident der Cunard Line, Patrick Boissier, der Vorsitzende von Alstom-Chantiers de l'Atlantique und der Carnival-Vorsitzende Micky Arison gaben nun weitere Daten des Projekts und den offiziellen Namen des Schiffes preis: QUEEN MARY 2.

Zusammen mit ersten Einzelheiten zur QUEEN MARY 2 veröffentlichte die Cunard Line im November 1999 diese Artist's Impression, die den neuen Liner mit der BRITANNIA, dem ersten Cunarder, ins Verhältnis setzt.

»Die QM2 wird 345 Meter lang werden«, sagte Pimentel. »Das sind nur 35 Meter weniger als das Empire State Building hoch ist. Sie wird eine Höhe von 21 Stockwerken vom Kiel bis zur Mastspitze erreichen, mit einer Bruttoregistertonnage von fast 150.000 Tonnen.«

Patrick Boissier, dem es gelungen war, Chantiers de l'Atlantique innerhalb weniger Jahre vom Rande des Bankrotts wieder zu einer der weltgrößten Werften aufzubauen, sagte: »Wegen unserer Geschichte und unserer Zukunft wollen wir dieses beeindruckende Schiff bauen. Wir sind uns über den Charakter des Schiffes, das sie bauen wollen, bewusst, und wir wissen, wie man ein solches Schiff baut.«

Noch einige Monate lang verhandelten und planten Werft und Reederei miteinander, bis am 6. November 2000 die Unterzeichnung des endgültigen Bauvertrages bekannt gegeben werden konnte.

Der Bauwert wurde nun mit 780 Millionen US-Dollar beziffert, und die Indienststellung auf Ende 2003 festgelegt. Gleichzeitig wurde hervorgehoben, dass bei einer Passagierkapazität von »nur« 2.620 ein ganz neues Raumgefühl entstehen werde, da kein anderes Schiff jedem einzelnen Passagier so viel Platz zur Verfügung stelle wie die neue QUEEN MARY 2.

Micky Arison, der in den fünfziger Jahren mit seiner Familie an Bord der zweiten MAURETANIA in die USA ausgewandert war, sagte, es habe seit dem Erwerb der Cunard Line zu den Plänen seines Unternehmens gehört, einen neuen Transatlantikliner zu bauen.

»Wir sind sehr zufrieden, dass wir für einen der am härtesten umkämpften und am meisten erwarteten Schiffbau-Aufträge ausgewählt wurden«, fügte Patrick Boissier hinzu. »Die QUEEN MARY 2 wird ein Stück Geschichte und ein Kunstwerk, und vielleicht der berühmteste Liner der Welt, noch bevor sie fährt.«

Schließlich gab Larry Pimentel bekannt, die QM2 werde mit 41 Metern zu breit sein, den Panama-Kanal zu befahren. Er verlieh allerdings seiner Hoffnung Ausdruck, im Laufe des Jahrzehnts werde der Kanal entsprechend ausgebaut, um auch Schiffen ihrer Größe die Durchfahrt zu ermöglichen.

Es war die letzte öffentliche Funktion, der Pimentel als Cunard-Präsident nachkam. Im Februar 2001 trat er mit sofortiger Wirkung von seinem Posten zurück. Er begründete seine Entscheidung mit den zu starken Einschnitten, die seine Stellung für sein Familienleben bedeuteten.

Inoffiziell munkelte man allerdings etwas von Differenzen zwischen Pimentel und dem Management der Carnival Corporation.

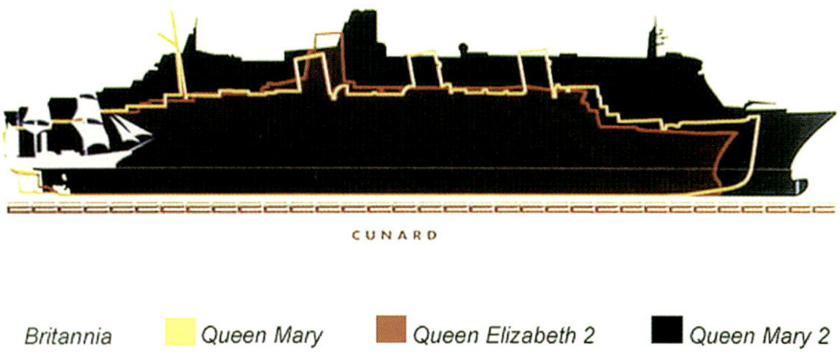

Ein Größenvergleich der QM2 mit ihren Vorgängerinnen.

QUEENS ROOM
QUEEN MARY 2

Viele auf der QE2 beliebte Räume haben ihr moderneres Pendant auf der neuen QUEEN MARY. Hier der Queens Room.

Als Nachfolgerin von Larry Pimentel wurde Pamela Conover ernannt, die bereits seit 1998 bei der Cunard Line den Titel Chief Operating Officer besaß. Die in Bangkok geborene Tochter britischer Eltern übernahm den Posten mit sofortiger Wirkung.

In Frankreich ging unterdessen die Planung für die QUEEN MARY 2 weiter voran. Ebenso wie die QUEEN ELIZABETH 2 Ende der sechziger Jahre einige revolutionäre Neuerungen mit sich brachte, floss auch in die QM2 das gesamte Know-how ihrer Erbauer ein.

Während die Linienführung oberhalb der Wasserlinie weitgehend der QE2 gleicht, wurde der Unterwasserrumpf gemäß der jüngsten Erkenntnisse gestaltet. Angetrieben wird die QUEEN MARY 2 von vier Marmaid-Pods der Firma Rolls-Royce, einem Antriebssystem, das Ende der neunziger Jahre bei Kreuzfahrern begann, den herkömmlichen Antrieb mit starren Schraubenwellen und einem Ruder zu verdrängen.

Die Pods der QM2 bestehen aus einem Wechselstrom-Elektromotor, der in eine stromlinienförmige Hülle außerhalb des Schiffsrumpfes eingebaut ist. Der Propeller ist direkt mit dem Motor verbunden. Der Vorteil dieser Anordnung liegt auf der Hand: Geräusche und Vibration werden aus dem Rumpf verbannt, während gleichzeitig der Reibungsverlust durch Schraubenwellen eliminiert wird.

Die QM2 besitzt vier solcher Pods mit einer Gesamtleistung von 85 MW (ca. 115.000 PS). Die beiden vorderen sind starr angebracht und dienen damit ausschließlich dem Vortrieb des Schiffes. Die achteren Pods sind um 360° um ihre vertikale Achse drehbar. Das altbekannte Strömungsruder ist damit überflüssig, da die Fahrtrichtung des Schiffes nun direkt durch die Ausrichtung der Schrauben bestimmt wird.

Ebenso fallen Propeller mit verstellbarem Neigungswinkel fort, da für Bremsmanöver und Rückwärtsfahrt einfach die Ausrichtung der Pods um 180° gedreht wird. Und auch ein Heckstrahlruder ist nicht mehr nötig.

Zusammen mit drei Bugstrahlrudern von jeweils 3,2 MW wird die QM2 damit zu einem der wendigsten Schiffe der Welt. Nicht nur kann sie bei Bedarf in einem beliebigen Winkel fahren, sondern theoretisch kann sie sich auf der Stelle um ihre eigene vertikale Achse drehen.

Die Mermaid-Pods werden durch eine Kombination aus Dieselmaschinen und Gasturbinen mit Energie versorgt. Vier Common-Rail-Diesel des finnischen Herstellers Wärtsilä bilden das Herzstück der Maschinenanlage. Sie zeichnen sich durch ihre besondere Umweltfreundlichkeit aus – ein Punkt, der bei der Planung der QM2 eine große Rolle spielte.

Beim Common-Rail-Verfahren werden alle Zylinder der Dieselmaschine durch eine zentrale Treibstoffzufuhr versorgt. Die exakt benötigte Menge Diesel wird elektronisch ermittelt. Bei den Maschinen der QM2 wird unmittelbar vor der Kraftstoffeinspritzung Wasser zur Kühlung in den Kolben eingespritzt, wodurch die Entstehung von Stickoxid drastisch reduziert wird.

Ergänzt wird die Anlage durch zwei Gasturbinen des amerikanischen Herstellers General Electric. Die kombinierte Anlage ist zu einer Gesamtleistung von 118 MW (ca. 160.000 PS) fähig.

Ebenso beeindruckend ist die Inneneinrichtung der QUEEN MARY 2, die von der Londoner Firma Tillberg Design entworfen wurde.

Passagiere betreten die QM2 durch die Grand Lobby, ein mittschiffs gelegenes Atrium, das sich über sechs Decks erstreckt und von einer goldenen Wandmalerei (ähnlich der an Bord der QUEEN MARY) geziert wird.

Viele der von der QE2 bekannten Gesellschaftsräume finden sich auch an Bord ihrer modernen Gefährtin wieder, darunter der Queens Room, der Golden Lion Pub und das Spa at Sea – gestaltet in einem Oceanliner-Retrolook. Der Chart Room befindet sich am vorderen Ende der Aufbauten und gewährt den Blick voraus, so wie es die Look Out Bar der QE2 ursprünglich erlaubte.

Das Promenadendeck auf Höhe der Rettungsboote ist umlaufend und am vorderen Ende verglast. Damit schützt es Passagiere vor den starken Luftströmungen, die diesen Teil des Decks an Bord der QE2 zeitweise unbegehbar machen.

Neben dem Spa, das von dem amerikanischen Gesundheitsunternehmen Canyon Ranch betrieben wird, besitzt der Liner vier Außenpools, von denen einer mit einem Glasdach ähnlich des früheren Magrodome der QE2 versehen ist.

Für das leibliche Wohl der Reisenden wird auf der QM2 in zahlreichen Restaurants gesorgt. Die Kabinenkategorie bestimmt gleichzeitig, ob die Passagiere in einem der exklusiven Grills speisen oder in dem beeindruckenden Main Dining Room, der sich über die gesamte Breite des Schiffes erstreckt

und mit einer Höhe von drei Decks und einer eleganten Eingangstreppe Erinnerungen an den »Grand Salle à Manger« der NORMADIE weckt.
Mit Ausblick auf die Achterdecks bietet das nach Starkoch Todd English benannte Restaurant auf Deck 8 seinen Gästen die Möglichkeit, bei geeigneter Wetterlage auf einer Außenterasse zu dinieren.
Der größte Teil der 1.310 Kabinen bietet Meeresblick, und insgesamt 944 von ihnen sind mit Balkons ausgestattet. Nur 300 Kabinen, von denen zahlreiche mit Ausblick auf das Atrium der Grand Lobby angelegt sind, liegen innen.
Neben den Kabinen verschiedener Größen (und Preisklassen) bietet auch die QUEEN MARY 2 zahlreiche Suiten. Vier »Deluxe Penthouses« mit Blick über den Bug und fünf »Duplex Apartments« mit Blick über die Achterdecks sind die höchsten verfügbaren Kabinenkategorien (und vermutlich der nicht mehr zu steigernde Inbegriff von Luxus auf See).
Die Duplex Apartments erstrecken sich jeweils über zwei Decks und sind zur See hin voll verglast. Auf einer Fläche von über 150 Qudratmetern bieten sie unter anderem eigene Aufzüge, Fitnessräume, begehbare Wandschränke und den Service eines Butlers.
Darüber hinaus können alle Kabinen der Luxuskategorie durch die Kombination mit anderen Räumen zu Wohnflächen noch atemberaubenderer Größe verbunden werden. Im Mai 2001 erteilte Cunard der Firma Onderneming & Kunst den Auftrag zur Gestaltung der QM2 mit Kunstwerken. Das niederländische Unternehmen schloss Verträge mit Künstlern aus 128 Ländern zur Lieferung von Gemälden, Wand- und Deckenmalereien, Reliefs, Glasarbeiten, Skulpturen, Wandteppichen, Statuen und anderen Kunstgegenständen.
Insgesamt fast 5.000 Einzelstücke lieferte Onderneming & Kunst an die Cunard Line, darunter 4.000 Kunstdrucke in limitierter Auflage zur Verwendung in Kabinen und Korridoren, während alle anderen Kunstwerke speziell für den Liner angefertigt wurden und ein eindrucksvolles Gesamtbild abgeben.

Hinter den Kulissen der QUEEN MARY 2:

2.500 km Kabel
500 km Rohre aller Art
3.000 Telefone
250.000 m² Teppiche
120.000 m² Isolierstoffe
80.000 Glühbirnen
1.500 km Schweißnähte

Als am 18. Mai 2002 die QE2 in Southampton eintraf, führte sie im Laderaum ein ganz besonderes Ausstattungsstück für die QUEEN MARY 2 mit sich: eine der originalen Dampfpfeifen der alten QUEEN MARY.
Das Horn wurde von RMS Foundation als Dauerleihgabe an die Cunard Line überreicht, um zusammen mit einer exakten Replik auf der QM2 installiert zu werden.
Direkt nach der Ankunft in Southampton wurde die zwei Meter lange Dampfpfeife von Technikern ihrer Herstellerfirma Kockums aus Schweden untersucht und überholt.
Mangels Dampf werden die Hörner der QUEEN MARY 2 mit Druckluft betrieben – was sie im Vergleich zur QUEEN MARY ein wenig heiser klingen lässt. Doch der »Basso Profundo« klingt nach wie vor beeindruckend. Es handelt sich um Bass-A (zwei Oktaven und zwei Noten unter dem mittleren C), das tief genug ist, die Passagiere nicht zu stören, gleichzeitig aber 10 Meilen weit hörbar ist.

Am 16. Januar 2002 begann der Bauprozess. Pamela Conover hatte die Ehre, per Knopfdruck mit dem Schneiden des Stahls für die QUEEN MARY 2 zu beginnen. Für Cunard beginne damit eine neue Ära, sagte sie.
Im Rahmen einer Zeremonie wurde ein dreieckiges Stück Stahl geschnitten, dass mit einer Inschrift versehen wurde, um später in einem der Blöcke des Schiffes platziert zu werden.
Miss Conover wurde als Präsent ein Gemälde des lokalen Künstlers Jocelyn Gille überreicht. Es zeigt, wie die QUEEN MARY 2 vor der Insel Fastnet, südwestlich von Irland, eine Segelregatta passiert. Der Liner überholt darauf den 100 Jahre alten amerikanischen Schoner REGINA MARIS, der zum gleichen Zeitpunkt nahe New York restauriert wurde.
Das Bild befindet sich heute im Büro der Cunard Line in Miami.
Schon beim Bau der QUEEN ELIZABETH 2 wurde zu einem großen Teil mit vorgefertigten Elementen gearbeitet. Dieses Verfahren ist in den dreieinhalb Jahrzehnten, die seitdem vergangen sind, weiter perfektioniert worden.
Der Bau der QUEEN MARY 2 begann mit dem Zuschnitt von Stahl einerseits und der Herstellung speziell angefertigter Bauteile andererseits in den Werkstätten der Werft. In diesem Zusammenhang spricht man von Vorfertigung.
Dieser folgte die Stufe der Vor-Ausrüstung. In dieser wur-

Einer der Räume des neuen Cunarders, der sein Pendant auf der QE2 hat, ist der Golden Lion Pub.

Die QM2 weiß mit ihren Duplex-Suiten, die sich über zwei Decks erstrecken, zu beeindrucken.

Der Eingangsbereich des Britannia Restaurants erinnert an den pompösen Luxus der großen Oceanliner.

Der Canyon Ranch SpaClub bietet beste Möglichkeiten zum relaxen.

Der G32 Nightclub ist eine Homage an den ehemaligen 736 Club auf der QE2 und befindet sich auch an indentischer Stelle.

Eine ruhige und friedliche Atmosphäre findet der Atlantikreisende im Winter Garden.

Am 4. Juli 2002 fand die Kiellegungszeremonie für die QUEEN MARY 2 *statt.*

hoben. Es handelte sich dabei um Block Nr. 502, der einmal der Maschinenblock an Steuerbord werden sollte. Mit der Kiellegung einher ging eine traditionelle Zeremonie: in den Block wurden Münzen als Glücksbringer gelegt. Da Queen Elizabeth II. im selben Jahr ihr goldenes Thronjubiläum feiern konnte, legte Pamela Conover als Cunard-Präsidentin eine £-5-Gedenkmünze in die Kielsektion, die das künftige Heimatland des Liners symbolisierte.

Der Vorsitzende von Alstom – Chantiers de l'Atlantique platzierte goldene französische Gedenkmünzen mit dem Konterfei von Louis

den die vorgefertigen Bauteile zu größeren Einheiten verschweißt, so genannten Panels. Diese wurden bereits während ihrer Konstruktion weitgehend mit Kabelkanälen, Luftschächten und Wasserrohren versehen.

Die nächste Phase bezeichnet man heute als Vor-Zusammenbau: In dieser wurden die Panels zu größeren Einheiten, Blocks genannt, zusammengesetzt. Diese wurden mit so genannten Modulen weiter ausgestattet. Dabei handelte es sich beispielsweise um Hilfsmaschinen, Rohrsysteme oder Isoliermaterialien.

Am 4. Juli 2002, dem 162. Jahrestag der Cunard Line, war der große Tag, an dem mit der Kiellegung begonnen wurde. Im Zuge der Feierlichkeiten rund um dieses Ereignis wurde Captain Ronald W. Warwick zum künftigen Master der QUEEN MARY 2 ernannt.

»Ich fühle mich geehrt, dass man mich gewählt hat, das Kommando der QUEEN MARY 2 zu übernehmen«, sagte Warwick in einer Ansprache. Er gab dann den offiziellen Befehl, mit der Kiellegung zu beginnen, und mittels zweier Kräne wurde der erste Block der QM2 in das Baudock gehoben. Philippe in dem Block, die das Bauland des Schiffes symbolisierte.

»Die QUEEN MARY 2 wird der Zenith modernen Schiffbaus sein«, erklärte er in seiner Rede, »alle unsere Angestellten und Geschäftspartner fühlen sich verpflichtet, den prachtvollsten Cunarder aller Zeiten zu liefern.«

Von den 580 Panels, die einmal die 94 Blocks der QM2 ausmachen würden, waren zu diesem Zeitpunkt bereits 120 fertig gestellt und bereit, im Baudock zusammengesetzt zu werden. Der Bauwert des Schiffes wurde mittlerweile mit $ 800 Millionen beziffert.

Die ersten Blöcke wurden im August 2002 erstmals aufgeschwommen, um innerhalb des Baudocks bewegt zu werden. Der Bau moderner Schiffe findet von unten nach oben und von der Mitte zu den Enden statt.

Im Laufe ihrer Konstruktion wurde die QM2 immer wieder aufgeschwommen, um an beiden Enden weiterarbeiten zu können. Auf diese Weise war es möglich, das Dock zeitgleich für andere Bauvorhaben zu verwenden.

Am 23. November 2002 war der Bau so weit fortgeschritten, dass der neue Oceanliner das gesamte Dock für sich beanspruchte. Während ein Block nach dem anderen angepasst wurde, begannen Arbeiter in den unteren Decks bereits damit, die technische Ausstattung und die Einrichtung zu installieren.

und ließ erahnen, wie imposant sie einst aussehen würde. Im seinem Inneren begannen die Arbeiter von Chantiers de l'Atlantique nun zunehmend damit, technische Systeme und vorgefertigte Kabinen zu installieren.

Die Cunard-Präsidentin Pamela Conover und der Alstom Vorsitzende Patrick Boissier präsentieren ihre Münzen, die der QM2 als Glücksbringer dienen werden.

Für März 2003 war geplant, die QM2 aus dem Baudock zu schleppen und an der Ausrüstungspier zu vertäuen – gewissermaßen ein Stapellauf in moderner Form. Eine Feier sollte das Ereignis begleiten. Diese jedoch musste kurzfristig abgesagt werden, da das Ausbaggern der Loire länger als geplant dauerte.

Ohne weitere Zeremonie fand das Ausdocken in den frühen Morgenstunden des 21. März 2003 statt. Während acht Schlepper den noch schmucklosen Stahlkoloss in einer einstündigen Operation an seinen neuen Liegeplatz verholten, war jeglicher Schiffsverkehr auf dem Fluss und auch das Überfliegen des Gebietes untersagt.

Im Morgengrauen bot die QM2 ein beeindruckendes Bild

Nach den Werftprobefahrten und letzten Feinarbeiten wird die QUEEN MARY 2 am 15. Dezember 2003 ihren triumphalen Einzug in Southampton halten. Zum Zeitpunkt des Schreibens ist noch nicht abzusehen, wer Taufpate sein wird, doch es besteht die Wahrscheinlichkeit, dass eine Abordnung des englischen Königshauses bei dieser Gelegenheit anwesend sein wird.

Die Cunard Line veröffentlichte 2002 die Fahrpläne der QM2 für ihr erstes Jahr auf See: Am 12. Januar 2004 wird sie in Southampton zu ihrer Jungfernreise über Madeira, Teneriffa, Las Palmas aufbrechen, den Atlantik überqueren und über Barbados und St. Thomas nach Fort Lauderdale fahren.

Ein imposantes Bild: Die QUEEN MARY 2 *in den frühen Morgenstunden des 21. März 2003 auf der Loire. Acht Schlepper verholten den noch unfertigen Oceanliner an die Ausrüstungspier.*

Im Februar wird sie sich als Gast zum Karneval in Rio de Janeiro befinden.
Am 16. April 2004 wird die QUEEN MARY 2 in Southampton ihre erste Nordatlantikpassage antreten, um in New York mit der QE2 zusammenzutreffen, die von ihrer jährlichen Weltreise zurückkehren wird.
Gemeinsam werden die beiden Oceanliner dann nach Southampton fahren. Für die QUEEN MARY 2 wird es die erste Nordatlantikreise in östlicher Richtung sein, für die QUEEN ELIZABETH 2 die letzte. Sie wird in Zukunft für den britischen Kreuzfahrtmarkt in Southampton stationiert sein.
Die QUEEN MARY 2 wird in ihrem ersten Jahr 15 Transatlantikreisen durchführen, dazu Kreuzfahrten ins Mittelmeer, zu den norwegischen Fjorden (mit Rückreise über Hamburg und Rotterdam) und Nordamerikas Neu-England-Staaten.
Die QUEEN MARY 2 steht am Anfang ihrer Karriere. In 30 Jahren wird sie wahrscheinlich eine ebenso spannende Geschichte wie ihre Vorgängerinnen zu erzählen haben. So bleibt mir als Autor nur noch, der QUEEN MARY 2 und allen ihren zukünftigen Besatzungen viel Erfolg und eine allzeit gute Reise zu wünschen.

Zwei QUEENS begegnen sich auf See – ein Bild, das es seit 1967 nicht mehr gab.

Die Cunard Line gab 2002 bekannt, dass ihre Muttergesellschaft Carnival Corporation eine Absichtserklärung mit der italienischen Werft Fincantieri für ein Kreuzfahrtschiff unterzeichnet habe.
Das 85.000 BRZ große Schiff für 1.968 Passagiere soll Anfang 2005 für die Cunard Line in Fahrt kommen. Der Bauwert wurde mit 400 Millionen US-Dollar beziffert.
Der Name des Schiffes stand noch nicht fest. Unter Shiplovern rund um die Welt wurde der Name QUEEN VICTORIA gehandelt, aber auch ein traditioneller Cunard-Name war denkbar. Das Geheimnis lüftete die Cunard Line am 31. März 2003: Der neue Cunarder wird den Namen QUEEN VICTORIA erhalten. Damit befinden sich erstmals drei QUEENS in der Flotte.

Der in klassischen Cunard-Farben gepöhnte Kreuzfahrer wird in Southampton registriert, um zusammen mit der QUEEN ELIZABETH 2 und der CARONIA Kreuzfahrten für den britischen Markt anzubieten. Als Fahrtziele nannte die Cunard Line in dem Pressetext das Mittelmeer, die kanarischen Inseln, Nordeuropa und die Karibik.
Die Artist's Impression der QUEEN VICTORIA lässt erkennen, dass es sich dabei um ein reines Kreuzfahrtschiff handeln wird. Zwei britische Design-Teams werden dem Schiff einen eindeutig britischen Stil verleihen. Mit einem geschlossenen Rundum-Promenadendeck, einer Aussichtslounge am vorderen Ende der Aufbauten, einem großzügigen Lido-Bereich mit Magrodome, Standard-Außenkabinen von 16 Quadratmetern (67% davon mit Balkonen) und außen liegenden Fahrstühlen mit Glaswänden über zehn Decks wird die QUEEN VICTORIA zudem jeden Luxus bieten, den Reisende von einem modernen Kreuzfahrtschiff erwarten.

EPILOG

ZEIT ZUR HEIMFAHRT

Sie sagten all ihren neuen Freunden Goodbye. Sie versprachen, auf einen längeren Aufenthalt zurückzukommen. Sie warfen einen letzten Blick auf die wundervollen Lichter des Broadway. Und dann fuhren sie mit dem Taxi zur QUEEN ELIZABETH, die inzwischen wieder angekommen war und unten an den Docks auf sie wartete.

»Da ist sie!«, rief Mike, als er den enormen Bug über der Straße sah. »Gute alte Lizzie!«

»Britisch, nicht amerikanisch«, sagte Belinda stolz. »Großbritannien ist sehr klein, wenn man es mit Amerika vergleicht, nicht wahr, Mami? Aber auch ein kleines Land kann große Dinge schaffen!«

»Natürlich«, sagte Mami. »So, wir sind da – lauft die Gangway hoch!«

Und so liefen sie hoch, die Mädchen mit den Puppen Josephine und Sadie im Arm, und Mike mit seiner wunderbaren Pistole. Welch eine Überraschung erwartete sie in ihren Kabinen!

Ihre amerikanischen Freunde waren großzügig bis zum Letzten. Große Blumensträuße waren da, mit freundlichen Grüßen, Kisten überwältigender Rosen, hübsche Knopflochblumen für das Dinner am nächsten Abend, Kisten von Süßigkeiten für die Kinder!

»Was für ein Volk!«, sagte Daddy, als er die ernorme Menge ansah. »Ich frage mich, ob wir es ertragen können, Amerika zu verlassen und zurück nach England zu fahren!«

Aber die kleine Insel, weit weg, auf der anderen Seite des Ozeans, in ihrem eigenen silbernen Meer, war ihr Zuhause – das Zuhause, das sie liebten und vermissten.

»Steuer das Schiff!«, sagte Daddy, als sich die ELIZABETH endlich zu bewegen bekann. »Steuer das Schiff nach Hause!«

»Heim nach England, liebes altes England«, sangen die Kinder. »Steuer das Schiff, Captain, steuer das Schiff!«

Und das große Schiff fuhr fort, durch die Wellen, eifrig, nach England zu kommen – es war auch sein Zuhause!

aus: Enid Blyton – »The Queen Elizabeth Family«

TECHNISCHE DATEN DER QUEENS

Queen Mary

Bauwerft:	John Brown & Co., Clydebank
Baunummer:	534
Bauauftrag:	1. Dezember 1930
Kiellegung:	27. Dezember 1930
Stapellauf:	26. September 1934
Taufpatin:	H.M. Queen Mary
Probefahrten:	15.–19. April 1936
Jungfernreise:	Southampton–New York 27. Mai–1. Juni 1936
Kriegseinsatz:	März 1940–September 1946, 661.771 Meilen
Länge über alles:	310,75 m
Breite:	36 m
Höhe Kiel bis Aufbauten:	37,8 m
Höhe Kiel bis Mastspitze:	71,93 m
Tiefgang:	12 m
Tonnage:	81.237 BRT
Passagierkapazität bei Indienststellung:	2038 in drei Klassen
Crew:	1285
Ruder:	140 Tonnen
Nieten:	ca. 10.000.000 Stück
Anzahl der Decks:	12
Lifts:	20 Stück
Schornsteine:	3 Stück
Höhe des vorderen:	21,49 m
Höhe des mittleren:	20,57 m
Höhe des achteren:	18,97 m
Hauptmaschinen:	4 Satz Getriebeturbinen
Maschinenleistung:	160.000 PSw
Dienstgeschwindigkeit:	28,5 kn
Höchstgeschwindigkeit:	32 kn
Ölverbrauch bei 28,5 kn:	1.020 Tonnen/24 Std.
Propeller:	4 Stück
Gewicht:	32 Tonnen
Durchmesser:	5,49 m

Queen Elizabeth

Bauwerft:	John Brown & Co., Clydebank
Baunummer:	552
Bauauftrag:	6. Oktober 1936
Kiellegung:	Dezember 1936
Stapellauf:	27. September 1938
Taufpatin:	H.M. Queen Elizabeth (the Queen Mother)
Probefahrten:	8. Oktober 1946
Jungfernreise:	Gourock–New York 2.–7. März 1940
	Southampton–New York 16. Oktober 1946
Kriegseinsatz:	November 1940–März 1946, 492.635 Meilen
Länge über alles:	314,25 m
Breite:	36 m
Höhe Kiel bis Aufbauten:	40,23 m
Höhe Kiel bis Mastspitze:	71,02 m
Tiefgang:	11,9 m
Tonnage:	83.673 BRT

Passagierkapazität bei Indienststellung:	2260 in drei Klassen
Crew:	1296
Ruder:	140 Tonnen
Nieten:	ca. 10.000.000 Stück
Anzahl der Decks:	12
Lifts:	24 Stück
Schornsteine:	2 Stück
Höhe des vorderen:	24,38 m
Höhe des achteren:	23,77 m
Hauptmaschinen:	4 Satz Getriebeturbinen
Maschinenleistung:	160.000 PSw
Dienstgeschwindigkeit:	28,5 kn
Höchstgeschwindigkeit:	nie exakt ermittelt
Ölverbrauch bei 28,5 kn:	1.200 Tonnen/24 Std.
Propeller:	4 Stück
Gewicht:	32 Tonnen
Durchmesser:	5,49 m

Q3 (wie geplant)

Bauwerft:	Vickers Armstrong/ Swan Hunter and Wigham Richardson
Länge über alles:	301,75 m
Breite:	34,75 m
Tiefgang:	9,14 m
Tonnage:	75.000 BRT
Passagierkapazität:	2270 in drei Klassen
Schornsteine:	1 Stück
Hauptmaschinen:	4 Satz Getriebeturbinen
Dienstgeschwindigkeit:	29,5 kn
Propeller:	4 Stück

Queen Elizabeth 2 (1969)

Bauwerft:	John Brown & Co., Clydebank
Baunummer:	736
Bauauftrag:	30. Dezember 1964
Kiellegung:	5. Juli 1965
Stapellauf:	20. September 1967
Taufpatin:	H.M. Queen Elizabeth II.
Probefahrten:	26.–30. November 1968 24.–27 März 1969
Jungfernreise:	Southampton–Las Palmas 22.–30. April 1969 Southampton–New York 2.–7. Mai 1969
Kriegseinsatz:	Mai–Juni 1982 14.967 Meilen
Länge über alles:	293,52 m
Breite:	32 m
Höhe Kiel bis Aufbauten:	40,84 m
Höhe Kiel bis Mastspitze:	61 m
Tiefgang:	9,9 m
Tonnage:	65.863 BRT
Passagierkapazität bei Indienststellung:	2025 in zwei Klassen
Crew:	906
Ruder:	75 Tonnen
Nieten:	keine
Anzahl der Decks:	13
Lifts:	22 Stück
Schornsteine:	1 Stück
Höhe:	20,5 m
Hauptmaschinen:	2 Satz Getriebeturbinen
Maschinenleistung:	110.000 PSw

Dienstgeschwindigkeit:	28,5 kn
Höchstgeschwindigkeit:	32,66 kn
Ölverbrauch bei 28,5 kn:	520 Tonnen/24 Std.
Propeller:	2 Stück
Gewicht:	31,75 Tonnen
Durchmesser:	5,79 m

Queen Elizabeth 2
(nach Umbau 1987)

Bauwerft:	Umbau: Lloyd Werft, Bremerhaven
Probefahrten:	8.–22. April 1987
Tonnage:	66.450 BRT
Passagierkapazität:	1850 in zwei Klassen
Anzahl der Decks:	14
Hauptmaschinen:	9 MAN B&W Neun-Zylinder-Diesel 2 GEC 44-MW-Fahrmotoren
Maschinenleistung:	130.000 PS
Dienstgeschwindigkeit:	28,5 kn
Höchstgeschwindigkeit:	34,6 kn
Ölverbrauch bei 28,5 kn:	270 Tonnen/24 Std.
Propeller:	2 Stück
Gewicht:	42 Tonnen
Durchmesser:	6,71 m

Queen Mary 2
(Stand: März 2003)

Bauwerft:	ALSTOM-Chantiers de l'Atlantique, St. Nazaire
Bauauftrag:	6. November 2001
Kiellegung:	4. Juli 2002
Jungfernreise:	12.–26. Januar 2004 Southampton–Fort Lauderdale
Länge über alles:	345,03 m
Breite:	40 m
Höhe Kiel bis Mastspitze:	72 m
Tiefgang:	9,95 m
Tonnage:	150.000 BRZ
Passagierkapazität bei Indienststellung:	2650
Crew:	1250
Ruder:	2 Azipods
Nieten:	keine
Anzahl der Decks:	13
Schornsteine:	1 Stück
Hauptmaschinen:	4 Wärtsilä Common-Rail-Diesel 2 General Electric Gasturbinen, ca. 118 MW 4 Rolls-Royce Marmaid Azipods (als Fahrmotoren)
Maschinenleistung:	115.000 PS
Höchstgeschwindigkeit:	ca. 30 kn
Propeller:	4 Stück

BIBLIOGRAPHIE

- Bisset, Commodore James: »Auf allen Ozeanen«, Bertelsmann Lesering / Rütten & Loening Verlag, München
- Blyton, Enid: »The Queen Elizabeth Family«, Mammoth, an imprint of Reed International Books Ltd., London, 1997
- Brooks, Clive: »Atlantic Queens«, Haynes Publishing Group, Somerset, 1989
  Buchheim, Lothar-Günther: »Der Luxusliner – Ein Logbuch«, Wilhelm Goldmann Verlag, 1982
- Cunard Line: »Triumph of a Great Tradition«, Cunard Publication, London, 1990
- Dawson, Philip S.: »British Superliners of the Sixties«, Conway Maritime Press Ltd., London, 1990
- English, Adrian / Watts, Anthony: »Battle for the Falklands (2) – Naval Forces«, Osprey Publishing Ltd., London, 1982
- Fricker, Philip J.: »Beken of Cowes – Ocean Liners«, Thomas Reed Publications Ltd., Corsham, 1992
- Galbraith, Russell: »Destiny's Daughter – The Tragedy of RMS Queen Elizabeth«, Mainstream Publishing Company (Edinburgh) Ltd., Edinburgh, 1988
- Gillespie, J. Bryce: »RMS Queen Mary – Superliner Pictoral«, Scenic Art, Inc., Oakland, 1993
- Harding, Stephen: »Great Liners at War«, Motorbooks International Publishers & Wholesalers, Osceola, 1997
- Harding, Steve: »Gray Ghost – The RMS Queen Mary at War«, Pictoral Histories Publishing Company, Missoula, 1999
- Hutchings, David F.: »QE2 – A Ship for All Seasons«, Waterfront Publications, Dorset, 1993 / 2002
- Hutchings, David F. / Miller, William H.: »Transatlantic Liners at War – The Story of the Queens«, David & Charles (Publishers) Ltd., Newton Abbot, 1985
- Kludas, Arnold: »Das Blaue Band des Nordatlantiks«, Koehlers Verlagsgesellschaft mbH, Hamburg, 1999
- Kludas, Arnold: »Die großen Passagierschiffe der Welt«, Koehlers Verlagsgesellschaft, Hamburg, 1997
- Lacey, Robert: »The Queens of the North Atlantic«, Sidgwick & Jackson Ltd., London, 1973
- Maguglin, Robert O. / Winberg, William M.: »The Queen Mary – The Official Pictoral History«, Albion Publishing Group, Santa Barbara, 1993
- Marr, Commodore Geoffrey: »The Queens and I«, Adlard Coles Ltd., London, 1973
- Maxtone-Graham, John: »Cunard – 150 Glorious Years«, David & Charles (Publishers) plc, Newton Abbot, 1989
- Potter, Neil / Frost, Jack: »The Elizabeth«, George G. Harrap & Co. Ltd., London, 1965
- Potter, Neil / Frost, Jack / Frost, Lindsay: »The Mary – The Story of No. 534«, Shipping Books Press, Shropshire, 1998
- Potter, Neil / Frost, Jack: »Queen Elizabeth 2 – The Authorised Story«, George G. Harrap & Co. Ltd., London, 1969
- Warwick, Captain Ronald W.: »QE2 – The Cunard Line Flagship, Queen Elizabeth II«, W. W. Norton & Company Ltd., London, 1993
- Woolley, Peter W. & Moore, Terry: »The Cunard Line«, Ship Pictorial Publications, Norfolk, 1993

Sonstige Quellen:

- Guiton, Olivier/Hillion, Daniel: »Das Ende der France – Glanz und Niedergang eines Ozeanriesen«, Dokumentarfilm, NDR, 1999
- »GEO« Nr. 8/1981, Verlag Gruner + Jahr AG, Hamburg
- »Hamburger Abendblatt«, Axel-Springer-Verlag, Hamburg
- »Philadelphia Magazine« June / July 1968, Philadelphia Pressemitteilungen der Cunard Line
- »Steamboat Bill« No. 234/Summer 2002, The Steamship Historical Society of America

INDEX

* *(keine Seitenangabe wegen des allgemeinen Auftauchens im ganzen Buch)*

Cunard
Anne Farrow

A/L 12712

ORDINARY STOCK

№ 112501

Amount of Stock £ 400

represented by units of £1 each.

THE CUNARD STEAM-SHIP COMPANY LIMITED

The Cunard Steam-Ship Company Limited.

INCORPORATED UNDER THE COMPANIES ACT 1862

CAPITAL £ 15,500,000.

DIVIDED INTO £1,500,000 £5 PER CENT CUMULATIVE PREFERENCE STOCK £1,000,000 £6 PER CENT SECOND CUMULATIVE PREFERENCE STOCK £12,999,980 ORDINARY STOCK AND 1 ORDINARY SHARE (THE GOVERNMENT SHARE) OF £20 ISSUED TO NOMINEES OF HER MAJESTY'S GOVERNMENT.

This is to Certify that Frewen Moor, M.D., M.C.,

of 10 Town Close, Norwich. is the Registered Proprietor of Four Hundred Pounds Ordinary Stock fully paid of THE CUNARD STEAM-SHIP COMPANY LIMITED subject to the Memorandum and Articles of Association and Regulations of the Company.

GIVEN UNDER THE COMMON SEAL OF THE COMPANY AT LIVERPOOL, THIS seventeenth DAY OF November 1954

CANCELLED

DIRECTOR.

SECRETARY.

ORDINARY STOCK

THIS CERTIFICATE MUST BE SURRENDERED BEFORE ANY INSTRUMENT OF TRANSFER, WHETHER FOR THE WHOLE OR ANY PORTION THEREOF CAN BE REGISTERED OR A NEW CERTIFICATE ISSUED IN EXCHANGE.

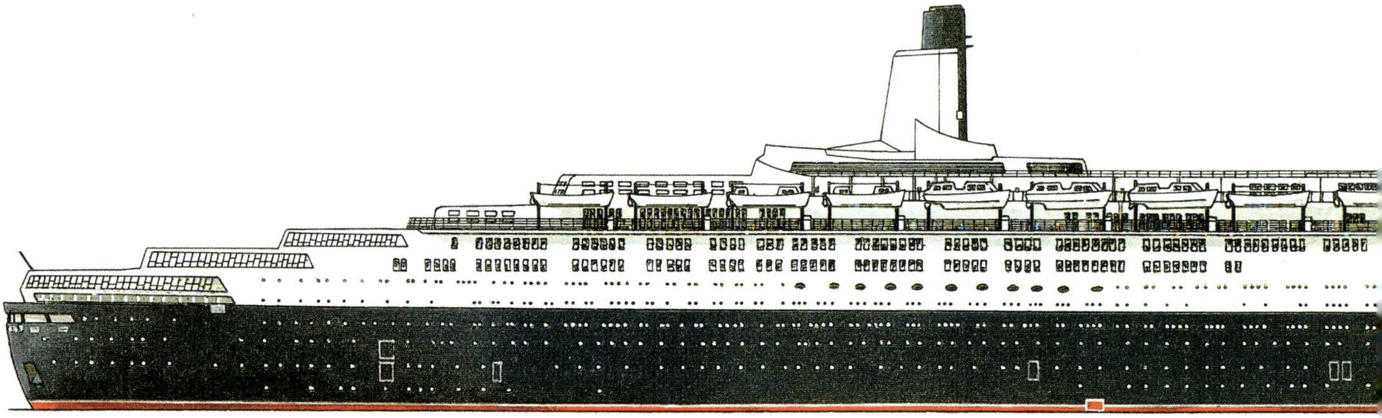

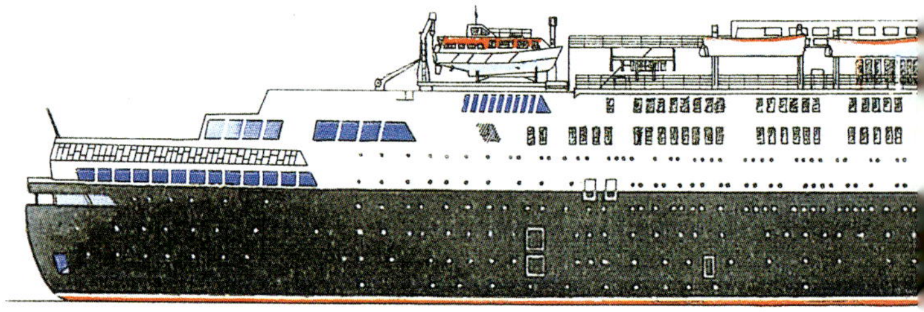

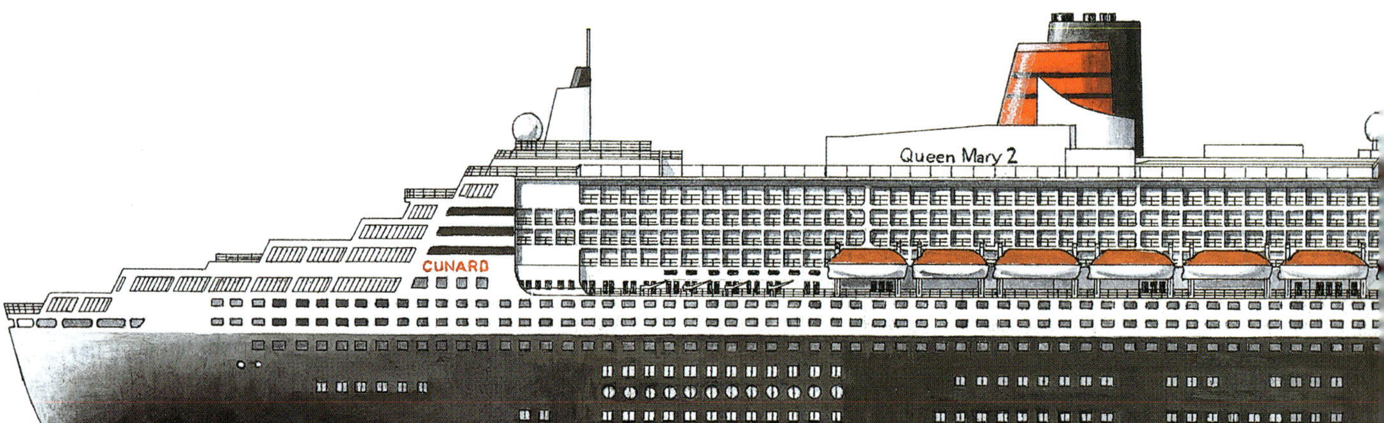
Queen Mary 2
CUNARD